新しい地球惑星科学

西山 忠男・吉田 茂生 共編著

培風館

執筆者一覧

■ 基 礎 編

1章 磯部博志 (熊本大学大学院先端科学研究部)
2章 高橋慶太郎 (熊本大学大学院先端科学研究部)
3章 町田正博 (九州大学大学院理学研究院)
4章 渡辺正和 (九州大学大学院理学研究院)
5章 三好勉信 (九州大学大学院理学研究院)
6章 市川 香 (九州大学応用力学研究所)
7章 松田博貴 (熊本大学大学院先端科学研究部)
8章 金嶋 聰 (九州大学大学院理学研究院)
9章 西山忠男 (熊本大学大学院先端科学研究部)・吉田茂生 (九州大学大学院理学研究院)
10章 中久喜伴益 (広島大学大学院理学研究科)
11章 小松俊文 (熊本大学大学院先端科学研究部)・前田晴良 (九州大学総合研究博物館)・
　　　 田中源吾 (金沢大学国際基幹教育院)
12章 西山忠男 (熊本大学大学院先端科学研究部)・吉田茂生 (九州大学大学院理学研究院)
13章 清水 洋 (九州大学大学院理学研究院附属地震火山観測研究センター)
14章 一柳錦平 (熊本大学大学院先端科学研究部)
15章 磯部博志 (熊本大学大学院先端科学研究部)・吉朝 朗 (熊本大学大学院先端科学研究部)

■ 応 用 編

1章 野口高明 (九州大学基幹教育院)
2章 吉田茂生 (九州大学大学院理学研究院)
3章 赤木 右 (九州大学大学院理学研究院)
4章 はしもとじょーじ (岡山大学大学院自然科学研究科)・浦川 啓 (岡山大学大学院自然科学研究科)
5章 川村隆一 (九州大学大学院理学研究院)
6章 廣岡俊彦 (九州大学大学院理学研究院)
7章 亀山真典 (愛媛大学地球深部ダイナミクス研究センター)
8章 高橋 太 (九州大学大学院理学研究院)
9章 吉朝 朗 (熊本大学大学院先端科学研究部)・桑原義博 (九州大学大学院比較社会文化研究院)
10章 小松俊文 (熊本大学大学院先端科学研究部)・前田晴良 (九州大学総合研究博物館)・
　　　 田中源吾 (金沢大学国際基幹教育院)
11章 松田博貴 (熊本大学大学院先端科学研究部)・細野高啓 (熊本大学大学院先端科学研究部)
12章 西山忠男 (熊本大学大学院先端科学研究部)
13章 尾上哲治 (熊本大学大学院先端科学研究部)
14章 石橋純一郎 (九州大学大学院理学研究院)
15章 渡邊公一郎 (九州大学大学院工学研究院)・松田博貴 (熊本大学大学院先端科学研究部)
付録A 吉田茂生 (九州大学大学院理学研究院)
付録B 小松俊文 (熊本大学大学院先端科学研究部)・前田晴良 (九州大学総合研究博物館)・
　　　 田中源吾 (金沢大学国際基幹教育院)

—所属は，2019年1月現在—

本書の無断複写は，著作権法上での例外を除き，禁じられています．
本書を複写される場合は，その都度当社の許諾を得てください．

はじめに

　地球惑星科学の対象は，われわれを取り巻く環境のうち，生物学や天文学が対象としているものを除くすべてである。空間的には宇宙空間に漂う太陽系惑星から，地球中心部まで広がり，さらに時間的には 46 億年前の太陽系と地球の誕生から現在に至るまでの幅がある。そのため地球惑星科学の全貌を理解することは専門家においても難しい。また地球惑星科学の進展は各分野において著しく，常に学問の最前線の知識を獲得することも容易ではない。一方で，地球惑星科学の重要性は，惑星探査に代表される宇宙開発や海洋底資源の開発などに代表されるばかりではない。近年頻発する，大地震，火山噴火，そして気象災害などへの対応を迫られる防災・減災分野においても，その社会的重要性は一段と増している。すなわち，地球惑星科学は，われわれを取り巻く環境を対象としていることから，われわれが生きるのに必要な知恵である，と言うことができる。

　翻って日本の高等教育の現状を鑑みれば，少子化と財政緊縮により日本の大学は大きく変貌を遂げつつある。グローバル化により世界標準の教育が求められ，大学における教育の質保証が問われている。自然科学における地球惑星科学は，総合学際分野として急速に発展しつつあり，社会的ニーズも高い。世界標準の教育として地球惑星科学を大学でいかに効率的に教え，質保証の要請に応えるかが，今問われている。日本学術会議では，各専門分野の教育の質保証の取り組みを進めるため，「教育課程編成上の参照基準」の策定を行っている。参照基準とは，単なる標準カリキュラムを提示するものではなく，その分野の教育の理念を定め，「すべての学生が身に付けるべき基本的素養」を定めるものである。日本学術会議地球惑星科学委員会では，平成 26 年 9 月に「大学教育の分野別質保証のための教育課程編成上の参照基準　地球惑星科学分野」*を策定し，公表した。各大学は，この参照基準を参考にして，地球惑星科学のカリキュラムを構築し，質保証の取り組みを行うことが求められている。

　参照基準に記載された基本的素養は，当然地球惑星科学の全分野に亘っている。しかし，大学において，地球惑星科学全分野の教育が可能となる教員を擁している学科は非常に少ない。そこで本書は，大学初年度の教育の補助となることを想定して，地球惑星科学の基本的素養が身に付くように，前期後期各 15 回分の講義内容が各章に対応するように構成した。各章の執筆は主に熊本大学と九州大学の

＊　地球惑星科学分野の参照基準の URL
www.scj.go.jp/ja/info/kohyo/pdf/kohyo-22-h140930-2.pdf

それぞれの分野の専門家が担当した。本書は基礎編と応用編の2部から構成されるが，基礎編は地球惑星科学全般の概観で，応用編は専門への入り口である。応用編の内容は一部，初年度教育の範囲を超えるものがあるかもしれない。その意味では学部専門教育の参考にもなるであろうと期待される。そのほか，付録として全般的に良く使われる概念である静水圧平衡の説明と，地球史年表を付けた。

　本書が，日本の大学における地球惑星科学教育の質保証の一助となるならば，編者らの喜びこれに過ぎるものはない。大学生のみならず，地球惑星科学に関心のある方々で一般の啓蒙書レベルよりも少し高度で専門的な知識を得たいと考えている方の学習にも適切であると信じている。なお，本書を読んで，さらに各分野の内容を深く掘り下げて学びたい読者のために，巻末に引用文献ならびに参考文献を挙げておいた。

　最後に，本書の出版にあたりご助言をいただいた，北原和夫，永原裕子，中村尚，松本　淳，大谷栄治の諸氏に感謝したい。
　　　平成 30 年 12 月

西山　忠男・吉田　茂生

本書内の WEB 情報は培風館のホームページ
　http://www.baifukan.co.jp/shoseki/kanren.html
から，アクセスできるようになっている。
参考にして有効に活用していただきたい。

目 次

―― 基 礎 編 ――

1 太陽とその惑星たち～地球と太陽と太陽系
- 1.1 身近な天体としての太陽系　1
- 1.2 近代天文学の発展と新天体の発見　3
- 1.3 太陽系の惑星と
　　その軌道の空間スケール　4
- 1.4 地球と月　6
- 1.5 新たな地平：太陽系探査　9

2 宇宙の始まりと進化
- 2.1 宇宙膨張の発見　10
- 2.2 一般相対性理論　11
- 2.3 電磁波と物質のミクロな構造　12
- 2.4 ビッグバン　13
- 2.5 宇宙の進化　15
- 2.6 まとめ　16

3 恒星としての太陽とその一生
- 3.1 星の誕生　17
- 3.2 惑星形成過程　19
- 3.3 星の進化　20
- 3.4 宇宙の進化と星の役割　22

4 地球を取り巻く磁気圏・電離圏と超高層大気
　　　　　　　　　　　　　　～ジオスペース
- 4.1 ジオスペース環境を決めるもの　23
- 4.2 磁気圏の形成　23
- 4.3 電離圏と超高層大気：
　　ジオスペースの内縁　26
- 4.4 太陽風―磁気圏―電離圏のつながり　28
- 4.5 ジオスペースの嵐　29

5 大気はどのように運動しているか
- 5.1 大気の鉛直構造　31
- 5.2 温度の鉛直構造を決める物理過程　32
- 5.3 大気にはたらく力
　　（コリオリ力と気圧傾度力）　35
- 5.4 大気の大循環　36
- 5.5 大気波動　38

6 海洋はどのように運動しているのか
- 6.1 海洋の構造と駆動力　41
- 6.2 海洋上層の流れ　42
- 6.3 海洋下層の流れ　46

7 地球表層での物質の流れ
- 7.1 風化作用　49
- 7.2 マスウェイスティング
　　（マスムーブメント）　49
- 7.3 侵食作用　50
- 7.4 運搬作用　51
- 7.5 堆積作用　53
- 7.6 堆積環境　54
- 7.7 堆積物と堆積岩　56

8 地球を輪切りにして見てみよう
- 8.1 地球の内部構造　59
- 8.2 地球内部を調べる物理的手法　60
- 8.3 地球内部の概要　62
- 8.4 地球内部のより詳細な構造　64

9 地球はどのような物質でできているのか
- 9.1 元素の太陽系存在度と地球を構成する物質　67
- 9.2 相と鉱物と岩石　69
- 9.3 地球深部（マントルと核）を構成する鉱物　70
- 9.4 地殻を構成する物質　73

10 地球は生きている〜プレートテクトニクス
- 10.1 地球の形とプレートテクトニクス　76
- 10.2 大陸移動説からプレートテクトニクスへ　77
- 10.3 プレートの分布とプレート境界　79
- 10.4 プレート運動とプレートの変形　81
- 10.5 プレートテクトニクスとマントル対流，プレート運動の原動力　83
- 10.6 プレートの熱的進化と海洋底の水深　84

11 地球上で生命はどのように進化してきたか
- 11.1 地球の時代とその区分　88
- 11.2 顕生累代とその生物相　89
- 11.3 体化石と生痕化石　90
- 11.4 示準化石と示相化石　91
- 11.5 国際標準模式層断面および地点（GSSP）　94

12 火山とともに生きる
- 12.1 マグマの生成　95
- 12.2 マグマの結晶作用と火成岩の多様性　98
- 12.3 火山の形成　101

13 地震はなぜ起こるのか
- 13.1 地震と地震波　105
- 13.2 地震の発震機構と規模　108
- 13.3 地震の種類と原因　112

14 気象災害
- 14.1 気象災害とは　116
- 14.2 台風　117
- 14.3 積乱雲と集中豪雨　119
- 14.4 集中豪雨による水害　121
- 14.5 災害と地形　123

15 地球システムにおける人類〜持続可能な文明の構築のために
- 15.1 地球システムと生命　124
- 15.2 人間圏の形成　125
- 15.3 資源消費と人口の急増　126
- 15.4 有限の地球　127
- 15.5 人類と地球生命の持続可能性のために　129

目次

―― 応 用 編 ――

1 太陽系の惑星
- 1.1 灼熱の世界：水星と金星　131
- 1.2 赤い隣人：火星　132
- 1.3 地球環境への脅威：小惑星と隕石　133
- 1.4 太陽系の巨人たち：木星，土星とその衛星　135
- 1.5 極寒の世界と太陽系の放浪者　136
- 1.6 異形の世界　138

2 地球と惑星の形状と重力
- 2.1 地球は丸い　139
- 2.2 ジオイドの概念と標高　140
- 2.3 静水圧平衡とジオイド　142
- 2.4 地球や惑星は回転楕円体　143
- 2.5 扁平率と地球や惑星の内部構造　145
- 2.6 緯度と経度の定義：回転楕円体の幾何学　145

3 同位体と地球惑星の化学と年代学
- 3.1 元素・同位体の生成　148
- 3.2 元素の地球化学的性質　149
- 3.3 安定同位体と同位体効果　150
- 3.4 不安定な同位体と放射時計　151
- 3.5 等時線と地球の年齢　153
- 3.6 コア，マントル分離のタイミング　154
- 3.7 地殻の生成のタイミング　155

4 地球の形成と進化
- 4.1 地球の形成　157
- 4.2 マントルとコアの分離過程　158
- 4.3 大気と海洋の形成　160
- 4.4 大気の化学進化　163

5 大気と海洋の相互作用
- 5.1 熱帯域の大気海洋相互作用　165
- 5.2 中緯度域の大気海洋相互作用　168
- 5.3 低気圧と海洋の相互作用　170

6 地球環境変動と地球温暖化
- 6.1 気候変動の概観　174
- 6.2 小氷期と太陽活動　175
- 6.3 地球温暖化とは　176
- 6.4 地球温暖化メカニズム　178
- 6.5 近未来の気候変動　181

7 地球のマントルのダイナミクスとプレートテクトニクス
- 7.1 マントル対流の基礎理論　183
- 7.2 マントル物質の相転移とマントル対流の層構造　186
- 7.3 マントル・プレートの運動とマントル物質のレオロジー　188
- 7.4 地球以外の岩石天体のマントル対流　191

8 地球のコアのダイナミクスと地磁気
- 8.1 コアの対流　193
- 8.2 現在の地球磁場　195
- 8.3 地球の双極子磁場　197
- 8.4 地磁気の生成過程　198

9 地球・惑星物質（鉱物）を知ろう
- 9.1 結晶・融体・非晶質固体・ガラス　201
- 9.2 鉱物の構造を決めるパラメーター：対称性（空間群）・格子定数・原子座標　201
- 9.3 鉱物の化学式，イオンの席選択性　203
- 9.4 構造相転移，多形　204
- 9.5 珪酸塩鉱物の分類と結晶の形　204

9.6 鉱物の基本構造，最密充填，
　　 結晶化学　205
9.7 結晶のかたちと結晶成長　207
9.8 鉱物を同定する，化学組成を決める，
　　 組織を調べる　210

10 生物の進化と地球史
10.1 先カンブリア時代と初期生命　214
10.2 顕生累代　215

11 陸水の表層循環と地層の形成
11.1 陸域の表層循環　222
11.2 地層の形成　225

12 造山運動と変成作用
12.1 プレートテクトニクスと
　　 造山運動　231
12.2 変成作用　235
12.3 まとめ　238

13 日本列島の形成と進化
13.1 日本列島の位置　239
13.2 日本列島の地帯構造区分　240
13.3 日本列島の始まり　241
13.4 付加型造山帯の形成開始　241
13.5 古生代付加体の形成　242
13.6 中生代付加体の形成　243
13.7 新生代の日本列島　245

14 海洋底の構造
14.1 海洋底の地形の特徴　247
14.2 海洋底を構成する物質　248
14.3 プレート拡大域の海洋底　249
14.4 深海底と海山群　250
14.5 プレート収束域の海洋底　251
14.6 海底地殻内流体　253

15 鉱物・エネルギー資源
15.1 文明と鉱物資源の利用　255
15.2 鉱物資源とは　256
15.3 エネルギー資源　259
15.4 わが国のエネルギー問題　263

付録A　静水圧平衡とアイソスタシー　264
　A.1　圧　　力　264
　A.2　静水圧平衡　265
　A.3　地球の圧力分布　266
　A.4　アイソスタシー　268
　A.5　静水圧近似　269

付録B　顕生累代の地質年代表　271

引用・参考文献　272

索　　引　281

基礎編

1 太陽とその惑星たち〜地球と太陽と太陽系

> 本章では，私たちが暮らす地球とは太陽系の中でどのような存在であるかを考える。そのために，まず私たちの生活に直接関わる暦や，太陽系に関わる天文学発展の流れを概観し，太陽系とそこに存在する天体について紹介する。次いで，太陽系の広がりと各天体の大きさとの関係について解説する。これにより，太陽や月，太陽系の惑星と地球との関係について理解を深める。

1.1 身近な天体としての太陽系

1.1.1 太陽，月の動きと暦

私たちの住むこの地球は，恒星である太陽のまわりを巡る一つの惑星である。地球に存在する生物の多くは，周期的な昼夜と季節変化のもとで進化してきた。人間もまた，太陽の光の恩恵を受け，月の満ち欠けのもとで暮らしてきた。月の満ち欠けは，約30日を単位とする周期[*1]を与える。一方，地球の公転面(**黄道面**)と**赤道面**が約23.4°傾いていることによって生ずる周期は，現在の地球では約365日ごとに繰り返す季節変化をもたらす。これら，地球の自転，公転と月の運動によってもたらされる周期を表すものとして，人間は暦を作ってきた。新月を1か月の始まりとした日付を用いる暦が**太陰暦**であり，1年の始まりを，春分を基準として決める暦が**太陽暦**である。日付を月の満ち欠けによって決め，春分，秋分等に基づいて1年の長さを調整する暦が**太陰太陽暦**である。

現在，世界で広く使われている暦は1582年に制定された太陽暦である**グレゴリオ暦**である。ただし，グレゴリオ暦の世界的な普及には300年以上の時間がかかった。日本では，1873 (明治6) 年に，太陰太陽暦である天保暦からグレゴリオ暦への切り替えが行われた。現在，一般に"旧暦"とよばれている暦法は天保暦である。暦の改良は，太陽や月の動きを精密に観測し，周期に現れる小数以下の端数[*2]に対してどう対応するかの歴史であったとも考えられる。

[*1] 新月(朔)と満月(望)を繰り返す周期。朔望月とよぶ。29日12h44m

[*2] グレゴリオ暦では，400年間に97回，1年を366日とする閏年を設定している。これにより，1年の長さは平均365.2425日となる。天保暦では，原則として19年間に7回の閏月を挿入し，閏月がある年は1年間を13か月とする。

1.1.2 星と太陽，惑星の動き

地球では，太陽に照らされた側の半球が昼であり，残りの半球は夜である(図1.1)。地球上で見た太陽の出没周期の平均が**1太陽日**であり，私たちはそれを24時間としている。一方，地球は自転と同じ向きに公転しているため，地球上で見る星座を作る星(恒星)は太陽より1年に1回多く回転しているように見える。この，恒星が地球を回る周期(地球の対恒星自転周期)が**恒星日**であり，24時間ではなくそれより約4分短い。

星座を作る，一見動かない星々の間をさまようように移動する星があることは古くから知られていた。**惑星**である。肉眼で見える明るさをもつ惑星は，水星，金星，火星，木星，土星の5つであり，太陽，月と合わせて**日月五星**とよばれる。

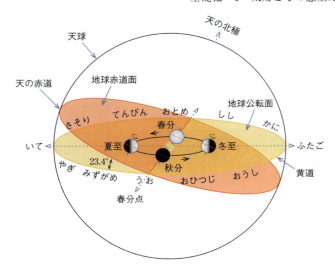

図 1.1 天球と地球公転面，赤道面の模式図。 春分の日に地球から見た太陽の方向を春分点といい，現在はうお座の方向にある。春分点は，秋分の日には太陽のちょうど反対側，真夜中の方向になる。春分点および秋分点において，地球は赤道面と黄道面の交線を横切る。

　太陽は，地球から見ると天球上の太陽の経路である黄道（図 1.1）の上を西から東に向かって運動しているように見える。黄道は，地球公転面が天球と交わる一つの大円である。また，地球の赤道面の延長が天球と交わる大円が天の赤道であり，地球自転軸の延長が天球と交わる点が天の北極と南極である。

　月と惑星も黄道の近傍を移動するが，これらの運動は太陽よりも複雑な変化を示す。特に惑星は時に東から西へと運動方向が逆転する**逆行**を起こす。これは，これら天体の公転面が互いに傾いていること，公転周期が異なることに起因し，公転軌道が楕円であることによってさらに複雑な様相を示す。

　ケプラー（J. Kepler）は，惑星の精密な観測を元に，**惑星運動の法則**を導いた（図 1.2）。

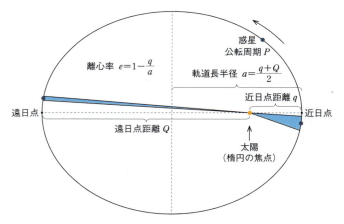

図 1.2 惑星軌道の模式図。 太陽と惑星を結ぶ直線が単位時間に描く部分（上図の水色の扇形）の面積は一定である。

> **第一法則** 惑星は，太陽をひとつの焦点とする楕円軌道上を運動する
> **第二法則** 惑星と太陽とを結ぶ線分が単位時間に描く面積は一定である
> **第三法則** 惑星の公転周期Pの2乗は，軌道長半径aの3乗に比例する

地球も，この惑星運動の法則に従って公転している。地球の軌道が真円ではなく**楕円**であるために，地球が太陽のまわりを1日に公転する角度は，第二法則に従って1年を周期としてわずかながら変化している。この変化は，地球から見ると太陽が天球上を進む速さの変化として現れ，地球赤道面の傾きの効果とあわせて結果として見かけの太陽の動き*や，暦の上にその影響が現れている。

具体的には，ある地点で太陽が**南中**する時刻は一定ではなく，最大16分程度の幅で進み遅れが発生する。この差を**均時差**という。日時計は常に正確ではないのである。現在の地球は**近日点**を1月上旬に通過するため，均時差は日常生活においても特に冬至の前後に実感することができる。昼の長さが最も短くなるのは冬至の日であるが，日没が最も早くなるのは冬至より約2週間早い12月上旬であり，逆に朝の日の出が最も遅くなるのは約2週間遅い1月上旬である。また，春分から秋分までの日数のほうが，秋分から次の春分までの日数より約7日も長い。

* 同じ時刻（たとえば正午）における太陽の位置は，1年の周期で南北に細長い8の字型の経路を移動する。この経路を**アナレンマ**という。

1.2 近代天文学の発展と新天体の発見

1.2.1 天王星・海王星の発見

ガリレオ（G. Galileo）が手製の望遠鏡を天体に向けて以来，近代天文学は望遠鏡の改良とともに発展してきた。望遠鏡を用いることにより，肉眼では見えない星の観測が可能となった。1781年，ウィリアム・ハーシェル（F. W. Herchel）は移動する天体を発見し，彗星として報告したが，正確な軌道が求められた結果，土星の約2倍の軌道長半径をもつ惑星であることが確認され，後にUranus（**天王星**）と命名された。

この頃，惑星相互間にはたらく重力による軌道のずれ（**摂動**）の正確な計算が行われるようになり，天王星の精密な観測から，天王星に摂動を及ぼす未知の惑星の存在が予想された。1846年，予測位置付近に新惑星が発見され，Neptune（**海王星**）と命名された。海王星の発見については，未知惑星の軌道を推定して予測位置を求める計算を独立に行ったアダムズ（J. C. Adams）とルヴェリエ（U. J. J. Le Verrier），および実際に観測を行ったガレ（J. G. Galle）がそれぞれ功績をあげたとされている。

1.2.2 小惑星の発見

1801年1月1日（19世紀最初の夜），ピアッツィ（G. Piazzi）が発見した恒星状の移動天体は，軌道が求められた結果，火星と木星の間に位置する小天体であることがわかった。同様の小天体はその後相次いで発見され，太陽系には多数の**小惑星**が存在することが明らかとなった。19世紀末ですでに463個に達していた小惑星の発見数は，20世紀後半以降，加速度的に増加した。軌道が確定して小

惑星番号が与えられたものだけでも20世紀末で2万個を超え，2017年現在約50万個に達している。

1.2.3 太陽系認識の拡大

海王星の発見により，太陽系の惑星は8個が知られるようになった。新天体発見のための努力が続けられる中，1930年，トンボー（C. W. Tombaugh）は彼が撮影した写真から海王星より遠方に存在する天体を発見し，Pluto（**冥王星**）と命名した。冥王星の軌道は，他の惑星と比較して軌道面の傾きと**離心率**が際立って大きいことは発見当初から知られていた。1990年代以降，巨大望遠鏡をはじめとした観測技術の飛躍的発展により，冥王星と類似した，あるいはさらに大きな軌道をもつ天体が次々と発見されている。

冥王星に匹敵する，またはより大きな天体が多数発見された結果，海王星までの惑星と冥王星との差異が明確となった。このため，惑星の定義についての議論が起こり，2006年水星から海王星までの8個の天体が"**惑星**"であるとされた。このとき同時に，**重力平衡形状**＊を示すが，類似した軌道に他にも天体が存在する天体として，"**準惑星**"が定義され，冥王星はそれに含まれるとされている。

＊ 質量が十分大きい天体が示すほぼ球状の形状。おおむね直径1,000 km以上の天体は重力平衡形状を示す（応用編2章参照）。

1.3 太陽系の惑星とその軌道の空間スケール

1.3.1 太陽と惑星の特徴

太陽系に存在する8個の惑星は，それぞれきわめて個性的な特徴をもっている（表1.1）。各惑星の詳細については応用編1章で解説する。惑星のうち，地球を含む，水星から火星までの4つは，岩石と金属を主成分とする惑星であり，**地球型惑星**に分類される。木星および土星は，水素とヘリウムを主成分とする**巨大ガス惑星**であり，**木星型惑星**とよばれる。さらに，天王星，海王星は水，メタン，アンモニア等からなる氷を主成分として含むため，**巨大氷惑星**として**天王星型惑**

表1.1 太陽と太陽系惑星の諸元

	赤道半径	自転周期[a]			赤道面傾斜角[b]	質量	密度[c]	反射能[d]
	km	日	時	分		地球＝1		
太陽	696,000	25.38			7.25	332,946	1.41	
水星	2,440	58.65			0.04	0.055	5.43	0.06
金星	6,052	243.02			177.36	0.815	5.24	0.78
地球	6,378	0.997	23	56	23.44	1.000	5.51	0.30
火星	3,396	1.026	24	37	25.19	0.107	3.93	0.16
木星	71,492	0.414	9	55	3.12	317.8	1.33	0.73
土星	60,268	0.444	10	39	26.73	95.16	0.69	0.77
天王星	25,559	0.718	17	14	97.77	14.54	1.27	0.82
海王星	24,764	0.671	16	7	27.85	17.15	1.64	0.65

a) 対恒星自転周期。日または時分で示す
b) 太陽および地球は地球公転面（黄道面）に対する傾き。他の惑星は，惑星公転軌道面に対する傾き。単位は度
c) 単位は $1,000\,\mathrm{kg\,m^{-3}}$
d) 惑星が太陽からの光を反射する比率

1.3 太陽系の惑星とその軌道の空間スケール

星とする分類が用いられている。

1.3.2 惑星の軌道と公転

太陽系における天体公転軌道の大きさは，太陽－地球間の平均距離（地球の軌道長半径）を単位として表される（表1.2）．この距離を**天文単位（AU）**という．軌道長半径 a を AU で表すことにより，惑星運動の第三法則は，年で表した公転周期 P と a の間で

$$a^3 = P^2$$

という式によって表される．

惑星は，小さな軌道をもつ内側の惑星ほど公転周期が短い．したがって，内側の惑星が常に外側の惑星を周回遅れにしながら追い抜いていく．地球が，より外側の惑星（外惑星）を追い抜くとき，その惑星は太陽のちょうど反対側に位置することとなり，**衝**となる．一方，内側の惑星（内惑星）が地球を追い越すとき，その惑星は太陽の手前側を通過する**内合**となる*1．衝や内合の時期に，その惑星は地球に最も接近する．これら，地球と惑星の相対的位置関係が繰り返す周期を**会合周期***2という．

地球軌道の**離心率**は 0.0167 であるため，地球はその**近日点**では**平均距離**（軌道長半径）より 1.67 %（約 250 万 km）太陽に近づき，**遠日点**では同じ比率だけ遠ざかる．火星は，離心率が 0.0934 であるため，近日点距離と遠日点距離は 4,000 万 km 以上異なる．このため，火星がその近日点付近で衝となるとき，地球－火星間の距離に約 5,500 万 km まで近づき，**大接近**とよばれる．一方，火星軌道の遠日点付近で衝となる際は約 1 億 km までしか接近せず，**小接近**となる．

表 1.2 太陽系惑星の軌道

	軌道長半径		公転周期a)		離心率	会合周期
	AU	億 km	年	日		日
水星	0.387	0.579	0.241	87.97	0.2056	115.9
金星	0.723	1.082	0.615	224.70	0.0068	583.9
地球	1.000	1.496	1.000	365.26	0.0167	
火星	1.524	2.279	1.881	686.98	0.0934	779.9
木星	5.203	7.783	11.86		0.0485	398.9
土星	9.555	14.29	29.46		0.0554	378.1
天王星	19.22	28.75	84.02		0.0463	369.7
海王星	30.11	45.04	164.77		0.0090	367.5

a) 対恒星公転周期

1.3.3 惑星の大きさと軌道のスケール

太陽や惑星そのものの大きさと，軌道の大きさはどのように比較できるだろうか．1/400 億の縮尺で縮小すると，太陽は直径 34.8 mm の球体となり，地球の直径は約 0.32 mm となる（表 1.3, 図 1.3）*3．このとき，太陽を野球場のホームベース先端に置いたとすれば，110 m あまりの軌道長半径となる海王星の軌道は外野フェンス付近まで達する（図 1.4）．太陽系は，まばゆく輝く卓球ボールただ一

*1 惑星公転軌道が黄道面に対して傾いているため，軌道面が黄道面と交わる方向（昇交点または降交点）付近で内合が起きなければ惑星は太陽の前面を通過しない．金星では，およそ 120 年に 2 回太陽面経過が起きる．最近では，2004 年 6 月 8 日と 2012 年 6 月 6 日に起きた．次回は 2117 年 12 月 11 日である．

*2 惑星の公転周期を P 年とすれば，会合周期 S（年）は次の式で求められる．

$$S = \frac{1}{\left(1 - \frac{1}{P}\right)}$$

（外惑星：$P > 1$ のとき）
または

$$S = \frac{1}{\left(\frac{1}{P} - 1\right)}$$

（内惑星：$P < 1$ のとき）

*3 卓球ボールの直径は 40 mm, 一般的な細字ボールペンのペン先に使われている鋼球の直径は 0.7 mm 程度である．

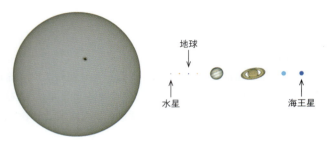

表 1.3　1/400 億スケールでの太陽・惑星とその軌道の大きさ

	軌道長半径	直径
	m	mm
太陽		34.8
水星	1.4	0.12
金星	2.7	0.30
地球	3.7	0.32
火星	5.7	0.17
木星	19.5	3.57
土星	35.7	3.01
天王星	71.9	1.28
海王星	112.6	1.24

図 1.3　1/400 億スケールの太陽と惑星。
太陽に近い側から，水星，金星，地球，火星，木星，土星，天王星，海王星を示す。

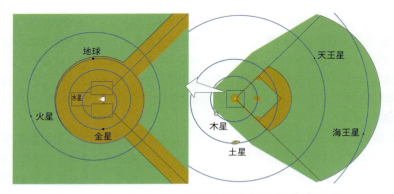

図 1.4　1/400 億スケールの太陽系惑星軌道と野球場の比較

つだけが照らし出す野球場なのである。この野球場では，地球は直径 0.3 mm 程度の砂粒にすぎない。この縮尺では，真空中の光速[*1]は約 7.5 mms^{-1} となり，太陽系に最も近い恒星であるケンタウルス座 α 星系までの距離は約 1,000 km となる。太陽系近傍の宇宙は，1,000 km 程度の間隔で卓球ボール程度の大きさの星が分布している空間であるといえる。

[*1]　約 30 万 kms^{-1}

1.4　地球と月

1.4.1　月形成モデル

　月は，地球にとって唯一の**衛星**であり，太陽系の地球型惑星においてただ一つの大型の衛星である[*2]。月の形成は，地球形成過程の最終段階で起こった出来事に関係している。月の化学組成，同位体組成についての理解が深まるにつれ，月は地球に火星クラスの原始惑星が衝突した**ジャイアントインパクト**によって放出された物質が地球近傍で再集積して形成されたとするジャイアントインパクトモデルが提唱されている[*3]。ジャイアントインパクトは，地球の自転にも大きな影響を与えたと考えられる。地球と金星では，自転の性質が大きく異なる（表1.1）こと，金星には衛星が存在しないこと，他の惑星の主要衛星が母惑星の赤道面とほぼ一致した軌道面をもつのに対し，月は地球赤道面よりむしろ黄道面に近い軌道面をもつことは，ジャイアントインパクトと関連しているのかもしれない。

　月形成モデルによれば，月が形成されたとき，月の軌道半径は現在よりはるか

[*2]　月の赤道半径は 1,738 km，月軌道の長半径は 38.44 万 km，対恒星公転周期 27 日 7 h 43 m

[*3]　1 回のジャイアントインパクトではなく，多数回の衝突によって原始地球の周囲に放出された物質から月が形成されたとするモデルも提案されている（Rufu ら，2017）。

1.4 地球と月

に小さく，その公転周期は短かった．このとき，地球の自転周期も現在の数分の一であったと考えられている．

1.4.2 潮汐相互作用

大きさをもつ天体どうしが互いに重力を及ぼし合うとき，**潮汐力**が生じて天体を結ぶ方向に見かけ上，張力がはたらく．潮汐力は，天体質量の積に比例し，天体間の距離の3乗に反比例する．すなわち，天体間の距離が半分になれば潮汐力は8倍となり，距離10分の1では1,000倍にまでなる．現在の地球－月間の距離であっても，月はその潮汐力で地球の海に干満をもたらし，地形などの条件によってはその差は時に10 mを超える．月による潮汐力は，固体地球にも数10 cmの変形をもたらす．

海水が動いて海に干満が起こるには時間が必要であり，地球の自転周期は月が地球を回る公転周期より短いために，月による満潮が起こる場所は月に対して地球の自転方向にずれる（図1.5）．このずれにより，月に対してはたらく地球の重力には月の公転を加速する方向の成分が現れる．この成分は，地球に対しては自転にブレーキをかける摩擦力として作用する．これらの作用を通じて，地球は自身の自転**角運動量**を月に与え続けていると考えることもできる．

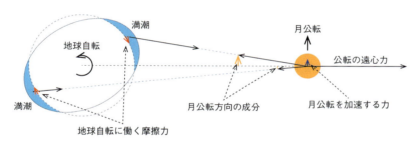

図1.5　地球と月の潮汐相互作用の模式図．月公転を加速する力は，月に近い側の月公転の前方に位置する満潮部分と，反対側で月公転の後方の満潮部分からそれぞれ月にはたらく引力に含まれる，月公転方向の成分の差として現れる．

地球による月の公転の加速は，月の公転軌道を拡大し，結果として月の公転周期は伸びていく．月は，現在1年間に約4 cmの割合で地球から遠ざかっている．また，地球の自転周期は100年あたりおよそ0.0015秒ずつ長くなっている．地質学的過去の1日の長さや1年間の日数の推定は容易ではないが，9億年前には1日が約19あるいは21時間，24億5千万年前には約17ないし19時間であったという推定がある（Williams, 2004）．

このような潮汐相互作用により，母惑星の自転周期より短い周期で公転している衛星*，および惑星の自転方向とは逆方向に公転している衛星は，公転運動のエネルギーを失い，軌道が小さくなっていく．火星の衛星フォボスや，海王星の衛星トリトンがこれに該当するため，これらの天体は次第に惑星に近づきつつあり，やがて落下してしまうと考えられている．月は地球のごく近傍で形成されたとされるが，当時の地球自転周期よりは長い周期をもって公転していた．このため，月は再び地球に落下することなく地球から遠ざかり続け，現在の軌道に到達

* その惑星の静止衛星高度よりも低い高度で公転している衛星．

した。地球に海洋が成立したとき、そこでは、現在よりはるかに近い位置にあった月による激しい干満が起こっていたであろう。また、月の自転周期は、地球が月に及ぼす潮汐作用によって月の公転周期と同じ長さに固定されている[*1]。このため、月は地球に対し常に同じ面を向けている[*2]。

[*1] 木星など巨大惑星の主要衛星も、自転周期はそれぞれの公転周期と同じ値となっている。

[*2] 月軌道が楕円であることと、月軌道の傾きによって月は秤動とよばれる首振り運動をしている。秤動と地平視差の効果により、地球からは月表面の約58%の面積が観測可能である。

1.4.3 月の運動と日食, 月食

太陽に照らされている天体は、その天体の断面を底面とし、その天体から見た太陽の視直径を頂角とする円錐形の**本影**（本影錐）を、太陽の反対側の宇宙空間に延ばしている。地球から見た月と太陽の見かけの大きさはほぼ同じであり、平均視半径は太陽の方がわずかに大きいが、その差は約2.9%である。これは、月の直径は、太陽のほぼ1/400であり、現在の月の軌道長半径も地球が太陽を回る軌道長半径のほぼ1/400であることによる。

月の軌道は、離心率0.055程度の楕円であるため、地球－月間の距離は最大10%以上も変化し、見かけの大きさも距離に反比例して同じ比率で変化する。また、月の軌道面は地球の軌道面である黄道面に対して5°あまりの傾きをもっている。このため、黄道面と月軌道面の交点付近で朔または望となって初めて月が太陽の前面を通過する**日食**、または月が地球の影の中を通過する**月食**が起こる。

このとき、月の本影錐が地球に到達していれば、本影内に入った地域からは月が太陽を完全に隠す**皆既日食**が見られる。月が遠い位置で日食が起こると、月の本影錐は地球に届かず、月が見かけ上太陽よりも小さい**金環食**となる。月の本影錐の先端がぎりぎり地球に届く程度の距離であった場合は、地表面から月までの距離は場所によって異なるため[*3]、一度の日食で短時間の皆既日食と金環食の両方が起こることがある。

[*3] 月が天頂に見える地点は、月が水平線上に見える地点より地球半径分だけ月に近い。

月食の時に見られる欠け際の形は、月軌道の位置における地球の本影錐の外形である。その直径は地球の直径のおよそ3/4となるが、なお月視直径の約2.7倍の大きさをもつ。月食の際、月面上の欠けた部分から太陽を見ていたとすると、太陽が地球によって完全に隠されていることになる。**皆既月食**では、月全体が地球の本影に入り、夜空に赤銅色に輝く月が浮かんでいるように見える。このとき月面からは、鮮やかな夕焼け色に輝くきわめて細いリングの形をした地球が見られるであろう。

1.4.4 太陽系の力学における月の役割

月の存在は、天体力学的にも地球に対し大きな影響を与えている。公転面に対して傾いた赤道面をもつ惑星は、太陽重力の影響などを受けて赤道面傾斜角などが変動する。自転軸の向きが示す回転運動は、**歳差**とよばれる。地球は、太陽から受けるよりもおよそ2倍の大きさの作用を月から受け、歳差運動の周期が他の惑星より短い約26,000年となっている。一方で、月からの強い影響は地球の赤道面傾斜角の変動幅を±1°程度というきわめて狭い幅で安定させている。月のような衛星をもたない火星は、過去300万年ほどの間、赤道面傾斜角が10万年以上の周期で最大±10°に達する変動を示し、より長い期間では傾斜角が80°にも達していた可能性があることが指摘されている（伊藤, 2004）。

1.5　新たな地平：太陽系探査

　20世紀後半以降，太陽系天体は地上から観測するだけの対象から，**探査機**を到達させて行う至近距離からの観測や，**着陸機**による**直接探査**，さらには試料を地球に持ち帰る**サンプルリターン**の対象へと変貌してきた。月，惑星観測のための探査機は，地球から打ち上げる**宇宙機**の一種である。宇宙機は，**第一宇宙速度**を超える速度を得て**人工衛星**となる。さらに，第一宇宙速度の$\sqrt{2}$倍である**第二宇宙速度**を超える速度まで加速することができれば，地球の**重力圏**から脱出し，太陽の**重力ポテンシャル**が支配する**惑星間空間**へと進出していく。

　惑星探査機やそれを加速する打ち上げロケットの性能とその運動は，熱力学とニュートン力学によって規定される。惑星間空間に進出し，遠い惑星にまで到達するために必要な速度を得ることには，現在でも大きな困難が存在する。また，1.3節で解説したように，特に木星以遠の天体は地球軌道よりはるかに大きな軌道を公転している。はるか遠くの天体や，大きな重力ポテンシャルの障害が存在する太陽近傍へ到達するために，適切な打ち上げ時期を選び，巧妙な軌道制御によって惑星の重力の助けを借りて[*1]，効率的に目的天体に向かうことが行われている。それでもなお，惑星間空間の航行にはエネルギーと時間が障壁として存在するものの，太陽系天体の直接探査は急速に進展しており，次々と新たな成果が得られつつある[*2]。

*1　スウィングバイという。

*2　応用編1章参照。

演習問題

1.1　軌道長半径 100 AU，近日点距離 1 AU，離心率 0.9 の軌道をもつ天体の公転周期は何年か。また，この天体の遠日点距離を求めよ。

1.2　火星が大接近したとき，地球－火星間の電波による通信には往復でどれだけの時間がかかるか。また，火星－地球間の最大距離である約 4 億 km まで離れた場合にはどれだけの時間がかかるか。

1.3　木星に対する土星の会合周期は何年か。

1.4　新月（朔）の時，月の表側から地球を見たとすると，地球はどのような形に見えるか。また，月から見た地球の見かけの直径は，地球から見た月の見かけの直径の何倍となるか。

1.5　月齢の若い細い月において，欠けた部分がうっすらと見えるのはなぜか。

1.6　皆既日食が起こるとき，太陽は東西どちら側から欠け始めるか。また，皆既月食の際は，月はどちら側から欠け始めるか。

2 宇宙の始まりと進化

> 宇宙はビッグバンとよばれる火の玉から始まり，膨張とともに冷えて星や銀河などさまざまな構造を形成していった，というのが現代宇宙論の基本的な枠組みである。太陽系や地球の歴史を宇宙史全体の中でとらえる視点を得るため，この章では宇宙の始まりとその進化について解説する。

2.1 宇宙膨張の発見

*1 銀河は星の集まりであるが，我々の太陽系が存在する銀河のことを特に**銀河系**，もしくは**天の川銀河**とよぶ。

宇宙には銀河系のほかに，無数の銀河が存在している[*1]。1920年代，ハッブル(E. Hubble)は多くの銀河を観測してその距離と速度を求めた。その結果，ほぼすべての銀河が我々の銀河系から遠ざかっていることがわかり，しかもその速さ（後退速度）が銀河までの距離に比例して大きくなることを見出した（図2.1）。これを**ハッブルの法則**(1929年)といい，式で表すと

$$v = H_0 d \tag{2.1}$$

となる。ここで v, d はそれぞれ銀河の後退速度と距離である。H_0 は**ハッブル定数**で，最近の観測では $70\,\mathrm{km\,s^{-1}Mpc^{-1}}$ 程度と見積もられている[*2]。この数値の意味は，銀河の距離が $1\,\mathrm{Mpc}$ だけ遠くなるごとに後退速度は $70\,\mathrm{km\,s^{-1}}$ だけ速くなっていくということである。

*2 Mpc はメガパーセクと読み，1 パーセク ($\approx 3.09 \times 10^{16}\,\mathrm{m}$) の 10^6 倍である。パーセクは年周視差が 1 秒角（1 度の 360 分の 1）になる距離である。ただしハッブルの時代には銀河の距離の見積もりが未熟だったためハッブル自身の H_0 の見積もりは $500\,\mathrm{km\,s^{-1}Mpc^{-1}}$ 程度だった。

ハッブルの法則は何を意味しているのだろうか。すぐに思いつく1つの解釈は我々の銀河系が宇宙の中で嫌われ者であり，他の銀河から避けられているというものである。しかしこれは非常に不自然である。天文学の歴史は，いかに我々が特別な存在ではないかということを明らかにしてきた歴史である。天動説においては地球が宇宙の中心であり，太陽や惑星，その他の天体はすべて地球のまわりを回っているものとされた。しかしその後登場した地動説では地球は太陽のまわりを回る惑星の1つにすぎない。さらに太陽のように自らエネルギーを生んで光り輝く恒星は銀河系に約2,000億個存在し，我々の太陽は銀河系を構成する

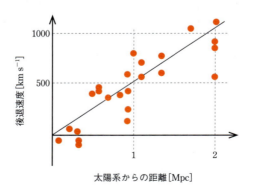

図2.1 銀河の距離と後退速度の関係を表すハッブル図
（データは Hubble, 1929 より）

2,000億個の恒星の1つにすぎない。さらに銀河系のような銀河も宇宙に無数に存在する。このように考えると，嫌われているにせよ好かれているにせよ，我々の銀河系を他の銀河と比べて特別だと考えるのは不自然である。

　実はハッブルの法則は宇宙が膨張していることを示している。宇宙膨張はなかなかイメージしにくいが，宇宙に方眼紙のような目盛りが張り巡らされており，その目盛りの間隔が広がっていると考えればよい。図2.2はこのような宇宙膨張のイメージを表す。銀河は目盛りの格子点に置かれているとする。宇宙膨張によって目盛りの間隔が広がると銀河の間の距離が広がり，確かに我々の銀河系からほかの銀河が遠ざかるが，それだけではなくどの銀河もお互いに遠ざかるのである。したがって銀河系は特別な存在ではないということになる。しかも，もともと近かった銀河どうしは宇宙が膨張すると少し離れるが，もともと遠かった銀河どうしは離れ方が大きい*。これはハッブルの法則そのものである。したがって宇宙が膨張するという考え方は，系外銀河が銀河系から遠ざかっていること，それにもかかわらず銀河系が特別な存在ではないこと，そして銀河の後退速度がその距離に比例するというハッブルの法則などすべてを明瞭に説明するのである。

＊　太陽系や銀河のように重力によって強く結ばれているシステムの大きさは変化しない。

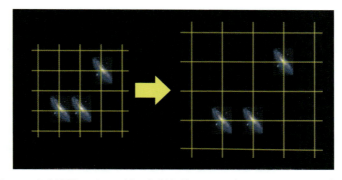

図2.2　宇宙膨張のイメージ。宇宙膨張によって銀河はお互いに遠ざかり，遠ざかるスピードは距離に比例する。

2.2　一般相対性理論

　実は，宇宙の膨張はハッブルによる発見以前に理論的に予言されていた。その発端は1915年に発表されたアインシュタイン（A. Einstein）の**一般相対性理論**である。相対性理論，いわゆる相対論には特殊相対論と一般相対論があり，前者は1905年に発表されている。特殊相対論はニュートン力学の拡張で，光速に近いスピードをもつ物体の運動を扱うことができるが，その名のとおり「特殊」な状況でのみ適用可能な理論である。どういう意味で特殊かというと，重力が関与しないような現象のみを扱えるということである。一方，一般相対論は特殊相対論を重力がかかわる現象にまで拡張した理論である。重力といえばニュートンの万有引力の法則が有名であるが，地球上の現象や太陽系における惑星の運動などの比較的弱い重力であれば一般相対論とニュートンの万有引力の法則はほぼ一致する。より強い重力や宇宙そのものを記述するには一般相対論が必要になるのである。

一般相対論においては重力は時空の曲がりであるとされる。質量があるとそのまわりの空間が曲がり，そこを運動する物体の軌道が曲げられる。これは，平らな面の上にボールを転がすとボールはまっすぐ転がるが，デコボコした面の上であればボールはまっすぐ転がらないのと同様なイメージである。一般相対論の基礎方程式は**アインシュタイン方程式**であり[*1]，

$$G_{\mu\nu} = \frac{8\pi G}{c^4} T_{\mu\nu} \tag{2.2}$$

と表される。ここで $G_{\mu\nu}$ はアインシュタインテンソル，G は万有引力定数，c は光速度，$T_{\mu\nu}$ はエネルギー・運動量テンソルである[*2]。詳しくは述べないが，左辺は時空の曲がりを表しており，右辺は物質の分布を表している。つまり，物質の分布により時空が曲がり，また逆に時空の曲がりによって物質の分布が変化（つまり運動）するのである。

　このアインシュタイン方程式を宇宙全体に適用する。宇宙には恒星，惑星，銀河など複雑な構造があるが，非常に大きなスケールでみれば一様であり，また等方である。一様等方な宇宙に対してアインシュタイン方程式を適用すると，以下の**フリードマン方程式**が得られる。

$$\left(\frac{1}{a}\frac{da}{dt}\right)^2 = \frac{8\pi G}{3}\rho \tag{2.3}$$

ここで a はスケール因子とよばれ，宇宙に張り巡らされた目盛りの間隔を表す[*3]。また ρ は宇宙に存在するエネルギーの密度である。左辺の da/dt はスケール因子 a の時間微分であり，これが正ならば目盛りの間隔が広がる，つまり宇宙が膨張していることになる。逆に負であれば宇宙は収縮する。したがってこの方程式は宇宙の膨張や収縮が，宇宙に存在するエネルギー密度によって決まることを意味している。特に，宇宙に少しでもエネルギーがあれば宇宙は静止できず膨張もしくは収縮せざるをえないことがわかる。アインシュタイン自身は当初，宇宙が膨張するとは考えておらず，この式を改良しようとしたが，その後ハッブルにより宇宙膨張が発見されたのである。

　このようにして 20 世紀の前半に一般相対論の提唱と宇宙膨張の発見がなされ，現代宇宙論の基礎が築かれた。ここで，宇宙膨張発見の意義をあらためて強調しておく。それまでの我々の素朴な宇宙観は，宇宙ではさまざまな天体現象が起こっているが，宇宙そのものは永遠不変であり静的なものである，というものであった。ところが宇宙膨張が発見されるとそのような宇宙観は根本的に覆り，宇宙そのものがダイナミックに変化するという認識がもたれるようになったのである。

　宇宙が膨張しているということは，昔の宇宙はもっと小さかったということである。より正確にいえば，目盛りの間隔が昔ほどより狭かったということになる。この事実が宇宙の歴史について何を示唆するのかを知るためには，物質の構造と電磁波について理解しておかなければならない。

[*1] 以下に登場する 2 つの式は，今の時点では正確に理解する必要はないので雰囲気だけ味わってもらいたい。

[*2] 数学的には $G_{\mu\nu}$ と $T_{\mu\nu}$ はテンソルとよばれる量であるが，今の段階では行列のようなものと考えればよい。

[*3] 現在の宇宙のスケール因子は 1 とされる。

2.3　電磁波と物質のミクロな構造

　電磁波とは電場と磁場が波として伝わる現象であり，1 秒で約 30 万 km 進む。

2.4 ビッグバン

人間の目に見える光（可視光）も電磁波の一種であるが，同じ電磁波でも波長によってさまざまに性質が変わり，波長の長い方から**電波，赤外線，可視光，紫外線，エックス線，ガンマ線**とよばれている。可視光の範囲内では赤が最も波長が長く，紫が最も波長が短い。したがって赤い光よりも波長の長い電磁波を赤外線，紫の光よりも波長の短い電磁波を紫外線とよぶのである。また，波長の短い電磁波ほど高いエネルギーをもっている。エックス線やガンマ線などのエネルギーの高い電磁波は人体に悪影響を及ぼすのである。

次に物質のミクロな構造について見ていく（図2.3）。物質はすべて分子からできている。たとえば水であれば H_2O である。分子は1つまたは複数の原子からなっている。水分子であれば酸素原子が1つ，水素原子が2つである。原子は中心の原子核とそのまわりを回る複数の電子からなっており，原子核は複数の陽子と中性子が結合したものである[*1]。陽子と中性子はさらに細かく分解でき，それぞれ3つのクォークが結合したものである[*2]。それ以上分解できない粒子のことを**素粒子**というが，電子やクォークは素粒子であると考えられている。

*1 水素では原子核は陽子そのものであり電子が1つだけ回っている。

*2 クォークは6種類あり，陽子と中性子は異なるクォークの組み合わせで構成される。

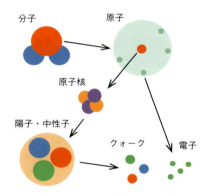

図2.3 物質の構造のミクロな構造

分子を形成するための原子どうしの結合，原子内の原子核と電子の結合，原子核を構成する陽子と中性子の結合，陽子と中性子をつくる3つのクォークの結合は一般にこの順番で，つまりミクロなスケールにいくほど強固なものである。その結合エネルギー以上のエネルギーを与えると，結合は切れて分解される。たとえば，紫外線を水分子に当てると酸素と水素の結合が切れ，原子は紫外線やエックス線によって電子を失って電離し，また原子核はガンマ線によって破壊される[*3]。

以上の電磁波，物質のミクロな構造の話と前節の宇宙膨張の話を組み合わせるとどのようなことが示唆されるだろうか。

*3 どのくらいのエネルギーの電磁波を当てると結合を切ることができるかは分子や原子，原子核の種類による。

2.4 ビッグバン

現在の宇宙空間には波長1mm程度の電波が飛び交っており，これは**宇宙マイクロ波背景放射**とよばれている。なぜこのような電波が宇宙を満たしているのかは後の説明に譲るとして，宇宙の歴史を遡るとこの電波がどうなるのかを考える。

宇宙膨張の項で述べたように，宇宙の歴史を遡ると宇宙に張り巡らされた目盛りの間隔が縮むが，このときそこに存在する電磁波の波長も同じように縮む。たとえば，現在の宇宙のスケール因子は1であるが，これが0.1だったときには宇宙を満たす電磁波の波長は0.1 mm程度であったのである。波長が短いほど電磁波のエネルギーは高いので，現在の宇宙を満たしている電波は過去に遡るにつれて赤外線，可視光，紫外線，エックス線，ガンマ線と，エネルギーの高い電磁波になっていく。つまり昔の宇宙は高エネルギーのガンマ線が飛び交う危険なところだったのである。

また，現在の宇宙にはさまざまな原子や分子が存在している。マイクロ波背景放射の電波はエネルギーが低いので，このような原子や分子を壊すことはできないが，宇宙の歴史を遡れば電磁波のエネルギーはどんどん高くなっていく。すると過去に遡るに連れて分子は破壊され，電子は原子から弾き飛ばされ，原子核は陽子と中性子に分解し，やがてすべての物質は素粒子にまで分解される。

つまり宇宙の始まりは，高エネルギーのガンマ線と素粒子が混合した高温高密度の火の玉のようなものだったと考えられる。これが**ビッグバン**である。ビッグバンで始まった宇宙は宇宙膨張によって冷えていき，現在に至る。現在の宇宙はビッグバン後，約138億年であると考えられている。ビッグバン理論はルメートル (G. H. Lemaître) やガモフ (G. Gamov) によって提唱されて以来，多くの研究者によってさまざまな理論的・観測的研究が行われてきた。

では，宇宙は本当にビッグバンで始まったのであろうか。ビッグバンの約138億年後に生きる我々はどうしたらそのことを確かめることができるのだろうか。ビッグバン理論の有力な観測的証拠は主に2つある。

1つは宇宙マイクロ波背景放射の存在である。先に述べたようにこれは現在の宇宙を満たす電波であった。ビッグバン理論によれば宇宙の始まりにはガンマ線が飛び交っていたので，宇宙膨張によってガンマ線の波長が伸び，エネルギーの低い電磁波が現在の宇宙を満たしているはずなのである。このマイクロ波背景放射は1964年にペンジアス (A. A. Penzias) とウィルソン (R. W. Wilson)* によって発見された。

もう1つの証拠は水素やヘリウム，リチウムのような軽元素の存在比である。宇宙に存在する物質のほとんどは水素で，質量にして73%程度をしめる。またヘリウムが25%であり，残りがその他の元素である。なぜこのような比になっているのかがビッグバン理論によって説明できる。宇宙のごく初期には物質はすべて素粒子に分解していたが，ある程度冷えると陽子や中性子が形成される。そしてビッグバンから3分後くらいになると今度は陽子や中性子が合体してヘリウム原子核が形成される。宇宙はその間も膨張し続け物質の密度や温度が下がっていくので，このような原子核反応はある時点でストップする。一般相対論や原子核物理学に基づいた計算によると，これがちょうど現在の宇宙のヘリウムの存在比25%程度になるのである。このプロセスを**ビッグバン元素合成**という。

以上のようにしてビッグバン理論は観測的に検証され，現在の宇宙論の標準的枠組みとなっているのである。

＊ 彼らはこの業績により1978年にノーベル物理学賞を受賞した。

2.5 宇宙の進化

　最後に，ビッグバン理論に基づいて138億年にわたる宇宙の歴史を大まかにみていく。初期の宇宙は高温高密度で物質はすべて素粒子に分解していたが，宇宙膨張とともに温度が下がりさまざまな構造を形成していく，というのが基本的なシナリオである。以下，ビッグバン以降に起こった主な現象について概略を述べる。

- **1マイクロ秒：陽子と中性子の形成**
　クォークから陽子と中性子が形成される。これを**クォーク・ハドロン相転移**とよぶ。

- **3分：軽元素の合成（ビッグバン元素合成）**
　宇宙の温度が10億度程度まで下がると，陽子や中性子が融合してヘリウム原子核やリチウム原子核が合成されるようになる[*1]。それ以上重い元素はまだ存在しない。

- **40万年：原子の形成**
　宇宙の温度が3,000度程度まで下がると，原子核と電子が結合して中性の原子を形成するようになる。この現象を**再結合**という。この時点で存在する原子核は主に水素原子核（陽子）とヘリウム原子核なので，形成される原子も水素原子やヘリウム原子である。
　また，電磁波は荷電粒子とは衝突しやすいが中性の原子とは衝突しにくい。したがって再結合以前は電磁波は原子核や電子とさかんに衝突してまっすぐ進めない状態であったのが，再結合以降はほぼまっすぐ進めるようになる。これはまるで霧が立ち込めていたのが晴れ上がるようなものなので，**宇宙の晴れ上がり**とよばれる。
　晴れ上がりの時点で電磁波は波長1μm程度の赤外線であった[*2]。これ以降，電磁波は宇宙膨張とともに波長を伸ばしつつ宇宙空間を自由に飛び交う。そして現在では波長が1mm程度である。これが宇宙マイクロ波背景放射である。

- **40万年〜1億年：暗黒時代**
　宇宙膨張とともに電磁波の波長はどんどん伸び，人間の目には見えない波長の長い電磁波となる。そして星や銀河など光り輝く天体はまだ形成されない。この時代を**宇宙の暗黒時代**とよぶ。しかし水素原子やヘリウム原子のガスは重力によって徐々に集まり，天体形成に向けた準備が着々と進められている。

- **1億年：初代天体の形成**
　ビッグバン後1億年程度でようやく天体ができ始める。重力によって集まったガスの密度がある程度まで高くなると，核融合反応が起き，水素原子核からヘリウム原子核が形成される。このときに解放されるエネルギーによって天体は光り輝く。これが恒星である。ただし恒星といってもこの時期に形成された第一世代の恒星[*3]は現在の恒星，たとえば太陽のような恒星よりもはるかに重いものだと考えられている。このあたりは天文学の最先端でありまだ解明できていないことが多いが，第一世代の恒星は太陽の数10倍から数100倍，場合によっては1,000倍もの巨大な質量をもつ可能性があるとされている。重い恒星の

[*1] ただしリチウムはごく微量しか合成されず，水素の10億分の1程度しか存在しない。

[*2] $1\,\mu\text{m} = 10^{-6}\,\text{m}$。

[*3] 初代天体は第一世代星やファーストスターなどともよばれる。

中ではヘリウムよりも重い原子核も次々に合成され，爆発によってさらに重い元素が合成されるとともに合成された元素が宇宙空間にばらまかれる。

- **10億年：宇宙再電離**

    第一世代の恒星のように重い恒星からは紫外線が大量に放出される。当時の宇宙空間は水素原子やヘリウム原子の中性ガスで満たされていたが，恒星からの大量の紫外線によって原子は再び電子を失い電離する。これを**宇宙再電離**とよぶ。宇宙空間の物質が電離した状態は現在も続いている。

- **92億年：太陽系の誕生**

    太陽も宇宙空間のガスが重力によって収縮することで誕生した。しかし第一世代の恒星と異なり，そのガスにはそれまでの恒星の内部や爆発で合成された重い元素が含まれていた。太陽を形成したガスの残りから地球を始めとする惑星も誕生した。地球には水素やヘリウムは少なく，酸素やケイ素，マグネシウム，鉄などの重い元素ばかりである。これらの元素は太陽形成以前の恒星の活動によるものなのである。

- **138億年：現在の宇宙**

    恒星の中で核融合により水素はヘリウムに変換される。銀河系の中だけでも恒星は2,000億個あり，また銀河も宇宙には無数に存在するので水素は漸次消費されていく。宇宙初期には水素が物質のほとんどを占めていたが，やがて宇宙全体における水素の量は少なくなっていくはずである。しかし現在の宇宙にも依然として大量の水素がある。これはまだ宇宙そのものが若く，これからもさまざまな天体活動が続いていくということを意味する。

以上がビッグバン理論に基づく標準的な宇宙の進化シナリオである。これは大枠としては正しいと考えられているが，まだまだ理解が不十分である部分も多い。特に宇宙の暗黒時代や初代天体，宇宙再電離については観測データが乏しく理解が進んでいない。そして，そもそもなぜ宇宙はビッグバンで始まったのかという問題もあり，ビッグバン以前に宇宙が加速膨張をしたというインフレーション理論の研究も進んでいる。近年，観測技術や大規模計算機が急速に発達し，これらの大きな謎についても解き明かされていくことが期待される。

2.6 まとめ

宇宙はビッグバンとよばれる熱い火の玉から始まり，その後，宇宙膨張とともに冷えていったというのが現代宇宙論の基本的な枠組みである。このようなシナリオは，量子論や相対性理論の登場を受けて20世紀半ばに確立されたもので，人類の宇宙観は大幅に変わった。宇宙の歴史は138億年という長いものであるが，太陽系や地球の歴史もそれに匹敵するものであり，地球惑星科学において「宇宙全体の歴史の中での太陽系や地球」という観点も重要であろう。

基礎編

3 恒星としての太陽とその一生

光り輝く太陽は，人類活動の源ともいえる。銀河系には，太陽のような恒星[*1]が 2,000 億個以上存在すると考えられている。恒星は，その誕生・成長の過程で周囲にガスと固体微粒子からなる円盤を生成させる。惑星は，その円盤の中で誕生すると考えられている。また，恒星の一生はその質量に依存しており，太陽程度の質量をもつ星は，赤色巨星段階を経て大量のガスを星間空間に放出し，中心部には白色わい星が残る。一方，太陽よりも十分に重い星は，赤色巨星段階後に超新星爆発を起こし，外層のガスは星間空間にもどる。また，中心部には中性子星やブラックホールが残る。どちらの場合も，星間空間にもどったガスから次の世代の星や惑星が誕生する。この章では，誕生からその終末までの恒星の進化について学習する。

*1 実際には，銀河系にある典型的な星（もっとも数が多い星）の質量は太陽の半分程度であり，太陽は一般的な星よりもわずかに重い星である。

3.1 星の誕生

星は分子雲，分子雲コアというガスのかたまりの中で誕生する。分子雲は，星間空間に存在するガスよりも 100 倍ほど密度が高い。また，分子雲の中でさらに密度が高い部分を分子雲コアとよび，この分子雲コアが星形成の直接の母体となる。図 3.1 は，有名な馬頭星雲である。この図で，馬の頭のように見える黒い部分が分子雲である。この黒い部分には物質が存在していないわけではなく，冷たく濃いガスが存在しており，そのガスが背景の光を遮るために可視光では黒く（暗く）見える。分子雲は，銀河内の至るところに存在するが，過去に存在した星が **超新星爆発** を起こし，ガスが衝撃波によって圧縮するなどして形成したと考えられている。分子雲，分子雲コアの温度は 10 K 程度であり，非常に低温である。つまり，高温の星は低温のガスから誕生する。

分子雲コアは，自身の重力[*2]によって収縮する。収縮を開始したばかりの段階では，ガスの内部エネルギーは輻射によって外部に輸送され，ほぼ 10 K の等温

*2 分子雲が収縮して星が誕生するかどうかは，分子雲の重力と圧力で決まる。分子雲は，周囲より密度が高いため自身の重力（自己重力）が強い。また，低温であるため圧力（勾配力）が弱い。そのため，自己重力が圧力勾配力に打ち勝ち，ガスが収縮し星を誕生させる。

図 3.1 分子雲として有名な馬頭星雲（国立天文台広報普及室提供）

図 3.2 原始星からのアウトフロー（国立天文台すばるギャラリーから）

で収縮を続ける。収縮が進み密度が十分に濃くなると輻射によるエネルギー輸送が効率的でなくなり，ガスはほぼ断熱的に収縮し温度が上昇する。分子雲コアがさらに収縮して，中心部の温度が 10,000 K 以上の高温になると圧力勾配力と重力がつり合って収縮が止まり，赤ちゃん星である**原始星**が誕生する。原始星は，誕生時は木星とほぼ同じ質量（太陽質量の約 1/1,000）程度しかもっていないが，誕生後およそ 100 万から 1,000 万年かけて周囲のガスが降り積もることで質量を増大させ，最終的には太陽程度の質量をもつようになる。

星が誕生する際に，原始星の周囲ではさまざまな現象が観測されている。星が誕生する過程で，原始星から**ジェットやアウトフロー**（以後，アウトフローと記述）[*1]とよばれる激しいガスの放出現象が起こる。図 3.2 は，原始星からのアウトフローの観測である。図の中心部に原始星が存在する。アウトフローは時速 10 万 km 以上の速度をもち，原始星の大きさのおよそ 100 万倍以上の距離まで到達する。星が誕生している領域では，このようなアウトフローが数多く観測されている。また，原始星の周囲では**原始惑星系円盤**が成長する。図 3.3 は，おうし座 HL 星という原始星のまわりの原始惑星系円盤[*2]の観測である。若い星のまわりには，このような円盤状の構造が付随している。また，惑星は原始惑星系円盤の中で誕生すると考えられている。

これら，アウトフローや原始惑星系円盤の形成は，星の誕生の母体となる分子雲コアの**角運動量**（回転）と関係している。観測から分子雲コアは緩やかに回転していることがわかっている。分子雲コアは衝撃波などの激しい現象によって形成するため，形成の過程で角運動量を獲得することは自然であると考えられる。観測から分子雲コアのサイズは $\sim 10^4$ AU[*3]（$\sim 10^{12}$ km）程度で，およそ 100 万から 1000 万年程度で 1 回転する程度の角速度（$\Omega_{\mathrm{mc}} \sim 10^{-14} \mathrm{s}^{-1}$）をもつことがわかっている。これに対して，原始星はおよそ 1–10 日程度（角速度に変換すると $\Omega_{\mathrm{ps}} \sim 10^{-4}$–$10^{-5} \mathrm{s}^{-1}$），太陽は 30 日程度（角速度に変換すると $\Omega_{\mathrm{sun}} \sim 10^{-6} \mathrm{s}^{-1}$）でその外周が回転（自転）している。

試しに角運動量保存の法則から分子雲コアが太陽程度まで縮んだ場合に，どの程度の回転周期になるか見積もってみよう。角運動量の保存から以下の式が成り立つ（簡単のため単位質量で考える）。

$$R_{\mathrm{mc}}^2 \Omega_{\mathrm{mc}} = R_{\mathrm{ps}}^2 \Omega_{\mathrm{ps}} \tag{3.1}$$

ここで，R_{mc}, R_{ps}, Ω_{mc}, Ω_{ps} は，それぞれ，分子雲コアの半径，原始星の半径，分子雲コアの回転角速度，原始星の回転角速度である。簡単のため，Ω_{mc}, Ω_{ps} は一定値で剛体回転していると仮定する。式 (3.1) に，観測から得られている値 $R_{\mathrm{mc}} = 10^{12}$ km, $R_{\mathrm{ps}} = 10^6$ km, $\Omega_{\mathrm{mc}} = 10^{-14} \mathrm{s}^{-1}$ を代入すると，原始星の角速度は

$$\Omega_{\mathrm{ps}} = \left(\frac{R_{\mathrm{mc}}}{R_{\mathrm{ps}}}\right)^2 \Omega_{\mathrm{mc}} \tag{3.2}$$

$$= \left(\frac{10^{12}}{10^6}\right)^2 10^{-14} \mathrm{s}^{-1} = 10^{-2} \mathrm{s}^{-1} \tag{3.3}$$

となる。回転角速度を回転周期に変換すると，原始星の回転周期は $P_{\mathrm{ps}} = 2\pi \Omega_{\mathrm{ps}}^{-1} \sim 600$ s となり，星はおよそ 10 分程度で 1 回転という超高速で回転していることになる。このような高速回転は観測ともまったく合わない。そもそも，このよう

[*1] 観測からジェットは高速でアウトフローよりも細長い構造をもつ。他方，アウトフローはジェットより低速であるがより外側に向かって広がった構造をもつ。なぜ，特徴の異なる 2 種類のガス放出現象が単一の原始星から現れるのかは現在研究が続いている。

[*2] 図 3.3 で，暗いリング（溝）の部分には，惑星が誕生している可能性が議論されている。ただし，この天体では（形成途中の）惑星は，まだ観測されていない。

[*3] 1 AU（天文単位）は，地球と太陽間の平均距離（$\sim 1.5 \times 10^8$ km）。

図3.3　おうし座 HL 星まわりの原始惑星系円盤（国立天文台 ALMA gallery から）

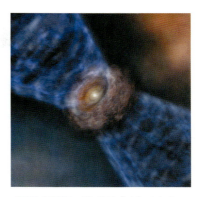

図3.4　星形成過程の模式図（国立天文台 ALMA 望遠鏡の HP から，ALMA (ESO/NAOJ/NRAO)）

な高速で回転していると星自体が自身の重力で束縛できなくなり，遠心力によって四方八方に吹き飛んでしまう。では，星が誕生する過程でいったい何が起こっているのだろうか？

　その答えが，上記のアウトフローと回転円盤（原始惑星系円盤）の形成である。アウトフローによって余分な角運動量をもったわずかなガスが星間空間に放出される[*1]。また，中心部に落下してくる大きな角運動量をもったガスは，直接原始星に落下することができず，遠心力と原始星の重力がつり合った位置近傍にとどまり回転円盤を形成する。図3.4 は星形成過程の模式図である。中心の原始星を取り囲むように円盤が存在する。また，円盤の上下方向にはガスが吹き出ていることがわかる。

[*1] アウトフローによる質量放出は，遠心力の他にローレンツ力も関わっている。余分な角運動量を持ったガスは遠心力とローレンツ力の効果によって円盤表面から放出される。

3.2　惑星形成過程

　次に，円盤の中での惑星の形成についてみていこう。図3.5 は，原始惑星系円盤中で惑星が誕生する過程の模式図である。この図で，上から下（a-d）に向かって時間が進んでいる。円盤や星の主成分は水素とヘリウムを主体とするガスであるが，その中に質量比にして1％程度水素，ヘリウム以外の元素（重元素）が存在している。重元素のほとんどは前の世代の星の内部と星が最後をむかえる段階の超新星爆発や**中性子星**どうしが合体する際の核融合反応でできたと考えられている。これらの重元素が集まった**ダスト**（塵）とよばれる成分がガス中に含まれている（図3.5a）。ダストはガスと異なり固体成分であるため中心星の重力と回転による遠心力のみによって支えられ円盤の中心面に集まる[*2]（図3.5b）。その後，ダストが合体成長し惑星の素となる微惑星をつくる（図3.5c）。最終的に，微惑星が衝突により成長し，固体惑星が誕生する。原始惑星系円盤中のダストのサイズは 10^{-6} m 程度であると考えられており，このような小さなダストが集まることによって，直径約 10,000 km を超える地球のような固体惑星が誕生する。

　固体惑星が十分に重くなった段階で，まわりにまだガス成分が存在していると，ガスが固体惑星に落下して木星や土星のような主に水素とヘリウムを主体とする

[*2] ガス成分は圧力によって支えられているため円盤は厚みをもつが，ダストは固体であるため円盤の鉛直方向には力が働かずに円盤赤道面に沈殿していく。

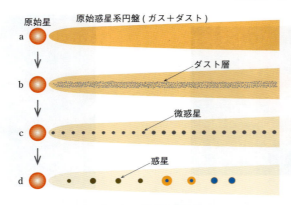

図 3.5　惑星形成過程

巨大惑星が誕生する．最終的に，円盤のガスは中心星に落下するか星間空間に散逸して，中心星と惑星からなる惑星系が残される（図 3.5d）．また，太陽系の海王星や天王星は，ほぼ氷を主成分とする固体惑星であり，円盤のガス成分が散逸した後に形成されたのではないかと考えられている．

以上は，太陽系を念頭において惑星系の成り立ちについて述べたが[*1]，近年多数の系外惑星が見つかっている．観測の制限により[*2]，まだ，太陽系と同じような惑星系は発見されていないが，太陽系と大きく異なる惑星系は数多く発見されている．たとえば，中心星のすぐ近くに巨大惑星をもつ系や，中心星近傍に地球の 10 倍以上の質量をもつ固体惑星が複数存在する系が見つかっている．近年の観測から，惑星系は多様であることがわかっており，太陽系の形成も含め，惑星系の形成過程はさかんに研究されている．

*1　この惑星系形成論は，人類が太陽系以外の惑星系を発見する前につくられたものであるため，系外惑星系に適用できるかはわからない．

*2　系外惑星探査の手法上，中心星から離れた場所にある惑星を見つけるのは困難である．そのため，太陽系と似た惑星系が存在するかどうかは今後の観測技術の発展を待つ必要がある．

3.3　星の進化

再び，星の進化の話にもどろう．誕生したばかりの星（原始星）[*3]は，主に星の表面にガスが落下（降着）することによるエネルギー（重力エネルギーの解放）によって輝いている．この段階の星は，まわりに濃いガス（分子雲，分子雲コアの残骸）が存在するために直接観測することが難しい．その後，星のまわりのガスが，星に落下するかアウトフローによって星間空間に放出されると，星のまわりは晴れ上がり中心星が見えるようになる．この段階の星を **T タウリ型星**，または**前主系列星**とよぶ．前節で示した惑星形成は，この段階（前主系列段階）で起こると考えられている．前主系列段階では，星へのガス降着はほぼ終わっており，星は自身の放射によって輝いているが，星の中心部での核融合反応は，まだ始まっていない．

この後の星の進化は，図 3.6 に示した **HR（ヘルツシュプルング・ラッセル）図**を用いて考えると理解しやすい．この図で，横軸は星の表面温度（または星の色）を示しており，縦軸は星の**絶対等級**（左軸），または**光度**（右軸，太陽光度が単位）である．星の光度 L は，次の式で近似される．

$$L = 4\pi R_{\text{star}}^2 \sigma T_{\text{eff}}^4 \tag{3.4}$$

*3　この段階の星は原始星であるが，この章では異なる段階の星（原始星段階，前主系列段階，主系列段階）の話をするので，便宜上すべての段階の星をまとめて単に「星」と記述することがある．

3.3 星の進化

ここで，R_{star} は星の半径，σ はシュテファン・ボルツマン定数，T_{eff} は星の表面温度である。また，光度（L）と絶対等級（M）には次の関係式が成り立つ。

$$M = -2.5 \log\left(\frac{L}{L_{sun}}\right) + 4.75 \tag{3.5}$$

絶対等級とは，星を観測者から 10 パーセク[*1]の距離においたときに観測される等級（明るさ）[*2]である。式 (3.5) で L_{sun} は太陽の光度，また，太陽の絶対等級を 4.75 とした。式 (3.4) と図 3.6 から，半径が大きく表面温度の高い星が HR 図上で左上に，半径が小さく表面温度が低い星が HR 図上で右下に位置することがわかる。

前主系列段階では，星表面からの放射によって星の内部エネルギーが減少し星が収縮するため半径が小さくなり光度が低下する（式 3.4）。そのため，この段階は時間とともに HR 図上で下方に移動する。図 3.6 で赤で示した線が，前主系列星から主系列星に至る進化トラックである。この下方に移動している段階を**林フェイズ**といい，HR 図上の進化線を**林トラック**という。林フェイズにある星の内部は対流状態にある。その後，収縮が進み，星の内部が非常に高温になると放射によって内部のエネルギーが表面に輸送される。この段階では，収縮（ヘニエイ収縮）によって表面温度が上昇し，HR 図上で左上に移動する（**ヘニエイトラック**）。星中心部の収縮によって温度がさらに上昇し，10^7 K を超えると核融合反応が始まり，主系列段階の星（主系列星）となる。このように星の中心部で水素の核融合反応を起こしている星のことを主系列星という。

星の表面温度や光度は星の質量によって異なるが，観測するとどのような質量の主系列星も HR 図上（図 3.6）で左上から右下に伸びる灰色の帯の部分にプロットされることがわかっている。星の寿命も星の質量によって異なるが，どの質量の星もその寿命のほとんどの期間を主系列段階が占める[*3]。

恒星が中心部の水素を使い果たし中心部分で水素の核融合反応が終了すると，

[*1] 1 パーセクは，およそ 20,000 AU。

[*2] 等級（明るさ）は，距離とともに暗くなるので，星の絶対的な明るさを比較するために絶対等級が使われる。また，絶対等級は，5 等級異なると，星の光度が 100 倍異なるように定義される。たとえば，絶対等級で太陽より 5 等級大きい星は，太陽と比較して 100 倍暗い（100 倍光度が小さい）。

[*3] 太陽の 100 倍をはるかに超える星は，ガスが降着中に核燃焼が起こることもあり，降着（原始星）段階，前主系列段階，主系列段階を明確に分けるのが難しい。しかし，そのような非常に重い星は，現在の宇宙ではほとんど存在しないと考えられている。

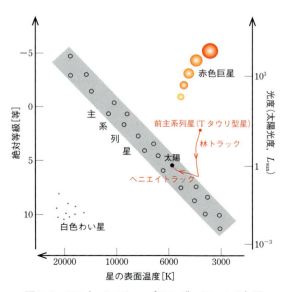

図 3.6　HR（ヘルツシュプルング・ラッセル）図

図 3.7　星の終末：惑星状星雲（国立天文台すばるギャラリーから）

　主系列段階が終わり，HR 図上で右上方向に移動する。このとき，星の中心部分の圧力の低下によって中心部の密度，圧力の勾配が変化する。それにともない星の外層は平衡状態を保つために膨張を開始し，赤色巨星とよばれる段階（**赤色巨星段階**）に入る。この段階の星は，図 3.6 で見られるように HR 図上では，右上にプロットされる。これは，星が膨張によって表面積（または，半径）が増加したために光度は上昇したが，表面温度が低下したためである。

　太陽程度の質量をもつ星は，その後，図 3.7 のように星表面からガスを放出し，星を構成していたガスのほとんどは再び星間空間にもどっていくが，中心部分は**白色わい星***として残る。白色わい星は徐々に冷えていくのみで，宇宙に存在し続けると考えられている。

　他方，太陽の 10 倍程度以上の星は，赤色巨星段階の後に超新星爆発を起こすと考えられている。この爆発現象により星はその質量のほとんどを星間空間に放出するが，中心部分には中性子星，または**ブラックホール**が残る。中性子星やブラックホールは非常に長い時間宇宙に存在し続けると考えられているが，もとの恒星の質量の大部分は進化の最終段階で星間空間に放出される。

　したがって，星の終末に起こる現象は異なるが，どのような星もその進化の最終段階で自身を構成していたガスのほとんどを星間空間に放出する。この放出されたガスから次世代の星が誕生する。

*　白色わい星が，連星系であり片方の星からガスが降り積もり十分重くなるか，または白色わい星どうしが衝突するとⅠ型超新星という爆発現象を起こす。この爆発現象の観測によって宇宙が加速膨張していることが示された。また，白色わい星は漢字で書くと，白色矮星となる。

3.4　宇宙の進化と星の役割

　宇宙で最初に誕生した星（**ファーストスター**）は，ほぼ水素とヘリウムのみでできていたと考えられており，その周囲に円盤が形成したとしても固体成分を含まないため，地球のような固体惑星は誕生しない。宇宙の長い歴史のなかで星が誕生と死を繰り返す過程で水素，ヘリウム以外の重元素が生成され，徐々に惑星の素となる成分（重元素，ダスト）が増加していく。

　このようにして，星々は宇宙（銀河内）に重元素を蓄積させ，地球型惑星を誕生させる。また，太陽よりも小さい星は現在の宇宙年齢に匹敵するほどの寿命をもつ。これらの星が集まり，銀河や宇宙の構造が形成される。

基礎編

4 地球を取り巻く磁気圏・電離圏と超高層大気～ジオスペース

太陽活動の影響を強く受ける地球周辺の宇宙空間は総称して**ジオスペース**[*1]とよばれる。ジオスペースには種類やエネルギーの異なる粒子が共存し、注目する性質によりさまざまな領域（または圏）が定義される。領域間は物質・エネルギーのやりとりで密接に結びついており、ジオスペースの現象は複合系の様相を呈する。本章では領域間相互作用の考えを念頭にジオスペースを概観する。

*1 日本語では宙空という造語が使われることがある。日本語の宇宙が意味するところは幅広く、英語のspaceに必ずしも対応していない。

4.1 ジオスペース環境を決めるもの

地球を他の惑星と比較したとき，その特徴として，大きな固有磁場をもっていること，濃い大気をもっていること，が挙げられる。この2つの特徴がジオスペース環境を決定づけ，他の惑星との類似性や相違性を生みだしている。大きな固有磁場により，地球には**磁気圏**が形成される。これは荷電粒子の流れである**太陽風**が地球磁場に遮られるためである。また，濃い大気により，地球には**電離圏**[*2]が形成される。これは太陽からの紫外線が大気を電離するためである。地球には磁気圏が存在することで，電離圏が直接太陽風にさらされることを免れている。太陽から放出されるものには電磁波，荷電粒子（太陽風），磁場の3つがあり，地球が受け取るエネルギーを見積もってみると，それぞれ $\sim 10^{17}$ W（ワット）[*3][*4]，$\sim 10^{13}$ W，$\sim 10^{11}$ W となる。電磁波のエネルギーが最も大きく，これにより地表面温度がほぼ決まる。一方，ジオスペースの現象は，エネルギーは小さくても太陽風と**惑星間空間磁場**の影響を大きく受ける。惑星間空間磁場（~ 5 nT（ナノテスラ）[*5]）はエネルギー的には微小であるが，太陽風エネルギーが磁気圏に流入する効率を決めるという極めて重要な役割を担っている。

*2 「電離層」のほうがなじみあるかもしれないが，専門用語では「電離圏」が使われる。層(layer)ではなく，圏(sphere)ととらえる。

*3 記号「～」は「オーダー（桁数）で大体等しい」の意味で使う。

*4 W（ワット）は仕事率（単位時間あたりのエネルギー）の単位で $W = Js^{-1} = m^2 kg s^{-3}$

*5 T（テスラ）は磁場（磁束密度）の単位で，電流の単位A（アンペア）を用いて $T = kg s^{-2} A^{-1}$ と表せる。ナノ（記号n）は 10^{-9} を表す接頭辞で $nT = 10^{-9} T$

4.2 磁気圏の形成

ジオスペース研究が長足の進歩を遂げたのは，人工衛星による大気圏外の直接観測が始まった1958年からの約20年間である。1962年までに，**放射線帯**（後出）の発見，探査機による**マグネトポーズ**（磁気圏の外部境界，後出）の通過，太陽風が超音速であることの発見，など数々の重要な出来事があった。1959年には**磁気圏**(magnetosphere)という言葉がつくられた[*6]。ちなみに**電離圏**(ionosphere)という言葉がつくられたのは1926年である[*7]（4.3節の注アップルトン(E. V. Appleton)の業績も参照）。歴史的には，ジオスペースの理解は地球に近いところ（電離圏）から遠いところ（惑星間空間）へと進んでいったのであるが，俯瞰するにはこれを逆にたどるほうが都合よい。

*6 ゴールド(T. Gold)による。

*7 ワトソン=ワット(R. Watson-Watt)による。

*1 全体として電気的に中性な荷電粒子の集まり。

*2 磁気モーメントの単位はA（アンペア）×m²で固有名はついていない。

*3 バウ（bow）は船首のこと。弓を表すボウ（bow, 同形異音）とよく混同される。

*4 シース（sheath）は磁気圏を取り囲む鞘のこと。

*5 ここでいう圧力とは、プラズマの熱的圧力、流れの動的圧力、磁場の圧力の合計である。

*6 尖った先端カスプ（cusp）をもつ形状からこの名がある。

*7 太陽風エネルギーの中心は流れの運動エネルギーである。

太陽からは太陽風とよばれる高温・高速のプラズマ*1の流れが噴き出している。地球周辺において太陽風の速度は約 $400\,\mathrm{km s^{-1}}$，温度は約 $100{,}000\,\mathrm{K}$ で風のイメージからは程遠い。高温であるため、太陽風は中性の粒子ではなく、電子とイオンに完全に電離した状態にあり、電気伝導度が非常に大きい流体として扱うことができる。一方、地球は磁気モーメントで約 $8\times 10^{22}\,\mathrm{Am^2}$*2の双極子磁場をもっている。一般に導体と磁場は反発する性質があり、導体である太陽風が地球磁場に吹き付けると、地球周辺には太陽風が入っていけない空洞ができる。これが磁気圏である。しかし実際には地球磁場による太陽風の遮蔽は完全ではなく、太陽風起源のプラズマは磁気圏に数多く侵入してきている。磁気圏には太陽風起源と電離圏起源のプラズマが混在し、いくつかの特徴的な領域が形成される。

図4.1は、観測・理論・モデリングを総合して得られるジオスペース構造を模式的に示したものである。この描像は1973年頃（人工衛星観測開始後15年）には確立しており、探査機の登場によりジオスペースの理解が急速に深まったことがうかがえる。太陽風は超音速の流れであり、磁気圏前面に衝撃波（**バウショック**）*3ができる。太陽風がバウショックを通過すると流れは亜音速になるとともにプラズマは圧縮される。太陽風と磁気圏の境界は**マグネトポーズ***4とよばれ、ここまでが地球磁場の勢力範囲である。バウショックとマグネトポーズの間の領域は**マグネトシース***4とよばれる。マグネトポーズの形状は、太陽風側の圧力と磁気圏側の圧力のつり合いにより決まる*5。磁気圏前面におけるマグネトポーズは地心（地球中心）から $10R_\mathrm{E}$（R_E は地球半径）程度のところにある。図4.1で**カスプ***6とよばれる領域には高圧プラズマが詰まっており、太陽風エネルギー*7がプラズマの熱エネルギーに変換されて蓄えられている。

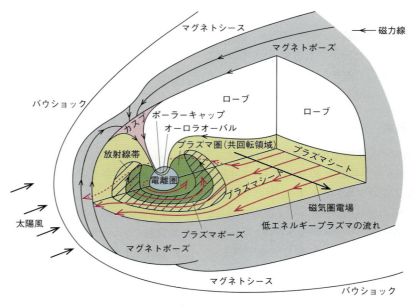

図4.1　ジオスペース構造概観

4.2 磁気圏の形成

荷電粒子の運動は磁力線に制約される[*1]ので，ある性質をもつプラズマ領域の境界は磁力線群がつくる面になる。また同一磁力線上では同じようなプラズマ現象が起こる。これらを領域や現象が磁力線に沿って「投影」されると表現する。閉じた磁力線上にある荷電粒子はその磁力線上に長く留まることができるが，開いた磁力線上にある粒子は磁力線に沿って地球と反対方向に逃げてしまう[*2]。その結果，閉じた磁力線の領域ではプラズマ密度が大きく，開いた磁力線の領域ではプラズマ密度が小さくなる。図4.1の**プラズマシート**は閉じた磁力線の領域で，太陽風起源でエネルギーが数keV（キロ電子ボルト）[*3]程度のプラズマが詰まっている。プラズマシート粒子が磁力線に沿って降下し，地球大気と衝突して発光する現象がオーロラである。したがって，オーロラはプラズマシートを磁力線に沿って電離圏に投影した環状の領域で発光する。これを**オーロラオーバル**という。一方，図4.1の**ローブ**[*4]は開いた磁力線の領域で，プラズマ密度が低く磁場が強い[*5]。ローブを磁力線に沿って電離圏に投影すると極付近の円形領域になる。ここはオーロラがほとんど光らず，**ポーラーキャップ**とよばれている。

プラズマシートの内側に**プラズマ圏**とよばれる低温・高密度の領域が隣接している。プラズマ圏は電離圏から磁力線に沿って湧きあがった粒子で形成される。プラズマ圏の粒子は電離圏起源であるため，エネルギーは数eV以下ときわめて低いかわりに数密度は$\sim 10^9$ m^{-3}以上できわめて高い。プラズマ圏とプラズマシートの境界は**プラズマポーズ**とよばれている。図4.1の赤矢印は赤道面における低エネルギー粒子の流れを表す。地球近傍の電離圏起源のプラズマは地球の自転により地球大気とともに1日に1回太陽に対して回転する（共回転）。一方，磁気圏には太陽風－磁気圏相互作用により，朝方から夕方に向かう電場がかかっていて（黒矢印），プラズマシートのプラズマは太陽方向へ運動する[*6]。共回転が支配的で流線が閉じた領域と太陽方向の運動が支配的で流線が閉じない領域の境界がプラズマポーズである。プラズマシートの粒子は磁気圏前面で失われるのに対し，プラズマ圏の流線は閉じているので高い粒子密度が維持される。プラズマポーズの位置は磁気圏の状態で大きく変動するが，赤道面で地心距離（地球中心からの距離）$3.5-5.5 R_E$程度のところにある。

赤道面で地心距離$1.2-6 R_E$程度のところには，**放射線帯**とよばれる非常にエネルギーの高い（>0.5MeV（メガ電子ボルト）[*7]）粒子群が存在する領域がある。発見者の名前から**バンアレン帯**ともよばれる。放射線帯はドーナツ状に地球のまわりを囲んでいて[*8]，領域的にはプラズマシートともプラズマ圏とも重なっている。放射線帯の様相はイオンと電子でやや異なる。イオンは地心距離$2R_E$程度のところにフラックスのピークがある。一方電子は$4-5R_E$程度にピークをもつ**外帯**と，$1.4R_E$付近にピークをもつ**内帯**があるとされてきた。しかし内帯に関しては，最近の精密観測による見直しで，強いフラックスの内帯が常に存在するとは限らないことがわかってきた。放射線帯粒子の起源は，太陽風粒子が磁気圏に入ってエネルギーを獲得したもののほか，高エネルギー（>20MeV）陽子については宇宙線と地球大気の衝突により2次的に生成されたものが考えられている。放射線帯の構造は静的ではなく，自然現象（後述の**磁気嵐**など）によりダイナミックに変動する。

[*1] 荷電粒子は磁力線方向には素早く動けるが，磁力線に垂直な面内では，ゆっくりとしかも決まった方向にしか動けない。

[*2] 両端とも地球につながっている磁力線を「閉じた」磁力線といい，一端のみが地球につながっている磁力線を「開いた」磁力線という。磁場は荷電粒子を排斥する。磁力線に沿って地球に向かう荷電粒子の多くは，地球大気到達前に地球付近の強い磁場で跳ね返される。閉じた磁力線上の粒子は南北の反射点間で往復を繰り返す。

[*3] eV（電子ボルト）はエネルギーの単位で1eV$=1.60 \times 10^{-19}$J。キロ（記号k）は10^3を表す接頭辞でkeV$=10^3$eV。ボルツマン定数$k_B=1.38 \times 10^{-23}$JK^{-1}を用いて温度に換算すると，1eVはおおよそ10^4Kに相当する。

[*4] 一般にローブ（lobe）とは丸みのある突出した部分・区分けされた部分のことをいう。磁気圏尾部断面を思い浮かべてみよ。ちなみに日常用語のlobeは耳たぶを意味する。

[*5] プラズマの熱的圧力と磁場の圧力の和は一定を保つ傾向がある。

[*6] 荷電粒子は電場方向に力を受けるが，磁力線に垂直な面内での移動方向は，電場方向ではなく電場に垂直な方向になる。

[*7] メガ（記号M）は10^6を表す接頭辞でMeV$=10^6$eV

[*8] 高エネルギー粒子は等磁場強度面に沿って運動する性質をもち，一旦地球の双極子磁場に捕捉されると，地球を周回し続ける。

4.3 電離圏と超高層大気：ジオスペースの内縁

今度は逆に地球に近いところから遠いところへジオスペースを眺めてみる。地表面の大気は中性粒子で構成されるが，高層では一部が電離する。中性大気と電離大気（すなわちプラズマ）では性質がまったく異なるので別に扱う必要がある。また両者の相互作用も重要である。

図4.2aは典型的な中性大気温度・圧力の高度依存性を示したものである。地球大気構造は温度の高度変化を基に領域分けされていて，下から**対流圏**（高度0−約10 km），**成層圏**（約10−50 km），**中間圏**（約50−90 km），**熱圏**（約90 km以上）とよばれている（基礎編5章参照）。高度約200 km以上の熱圏温度は漸近的にある極限値に近づき，**熱圏界面温度**または**外圏温度**とよばれている。熱圏には有効な冷却源がなく，紫外線の吸収により高温になる。熱圏界面温度は典型的には1,000 Kであるが，600 Kから2,500 Kぐらいまで変動する。太陽活動極大期の熱圏界面温度は極小期のそれより高く，また昼間の熱圏界面温度は夜間のそれより高い。一方，圧力は地表から指数関数的に減少していき，高度100 kmを超えると減率は弱まるが，高度1,000 kmでは地表面の10^{-13}程度ときわめて希薄になる。

ジオスペースのさす領域は，概ね中間圏上部より上層（高度約70 km以上）である。この高度になると太陽からの紫外線により地球大気は電離し始める。図4.2bは典型的な電子密度（数密度）の高度依存性を示したものである。夜間は紫外線による電離がなくなるが，昼間つくられた電子が完全に消えてしまうことは

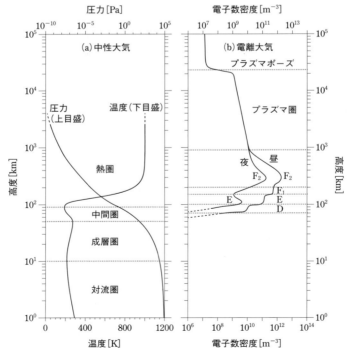

図4.2　中性大気と電離大気の高度構造

4.3 電離圏と超高層大気：ジオスペースの内縁

ない。電子密度が高い高度約 70−900 km[*1] の領域を**電離圏**という。中低緯度では図 4.2b のように高高度において電子密度が急激に減少するところが現れる。これが図 4.1 で説明したプラズマポーズで、プラズマポーズより下が**プラズマ圏**である。プラズマ圏は電離圏から磁力線に沿って流れ出した電子によって満たされている。電離圏の電子密度は太陽活動度に影響される。太陽活動極大期の電子密度は極小期の密度より大きい。

電離圏は高度によって 4 つの特徴的な領域に分けられ、下から D 領域 (高度約 70−100 km)、E 領域 (約 100−150 km)、F_1 領域 (約 150−200 km)、F_2 領域 (約 200−900 km) とよばれている[*2]。E 領域と F_2 領域は夜間でも消えない。下方の D 領域、E 領域、F_1 領域では、紫外線により大気が電子とイオンに電離する化学反応と電子とイオンが再結合して消滅する化学反応が平衡状態にあり、大気組成と紫外線スペクトルの高度依存性によって 3 領域に分かれる。一方、F_2 領域では大気密度が減少するため電離も再結合も有効でなくなり、粒子密度の高度分布を支配する法則が化学平衡から拡散平衡[*3] (静水圧平衡) に移行する。電子密度は高度約 300 km で最大になり ($\sim 10^{12}$ m^{-3})、これより上方では拡散平衡が支配的になる。

「電離圏」という名称から誤解されやすいが、電離圏で実際に電離している粒子は全体の高々 0.1% 程度である。図 4.3 は昼間における主要粒子種数密度の観測例である。F_2 領域の電子密度最大の高度においても、電子密度は O, N_2 の 0.1% 以下である。また E 領域では、電子密度と N_2 密度の比は 10^{-6} 以下である。電離度は大きくない電離圏は電流を流すことができる。電流が流れるのは主に E 領域で、電流が流れるとイオンと中性粒子の衝突による電気抵抗でジュール熱が発生しエネルギーが散逸する。後述するように、電離圏は磁気圏に流入した太陽風エネルギーの最終消費地となる。

拡散平衡では軽いものほど上層に広がる。これは高度 100 km 以下の大気組成が一定[*4] であるのと対照的である。F_2 領域で支配的な中性粒子は O (原子量 16) であるが (これは O_2 の光解離による)、図 4.3 の例では高度約 600 km で He (原子量 2) に取って代わられる。図 4.3 にはないが、さらに高度約 1,700 km 以上では最も軽い H (原子量 1) が主成分になる。地球を取り巻く H の雲は**ジオコロナ**とよばれている。一方 F_2 領域で支配的なイオンは O^+ であるが (これは支配的

[*1] 電離圏には明確な上端がない。900 km は目安である。

[*2] D, E, F の命名は電離圏研究で功績があったアップルトン (E. V. Appleton) による。1925 年、彼は 1902 年に理論予想された ケネリー・ヘビサイト (Kennelly-Heaviside) 層 (現在でいう電離圏) の存在を実証し、反射電波の電場ベクトルに記号 **E** を用いた。現在でいう E 領域からの反射電波であった。程なくしてアップルトンはその上下層からの反射電波を発見し、自然な成り行きで電場ベクトルに **F** と **D** を用いた。さらに上下に未知の層が存在する可能性があったため、彼は層名を A, B, C とせず、電場記号をそのまま用いた。現在の用語では「層 (layer)」ではなく「領域 (region)」が使われる。また、C 領域や G 領域に相当するものは存在しないことがわかっている。

[*3] 下向き重力と上向き圧力勾配力がつり合う平衡。荷電粒子の場合には電荷中性の制約 (電子とイオンの合計電荷密度が 0) が加わる。

[*4] 高度 100 km 以下の主要成分は N_2 と O_2 で数密度比は約 4：1 である。

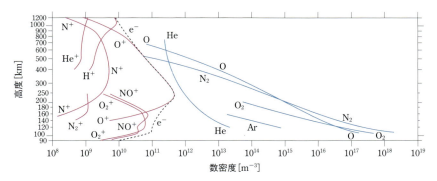

図 4.3　昼間の大気組成観測例 (Johnson, 1969)

中性粒子がOであることに対応する），図 4.3 の例では高度約 920 km を境に H^+ に取って代わられる。図 4.2b において F_2 領域の上限（〜900 km）で電子密度グラフの傾きが大きく変化している。これは F_2 領域では O^+ が主要成分であるのに対し，高高度では H^+ が主要成分になることに対応する。図 4.3 の例でも，高度 1200 km のイオン密度は $H^+>He^+>O^+>N^+$ と軽いものほど多くなっている。

4.4 太陽風―磁気圏―電離圏のつながり

太陽風エネルギーは磁気圏に流入しさまざまな擾乱現象を引き起す。磁気圏への流入効率を決める主因子は，惑星間空間磁場の南北成分である。図 4.4 は惑星間空間磁場南向き時の磁場形状を示したものである*。磁気圏前面において，惑星間空間磁場（磁力線 1）と地球双極子磁場（磁力線 2）は反平行になる。このような反平行磁場があると，磁場が拡散（消滅）し，磁力線のつなぎ換えが起こる（**磁気リコネクション**）。その結果，図 4.4 の磁力線 3 および 4 で示される 2 本の新しい磁力線が生じる。この新しい磁力線は開いた磁力線で，一端は太陽風につながっている。このように磁気圏前面で磁気リコネクションが起こると，太陽風エネルギーが非常に効率よく磁気圏内に流入し高圧プラズマが詰まった**カスプ**が形成される（図 4.1 および図 4.4）。同様の磁気リコネクションは磁気圏尾部にもある。図 4.4 の磁力線 5 および 6 の反平行磁場がつなぎ換えを起こし，磁力線 7 および 8 に変わる。カスプと同様な高圧プラズマ領域が**プラズマシート**内縁にも形成される。

惑星間空間磁場が南を向くと，磁気圏と電離圏にプラズマ対流が励起され，磁気圏と電離圏を結ぶ巨大な電流回路が形成される。「対流」の意味は後述する。

* 直観的理解のため，図 4.4 は 2 次元的に描いてある（磁力線が同一平面上にある）。実際の磁気リコネクションは 3 次元で，2 次元的な反平行磁場の描像は必ずしも正しくない。

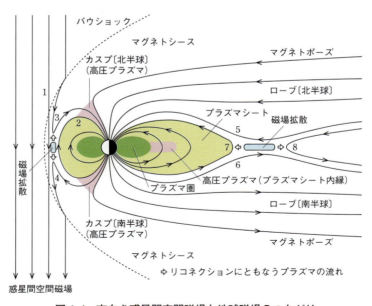

図 4.4 南向き惑星間空間磁場と地球磁場のつながり

ここで重要なのは，磁気圏と電離圏は切り離すことができない一つの系を成すことである。プラズマシートに代表される磁気圏プラズマは高温・高圧の**圧縮性流体**[*1]であるのに対し，電離圏プラズマは低温・低圧の非圧縮性流体である。また磁場強度も3桁(10^3)違う。このように性質のまったく異なるプラズマ領域が磁力線で結ばれていると，各領域は独立に振舞うことができず，お互いに情報をやりとりしながら全体としてつじつまが合う状態になろうとする。このとき領域間で情報を伝達するのが磁力線に沿って流れる沿磁力線電流で，前述の巨大電流回路の一部分になる。電離圏ではエネルギー散逸があるので，磁気圏側に電磁エネルギーを供給する発電機(**磁気圏ダイナモ**)がないと電流回路は維持されない。磁気圏ダイナモはカスプやプラズマシート内縁のように高圧プラズマが詰まっているところにあり，熱エネルギーを電磁エネルギーに変換している。ダイナモがつくる電磁エネルギーを，沿磁力線電流が消費地である電離圏に運ぶ。

図4.5aは惑星間空間磁場南向き時の電離圏高度における沿磁力線電流とプラズマ対流を示したものである。プラズマシートの投影である**オーロラオーバル**には，磁気圏と電離圏を結ぶ沿磁力線電流が流入・流出する。朝方と夕方で，また高緯度側と低緯度側で，電流の向きが反転する。朝方・夕方とも，高緯度側の電流をリージョン1，低緯度側の電流をリージョン2とよんでいる[*2]。図4.5bはこれらの電流が磁気圏および電離圏でどのように閉じるか示したものである。リージョン1電流はカスプのダイナモに，リージョン2電流はプラズマシートのダイナモにつながっている(図4.4も参照)。プラズマシートのダイナモは，夜側(A)では赤道面付近にあるのに対し，昼側(B)ではかなり高緯度にある。一方，電離圏におけるプラズマの流れは2つのセルを形成する(図4.5a)。この様子が熱対流のセルと似ているので「対流」という言葉が使われる。磁気圏にも同様の対流が存在し，図4.5aの電離圏対流はそれを反映したものである(ただし単純な投影ではない)[*3]。たとえば，図4.1のプラズマシートにおける太陽方向の流れは，図4.5aにおいては，夜側からオーロラオーバルの朝方・夕方を通って昼側に進む部分に対応する。このように磁気圏−電離圏系には大規模なプラズマ対流が形成されている。また対流と沿磁力線電流は不可分の関係で，両者は常に一体となって現れる。極域電離圏の対流・沿磁力線電流は，太陽風−磁気圏−電離圏とつながるエネルギー輸送過程を映し出す鏡である。

[*1] 流れに沿って密度が変化する流体を圧縮性流体という。

[*2] Iijima and Potemra [1976] が用いた region 1, region 2 という呼称が用語として定着した。

[*3] 磁力線に垂直な面内におけるプラズマの回転運動が磁力線に沿って投影される。

4.5 ジオスペースの嵐

磁気嵐は中低緯度において数日間地磁気の水平成分が汎地球的に減少する現象である。磁気嵐は歴史的経緯から地磁気変動により定義されるが，ジオスペース全域で特徴的な擾乱を伴う大規模な現象である。地磁気減少幅は大きな磁気嵐では300nT[*4]を超える。地磁気減少の原因は，磁気圏赤道面で地心距離$4R_E$程度を中心とする環状領域[*5]を，西向きに流れる電流(**リングカレント**)が発達することによる。リングカレントを担う粒子は，主に比較的エネルギーの高い($\sim 10-100$ keV)陽子で，プラズマシート起源である。プラズマシートの高エネルギー陽子は通常地球の双極子磁場に邪魔され地球に近づけないが，朝方から夕

[*4] 赤道域の地表における地磁気の大きさは約30,000 nTであるから，1%程度の地磁気が減少することになる。

[*5] リングカレント領域は，プラズマシート，放射線帯，プラズマ圏，すべてと重なり得る。これら4領域は注目している粒子のエネルギーがまったく異なることに注意せよ。

方に向かう磁気圏電場（図4.1参照）が強まると，より内部の磁気圏に入り込み高プラズマ圧領域を形成する。高圧領域に伴う電流は西向きで環状に地球を取り囲むように流れ，これがリングカレントとなる。磁気圏電場が強まるのは，惑星間空間磁場が強い南向きで太陽風速度が大きいときである。この性質をもつ惑星間空間擾乱[*1]が地球を通過すると磁気嵐が起こる。

大域的なオーロラ発光は環状（**オーロラオーバル**）になるが，細かくみるとオーロラの形状や明るさはダイナミックに変動している。Akasofu(1964)は地上から撮影されたオーロラ写真を解析し，オーロラオーバルの真夜中付近に現れるオーロラはある一定のパターンに従って時間発展・空間発展することを発見した。まず東西方向に弧状に伸びるオーロラがオーロラオーバルの低緯度側に現れる。数分後にその一部が突然明るく輝きだすと同時に，高緯度方向と西向きに活動領域を広げてゆく。約30分で活動領域は最大になるが，その後1−2時間で収束する。この時間スケールが1−2時間の変動は，**オーロラサブストーム**[*2]と命名された。後の研究でオーロラサブストームは磁気圏・電離圏全体で起こる大規模現象の一側面であることがわかった。たとえば，磁気圏尾部では**磁気リコネクション**が起こり（図4.4），また特徴的な沿磁力線電流も発達する（図4.5aの真夜中付近は非常に複雑な構造になる）。これら全体を包含させる意味で，**磁気圏サブストーム**あるいは単に**サブストーム**ともよぶ。サブストームも惑星間空間磁場南向き時の現象で，磁気圏尾部における突発的エネルギー解放過程のひとつである。

*1　磁気嵐を起こす代表的な擾乱は，惑星間空間 CME (coronal mass ejection, コロナ質量放出) と CIR (corotating interaction region, 共回転相互作用領域) である。詳細は省略する。

*2　「サブ」とは「ストーム（磁気嵐）」の下位区分構成要素という意味であるが，サブストームの寄せ集めが磁気嵐ではないことが現在ではわかっている。

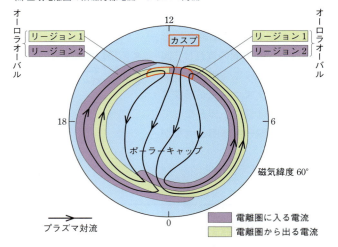 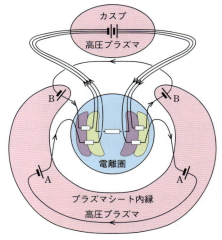

図4.5　惑星間空間磁場南向き時に励起される対流と電流。(a)は北極域上空を高高度から見下ろしたもの。中心が地磁気北極で，円周上の数字は地方時を表す(0時（真夜中），6時（日出，朝方），12時（真昼，太陽方向），18時（日没，夕方))。沿磁力線電流パターンは Iijima and Potemra (1978) の実測による。(b)はさらに高高度から鳥瞰した模式図。

基礎編

5 大気はどのように運動しているか

> この章では，大気の鉛直構造と運動について述べる．温度の鉛直分布がどのように決まっているかについて説明する．さらに，大気の運動の特徴について，熱輸送の観点から説明する．

5.1 大気の鉛直構造

　地球大気は，温度の鉛直分布によりいくつかの領域に分けられ，大気の運動の特徴はそれぞれの領域で大きく異なる．したがって，温度の鉛直分布を考えるのは重要である．地球大気の温度の鉛直分布を，図 5.1 に示す．この温度分布は平均的な温度を示しており，実際には，場所（経度・緯度）や季節により変化する．地表面から高度約 10 km までは，高度とともに温度は減少し，高度約 10 km から約 50 km までは高度とともに温度は上昇している．さらに，高度約 90 km までは再び減少し，高度約 90 km 以上では上昇し，地球の大気圏は高度約 500 km まで続いている．この温度構造をもとに，高度約 10 km までを**対流圏**，高度約 10 km から約 50 km までを**成層圏**，高度約 50 km から約 90 km までを**中間圏**，高度約 90 km 以上を**熱圏**とよんでいる．高度約 90 km 以上で温度が高さとともに増加するのは，酸素分子や窒素分子が太陽からの紫外線を吸収し，大気を加熱するためであり，また高度 50 km 付近で温度が極大になるのは，**オゾン**が紫外線を吸収し大気を加熱するためである．太陽放射エネルギーの大部分を占める可視光については，水蒸気や雲などで一部が吸収されるが，大部分は大気で吸収されずに地表面まで到達し，地表面で吸収され，地表面を加熱する．このように，温度の鉛直構造は，太陽放射エネルギーを吸収する物質が，どの高度に分布しているかに強く依存している (図 5.1)．

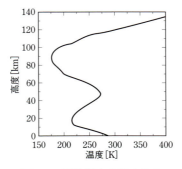

図 5.1　平均温度の高度分布

　次に，大気の圧力（気圧）の鉛直分布について考えてみる．大気の気圧 (p)，温度 (T)，体積 (V)，密度 (ρ)，質量 (m) の間には，理想気体の状態方程式が適用でき，空気の平均分子量 (M) や気体定数 (R) を用いて次の関係式が成立してい

る。

$$p = \frac{mRT}{MV} = \frac{\rho RT}{M} \tag{5.1}$$

気圧の鉛直分布には，静力学平衡（付録A参照）が成立しているので，付録Aの式（A.3）に式（5.1）を用いてρを消去し，温度として平均温度（T_0）を用いると，以下のような気圧分布が得られる。

$$p = p_0 \exp\left(-\frac{z}{H}\right), \quad H \equiv gM/RT_0 \tag{5.2}$$

ただし，p_0は$z=0$における気圧であり，Hは**スケールハイト**とよばれている。高度がHだけ増加するごとに，気圧が$1/e$になることを示している。たとえば，平均温度T_0を250 Kとすると，Hは7.3 kmとなる。ちなみに，高度30 km，50 km，90 kmでの平均的な気圧は，それぞれ約10 hPa[*1]，1 hPa，10^{-3} hPaとなっている。

[*1] hPa（ヘクトパスカル）：気象でよく使われる単位で，1 hPa＝100 Paである。

5.2 温度の鉛直構造を決める物理過程

地表面や大気の平均温度は，太陽放射エネルギーの吸収量と地球大気の放射エネルギーがつり合うことにより決まる。仮に，地球に大気が存在しないと仮定し，地球が黒体[*2]であり，単位面積あたりσT^4（ここでσはステファンボルツマン定数で，Tは地表面温度）の放射エネルギーを宇宙空間に向けて放出するとする。地球半径をRとすると，地表面から宇宙空間へ向けての放射エネルギーは，$4\pi R^2 \sigma T^4$となる。一方，太陽放射量をS_0（太陽定数で，太陽光に垂直な面での単位面積あたりの放射量）とすると地表面に到達する太陽放射エネルギーは，$S_0 \pi R^2$となる（太陽に向いている昼側の面しか太陽放射は無いため，πR^2となる）。地球での太陽放射の吸収率は70 %（30 %は反射される）なので，地球表面が受ける太陽放射と地球表面から宇宙空間に向けて放射するエネルギーが等しいと仮定すると，次の式が得られる。

$$0.7 S_0 \pi R^2 = 4\pi R^2 \sigma T^4 \tag{5.3}$$

この式より，地表面温度が見積もられ，$T = 255$ Kとなる。この温度は，実際の地表面温度288 K（図5.1参照）に比べて，30 K以上も低くなっている。これは，地球表面での放射エネルギーがすべて宇宙空間に向けて放出されると仮定したことが間違いだからである。実際には，地表面からの放射エネルギー（主に赤外線）は，大気中で吸収され，地表面に向けて赤外線を放射するため，地表面温度は255 Kより高くなる。このように，大気が赤外線を吸収し，宇宙空間に赤外線が放出されるのを妨げる効果を**温室効果**とよんでいる。大気中で赤外線を吸収する気体を**温室効果ガス**といい，地球大気の場合には，水蒸気，二酸化炭素，オゾン，メタンなどがある。温室効果ガスは，窒素分子や酸素分子に比べて濃度は小さいものの，赤外線を吸収する性質をもっているため，地球の温度分布に大きな影響を与えている。たとえば，二酸化炭素の地球大気における体積混合比[*3]は400 ppmと小さいにもかかわらず，温室効果ガスであるため，地球の平均温度に影響する。

[*2] すべての波長の光を吸収する物体で，温度に応じて特定の波長の光を放射する。地球大気の温度帯では，主に赤外線を放射する。

[*3] ある成分の気体が占める体積のすべての成分の占める体積に対する比率 ppm：100万分の1を表す。

5.2 温度の鉛直構造を決める物理過程

温室効果ガスにより，対流圏および成層圏の温度構造がどのように決まるかについて考えることにする。温度の鉛直分布は，最初の近似として，各高度において，太陽放射吸収による加熱量と赤外放射による冷却量がつり合った温度(**放射平衡温度**)により決まると考えられる。図 5.2 は，温室効果ガスとして水蒸気，二酸化炭素，オゾンを考慮に入れた場合の放射平衡温度である (図 5.2)。

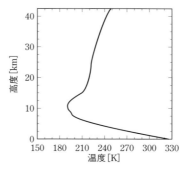

図 5.2 高度約 40 km 付近までの放射平衡温度の高度分布
Manabe and Strickler (1964) をもとに作成。

放射平衡温度を見てみると，高度 10 km 以下では温度は高度とともに減少し，高度約 10 km で最小となっている。さらに，高度 10 km 以上では温度は高度とともに上昇している。鉛直方向の温度変化の特徴は，観測される温度の鉛直変化の特徴 (図 5.1) と同じである。しかしながら，地表面付近の温度は 330 K になっており，観測される温度より 40 K 以上高く，逆に，高度 10 km 付近の放射平衡温度は 190 K 以下になっている。このように，放射平衡温度では，観測される対流圏の温度分布を十分に説明できないことがわかる。

対流圏の温度分布を説明するには，対流による鉛直方向の熱輸送の効果を入れた**放射対流平衡温度**[*1]を考える必要がある。そこで，空気塊が鉛直方向に運動した場合に，温度がどのように変化するか調べてみる。ここでは質量 1 kg の気体を考え，気体に外部から加えられた熱量 (dQ) と，気体の温度変化 (dT) と気圧変化 (dp) の間には，次の関係が成り立つ[*2]。

$$dQ = C_p dT - V dp \tag{5.4}$$

ここで，C_p は定圧比熱であり，式 (5.4) での V は単位質量あたりの体積である。空気塊はふつう十分速く上昇や下降をするので断熱過程で移動すると考えることができる。断熱過程 ($dQ=0$) で，気体が鉛直方向に移動 (dz) した場合，気体の温度変化と気圧変化はそれぞれ，dT/dz および dp/dz と書け，式 (5.1) を用いることで，空気塊が鉛直方向に移動した時の温度変化率が得られる。

$$\frac{dT}{dz} = -\frac{g}{C_p} \tag{5.5}$$

この式から，空気塊が上昇する場合には，g/C_p の割合で温度が下がり，逆に下降する場合には g/C_p の割合で温度が上がることを示している。g/C_p を**乾燥断熱減率**といい，およそ 10 K km^{-1} である。

対流による鉛直方向の熱輸送にとって，前述の乾燥断熱減率がどのような役割を果たしているか調べてみることにする。まず，温度の鉛直減少率が，乾燥断熱

[*1] 各高度において，太陽放射吸収量，赤外放射量，鉛直方向の対流による熱輸送量の 3 つがつり合った時の温度。

[*2] 単位質量の気体を考える。気体の内部エネルギーの変化量 dU は，その気体に加えられた熱量 dQ と外部にした仕事 pdV により，
$$dU = dQ - pdV$$
と表せる。ここで，
$$d(pV) = pdV + Vdp$$
の関係式を用いると，
$$dU = d(U+pV) - Vdp$$
となる。$U+pV$ は気象学ではエンタルピーとよばれる量であり，C_pT で表せ式 (5.4) が得られる。

減率より大きい場合 $\left(\dfrac{dT}{dz} < -\dfrac{g}{C_p}\right)$ の空気塊の鉛直運動について考えてみる。高度 z にある空気塊（温度 $T(z)$）が，鉛直上方に少しだけ移動（dz）したとする。空気塊の温度は，断熱膨張するので乾燥断熱減率で減少する $\left(T(z) - \dfrac{g}{C_p}dz\right)$。

一方，高度 $z+dz$ におけるまわりの空気の温度は，$T(z) + \dfrac{dT}{dz}dz$ である。この両方の温度を比べてみると，空気塊の温度のほうが高く（密度が小さく）なることがわかる。したがって，上昇した空気塊は浮力を得て，さらに上昇を続ける。温度の鉛直減少率が乾燥断熱減率より大きい領域では，この上昇流は続くこととなる。このように，温度の鉛直減少率が乾燥断熱減率より大きい場合*には，大気は不安定になり対流が発生する。対流が発生することで，鉛直方向に熱輸送が起こり，温度の鉛直減少率は小さくなり，最終的には乾燥断熱減率に等しくなったところで，対流はおわる。

今までは，断熱過程を仮定して議論した。実際の大気中には水蒸気が存在し上昇に伴い，水蒸気が凝結することにより潜熱を放出し，空気塊を暖める。式 (5.4) で，$dQ \neq 0$ となるため，水蒸気の凝結を伴い上昇する空気塊の温度鉛直減少率は，乾燥断熱減率よりも小さくなり，およそ $-6.5\,\mathrm{K\,km^{-1}}$（**湿潤断熱減率**）となる。実際の大気では水蒸気の凝結を伴うので，温度の鉛直減率が，湿潤断熱減率より大きい場合には不安定となり対流（湿潤対流）が発生し，温度の鉛直減率が湿潤断熱減率より小さくなるまで対流が続くことになる。たとえば，上空に寒気が流入した場合や強い日射で地表面が暖められた場合に，激しい積乱雲が発生し局地的な雷雨となるのは，気温の鉛直減率が湿潤断熱減率をこえて不安定になったためである。

図 5.2 に示した放射平衡温度分布は，高度 10 km 以下では湿潤断熱減率より大きく不安定であり，湿潤対流が発生する。放射平衡温度に，湿潤対流による鉛直方向の熱輸送を考慮に入れた場合の温度分布（放射対流平衡温度）を図 5.3 に示す。高度約 12 km までの温度分布は，湿潤断熱減率に等しく，湿潤対流による鉛直方向の熱輸送が重要であることを示している。このように，大気の平均的な温度分布は，温室効果ガスによる放射過程と対流による鉛直方向の熱輸送効果を考慮に入れることで説明できる（図 5.3）。

* 温度の鉛直減少率が，乾燥断熱減率より小さい場合 $\left(\dfrac{dT}{dz} > -\dfrac{g}{C_p}\right)$ には，上昇した空気塊の温度の方が低く（密度が大きく）なる。鉛直下向きの力がはたらき，上昇は止まりもとの場所に戻ることになる。温度の鉛直減少率が乾燥断熱減率より小さい場合には，鉛直方向の運動は抑えられる。

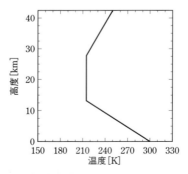

図 5.3　放射対流平衡温度分布
Manabe and Strickler (1964) をもとに作成。

5.3 大気にはたらく力（コリオリ力と気圧傾度力）

今までは，温度の鉛直分布がどのように決まるかについて説明した。本章以降は，水平方向の大気の運動について考えてみる。まず，大気の水平方向の運動を決める力のバランスについて説明する。地球は自転しているので，地球上で大気の運動を考えるとき，見かけの力がはたらく。慣性座標系（もしくは静止座標系）で等速運動している質点を，回転座標系で物体の運動を見ると，見かけの力がはたらいて，等速運動からずれて見える。この力を**コリオリの力***という。たとえば，北極から東京に向かっている飛行機を，東京から見ているとする。東京は自転により時間とともに東に移動するためみかけの力がはたらいて，飛行機の針路は西側にずれたように見える。

* 図5.4に示すように，xy平面上に速度 V で運動している質点について（質量 m），z軸のまわりに角速度 Ω で回転している座標系で物体の運動を見ると，物体の移動方向に垂直右側に $2m\Omega V$ の力がはたらく。この力を，コリオリの力という。緯度 θ（北半球は正，南半球は負とする）において，水平面に xy 座標をとると，地球の自転軸と z 軸のなす角は $90°-\theta$ なので，z軸のまわりの回転角速度は $\Omega\sin\theta$ となる。したがって，緯度 θ において水平運動する単位質量あたりの大気には，$2\Omega V\sin\theta$ のコリオリ力がはたらくことになる。

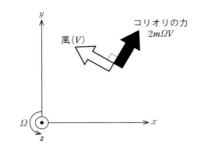

図5.4 大気の風にはたらくコリオリの力

コリオリ力と並んで大気にはたらく重要な力として，**気圧傾度力**（圧力傾度力）がある。気圧は，上にのっている空気の質量にかかる力であるので，上にのっている空気の密度（温度）により決まる。したがって，場所（緯度や経度）により上にのっている空気の密度（温度）が異なると，同じ高さにおいても，場所により気圧に差が生じる。この気圧の水平方向の差によりはたらく力が気圧傾度力である。緯度 θ において水平方向の大気の運動を表す運動方程式は，コリオリ力と気圧傾度力を用いて近似的に表現することができる。東西方向に x 軸（東向きを正），南北方向に y 軸（北向きを正）を取り，東西風および南北風をそれぞれ u，v とすると，大気の運動の時間変化（加速度）は以下のようにかける。

$$\frac{du}{dt}=fv-\frac{1}{\rho}\frac{\partial p}{\partial x} \quad (5.6), \qquad \frac{dv}{dt}=-fu-\frac{1}{\rho}\frac{\partial p}{\partial y} \quad (5.7)$$

ただし，t は時間でありコリオリパラメータ $f=2\Omega\sin\theta$ とする。地表面付近では，地表面との摩擦力が無視できない。しかし，高度約 1 km 以上の大気においては，摩擦力は小さく，また，時間が 1 日以上の大規模大気現象については，式(5.6)，(5.7)の左辺の加速度項が無視でき，コリオリ力と気圧傾度力がつり合っている（**地衡風平衡**）。

$$fv=\frac{1}{\rho}\frac{\partial p}{\partial x} \quad (5.8), \qquad fu=-\frac{1}{\rho}\frac{\partial p}{\partial y} \quad (5.9)$$

北半球での地衡風の様子を図5.5に示す。北半球では，高気圧では時計まわり，低気圧では反時計まわりの風が吹くことがわかる。南半球では f が負になるので，高気圧で反時計まわり，低気圧で時計まわりの風となる。

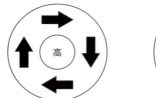
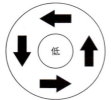

図 5.5 北半球における地衡風分布

5.4 大気の大循環

　地球規模の大気の流れ（大気大循環）について調べてみる。大気大循環にとって，温度分布は重要なので，まず，温度分布について説明する。図 5.6 に，12 月（北半球冬季）における東西平均（経度方向に平均）した温度の緯度−高度分布を示す。対流圏では，赤道付近で気温が高く，高緯度域で低温となっている。成層圏では南極付近（夏半球の極域）で高温，北極付近（冬半球の極域）で低温となっている。温度が高い領域は，太陽放射を最も多く吸収する場所に対応している。北極付近は，極夜のため太陽放射がほとんどないため，特に温度が低くなっている。南北方向の温度差（極と赤道間の温度差）はきわめて大きく，この地球規模の温度差を解消し，温度が均一になるように地球規模の大気の流れが生じる。

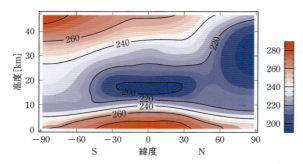

図 5.6　2016 年 12 月における東西平均した温度分布（単位は K）
気象庁作成の再解析データ（JRA55）をもとに作成。

　前述の地衡風平衡から，東西風の鉛直分布と温度の南北分布との間の関係式が得られる。式 (5.9) について鉛直変化量（鉛直方向に微分）を求め，式 (5.1) を利用することで，次の関係式が得られる（**温度風平衡**）。

$$f\frac{\partial u}{\partial z} \propto -\frac{\partial T}{\partial y} \tag{5.10}$$

たとえば，北半球の場合※，高緯度側が低緯度側より低温の場合（$-\partial T/\partial y > 0$）には，東西風は高度とともに増加する（$\partial u/\partial z > 0$）。東西風 u は，西風が正，東風が負なので，高緯度側が低温（高温）の場合，西風が吹いている場合には，高度とともに西風が増加し（西風が弱まる），東風が吹いている場合には，高度とともに東風が弱まる（東風が強まる）。図 5.7 に 12 月における東西平均（経度方向に平均）した東西風の緯度−高度分布を示す。対流圏では両半球ともに，低緯度域の方が高温で，西風が高度とともに増加していることがわかる。一方，成層圏につ

※ 南半球の場合，$f<0$ であるが，高緯度側が低緯度側より低温の場合に $-\dfrac{\partial T}{\partial y}<0$ となるので，北半球と同じ結果となる。

5.4 大気の大循環

いては，北半球（南半球）では低緯度側が高温（低温）であるため，西風（東風）が高度とともに強くなっている。このように，温度の南北分布と東西風の鉛直分布が関連しており，大気大循環を調べる上で，温度風平衡の関係は重要である。

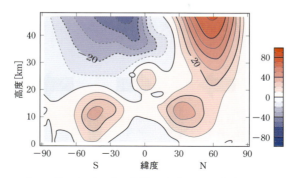

図 5.7　2016 年 12 月における東西平均した東西風分布（単位は ms^{-1}）
正および負の値は，西風および東風を示す。JRA55 再解析データより作成。

以下では，対流圏における熱輸送と子午面循環について考えてみる。成層圏・中間圏の熱輸送と子午線面循環については，傍注を参考のこと*。図 5.8 に，各緯度における大気全体で吸収される太陽放射エネルギー量と宇宙空間に放射される赤外放射エネルギー量の年平均値を示す。緯度約 30°より低緯度側（高緯度側）では，吸収されるエネルギーの方が放出されるエネルギーより多い（少ない）ことがわかる。もし大気による熱輸送がないとすると，緯度 30°より低緯度側（高緯度側）の温度は，年々上昇（下降）していくはずである。実際そうなっていないのは，大気大循環により，低緯度側から高緯度側に熱が輸送されているからである。つまり，緯度 30°より低緯度側では，吸収される太陽エネルギーと放出される赤外放射エネルギーの差と同じ量の熱を，大気大循環による熱輸送で失っていることになる。

* 成層圏・中間圏における大気の流れも大気の熱輸送と関連している。夏半球高緯度域から冬半球中緯度域にかけては，対流圏のハドレー循環と同じ特徴をもつ循環が卓越している。つまり，温度が高い夏半球側で上昇，冬半球側に向かう南北風，温度が低い冬半球側の中緯度域で下降し，大気の流れにより熱が夏半球から冬半球高緯度域へ輸送されている。

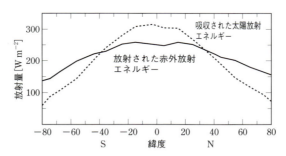

図 5.8　緯度ごとに大気が受け取る放射量と大気が放出する赤外放射量
Vonder Harr and Suomi (1969) をもとに作成。

地球規模の熱輸送を考えるには，**子午面循環**（南北流と鉛直流）の分布を見るとわかりやすい。図 5.9 に，対流圏における東西平均した子午面循環の模式図を示す。低緯度域では，赤道付近で上昇，対流圏上部で極向きの風，緯度 25−30°で下降，地表付近で赤道向きの風となる循環（**ハドレー循環**）が見られる。温度が高い赤道付近が低気圧となり，上昇流が卓越し，逆に，温度が相対的に低い緯

度 20−30°付近が高気圧となり下降流となる循環により熱が高緯度側に輸送されている（図 5.10 参照）。北半球での赤道向きの風は，コリオリの力の影響で北東の風となり，**貿易風**とよばれている。赤道付近では，上昇流により水蒸気の凝結を伴う湿潤対流が活発であり，雨の多い領域となっている。一方，緯度 20−30°付近は下降流が卓越し，亜熱帯高気圧となり，雨の少ない領域が広がっている。

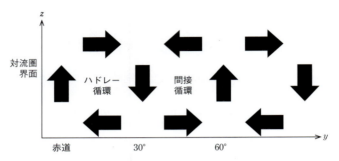

図 5.9　対流圏における子午面循環の模式図

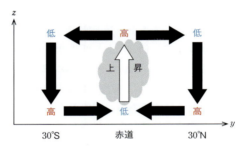

図 5.10　ハドレー循環に伴う風と気圧分布の模式図。灰色部分は，雲を示す。

緯度 30−60°の領域では，低緯度域とは逆に，高緯度側で上昇し，低緯度側で下降流となる循環が存在し**間接循環**（もしくは**フェレル循環**）とよばれている。この間接循環は，南北風を東西平均することにより出てきた見かけの循環であり，極方向への熱輸送は，温帯高低気圧（傾圧不安定波（後述））やロスビー波（後述）といった大気波動によってなされている。60°より高緯度側では，極域で下降し，60°付近で上昇する循環が見られる。

5.5　大 気 波 動

中高緯度域における熱輸送では，大気波動が重要であるので，大気波動の様子を天気図から調べてみることにする。図 5.11 によると中高緯度域では，高気圧と低気圧が東西に並んでいることがわかる（代表的な水平スケールは数 10^3 km 程度）。地衡風平衡がほぼ成立しているので，低気圧の東側では南風，西側では北風となっている。高低気圧は，上空の西風に伴い，西から東に移動する。暖気は低気圧の東側に，寒気は低気圧の西側にあり，寒気を低緯度側に，暖気を高緯度側に輸送していることがわかる（図 5.12 参照）。このように，中高緯度域では，高

5.5 大気波動

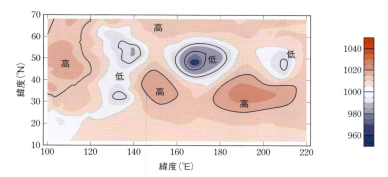

図 5.11　東アジアから北太平洋における地上気圧分布 (hPa)（2017年4月11日）。JRA55 再解析データより作成。

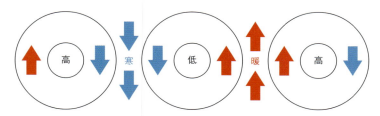

図 5.12　高低気圧に伴う温度と風の分布。熱輸送の様子を示す。

低気圧が熱輸送にとって重要な役割を演じている。中高緯度域では，経度により南風の場所と北風の場所が存在し，また時間とともに高低気圧が東に移動すると，同じ場所でも風向は時間変化する。このことは，常に赤道向きの風が卓越している低緯度域とは大きく異なっている。

中高緯度域では，ハドレー循環のような，高温域で上昇，低温域で下降するといった循環では十分な熱輸送ができず，大気の流れが不安定となり，高低気圧が発達し，高低気圧に伴う流れにより効率的に熱輸送が行われる。温帯地方の高低気圧は，**傾圧不安定波**とよばれており，温度の南北差に伴う不安定現象として現れ，南北の温度差（不安定な状態）を解消するはたらきがある。傾圧不安定波では，高低気圧の中心は高度とともに西に傾く，低気圧の東側で高温・西側で低温となる，低気圧の東側で上昇流・西側で下降流となる，などの特徴をもっている。低気圧の東側では，上昇流に伴い，水蒸気が凝結し雲が発生するため，低気圧が西から近づくと天気が悪くなる。

大気は自転しているので，たとえ静止していても自転に伴う渦をもち，自転に伴う渦の強さ（惑星渦度）は，緯度によって異なる。この緯度により異なる惑星渦度により，高気圧性循環および低気圧性循環の強さが変化し，結果的に渦が西向きに移動することになる（基礎編6.2節も参照）*。このような流れを**ロスビー波**（もしくは**プラネタリー波**）という。たとえば，偏西風が地球規模の山岳（ヒマラヤ山脈やロッキー山脈）にぶつかり，大気の流れが南北に蛇行したときも，高気圧循環や低気圧循環が生成され（代表的な水平スケールは 10^4 km 程度），大気大循環にとって重要な役割を演じている。

* 惑星渦度と高気圧循環や低気圧循環に伴う渦の強さ（相対渦度）の和（絶対渦度）は，理想化された条件では保存する。そのため，南北方向の流れがあると惑星渦度が変化するので，高低気圧循環に伴う渦の強さが変化することになる。

傾圧不安定波やロスビー波のほかに，**モンスーン**による風も，熱輸送にとって重要である。大規模な大陸の近く（東アジアから南アジアにかけての地域）では，夏季には太陽放射により暖められ，まわりの海洋に比べて高温となる。そのため大陸上に低気圧が発生し，地表付近では低気圧に吹き込む風が発生する。対流圏上部では，大陸の上には高気圧（たとえばチベット高気圧）が発生し，地表とは逆向きの風が吹く。一方，冬季には，逆に大陸は冷えて低温となり高気圧が発生し，夏季とは逆向きの風が生じる。

6 海洋はどのように運動しているのか

> この章では，海洋の構造と運動について述べる．海洋が2層構造となることと，上層と下層の各々の運動の違いに注目する．特に，海洋の運動にとって重要な圧力の水平勾配に着目する．

6.1 海洋の構造と駆動力

風呂やプールで，底の水が冷たいのを経験したことがある人も多いだろう．これは，密度[*1]が相対的に高くて重い水が重力（浮力）により下方に沈むためである．海洋は太陽光によって加熱され続けているが，海中に届く光は水深とともに減衰していくため，加熱されるのは海面付近だけである．長い時間をかけると混合や伝導で深部に熱が運ばれるが，それでもその影響は水深数100m付近までしか到達できない．そこ（**主温度躍層**）までは水深が深くなるとともに水温が低下するが，その下に低温の厚い層が存在する．結果として，上層に高温で低密度の軽い水，下層に低温で高密度の重い水が分布した安定した2層構造ができる（図6.1）[*2]．海水の運動は端的に言えば圧力差か摩擦で外部から駆動されるが，これらの作用は海洋の上層と下層で大きく異なる．

[*1] 海水の密度は，**塩分**と温度と圧力で決まる．ただし，空気と違い水は圧縮されにくいので，圧力の影響はあまり受けない．塩分は，海水1kg中に溶けている塩類（Na^+，Mg^{2+}，Cl^-など）の質量[g]で，単位は g/kg＝パーミル（‰）である．

[*2] 冬季の海面近くでは，冷却などで水が鉛直混合し，水深で水温があまり変化しない**混合層**ができることがある．逆に夏季は，水深数10mまでの水温変化が特に大きい**季節躍層**ができる．

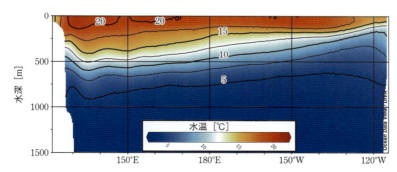

図6.1 北太平洋30°Nにおける冬季（1月）の水温の鉛直断面分布
WOA09 (NOAA, 2009) より

海洋の圧力とは，その水深から海面までの海水の柱（海水柱）の単位面積あたりの重さであり（付録A参照），海水柱の重さは海水の密度と柱の長さの積なので，海水の密度が均一に分布していないと同じ水深でも圧力に差が生じる．水平面内に圧力差があると[*3]，圧力の高い地点から低い地点に向かう力（圧力傾度力）がはたらく．海洋の上層は海面を通じて大気と接していて，太陽からの熱の吸収や，降水や蒸発などの淡水のやり取りが可能なので，海水の密度分布を変化させることができる．これに対して下層では，海底火山など稀な例を除けば，海水の密度を外部から直接変化させることはない．

[*3] 鉛直面内の圧力差も考えてみよう．水中の物体の下面が受ける圧力は，上面が受ける圧力よりも物体の厚さの分だけ大きく，鉛直方向の圧力差として上向きの力（**浮力**）を受ける．物体の密度が周辺の海水より高ければ，重力が浮力に勝り，物体は沈む．

摩擦力は，周辺の海水と流速に差があると周辺を引きずろうとする力である。海洋では粘性が小さく流速差も一般に小さいので，摩擦力の影響は比較的小さいと考えられている。例外は壁や海面・海底など他物質との境界付近[*1]で，ここでは海水との流速差が大きくなるので，摩擦力によって海水の運動が規定される。このうち壁と海底は運動していないので，海水の運動を静止させようとする摩擦力となる。一方海面では，風として高速で移動する大気と接しているので，摩擦によって海洋表層の海水の運動が直接的に駆動される。

このように，海洋上層は密度変化も風の摩擦も受けるために，海水を運動させる駆動力が豊富である。逆に海洋下層には，流れを外部から駆動する要素がない。以下の節では，海洋の上層と下層のそれぞれで，どんな流れが，どうやって駆動されているかを見る。

ただし，天体の引力である**起潮力**で生じる**潮流**についてはこの章では取り扱わない。実は海洋中で最も顕著な流速成分は潮流であり，固体地球との摩擦で地球の自転を遅くするなど（基礎編1.4.2参照）重要な要素なのだが，基本的に半日か1日でもとに戻る往復流なので本章では割愛する。

[*1] 境界の近くの摩擦が効く領域を**境界層**とよぶ。これに対して，境界から離れて摩擦が効かなくなる領域を**内部領域**とよぶ。

6.2　海洋上層の流れ

6.2.1　風が直接駆動する吹送流

海上に風が吹けば海面が引きずられるので，海面に風下方向への流れが生じる。粘性によって海面より下の海水も引きずられ，結果として深さとともに流速が小さくなるような流れ（**吹送流**[*2]）が生じる。ここに地球の回転の効果が加わると，たとえば，北半球だと流れに対して右向きの**コリオリ力**を受けるために，吹送流は風向と異なる方向に流れる。

ある水深に吹送流があれば，右向きにコリオリ力，逆向きに下方の海水からの摩擦力を受ける。これらの合力が上方の海水からの摩擦力とつり合うとき，この水深の吹送流の向きは上方からの摩擦力の方向に対して時計まわりの偏角をもつ（図6.2 b）。

[*2] 海面付近の漂流物は，主に吹送流によって流される。吹送流は水深によって方向も大きさも変化するので，漂流物がどの水深に存在するかを知る必要がある。さらに風は時間とともに変化するので，漂流予測が難しくなる。

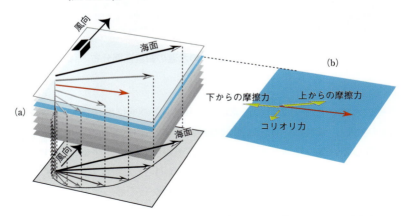

図6.2　エクマンらせんの概念図。(a) 風向に対する吹送流の深さ分布と，水平面に投影したホドグラフ。(b) ある水深での，力のつり合い（黄色）と流向（赤色）の関係。

6.2 海洋上層の流れ

この水深の直下の海水にとっては，この水深の流向が「上方からの摩擦」の方向となるので，深さとともに吹送流の大きさも流向も変わる**エクマンらせん構造**となる（図 6.2 a）。

ただし，海水の粘性は大きくないので，海面から 10～30 m 程度（**エクマン境界層厚**）まで水深が深くなると，吹送流はほぼ減衰してしまう。つまり，それよりも深い水深の海水は，風で直接駆動することはできない。

6.2.2 地衡流と風成循環

摩擦が効かない内部領域で海洋を駆動することができるのは，圧力傾度力である。地球回転を考えない場合，圧力傾度力によって流れが生じて水が運ばれると，低圧部に質量が付加されるので圧力差は解消される。しかし地球回転の効果でコリオリ力がはたらくと，北半球では高圧部を右に見るような等圧線に沿った流れ（気象では地衡風，海洋では**地衡流**とよぶ）が生じて，圧力傾度力とコリオリ力がつり合った定常状態となる。つまり，水平面内の圧力差は，等圧線に沿った定常流をともなって維持される。

さて，深さとともに向きも大きさも変化する吹送流を鉛直に積分すると，北半球で風向に対して直交右向きに水が輸送（**エクマン輸送**）される。例として，北太平洋の**貿易風**と**偏西風**に挟まれた海域（北緯 30°くらい）の海水の輸送を考えてみよう（図 6.3）。低緯度を西に向かって吹く貿易風によって北向きのエクマン輸送が生じるので，エクマン境界層内でこの海域に向かって低緯度から海水が輸送される。一方，この海域の北側を東に向かって吹く偏西風からは南向きのエクマン輸送が生じるため，やはり中間海域に向かって海水が輸送される。この結果，貿易風と偏西風に挟まれた海域のエクマン境界層内では海水が集積し，海面の高さ（**海面力学高度**）が増加する*。エクマン境界層の下の内部領域には風で直接駆動される流れは生じていないが，圧力とは海面までの海水柱の質量なので，エクマン境界層内の質量増加の影響は内部領域にも出て圧力は増加する。このため，風の摩擦の影響を直接受けない内部領域であっても，地衡流として海洋の運動を

* 実際の海面の高さは，海面力学高度より 2 桁変動幅が大きいジオイドの凹凸で決まっている。ジオイドは静止した海面，つまり海面力学高度が一様に 0 のときの海面の高さで，地球重力の分布に従っている（詳細は応用編 2 章を参照）。

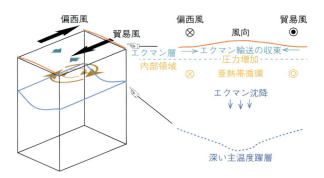

図 6.3 亜熱帯循環の概念図。海面近くのエクマン層内で，貿易風と偏西風によるエクマン輸送が集積して海面力学高度は高くなる。この圧力勾配により，海洋上層に時計まわりの循環が生じる。一方，主温度躍層の境界面が下降して，下層には圧力勾配が生じない（図 6.4）。

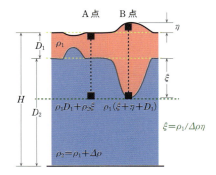

図 6.4 主温度跳躍の厚さと圧力の変化の関係。緑色の破線の深さより上にある海水柱の重さから圧力を求める。A 点は厚さ D_1 の上層と厚さ ξ の下層，B 点は厚さ $(D_1+\eta+\xi)$ の上層である。$\Delta\rho\xi=\rho_1\eta$ のとき，A 点とB 点の圧力は等しくなる。

駆動することができる．北半球では圧力の高い部分を右に見て等圧線に沿った地衡流が形成されるので，この場合は時計まわりの循環（**亜熱帯循環**）となる．この循環は風によるエクマン輸送の収束によって生じた圧力増加で駆動されているので，**風成循環**とよばれている．

ところで，エクマン層で生じた圧力差が海洋の内部領域に及んで風成循環をつくるのであれば，その圧力差はもっと下層にまで及び，海洋下層にも同じ風成循環をつくってもおかしくない．しかし，実際には海洋下層には顕著な風成循環は形成されていない．これは，主温度躍層の境界面が上下に動くことで，上層の圧力の増減を打ち消すことができるからである．たとえば北太平洋の亜熱帯循環の場合，循環の中央部では主温度躍層の境界面の水深が深い（図6.3；**エクマン沈降**＊）．図6.4のB点の境界面の水深からA点の境界層の水深までの高さξの海水柱の質量を考えると，B点では軽い上層の海水なので質量がA点より$(\rho_2-\rho_1)\xi$だけ小さい．この減少量と，B点で海面がηだけ高いために質量が増加する量$\rho_1\eta$が，およそ同じになる．つまり，海面付近のエクマン層内の圧力増加が，境界面が下がることで打ち消され，B点の境界面よりも下の水深では水平面内の圧力差が無くなるので地衡流は駆動されない．なお，海面力学高度が高い場所ほど上層が厚くなるという関係は，地殻の厚さと標高の関係（**アイソスタシー**）に似ている（付録A.4節参照）．

なお海面では，風による摩擦の他にも，大気との熱や淡水の交換によって海水の密度が変化する．しかし，たとえば加熱による密度低下は，海水柱が熱膨張するために生じたものである．つまり，密度と厚さの積としての質量は変化せず，圧力としての変化は生じない．実際，海面における大気との熱や淡水の交換によって生成する圧力変化は，エクマン輸送の収束・発散に比べると小さいため，海洋上層の海の流れは基本的に風成循環であるといえる．ただし，海面での大気との熱・淡水交換は，実は海洋下層の流れにとって重要である．これについては6.3節で述べる．

6.2.3 β効果と西岸強化

5.3節で述べたように，コリオリパラメータ $f=2\Omega\sin\theta$ は緯度θの関数である．小さな湾のように緯度変化が小さい場合にはfを一定値とみなすことができるが（f面），風成循環のように大きなスケールだとfの緯度変化は無視できない（β面）．この節では，fの緯度変化（**β効果**）が風成循環に及ぼす影響を見てみよう．

地衡流の速さは圧力傾度力の$1/f$倍になるので，fの絶対値が大きい高緯度ほど，同じ圧力傾度力に対する地衡流の速さが小さくなる．ある緯度に東西の圧力傾度があって南北方向に地衡流が流れるとき，流入元と流出先の緯度が異なるので地衡流の大きさも変わり，結果として海水の過不足が生じる．例として前節で考えた北半球の亜熱帯循環（図6.3）を考えてみよう．亜熱帯循環は海洋上層に時計まわりの循環が形成されているので，西側で北上流，東側で南下流が存在している．β効果により，北上流では流入元より流出先の地衡流速が小さくなるから海水が過剰となり，結果として海洋上層の層厚を伸ばす（海面力学高度が上昇し，

＊ 躍層が持ち上がるときは**エクマン湧昇**とよぶ．エクマン湧昇が起こる場所では，植物プランクトンが光合成を行う**有光層**に，植物の肥料となる生物の死骸や排泄物の溶けたもの（**栄養塩**）が供給されやすくなる．このため，生物活動が盛んで，好漁場となることが多い．

6.2 海洋上層の流れ

主温度躍層が下降する)。逆に南下流では，流出先のほうが流入元より地衡流速が大きいために海水が不足し，層厚を縮める。

そもそも亜熱帯循環では，貿易風と偏西風のエクマン輸送によって中央緯度の海洋上層は厚くなっている。風が吹き続ければ上層は時間とともにさらに厚くなり循環も強化され続けて，最終的に壁や海底からの摩擦が効いて成長が止まる (図 6.5 a)。ところが β 効果がはたらく場合には，南下流の部分に海洋上層を縮める効果があるのでエクマン輸送による上層の伸長を打ち消すことができ，両者がつり合えば循環を強化しすぎずに定常状態に達することができる。現実の亜熱帯循環では，時計まわりの循環の中心が西側に偏って(**西岸強化**)[*1]，循環の大部分を南下流にすることで定常状態を達成している (図 6.5 b)。

[*1] 図 6.1 の断面図で，上層が最も厚い場所が 135°E と西に偏っている。

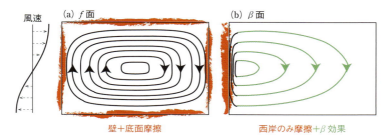

図 6.5 北半球の亜熱帯循環の西岸強化。f 面の場合(a)と，β 面の場合(b)。強流による摩擦が生じる位置を赤で示した。

─ Column 渦位 ─

この項では海洋上層の層厚変化を見てきたが，南北流に伴う f の変化とは，5.5 節で述べた惑星渦度の増減にほかならない。そこで，図 6.5 を渦度の観点から見直してみよう。エクマン輸送の収束発散は，南北輸送量(東西風成分)が緯度変化するか東西輸送量(南北風成分)が経度変化する場合，つまり風速が回転成分をもつ場合に生じる。図 6.5 の場合，風速は時計まわりの回転成分となり，負のトルクを海洋に与えるので，風が吹き続ける限り絶対渦度は減少し続ける。f 面 (図 6.5 a) の場合，絶対渦度の変化は相対渦度の変化となるので，時間とともに時計まわりの循環が強化される。摩擦が効き始めると，静止した壁から循環を止めようとする時計まわりの正の渦度が供給されるようになり，風で供給される負のトルクとつり合うと正味の渦度供給が無くなり，相対渦度が時間変化しない定常状態となる。一方，β 面 (図 6.5 b) の場合，絶対渦度の減少は相対渦度でなく惑星渦度の減少で対応が可能である。与えられる風の負のトルクは，単位時間あたりの緯度の減少，つまり南下流を維持するのに使われ，相対渦度への渦度供給が無い定常状態となる。ただし西岸境界では，壁からの強い摩擦で正の渦度が供給されるので，それが北上流の維持に使われる。

実は，層厚の変化と渦度の変化は，**渦位 (ポテンシャル渦度)** を介して関連している[*2]。渦位とは，渦度 ω を層の厚さ h で割って規格化した量 (ω/h) である。ある水塊を鉛直方向に伸ばすと，細くなって回転半径が小さくなり，渦度が増加する[*3]。これは，「惑星渦度の増加する北上流で，流入量と流出量の差で層厚が増加する」のと同じ結果になっている。

[*2] 負(正)の渦度が供給されると渦位が減少(増加)し，絶対渦度か層厚が変化する。実は f 面 (図 6.5 a) の場合，惑星渦度が相対渦度より圧倒的に大きいため，絶対渦度を減少(増加)させるよりも層厚を増加(減少)させるほうが効果的である。図の中央部では風による負の渦度が，壁付近では摩擦による正の渦度が供給されるので，層厚は中央部で増加し，壁周辺で減少する。実際，図 6.3 と同じく中央部の上層の厚さは増加するが，壁付近では壁の向こう側から水が供給されずに一方的に中央方向に出ていくため，壁周辺の上層は薄くなる (エクマン湧昇)。

[*3] フィギュアスケーターがスピンで伸ばした腕を曲げて回転半径を短くすると角運動量保存則によって回転が速くなる例と同様である。

> **Column　ロスビー波の西進**
>
> β 面で，風が吹いていない場合についても考えてみよう．f 面の場合，等圧線に沿った地衡流の循環は定常状態になる．ところが β 面の場合，風による上層の伸縮が無いと南北流の β 効果を打ち消せないので，層厚が時間変化してしまい，地衡流の循環は定常状態にはなれない．たとえば北半球の海面高度の凸部を考えると（図6.6），東側の南下流部分の海面高度は縮み，西側の北上流部分は伸びるので，時間とともに凸部が西に移動する．この状態は，地衡流でありながら長期的に時間変化をするので，**準地衡流**平衡状態とよばれる．実は，南・北半球，凹・凸のどの組み合わせでも，すべて時間とともに西に移動する．β 効果によって西にだけ伝搬するこの変動は，**ロスビー波（惑星波）**とよばれる（5.5節参照）．β 面の風成循環で西岸強化が生じるのは，風とバランスしない剰余分の擾乱がロスビー波として西にのみ伝搬するからである．
>
>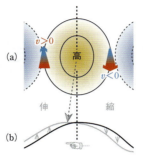
>
> **図 6.6**　北半球の海面高度の凸部を上から見た図(a)と，横から見た図(b)．(a)では，β 効果による南北流（v）の変化を誇張して描いている．(b)では薄い色で伸縮の結果を示していて，時間が進むと位相が西進するのがわかる．

このとき，西岸付近のみ北上流が流れる．ほぼ全域で南下した海水をすべて高緯度に戻さなければならないので，西岸付近は非常に流速の大きな強流（**西岸境界流**）となる．風成循環は北半球の亜熱帯以外の海域にも存在し，時計まわりも反時計まわりもあるが，コリオリ力の向きや循環の向きにかかわらず，β 効果はすべての海域で西岸側を強化する（演習課題 6.3 参照）．

なお，北太平洋の亜熱帯循環の西岸境界流は**黒潮**とよばれ，流速は $1\sim 2\,\mathrm{m\,s^{-1}}$ 程度で，風成循環東部の南下流より 1～2 桁大きい．黒潮によって低緯度の暖かい水塊が冷めないうちに北緯 35°付近の中緯度まで運ばれるので，日本の周辺は比較的海水温が高く，大気に熱が放出されている．一般に西岸境界流は大量の水塊を短時間に南北に輸送*できるので，効率的に全球規模の**熱輸送**を行っている（詳細は応用編 5 章を参照）．

* 低緯度の暖水を極向きに運ぶものを**暖流**，高緯度の冷水を赤道向きに運ぶものを**寒流**とよぶ．

6.3　海洋下層の流れ

今度は，海洋下層の流れについて考えよう．6.1 節で見たように，海洋に加わる外部からの駆動力は海面付近に限定されている．6.2.2 で述べた圧力傾度力は，直接的な接触がなくても下方に地衡流を生じさせることができる手段だが，主温度躍層の境界面深度が上層の圧力変動をキャンセルするように変動すると下層に

6.3 海洋下層の流れ

は圧力傾度力がはたらかないので，海洋上層の圧力変動では海洋下層の流れをうまく駆動できない*1。

つまり，海洋下層の流れを駆動するには，主温度躍層の境界面の変動を介入させずに，海面から海洋下層まで直接届くような変化が必要になる。これは**深層対流**とよばれていて，海洋上層の軽い海水が海洋下層に達するまで沈むのだから，極端な密度の増加が要求される。つまり，非常に強い冷却が必要である。また，海水が結氷すると周辺の塩分が高くなり密度が増加するので*2，海面付近の塩分が太平洋よりも高い大西洋の方が（演習問題 6.1 参照），結氷により深層循環は生じやすい。この結果，深層対流が生じるのは，大西洋の北極域（グリーンランド沖）と南極域（ウエッデル海）などに限定されている*3。

では，深層対流によって，どんな流れが生じるだろうか？特定の海域で下層に沈み込んだ海水は，そこから広がるように海洋下層を流れ，やがて沈み込んだ分の補償として上層に戻るはずである。下層の水が上層に戻る過程については，上層との混合が有力だと考えられているが，実はまだ明確に観測されてはいない。ただし，特定の海域だけの顕著な上昇流が報告されていないことから，広域にわたって非常に小さい流速でゆっくりと上層に戻っていると考えられている（図 6.7 a）。このため海洋下層の流れ（**深層流**）も，小さい流速でゆっくりと時間をかけて大西洋から遠方に広がると考えられる。大西洋は**南極周極流**（**南極環流**）を通じてインド洋や太平洋と接続していることから，最も遠いのは北太平洋域である（図 6.7 b）。この海域で上層に取り込まれるには，大西洋で**深層水**が形成してから 1,000 年くらい時間がかかると考えられている。

上層に取り込まれた海水は，補償流として最終的に深層対流が起きた大西洋の極域まで運ばれると考えられる。大西洋の極域の海面から海洋下層までを 1 辺とする鉛直断面内を，水塊が長時間かけて 1 周するこの流れは，**熱塩循環**または**グローバルコンベアーベルト**などとよばれる（図 6.7 a）*4。

6.2 節の風成循環は，海洋上層内の水平面内の循環であった。これに対して熱塩循環は，海洋下層内の水平流である深層流（図 6.7）だけでなく，海面から海底までの鉛直断面内の循環であり，全球規模の広い範囲が流域となっている。流域

*1 正確にいうと，主温度躍層が上下移動するには時間がかかるので，たとえば津波や潮汐のように短時間で変動する現象は，下層と上層が同期した 1 層の流れ（**順圧流**）として振舞う。

*2 海水のうち結氷するのは淡水成分のみだから，結氷すると塩類を周辺に放出する。逆に海氷が融解すると，周辺の塩分が低下する。

*3 日本海北部のウラジオストック沖など，強風が偏在して局所的に強い冷却がある場所でも，小規模な深層対流が報告されている。

*4 鉛直断面内の循環という意味で，**子午面循環**ともよばれる。

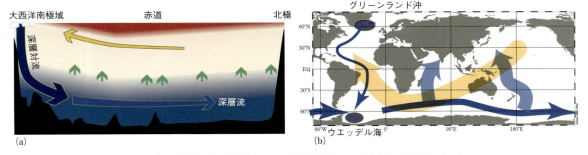

図 6.7 熱塩循環の鉛直面内(a)と，水平面内(b)の模式図。大西洋の極域で沈み込んだ冷水は，南極周極流を経てインド洋・太平洋の北半球へ広がる（水色矢印）。広域でわずかずつ上層に取り込まれると（緑色矢印），深層対流の補償流として上層内を大西洋の極域に向かう（黄色矢印）。

がこれだけ広いのに，駆動力は一部の極域での冷却だけなので，熱塩循環の流速は風成循環に比べて2桁程度小さくなる。

熱塩循環が一周するには1,000年以上の時間が必要となる場合があるため，**気候変動**のような長い時間スケールの変動と対応している*。たとえば，極域が寒冷化して深層対流が活発になってより多くの海水が海洋下層に運ばれるようになったとすると，熱塩循環によって低緯度の暖水が補償流として極域により多く運ばれるようになるため，極域の寒冷化に対して**負のフィードバック**がかかり，気候変動を安定化させるといわれている。

風成循環と熱塩循環を合せて**海洋大循環**とよぶが，ともに暖流・寒流による熱の輸送があり，輸送された熱が放出されて大気が応答すれば，やがて海上風や熱・淡水の交換量が変化する。その結果として，海洋の風成循環や熱塩循環が影響を受ける。つまり，大気と海洋は相互に作用しあうことで結合した一体のシステムを形成している。大気海洋の結合システムと相互作用については，応用編5章で詳しく記述する。

* これに対して風成循環は，10年規模の大気と海洋の変動に対応していると考えられる。たとえば風系の変化で海洋の循環が変わると，海流による熱の輸送が変化して水温分布が変わり，それが気圧配置に影響して風系にフィードバックされる。

演習問題

6.1 北太平洋よりも北大西洋の海面塩分が高くなる理由について考察せよ。海面塩分は，蒸発・降雨・河川流入・結氷・解氷などの要因で変化するが，特に，降水が多い緯度帯と，晴天が続き蒸発が多い緯度帯がどこか考えて，太平洋と大西洋の違いを述べよ。

6.2 南半球と北半球で，時計まわりと反時計まわりの風の回転成分をそれぞれ考える。この4つの組合せそれぞれについて，エクマン輸送の方向，海面力学高度の変化，地衡流の方向を説明せよ。

6.3 上述の6.2のどの4つの組合せでも，β効果によって定常状態が得られるのは西岸強化する場合であることを示せ。

基礎編

7 地球表層での物質の流れ

> 地球表層では，岩石圏・水圏・気圏の相互作用に加え，生物圏のはたらきにより，岩石は風化・侵食され，流水や風，氷河などにより運搬され，堆積物としてさまざまな環境で堆積する。そのため堆積物・堆積岩に記録されている堆積時の情報を明らかにすることにより，地球表層の環境変遷を知ることができる。

7.1 風化作用

風化作用は，**機械的（物理的）風化作用**と**化学的風化作用**に分けられる。

(1) 機械的風化作用

機械的風化作用は岩石が機械的に破壊されることにより，より小さな破片へと変化する現象である。個々の破片の性質はもともとの岩石と変わらないが，破壊に伴って表面積が増加するため，化学的風化作用を受けやすくなる。

機械的風化作用では，① 昼夜・季節による温度差，② 圧力開放による剥離，③ 生物活動が主要なメカニズムである。特に凍結破砕作用が重要であり，寒冷地や高山では割れ目にしみ込んだ水の凍結・溶解により，岩石の破壊が進行する。

(2) 化学的風化作用

化学的風化作用は，大気や雨水・地下水などの地表水と岩石・鉱物が化学反応し，地表環境で安定な物質に変化したり溶解する作用である。

化学的風化作用では，水が大きな役割を果たし，水中に溶存する酸素や二酸化炭素により鉱物の分解・変質が促進される。主な造岩鉱物では，含まれる元素やケイ酸分が地下水へと溶出し，結晶構造が破壊され，それに伴って**粘土鉱物**[*1]や水酸化物が生成される。一方，石英は化学的風化作用に強く，粒子として残留し，その後，運搬されて砂粒子となる。

*1 層状珪酸塩鉱物の一種であり，H_2O または OH^- を含む。SiO_4 四面体層と Al-O-OH 八面体層を基本構造とし，層間に Na^+, K^+, Ca^{2+}, Mg^{2+}, H_2O, OH^- などを含む。多種多様な鉱物からなり，カオリナイト，モンモリロナイト，イライトなどが代表的な粘土鉱物である。

(3) 気候と風化作用

機械的・化学的風化作用のバランスは，温度・年較差・日較差・地表水の量などの地理的・気候的条件による。寒冷な気候下では，気温が低く，また地表水が乏しいため，化学的風化作用はほとんど進まず，凍結破砕作用により機械的風化作用が卓越する。一方，湿潤気候下では，豊富な地表水により化学的風化作用が活発となり，特に赤道付近では，強烈な化学的風化作用により**ラテライト**[*2]化作用が起こり，赤色土壌が形成される。

*2 赤色の Al, Fe に富んだ風化生成物。主にギブサイトなどの Al 水酸化物や赤鉄鉱（ヘマタイト），カオリナイトなどからなる。

7.2 マスウェイスティング（マスムーブメント）

地表にある物質は，重力により常に上から下へと移動しようとしている。岩石や土壌が，重力によって斜面下方へと移動する現象を**マスウェイスティング**といい，① **崩落**，② **土石流**，③ **地すべり**，④ **アースフロー**[*3]などの現象がある（図

*3 粒子間の結合が緩い土砂や水に飽和した細粒土などが，ゆっくりと斜面下方に流動する現象。

*1 岩石や砂などを積み上げた時に自然に崩れることなく安定を保つ斜面の最大角度のこと。地表では35°前後であるが，水中では1〜2°程度でもすべり始めることもある。

7.1)。これらの最大の要因は重力であるが，水も大きな役割を果たし，豪雨や融雪時には，しばしばマスウェイスティングが起こる。また**安息角**^{*1}より傾斜が急になると崩壊しやすくなり，植生の除去も大きな要因となる。さらに地震動も重要な引金の一つである。

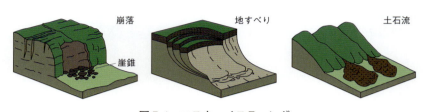

図7.1 マスウェイスティング

7.3 侵食作用

侵食作用は，移動する媒体（水，風，氷河など）によって，岩石が削剥される現象である。

(1) 水による侵食作用

河川では，流水のもつ位置エネルギーと運動エネルギーにより**下方侵食**が進行する。そのため河川の上流部では，マスウェイスティングと下方侵食により，河川横断面はV字形になる。下方侵食は，最終的な侵食基準面である海水準まで進むが，しばしば湖や固い岩盤，ダムなどが一時的な侵食基準面となる。侵食基準面付近まで侵食が進行すると，下方侵食は弱まり，**側方侵食**を開始する。その結果，川は蛇行し谷幅が拡張する。また波浪による侵食作用は波食（海食）とよばれ，平均海水面付近には**波食棚**^{*2}，**海食台**^{*3}，海食洞やノッチ（波食窪）^{*4}などが，また海岸に面する高台の海岸部には海食崖が形成される。

*2 海食崖の基部に発達する基盤岩石からなる平滑な地形。ほぼ水平か，わずかに海側に傾き，沖側末端には明瞭な急崖をもつ。一般に潮間帯に発達する。

*3 海食崖の基部から緩傾斜で浅海底に連続する，基盤岩石でできた平滑な地形。潮間帯に発達する波食棚と異なり，急崖などの地形的不連続はなく，波食棚よりも下位の地形である。

*4 波浪によって海食崖に形成された窪みを指し，幅よりも奥行きが長いものを海食洞，奥行きよりも幅が長いものをノッチという。

(2) 氷河による侵食作用

氷河による侵食作用（氷食）は流水や風に比べ強力であり，氷期や高山では重要な侵食メカニズムである。氷河による岩塊の引抜きや岩片を混在した氷河による岩石の削剥が進行し，その結果，削剥面には鏡面や擦痕などが形成される。氷食では，U字型の直線的で幅広い氷食谷や，カール（圏谷），ホルン（氷食尖塔）^{*5}といった特徴的な地形を生み出す。

*5 三方向を圏谷に囲まれた尖塔状の頂。スイスアルプスのマッターホルンなどが有名。

(3) 風による侵食作用

風による侵食作用（風食）は植生の少ない乾燥地では効果的であり，風によって堆積物が吹き飛ばされて凹地（ブロウアウト）を形成したり，細粒物質の選択的除去により地表面が礫で敷き詰められた砂漠舗石が形成される。

(4) 溶解による侵食作用

二酸化炭素を溶存した雨水や地下水は，石灰岩を溶解（溶食）し，鍾乳洞やカルスト地形を形成する。鍾乳洞は，地下水面付近での石灰岩の溶解によって形成され，ドリーネ，ウバーレ，あるいはピナクル（石灰岩柱）などのカルスト地形^{*6}は，地表水が地下へと浸透する際に石灰岩を溶解して形成される。

*6 ドリーネ：直径10〜1,000 m程度，深さ2〜100 m程度のすり鉢型の窪地，ウバーレ：複数のドリーネが連結したもの，ピナクル：溶食から残存した突出部。

7.4 運搬作用

侵食作用により移動する媒体に取り込まれた物質は、媒体により運ばれていく。運搬作用では、河川による運搬が85～90％、氷河が7％、地下水と波浪が1～2％、そして風が1％未満である。

7.4.1 運搬作用のメカニズム
(1) 運搬力と容量
運搬力は、運搬することができる最大粒径であり、流速に強く依存し、流速は流路の勾配や河床面の特徴や流量に依存する。一方、**容量**は、運搬できる堆積物の量であり流量に比例する。洪水時には流量・流速が増加するため、運搬力・容量が増大し、数時間～数日で平水時の数か月分の堆積物を運搬する。

(2) 運搬様式
流水による運搬様式には、① **溶存流**、② **浮流（浮遊）**、③ **掃流** の3種類がある（図7.2）。溶存流では、化学的風化作用により岩石や鉱物から溶出した成分が、地下水や河川水により運ばれる。浮流では、粒子は水と混在した状態で底面に触れることなく運搬される。細粒物質は主にこの様式で運搬される。一方、粗粒物質は、躍動(跳動)・転動・滑動など水底に接しながら運搬される。これを掃流という。

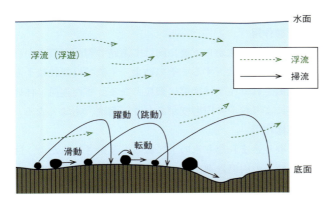

図7.2 流水による粒子の運搬様式

(3) 流れと粒子の挙動
水底の粒子を運び去ろうとする水の力を**掃流力**といい、粒子が運動を開始するときの力を限界掃流力、その時の流体の速度を**限界流速（限界摩擦速度**[*1]**）**という。一方、流体により巻き上げられた粒子は、重力によって再び底面に沈降しようとし、この時の速度を**沈降速度**（終端速度）という。静水中では、粒径0.2 mm以下の細粒粒子はストークスの法則[*2]に、粒径1 mm以上の粗粒粒子はインパクト則[*3]に従って沈降する。中間の粒径の粒子は、両者の中間的な性格を有する。

この2つの速度と底面直上が乱流となる流速との関係（図7.3）により、粗粒粒子（>0.2 mm）は、転動や滑動などの掃流により運搬されるのに対し、細粒粒子（<0.2 mm）は、浮遊状態で運搬される。この中間にあたる粒径0.2 mm程度の

[*1] 粒子が始動する時の流速を限界流速というが、粒子近辺の流速を測定することは困難なため、底面にはたらく剪断応力である摩擦速度（$\sqrt{\tau_0/\rho}$, τ_0：流体にはたらく底面の剪断応力, ρ：流体の密度）で表現したもの。

[*2] 細粒粒子（概ね粒径0.2 mm以下）の流体中の沈降速度は、ストークスの法則により、
$$V_0 = \frac{1}{18} \cdot \frac{(\sigma-\rho)}{\mu} \cdot g \cdot D^2$$
（V_0：沈降速度, D：粒径, g：重力加速度, σ：粒子の密度, ρ：流体の密度, μ：粘性係数）と表され、粒径の2乗に比例し、液体の粘性に反比例する。

[*3] 粗粒粒子（概ね粒径1 mm以上）の流体中の沈降速度は、インパクト則により、
$$V_0 = \sqrt{\frac{1}{18} \cdot \frac{1}{C_D}} \sqrt{\frac{(\sigma-\rho)}{\rho} \cdot g \cdot D}$$
（V_0：沈降速度, D：粒径, g：重力加速度, σ：粒子の密度, ρ：流体の密度, C_D：抵抗係数）と表され、粒径の1/2乗に比例し、液体の粘性とは無関係である。

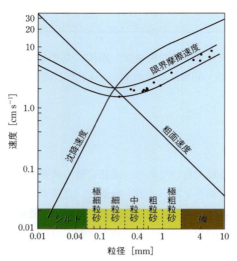

図7.3 限界摩擦速度，沈降速度ならびに粗面速度*¹ と粒径の関係
(Inman, 1949)。粒径 0.2 mm 付近で最も限界摩擦速度が小さいため，粒子が始動しやすく，躍動を中心にさまざまな運搬様式をとる。

*1 底面直上が乱流となる速度。

*2 運搬時にはたらく営力により，粒径や形・比重などの粒子の特徴が似ているものが選別されること，また粒子が揃っている状態のこと。通常は，粒径の揃い具合をさす。

粒子では，限界摩擦速度が最小となるため粒子の始動が容易であり，躍動を中心に浮遊・転動のいずれの様式ででも運搬される。

7.4.2 河川・氷河・風による運搬作用

(1) 河川による運搬作用

河川による運搬では，上流から下流に向けて流路の勾配が緩やかになるため，流速が遅くなり，運搬力が低下する。その結果，上流では粗粒粒子も運搬されるが，下流に向け運搬される粒子は次第に細粒となる。また運搬に伴い，河床面や粒子どうしの衝突により粒子の円磨度があがり，**淘汰***² もよくなる。

(2) 氷河による運搬作用

氷河では，氷に取り込まれたり氷の上に載って運搬されるため，巨大な礫も運搬される。しかし粒子の円磨は進まず，また淘汰もされない。氷河の侵食・運搬により砕屑物は，土手状の地形（氷堆石）となって堆積し，氷河の両側には側堆石が形成される。また氷河の合流により側堆石は氷河中央部で中堆石を形成する。さらに氷河の末端部には終堆石が形成される。

(3) 風による運搬作用

風による運搬作用では，細粒粒子は浮遊で，粗粒粒子は掃流で運搬される。流水と比較して，粗粒粒子が運べないことと細粒粒子が広範囲に運搬されることが特徴である。黄土・黄砂は，風によって運搬される代表的なものであり，日本に飛来する黄砂は中国奥地の乾燥地域が起源である。また火山噴火では多量の火山砕屑物が噴出し，細粒な火山灰は遠方にまで運搬され，広域に降灰をもたらす。

7.5 堆積作用

移動する媒体の流速が減少すると運搬力が減少し，粗粒粒子から堆積を開始する。

7.5.1 ベッドフォームと流れ領域

ベッドフォームは，砕屑物の削剥・運搬・堆積に伴って形成される堆積面の表面形態であり，流速・水深・粒径によりその形態が変化する（図7.4）。

流速が小さい領域[*1]（流れの低領域；Lower flow regime）では，ベッドフォームは流速の増加に伴って，粒子の移動がない平滑床から，**リップル，メガリップル**[*2]へと遷移する。リップル・メガリップルの峰は，流速の増加に伴い直線状のものから湾曲したものへと変化する。さらに流速が速くなると，ベッドフォームはメガリップルから粒子の移動を伴う平滑床へと変化し，流速が大きい領域では，上流側に付加・移動する反砂堆を形成する。

7.5.2 堆積構造

堆積物にはしばしば**堆積構造**が観察される。堆積構造は，特定の水理条件やメカニズムにより形成されるため，堆積時の環境や古水理条件などの推定に重要である。堆積構造には，流れにより形成される堆積構造（たとえば，削痕[*3]，物

[*1] 流れとベッドフォームの関係を示し，フルード数 $\left(Fr=\dfrac{v}{\sqrt{gh}},\ Fr：\text{フルード数},\ v：\text{平均流速},\ g：\text{重力加速度},\ h：\text{水深}\right)$ により，流れの低領域（$Fr<1$）と高領域（$Fr>1$）に分けられる。

[*2] 流体によって堆積物の表面に形成される規則的な峰と谷からなるさざ波状の微地形。波長60 cm以下のものをリップル，波長60 cm以上のものをメガリップルあるいはデューンとよぶ。

[*3] 流れにより，堆積物が巻き上げられたり，洗い流されたりして水底面に形成される侵食痕。代表的なものとして，フルートマークやカレントクレッセント。

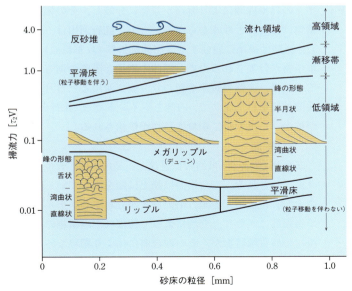

図7.4 掃流力，砂床の粒径とベッドフォームの関係（Reineck and Singh, 1973を改変）。同一粒径では，掃流力（流速）の増加に伴い，ベッドフォームは，粒子移動を伴わない平滑床から，リップル，メガリップル，粒子移動を伴う平滑床，反砂堆へと変化する。

痕*1，底痕*2），堆積時に堆積面に形成される構造（たとえば，リップル（砂漣）や礫の覆瓦状構造），堆積時に地層内部に形成される構造（たとえば，斜交層理*3や級化構造），堆積後に形成される堆積構造（たとえば，荷重痕*4，脱水構造*5，渦巻状構造*6）がある。

*1 礫や化石などの物体が流されて水底面上を移動した時に水底面に形成される侵食痕。代表的なものとして，グルーブマーク。

7.6 堆積環境

*2 削痕や物痕などの凹型の侵食痕を埋めた上位の地層下底面に形成される凸型の構造。代表的なものとして，フルートキャスト。

*3 層理面に斜交した内部葉理をもつ地層。

*4 密度の大きい砂層（礫層）が密度の小さい泥層（砂層）の上に重なっている時，層厚の違いなどによる不均等な荷重により，上位の砂層が下位の泥層に沈み込むことによって形成される砂層下底面の構造。火炎構造も荷重痕の一種。

*5 未固結堆積物中を間隙水が排出するのに伴って形成される堆積構造の総称。代表的なものとして，皿状構造や砂火山。

*6 単層あるいは単層の一部の葉理が小褶曲したり，複雑に歪められている構造。

現在，どこで（堆積環境），どのようなものが（堆積物），どのように堆積（支配要因）しているかを知ることは，堆積物から過去の環境やその形成過程を知る上で重要である。陸源性砕屑物の**堆積環境**としては，① 河川，② 三角州，③ 沿岸域，④ 陸棚，⑤ 陸棚斜面，⑥ 深海底，があり，それに加え湖沼，氷河や砂漠などの堆積環境も存在する（図7.5）。さらにその他の堆積物の堆積環境として，サンゴ礁や遠洋域，高塩分環境などがあげられる。

7.6.1 陸源性砕屑物の堆積環境
(1) 河 川

主に侵食場である山地から平野部へと流出した河川は，侵食・運搬・堆積を繰返しながら海へと至る。

河川が山地から平野部や湖などの平坦地へと出る谷口には，しばしば**扇状地**が発達する。扇状地の半径は，通常，5～15 km 程度であり，表面には放射状に流路が発達し，しばしば流路は移動する。他の河川成堆積物と比較して一般に粗粒であり，礫～粗粒砂からなる。

河川の流路の形態は，大きく網状河川と蛇行河川に分けられる。**網状河川**は，多くの島や砂洲により流路が複雑に分岐し，その幅は比較的広く水深は浅い。堆積物はほとんど砂礫からなる。一方，**蛇行河川**は，傾斜の緩い低平な平地に発達し，流路は複雑に屈曲する。屈曲部外側（攻撃斜面）は侵食される一方，内側には堆積物が付加されるため，屈曲の増加と流路の側方・下流方向への移動が起こる。この結果，流路の短絡が起こり，放棄河川と三日月湖が形成される。流路は，屈曲部外側を自然堤防で，内側をポイントバー（蛇行洲）で境され，背後には氾濫原が拡がり，洪水時に細粒堆積物が供給される。

(2) 三 角 洲

三角洲（デルタ）は河口に発達し，三角州面，デルタフロントならびにプロデルタに区分される。三角州面は陸上に顔を出している部分であり，分流*7，分流間湾入*8，氾濫原，湿地，沼沢などが分布する。デルタフロントは河口前面の水中の斜面部にあたり，分流によって運ばれた堆積物の堆積場である。河口近傍には粗粒の砂質堆積物が，その沖合側にはより細粒な砂質堆積物が堆積する。プロデルタは，デルタフロント前面の深い部分にあたり，浮遊によって運ばれた細粒な泥質堆積物が堆積する。河川による堆積物の運搬により，デルタフロントは次第に沖合へと前進し，この前進作用が三角洲の大きな特徴である。

*7 三角洲面上で複数の流路が同時に存在する時にその一つひとつを分流（分岐流路）とよぶ。

*8 三角洲面のうち潮汐の影響を受ける部分では，高潮位時には自然堤防で画された分流と分流の間に海水が流入する。この部分を分流間湾入とよぶ。

(3) 沿 岸 域

河川により運搬された堆積物は，一旦，河口域に堆積するが，潮汐・波浪・沿

7.6 堆積環境

岸流などにより再移動し，多くが沿岸域で再堆積する。

沿岸域は，地形により，海浜，バリアー島（沿岸砂洲や砂嘴），潟湖，干潟，湿地などに区分される（図7.5）。バリアー島の背後の潟湖では，波浪の影響は小さく，潮汐の影響が大きいため，縁辺部に干潟が発達する。またその背後には湿地が発達する。一方，海浜は，潮位と波浪限界[*1]をもとに，陸側より後浜・前浜・外浜・沖浜に区分[*2]される。一般に陸側から沖合側に向け，粒径は粗粒から細粒となり，波浪条件の変化に伴いベッドフォームも変化する。

[*1] 海底の堆積物や地形が波浪の影響を受ける限界の水深。ここでは波浪によって海底堆積物が動かされる最大の水深（堆積物移動限界水深）をさす。

[*2] 後浜：平均高潮位より上位の部分，前浜：平均低潮位と高潮位の間の部分，外浜：平均低潮位より下位で晴朗時波浪限界より上位の部分，沖浜：暴浪時波浪限界より下位の部分。晴朗時波浪限界と暴浪時波浪限界の間は漸移帯とされる。

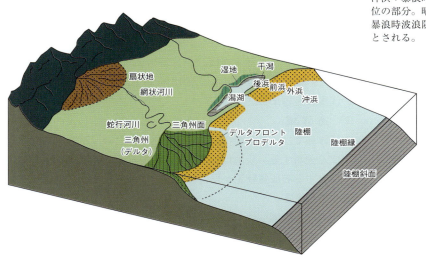

図7.5　陸源性砕屑物の主な堆積環境

(4) 陸　棚

陸棚は，暴浪時波浪限界以深の概ね水深10〜200 mの平坦な部分であり，広く泥と砂が堆積している。現在，陸棚上には大量の砂が存在しているが，その多くは最終氷期の融氷期[*3]の海浜堆積物の残留堆積物である。これらの堆積物は，潮汐流や暴浪時の波浪，あるいは海流などにより，再移動・再堆積を繰り返しながら，次第により深い陸棚上へと移動する。

[*3] 約2万年前の最終氷期最盛期以降，約6千年前の縄文海進に至るまでの大陸氷床の融氷に伴い海水準が上昇した時期。

(5) 大陸斜面

大陸斜面は，隣接する陸棚や斜面に由来する砂質・礫質堆積物が再堆積する場である。堆積物の移動メカニズムとしては，重力流，スライディング，あるいはスランプなどがある。混濁流（乱泥流）は，重力流の中でも最も重要なものの一つである。混濁流は，大陸棚縁の過傾斜や波浪・地震動により発生し，乱流により中粒砂まで浮遊により運搬する。一回の混濁流で形成される層のことを**タービダイト**とよび，級化構造やフルートキャストなどの種々の堆積構造をもつ。

(6) 深海底

深海底へは粗粒堆積物の供給は乏しく，細粒の陸源性物質のみが浮遊により運搬される。そのため，主に深海底粘土と浮遊性生物の遺骸からなる**軟泥**が堆積する。

7.6.2 その他の堆積物の堆積環境

堆積物には，陸源性砕屑物の他に，生物源物質や化学的物質からなる堆積物も存在する。生物源堆積物の代表的な堆積環境としては，熱帯浅海域のサンゴ礁域や浮遊性生物の遺骸からなる遠洋域があげられる。また化学的物質の堆積環境としては，蒸発作用により高塩分水が形成される乾燥地域の内湾域や湖沼などがあげられる。

(1) サンゴ礁

熱帯浅海域には，造礁サンゴを主とする**サンゴ礁**が広く形成されている。礁（生物礁）は，生物によりつくられた波浪に対する抵抗力をもつ地形的高まりを指し，現在，礁を形成する生物としては，造礁サンゴや石灰藻，カキなどであるが，過去には層孔虫や石灰質海綿，厚歯二枚貝などが主要な礁構成生物の時代もあった。サンゴ礁は，海水の塩分が 32～37‰ の範囲にあり，陸源性砕屑物の供給が少なく，また最寒月の海水温が 18℃ 以上，最暖月が 30℃ 以下の水深 50 m 以浅の浅海に発達する。

(2) 遠洋域

遠洋域では，陸源性物質の供給が乏しいため，浮遊性生物の遺骸からなる軟泥が広く分布する。炭酸塩補償深度*以浅の深海底では，浮遊性有孔虫や円石藻を主体とする**石灰質軟泥**が堆積し，高緯度域では放散虫や珪藻を主体とする**珪質軟泥**が堆積する。

* 海洋では，表層から $CaCO_3$ 殻をもつ浮遊性生物の遺骸が供給されるが，深海の海水は $CaCO_3$ に不飽和であるため，その一部は溶解する。この供給量と溶解量がつり合う深度をさす。

(3) 高塩分環境

乾燥地域の内湾域や湖沼では，蒸発作用により海水や湖水の塩分が，通常の海水の塩分（約 35‰）の数倍に達する。このような高塩分環境では，海水や湖水に溶存していた成分が**蒸発鉱物**として，無機的に析出し，沈澱・集積する。塩分が海水の約 3 倍になると硫酸塩鉱物である石膏が，約 10 倍を超えると塩化物鉱物であるハライト（岩塩）が沈澱を開始する。

7.7 堆積物と堆積岩

堆積物・堆積岩には，それらの供給源（後背地）や風化・侵食・運搬・堆積の各過程，あるいは気候などの情報が記録されている。また化石として過去に生息していた生物の情報も含んでいる。したがって，堆積物（岩）に記録されている情報を読み取ることにより，地球の歴史や生命の歴史を知ることができる。

(1) 主要構成物

堆積物（岩）の主要構成物には，① 砕屑性物質，② 化学的物質，③ 生物源物質，④ 孔隙流体がある。

砕屑性物質は，既存の岩石が風化・侵食により，砂・礫・シルトなどの粒子となって供給されたものであり，構成物の量比は，地殻に存在する岩石の量比や風化作用に対する抵抗力によって決まる。主な構成物は，石英・長石類・雲母類・岩石片・粘土鉱物などである。

化学的物質は，海水や湖水，地下水に溶存していた成分が無機的に析出し，沈澱・集積したものであり，代表的なものとして石膏（$CaSO_4 \cdot 2H_2O$）・硬石膏

($CaSO_4$)などの硫酸塩，岩塩（ハライト，NaCl；シルバイト，KCl）などの塩化物があげられる。またこの他に鍾乳石・トラバーチン（炭酸塩鉱物）やめのう（非晶質シリカ），縞状鉄鉱層，マンガン団塊などが含まれる。

　生物源物質は，主に生物体の殻・骨格などの硬組織からなる。炭酸カルシウムからなる生物源物質として造礁サンゴ・石灰藻・二枚貝・有孔虫・円石藻などが，非晶質シリカからなるものとして放散虫・珪藻（けいそう）・海綿などがある。また有機質物質として植物体や藻類などがある。

　堆積物（岩）中の孔隙は，空気や水などの流体により充填されている。通常，地下水面より下位では地層水[*1]により満たされているが，石油・天然ガスなどで満たされていることもある。

(2) 鉱物組成と化学組成

　火成岩は，マグマが冷却して形成されるため，構成鉱物は主に珪酸塩鉱物からなるが，堆積物（岩）は多様な成因により形成されるため，含まれる鉱物も珪酸塩鉱物をはじめとして，炭酸塩・硫酸塩・燐酸塩・塩化物・水酸化物鉱物など多様である。化学組成においても，多様な分化・選別により，一部の堆積物（岩）では，きわめて偏った化学成分[*2]を有する。このため，堆積物（岩）の一部は堆積性鉱床を形成し，鉱物資源として利用されている。

(3) 続成作用

　堆積物は，堆積当初は未固結であるが，時間とともに次第に固結し堆積岩となる。この過程を岩石化作用とよび，**続成作用**の一部である。続成作用は，堆積直後から変成領域に入るまでの間に堆積物に起こるすべての物理・化学的変化の総称であり，圧密作用，自生作用，膠結作用，溶解作用，置換作用，再結晶作用などが含まれる。続成作用は，初生堆積物の鉱物組成や化学組成，堆積組織を大きく変化させるため，水資源や炭化水素資源の開発では続成作用の理解が重要である。

(4) 堆積岩の分類

　堆積岩の分類は，構成物質と成因により，① 砕屑岩，② 化学岩，③ 生物岩，に分類される（図7.6）。この分類では，化学岩・生物岩の双方に同一の化学組成のものが含まれるため，鉱物・化学組成に基づいて蒸発岩，炭酸塩岩，珪質岩，ならびに有機質岩に分ける分類もある。ここでは後者の分類に従って記述する。

　砕屑岩は砕屑性物質により構成され，粒径により，礫岩（粒径>2 mm），砂岩（粒径2 mm～0.0625 mm（62.5μm）），泥岩（粒径<62.5μm）に分けられ，砂岩はさらに極粗粒・粗粒・中粒・細粒・極細粒砂岩に，泥岩はシルト岩（>4μm）と粘土岩（<4μm）に細分される。また礫岩は，礫の円磨度により角礫岩と（円）礫岩に分けられる。

　蒸発岩は蒸発鉱物からなり，日本には分布しないが，世界には広く分布している。岩塩や石膏・硬石膏が代表的なものである。

　炭酸塩岩は，方解石やドロマイトなどの炭酸塩鉱物からなる堆積岩であり，化学的沈澱物からなる鍾乳石やトラバーチンなども含まれるが，大部分は多様な生物遺骸からなる石灰岩である。地質時代の炭酸塩岩には，しばしば苦灰岩（ドロマイト）も存在するが，その多くは続成作用により石灰岩から変化したものであ

[*1] 堆積時の海水・湖水がそのまま保存された遺留水や天水起源の地下水，あるいは続成作用によって組成が変化したもの。

[*2] 砂岩の一種である石英アレナイトのSiO_2含有量は95～98％，石灰質の生物骨格を主体とする石灰岩の$CaCO_3$含有量は90～98％，風化生成物であるボーキサイトのAl_2O_3含有量は50～70％であり，これはアルミニウム鉱石として利用されている。

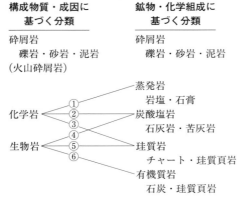

図 7.6 堆積岩の構成物質と成因に基づく分類と鉱物・化学組成に基づく分類。①：高塩分環境での蒸発鉱物からなる岩石，②：地下水・熱水から沈澱した鍾乳石，トラバーチンなど，③：海水・熱水からの非晶質シリカの沈澱，④：石灰質生物骨格からなる岩石，⑤：非晶質シリカの生物骨格からなる岩石，⑥植物片，藻類などの有機物からなる岩石。

る。

　珪質岩の代表的なものはチャートである。これは遠洋域に堆積した放散虫遺骸からなり日本に広く分布する。白色，灰色，赤色，緑色などの色調を呈し，層状を示すことから，しばしば層状チャートとよばれる。また湖成堆積物には，珪藻遺骸からなる珪藻土がしばしばみられ，軽量で多孔質であり耐火性に優れていることから，七輪や住宅材に利用されている。

　有機質岩の代表が石炭である。植物体からなり，泥炭，褐炭，歴青炭等があり，弱い変成作用を受けたものが無煙炭である。

8 地球を輪切りにして見てみよう

> 地球の歴史を理解するには，地表から最深部に至る地球内部の構造についての詳しくて正確な知識が欠かせない。この章では，地球の内部構造を表す重要な量や性質として，密度，地震波速度，圧力，温度，化学組成，固体か液体か，などについて考える。

8.1 地球の内部構造

　地球の深部については，100年ほど前にはマントルが大規模に融けているかどうかもよくわからなかった。同時期の太陽系や銀河系に関する科学的知識と比べて地下についての情報は驚くほど乏しかったのである。この100年間に地球内部構造の知識は質と量の両面で飛躍的に進歩した。

　地球内部の物質は光を通さない。地球の物質が電気を通すため電磁波は地球内部を伝播せず，地球外部起源の電磁場変動が周期によって異なる深さまで透入するだけである。地下深部の掘削は，宇宙の探査が進む現代でも技術的経済的に困難で，12 km以深の地下が直接観察された例はまだない。地球内部を調べるに際して直接見られないことは大きな障害である。地球内部は主に物理学的な原理を用いたリモート・センシング的な手法により，つまり対象となる領域を感じる光以外の信号を分析して調査される。そのために幾つかの自然現象が利用されるが，ここでは，地震波の伝播，および地球の重力と自転を取り上げる。これらから**地震波速度**や**密度**の分布がわかる。

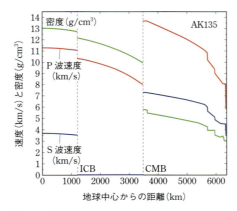

図8.1　地球の球殻成層構造モデル（AK 135）
CMBとICBはそれぞれ核とマントルの境界（Core Mantle Boundary）と内核境界（Inner Core Boundary）の略語である。球殻成層構造モデルは数種類提案されているがここに示すのはその中のAK 135とよばれるモデルである。地表付近にある地殻は薄いのでこの図では省略してある。

8.2 地球内部を調べる物理的手法

8.2.1 地震波による地球内部探査

地球内部構造を解明する最も主要な手段は**地震波**の伝播を用いるものである。地球内部の物質は，1日程度より短い時間スケールの変動においては弾性体*として振舞うと考えてよい。地震波の伝播は，弾性体としての地球内部の代表的な変動である。一方1,000年を超える長期間の変動に注目すると，岩石の流体的な運動が無視できなくなる。

地震波には，地球表層に起きる地震から放出されて地球深部を伝播し，再び地表まで戻ってくるという特記すべき性質があり，それが地球内部を調べる上で大きな利点となる。地震波には**P波**と**S波**の2種類あり（基礎編13.1節参照），それらの伝播速度（以後地震波速度とよぶ）は一般的には深さ（つまり圧力）とともに増加する（図8.1）。P波は縦波であり膨張と圧縮を伴う。S波は横波でありせん断の波である。地震波速度は地球表層からマントル最深部までの間におよそ2倍増加し，そのため地震波の伝播経路が大きく湾曲する（図8.2）。これは地球大気の光の屈折率が高度とともに変化することで太陽光がわずかに曲がって伝わる現象に類似するが，光よりも曲がる程度はずっと大きい。

地震波の伝播時間つまり地震波が震源を出てから観測点に到達するまでの時間を**走時**という。震源からの距離と走時の関係を示すグラフを**走時曲線**とよぶ（図8.3）。地震波の到達時刻を観測すれば走時曲線を作成することができ，走時曲線に基づいて地震波の伝播速度が深さ方向にどう変化するかがわかる。地震波の観測から地震波速度の分布を調べるいろいろな方法が工夫されてきた。基本的には，地震に近い観測点へ伝わる地震波は浅い領域だけを伝わり，距離が遠くなるほどより深く潜る。そのため近距離の観測点の走時を用いて浅い領域の地震波速度を決め，順次遠い観測点のデータを加えることで，より深い領域まで地震波速度が決定できる。地震が起きると，震源から地震波が地球内部の四方八方に伝播し，地表や地球内部において地震波速度や密度が不連続的に変化する場所（これを不連続面とよぶ）では**反射**や**透過**を起こす。これら多様な地震波の走時を調べることにより，地球内部のさまざまな深さの地震波速度が正確にわかるのである。このようにして決定された地震波速度は，基本的には深さとともに緩やかに増加す

---

* バネのように，力を加えると変形し，その力を取り除くともとの形状に戻る性質をもつ媒質を弾性体という。岩石は短い時間には弾性体として振舞う。岩石の一部分が変形するとそれは地震波として周囲に伝わる。岩石の変形には圧縮膨張あるいは伸び縮みとせん断がある。せん断（剪断）とは，岩石中に一つの面を考えたとき，その面を面と平行にずらすような変形のことである。トランプを積み重ねておいて，その上の面を押し付けながら横にずらすような変形を想定してもらえると良い。

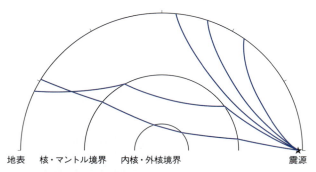

図8.2 地震波（P波）の伝播経路。青線はP波の伝播経路（マントルのみを伝わるもの，外核まで潜るもの，内核まで潜るもの）を表す。星印は震源。

8.2 地球内部を調べる物理的手法

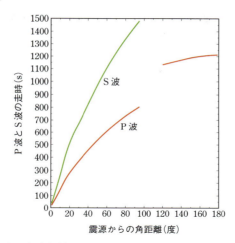

図 8.3　地震波の走時曲線。地球モデル AK 135 から計算された地表の震源に対する P 波と S 波の走時曲線の一部。横軸は震源からの角距離 (度) を表す。角距離とは地表の 2 点間の距離を地球中心とそれらの 2 点を結ぶ 2 直線のなす角度で測るものである。赤線は P 波の走時 (秒) を，緑線は S 波の走時を表す。P 波はマントルのみの部分と内核まで潜る部分が表されている。

るが，例外的に，深くなるほど地震波速度が低下する領域 (低速度層) や，狭い深さ範囲で地震波速度が急激に増加し近似的に不連続面のように見なせる領域がある (図 8.1)。

地震波の速度を詳しく調べると，深さ方向だけでなく，水平方向にも若干変化している。同じ深さにおける平均的な地震波速度からのずれを速度異常とよぶが，周囲より速い地震波速度をもつ領域を通過する地震波は速度異常がないとして予想される時刻より早く到達し，低速度域を通過すると遅く到達する。つまり，地下の地震波速度の異常は地震波走時の異常として観測される。走時の異常が，多くの観測点でかつ数多くの地震について測定されると，それにもとづいて地下の地震波速度の異常を復元することができる。このような手法一般は**地震波トモグラフィー**と総称される。

地震波には，P 波と S 波だけでなく，それらが地表で相互作用することで生じる**表面波**という波がある。表面波には波の通過に伴う媒質の振動の仕方が異なるレイリー波とラブ波がある。表面波は地表に沿って水平方向には伝わるが，深さ方向には伝わらず，波の進行に伴う振動が深さ方向に透入するだけである。表面波の通過とともにどの程度の深さまで振動が起きるかは振動周期により異なり，一般的には長周期の振動ほど深くまで透入する。地球の弾性的性質は一般に深さとともに増加するから，表面波の伝播速度が周期によって異なる分散という現象が生じる。表面波の分散とその地域差を観測すれば地震波速度の深さ方向と水平方向の分布がわかる。

8.2.2　重力と地球の回転

地球の重力と回転の様子から，地球内部の質量分布についての情報が得られる。地球が北極軸まわりに自転する結果，赤道方向に扁平であるため，地球の重力ポ

テンシャル面も同様に赤道方向に扁平である（応用編2章参照）。また地球の自転軸は公転面に対して約23°傾いているため、地球は月と太陽から、自転軸を天頂方向に起こす方向の力のモーメントを受ける。その結果地球の自転軸方向（天の北極）が天頂のまわりをおよそ27,000年の周期で回転する**歳差**が生じる。歳差の周期は天文観測により精密に測定されており、また人工衛星の軌道の分析により**重力ポテンシャル**の扁平度も精密にわかっている。この両者から地球の質量が中心付近に集中している程度を知ることができる。一方で地球の地震波速度分布が表す弾性的性質は、地球内部物質を圧縮すると密度がどれだけ増加するかに関わるから、これらの情報を総合して地球内部の質量あるいは密度の分布が詳しくわかるのである。

8.3 地球内部の概要

地球内部の概要については現在かなり高い精度で知られていると言ってよい。地震波探査がそこで果たしてきた役割は著しく大きく、地震波速度と密度に関する情報は圧倒的に正確で詳細である。ここでは地球内部構造の概要を、球殻成層構造、大陸と海洋、海洋プレートの沈み込みの3点に注目し、主として地震波の研究でわかったことについて解説しよう。

8.3.1 球殻成層構造

地球内部は第1次近似として**球殻成層構造**をしており、水平方向の性質の変化は鉛直方向の変化に比べて小さい。同じ深さで水平方向に密度が異なると、浮力のはたらきにより、上下運動を起こすような応力が生じる。応力とは物質の内部で隣り合う2つの領域が相互に及ぼし合う力のことで、物質の変形をもたらす。地球内部では、この応力の静水圧状態からのずれはたいてい小さいが、地球深部の1,000°Cを超える高温と10万気圧を超える高圧下においては、岩石はわずか

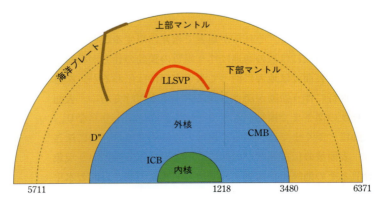

図8.4 **地球の球殻構造**。地球内部の球殻成層構造を示す。D″層のおおよその位置や、地球の深部にある成層構造からの顕著なずれとしての沈み込む海洋プレートとLLSVP (Large Low Shear Velocity Province) を模式的に示してある。地表付近にある地殻やCMBのすぐ上にあるULVZ (Ultra Low Velocity Zone) は薄いのでこの図には示していない。数字は地球中心からの距離 (km) を表す。

8.3 地球内部の概要

な応力に対しても，変形を妨げるほど十分に大きな強度（応力がそれを超えると大きな変形が起きる限界のこと）を長期間保つことができない。つまり地球深部の物質は長期間には流体として振舞う*。

次に，地球の成層構造の最も基本的な構成要素について概説する（図 8.4）。地球内部は，浅い方から，**地殻**（薄いので図 8.4 には示していない），**マントル**，**外核**，**内核** に分かれている。地殻の厚さは数 km からせいぜい 60 km 程度である。マントルは，深さ 660 km を境に上部マントルと下部マントルに分けられる。上部マントルの下部から下部マントルの最上部にかけては**マントル遷移層**ともよばれ，地震波速度の深さ方向の増加が他の深さより急である。中でも深さ 410 km と 660 km 付近には地震波速度や密度が近似的には不連続的に増加するような構造が全地球的にみられ，マントルの岩石の主要鉱物であるかんらん石（Mg_2SiO_4 が 90% 強でそれに Fe_2SiO_4 が 10% 弱混ざっている）の結晶相転移を反映すると考えられる。化学組成がマントル全体でおおよそ一様であるのかどうか長く議論が続いているが，まだ決定的な答えはない。マントルの底から外核に入ると地震波速度は顕著に減少するが，これは低速度層の典型的な例となっている。外核は液体とされているが，その最深部では地温が鉄合金の融点を下回り固体が析出し，固体の内核が形成されている。

* ここでの応力は，偏差応力，つまり静水圧平衡状態の応力からのずれのことをさしている。地球の深部では高い圧力がどの方向からも同じようにかかっているという意味で静止した流体の応力状態（静水圧）に近いが，密度の不均質が存在し，流動が起きていると，わずかだかこの状況からのずれが生じる。

8.3.2　大陸と海洋の地下構造

前節で述べた成層構造からのずれをここでは水平不均質とよぶが，特に地球表層付近では，水平不均質は無視できないほど大きい。全地球規模で見たとき，表層から深さ〜200 km までの水平不均質構造の最大の特徴は，大陸と海洋の下の地殻・マントルが顕著に異なることである。この不均質の存在は 19 世紀中ごろには発見された。水平均質な密度分布よりも密度が大きい場合を正の質量異常があるというが，山脈のような地形の凹凸は，地表に存在する正の質量異常とみなすことができる。ヒマラヤやアンデスなど大山脈のふもとで観測される重力の方向は山脈の大きな質量にあまり影響を受けていない。このような観測事実から，山脈自体の質量異常が，地下で質量が少し欠損していることにより相殺されていると考えられた。これは地下深部の圧力が大きなスケールでは静水圧状態に保たれていることを意味するが，このような考えをアイソスタシーという（付録 A 参照）。たとえば，マントル最上部で密度の小さい地殻岩石が密度の高いマントル岩石中に張り出していれば，それは質量の欠損とみなせる。20 世紀中葉には地震波探査の発展により海陸の地殻の厚さの違いが明らかになった。海の地殻の厚さは 6〜7 km と非常に一様で，大陸の地殻（〜30 km）と比べて顕著に薄いが，これはアイソスタシーの考え方と調和的である。なぜならば地殻はマントルに比べて軽く，マントルのある深さでの圧力は陸と海で大きく違わないからである。8.2.1 で述べたように，地表に沿って伝わる表面波の示す分散現象を利用して地震波速度の深さ分布が調べられ，海陸の違いが地殻の厚さに留まらず，マントルのより深く（〜200 km）まで続いていることがわかった。

海陸の違いは，大陸や海洋プレートの形成メカニズムと密接に関連すると考えられ，プレートテクトニクスの基本的特徴の一つである。現在の大陸は，地質学

的時間における地球の火成活動あるいは化学的分化によって，徐々に成長したと考えられるが，成長過程の詳細は詳しくはわかっていない．地球表層付近の厚さ100〜200 km の領域は冷たく硬い．これをリソスフェアとよぶが，大陸のリソスフェアは，対流するマントルに浮かぶ筏(いかだ)にたとえられることもある．マントル内部の熱の移動を妨げる，軽く硬い大陸プレートの存在が，現在までのマントル全体の対流の歴史に大きな影響を与えたかもしれない．

8.3.3 海洋プレートの沈み込み

プレートテクトニクスの理論によると，海洋プレートは中央海嶺で形成されたのち水平方向に移動する間に冷たく重くなり，海溝で大陸プレートの下に沈み込んでいく（基礎編10章参照）．海洋プレートの沈み込みは地球内部の運動（対流）を駆動する主要な原動力と考えられる．1960年代には，地震波の走時や振幅が図8.4のような球殻構造から予測されるものから異常を示すこと，あるいは深発地震の分布から，海溝から陸側に向かって地表からマントルのより深部へと伸びる特異な領域のあることが知られていた．プレートテクトニクスが確立し，これらが沈み込む海洋プレートを示すことが理解された．1980年代になると，地震波トモグラフィーにより，日本を始め多くの沈み込み帯のマントル上部についてプレート沈み込みの詳細な様子が明らかになった．沈み込み帯における海洋プレートの振舞いは，地震や火山の発生と深く結びついている．たとえば海洋プレートとその上の陸側プレートの固着の程度は巨大地震の発生様式を大きく左右し，また沈み込みに伴う海洋プレートからの脱水がマントル岩石の溶融を起こして島弧の火成活動の原因となる．

8.4 地球内部のより詳細な構造

前節で述べた地球内部構造の概要はほぼ確立されているが，それ以外にも，現在研究が進められる中でわかってきた地球のより詳しい構造がある．地球の化学組成分布や地球内部の運動などをさらに詳しく明らかにするための鍵を握るそれらの構造は，地震波探査により発見されたもので，質と量の両面で近年大幅に進化しつつある地震波形データに負うところが大きい．また，より洗練された地震波トモグラフィー手法や，地震計アレイ*を用いた地震波の反射・透過・散乱現象の高度な解析も重要な役割を演じている．ここでは最近わかった地球内部構造のうち，特に地球全体の変遷に対して大きな意味をもつものを取り上げる．

* 地震計アレイとは，多数の地震計を線状あるいは面状に配置したものを指す．地震計アレイを利用すると地震波の到着の時刻だけでなく，到来の方向を知ることができ，微弱な信号検出にも役立つ．

8.4.1 海洋プレートの行方

マントル中を沈み込んでいく海洋プレートが最終的にどうなるかは，マントル内の物質循環とマントルの進化を考える上で重要な情報である．最近のトモグラフィーの結果によれば，海洋プレートの多くは上部マントルの底付近までさほど顕著な変形を受けることなく沈み込み，660 km 不連続面を通過して下部マントルに入る（図8.4）．下部マントルに入った海洋プレートのうちあるものは核マントル境界付近まで降下するように見えるが，海洋プレートの沈み込みの詳しい様

子は地域によって大きく異なる。上部マントルの底や下部マントルの最上部の深さ 1,000 km 付近で一時的に滞留するものも多い。海洋プレートの沈み込みはマントル対流の重要な駆動力であるため，最近発展したマントル対流の数値シミュレーションにより精力的に調べられている。マントルや海洋プレートの岩石のレオロジー変化，鉱物の相転移，海洋プレートに付着する地殻の玄武岩の密度変化など，複雑な要因がある。

8.4.2 マントルの地震波速度の異方性

地震波速度は通常は波の伝播方向には大きくは依存しない。これは，地球の岩石内の鉱物の結晶軸が規則的な向きをもたず，その結果岩石が全体としてほぼ等方的であることを物語る。しかし地震波の観測データをより詳しく分析すると，地震波速度は伝播や振動の方位に依存して系統的に変化する場合がある。最も顕著な例が，海洋プレート直下のマントル最上部やアセノスフェアを伝わる表面波やP波に見られる。アセノスフェアとはリソスフェアの下にあるより高温で流動性の高い領域である。プレートの運動方向や海洋底の拡大方向，あるいはアセノスフェアの流動方向と，地震波の異方性の方向に明瞭な関連が見られる。地球内部の流動に伴って，マントルを構成するかんらん岩の主要な鉱物であるかんらん石の結晶軸が選択的にある特定の方向に並ぶ結果，岩石が全体として異方性を帯びると考えられる。

8.4.3 マントル最深部の大規模構造

地球全体のトモグラフィーは深いところほど解像度が低く，たとえばマントル深部について現在のトモグラフィーによる速度構造モデルは，おおよそ 500 km より小さいスケールではあまり信頼がおけない。マントル深部に関してこれまでわかっている最も顕著で確かであると考えられている構造は，アフリカと西太平洋のマントル最下部にある LLSVP (Large Low Shear Velocity Province, 図 8.4) とよばれる低速度領域である。これらは水平方向に 3,000 km にも及ぶ低 S 波速度領域で，鉛直方向にも核マントル境界 (CMB) から 1,000 km 近くの高さまで延びているようだ。これらの LLSVP は地質学的に相当長期間存在していた可能性があり，ホットスポットとの関連や沈み込む海洋プレートとの相互作用についても研究されている。

8.4.4 マントル最下部の微細構造

マントルの最下部は，マントル物質の最終的な行き先とも考えられ，核とマントルの相互作用が起きているかも知れない領域である。マントル最深部の厚さおよそ 200〜300 km の領域は従来から D″ 層* とよばれ (図 8.4)，地震波速度の不均質性がマントル内でも特に強いのではないかと疑われてきた。D″ 層の上端は地域によっては地震波速度の大きなジャンプを示すことがある。かんらん石がこの深さ領域に対応する温度圧力において，より高圧の結晶構造 (ポストペロブスカイト) に相転移する可能性が最近実験的に示され，この相転移が D″ 層の成因に関わっているとして注目を集めている (基礎編 9.3 節参照)。またマントル最下

* D″ は「ディーダブルプライム」と読む。

部の CMB 直上では薄い（厚さ 10 km 程度）超低速度高密度層（ULVZ：UltraLow Velocity Zone）が存在する。この低速度で高密度の層には，核とマントルの相互作用の結果，鉄が周囲より多く含まれている可能性が考えられる。

8.4.5 核の詳細な構造

固体内核と液体外核の境界（内核境界：ICB）は，酸素，珪素，硫黄などの軽い元素を10％程度含む鉄ニッケル合金の融点に対応する。この境界でどれだけ密度が変化するかは，核の化学組成を知るための鍵であり，ICB で反射する地震波の振幅などから決められる。また固体内核の上部には全地球的なスケールの地震波速度異常が存在するが，より局所的なスケールの不均質構造も示唆されている。

他方，液体の外核は激しい対流によってほぼ均質にかき混ぜられているとされる。しかし最近の地震学的観測で，最上部の数 100 km の領域は，その下の核内部と比べて地震波速度の勾配が大きいことがわかった。液体外核がどの程度一様な化学組成をもつのかより深い検討を要する。また，外核最下部（ICB の直上）200 km の深さ領域にも特異な構造の存在が示唆されている。

9 地球はどのような物質でできているのか

基礎編

> 地球は，地殻，マントル，核（内核と外核）から構成される層状構造を示すことは8章で述べた。これら地殻，マントル，核はそれぞれ異なる物質から構成されており，そのことは地球の形成過程と密接なかかわりがある。本章ではこれらの構成物質について述べる。とくに，下部マントルと核についてはそれらの構成物質を実際に手に取って観察することはできないので，どのような方法によってそれらの性質（化学組成・結晶構造・物性）が推定されているかについても述べる。

9.1 元素の太陽系存在度と地球を構成する物質

　地球がどのような物質から構成されているのかを知るには，まず地球がどのような元素から構成されているかを知る必要がある。そのために太陽系がどのような元素から構成されているかを見ていく（表9.1）。これは，太陽の大気の観測から知ることができる。原始惑星系円盤と太陽は同じ分子雲からできたものなので*，もともとの原料は同じものであるといってよい。そこで，太陽大気の元素組成と原始惑星系円盤の組成は同じであると考えてよい。これらの元素は，ビッグバン，恒星の中，中性子星の合体，超新星爆発によってつくられたものである（応用編3.1節章参照）。

* 太陽系の形成過程については，基礎編3章を参照。

表9.1 太陽大気の観測に基づく太陽系の主な元素の存在度（Asplund et al., 2009）。

原子番号	元素	相対存在量の常用対数
1	H	12
2	He	10.93±0.01
6	C	8.43±0.05
7	N	7.83±0.05
8	O	8.69±0.05
10	Ne	7.93±0.10
11	Na	6.24±0.04
12	Mg	7.60±0.04
13	Al	6.45±0.03
14	Si	7.51±0.03
16	S	7.12±0.03
18	Ar	6.40±0.13
20	Ca	6.34±0.04
26	Fe	7.50±0.04
28	Ni	6.22±0.04

元素の存在度は水素（H）を 10^{12} としたときの相対値で表してある。常用対数で表現しているので，数字が1違うと，存在量が10倍違う。この表に示してあるのは，この相対存在度の対数が6を超える元素である。太陽系の主要構成物質を考えるときに必要な元素はこれが7.5を超える9元素，もしくは6を超える15元素であるといって良い。

*1 大気や海洋の起源については，応用編4章参照。

*2 これらの元素は，ポーリングの電気陰性度が2.5よりも大きい。水素(H)の電気陰性度は2.2で，それよりも電気陰性度の大きな元素である。

*3 これらの元素からは有機物や酸化物（珪酸塩も含む），硫化物などもつくられる。酸素(O)についてはすぐ後からより詳細に説明する。

*4 これらの元素は，ポーリングの電気陰性度が2.0よりも小さい。なお，酸素の電気陰性度は3.44で，これらの元素の電気陰性度は酸素よりも小さい。

*5 かんらん石は漢字で書けば橄欖石である。橄欖はオリーブのことである。

*6 珪酸塩のたとえば$MgSiO_3$（輝石）は，組成からみるとMgOとSiO_2の1:1の組合せに見えるが，構造から言えば2つの分子を組合せたようなものではなく，SiO_4四面体がつながって枠組みをつくっている中の空間にMg^{2+}イオンが入っている形をしている。

*7 標準生成ギブス自由エネルギーで比べると，MgOが-569.43 kJ mol^{-1}，SiO_2が-910.94 kJ mol^{-1}であるのに対して，FeOは-245.12 kJ mol^{-1}と（絶対値が）小さい（Wagman et al., 1982）。

これから考えるのは，地球の大気や海洋を除く地殻から下の部分の構成要素である[*1]。そのような地球の固体（と液体）の部分は，太陽系ができるときに固体（ダスト；基礎編3.2節参照）であった部分だから，原始太陽系星雲の条件で固体になる成分が何かを考えておく必要がある。

まず，希ガス元素(He, Ne, Ar)は化合物をつくらないので気体になる。最も大量にある水素もほとんどが気体のH_2になる。次に，残りの元素を酸化数が正になりやすい元素と負になりやすい元素に分ける。酸化数が負になりやすい元素(C, N, O, S)[*2]は大量にある水素(H)と結びついてCH_4，NH_3，H_2O，H_2Sなどになり，これは太陽系の内側領域ではやはり気体になった[*3]。酸化数が正になりやすい元素(Na, Mg, Al, Si, Ca, Fe, Ni)[*4]は基本的には酸素(O)と結びついて固体となった。そこで，地球を構成する元素として考えなければならないのはこれらの元素で，そのなかでも量が多いのは，O, Mg, Si, Feの4元素であり，基本的にはこれらの元素がつくる物質を考えることが地球を構成する物質を考えることになる。量的にいえば，Na, Al, Ca, Niについてはその次に考えればよい。

O, Mg, Si, Feの4元素からどのような物質ができるかを考える。上で述べたように基本的にはまずMg, Si, Feの酸化物MgO，SiO_2，FeOができると考えられるのだが，実際は少し違う。まず，MgOとSiO_2では，単純な酸化物よりも**珪酸塩**ができやすく，基本となる組成が$MgSiO_3$（**輝石**）やMg_2SiO_4（**かんらん石**）[*5]の物質ができる。ここで珪酸塩とは，SiO_4四面体を結晶構造の基本要素とする物質のことである[*6]。次に，FeはSiやMgに比べて酸化物になりやすさが少し小さいため[*7]，原始太陽系星雲のように酸素が少ない状況ではFeの存在形態としては，金属のFe（酸化数が0）と酸化物のFe（酸化数が+2）の両方がある。実際，後述するように地球にはその両方の種類の鉄が存在するし，隕石の中にもFeが金属として存在する場合と酸化数が+2で存在する場合とがある。酸化数が+2のイオンとしてのFe^{2+}はMg^{2+}と価数が同じでイオン半径も80 pm（ピコメートル）程度でほぼ同じであることから同じ結晶構造の中に両方混ざって入りうる。そこで輝石やかんらん石の中のMgがいる場所にFeも混在している珪酸塩ができる。

このように固体でも組成の変化があるものを**固溶体**という。言い換えると，固溶体とは純粋な成分が任意の割合で混じり合った固体物質のことである。その純粋な成分のことを**端成分**とよぶ。たとえば，かんらん石の場合，Mg_2SiO_4の化学組成をもつフォルステライトとFe_2SiO_4の化学組成をもつファヤライトが端成分であり，それらは任意の割合で混ざり合うことができる。そのような固溶体の組成は$(Mg,Fe)_2SiO_4$のように表記される。この化学式の$(Mg,Fe)_2$の部分は，MgとFeの割合は任意であるが，その和は2（酸素4に対して）であることを意味している。物質によっては限られた組成範囲でしか固溶体を形成しないものも多い。また同じ物質でも，高温では広い固溶範囲を示すが，低温では限られた固溶範囲しか示さないものもある。固溶体を形成するかどうかとその組成範囲は，結晶構造における陽イオンのサイトの大きさと形状，入る陽イオンのイオン半径と電荷などによって決まる。固溶体を形成しない組成範囲のことを**不混和領域**と

いう[*1]。

以上で説明してきたことをまとめると，地球を構成する物質としては，基本的には $(Mg, Fe)SiO_3$（輝石），$(Mg, Fe)_2SiO_4$（かんらん石），Fe（**金属鉄**）の3つを考えればよいことがわかる。

[*1] 不混和領域の温度依存性は，共存する2相の化学組成からそれらの形成温度を推定するのに利用されることがある。

9.2. 相と鉱物と岩石

地球の構成物質を特定するということは，その化学組成と相を特定するということである。**相**は，基本的には，固相，液相，気相の3つであるが，地球内部構成物質を考えるにあたって重要なのは，同じ化学組成の固相であっても結晶構造が異なれば別の相として扱うことである。固体物質の結晶構造は，化学組成と温度・圧力条件を決めてしまえば基本的には1つに決まるが，その温度や圧力が地球内部の場所や時代によってさまざまに変わるので，1つの化学組成でも温度・圧力に応じてさまざまの結晶構造の固体ができる。このように1つの化学組成の物質でも異なる結晶構造の物質を**多形**という。さらには，同じ温度・圧力でも準安定[*2]な結晶構造がありえて，複数の結晶構造をもつ固体が存在する場合がある。たとえば，炭素（C）には，グラファイトとダイヤモンドという2つの結晶構造の物質がある。常温常圧ではグラファイトの方が安定な構造でダイヤモンドは準安定な構造である。

天然の物質では，いろいろな元素の割合が簡単な整数比になっているわけではないので，複数の相が共存しているのが普通である。たとえば，話を単純化して仮に，ある場所にMg, Si, Oの3つの元素しか無いとしても，Si 1に対してMgの存在量が1とか2の整数比ではなく1と2の間の数であれば，$MgSiO_3$（輝石）と Mg_2SiO_4（かんらん石）が共存することになる。天然では多くの元素があるのでもっと複雑である。そこで，鉱物と岩石という概念が必要となる。1つの相に相当する天然の物質の基本単位は**鉱物**である。言い換えると，鉱物とはある範囲で定まった化学組成をもち，特定の結晶構造を有する無機質物質のことである。ただし，非晶質のオパールや液体の天然水銀，水なども鉱物に含める場合がある。鉱物の集合体を**岩石**という。一般に岩石は複数の鉱物種から構成されるが，結晶質石灰岩のようにただ1種類の鉱物（この場合は方解石）から構成されるものもある。岩石は**火成岩**，**堆積岩**，**変成岩**に大別される。火成岩はマグマが固まってできた岩石，堆積岩は湖や海などに堆積した物質が固まってできた岩石，変成岩は堆積岩や火成岩が地下の高温高圧状態下で化学反応を起こし，鉱物組合せが変化したり変形したりしてできた岩石である。それらの詳細はそれぞれ基礎編7章，12章，応用編12章で述べられる。

地殻やマントルを構成する鉱物は，量的には**珪酸塩鉱物**が圧倒的に多い。その詳細についてと，珪酸塩鉱物以外の重要な鉱物（元素鉱物，硫化鉱物，炭酸塩鉱物など）については応用編9章で述べる。

[*2] 準安定な相とは，エネルギー的には安定な相よりも高いので安定な相に変わりうるが，その変化の経路のエネルギー障壁が高いのですぐに変化するわけではない相のことである。

9.3 地球深部（マントルと核）を構成する鉱物

　地球を構成する物質で我々の手に入るのは地殻の物質と上部マントルのごく浅部の物質の一部である。地球の大部分を占める**マントル**と**核**（コアともよばれる）の物質は直接手に入れることができないので，さまざまな手法を駆使して推定する。本章では，本節において深部の物質を紹介し，次の 9.4 節で地殻を構成する物質を説明する。というのも，地殻を構成する鉱物や岩石は後述のように複雑だからである。

　9.1 節においては平均的な元素組成から見て，マントルと核は，主に (Mg, Fe)SiO_3（輝石組成の鉱物），(Mg, Fe)$_2$$SiO_4$（かんらん石組成の鉱物），Fe（金属鉄）から成っていると推測した。これらは，大きく「**岩石**[*1]」((Mg, Fe)SiO_3（輝石組成＋(Mg, Fe)$_2$$SiO_4$（かんらん石組成））と鉄に分けられる[*2]。「岩石」と鉄は，前者がイオン結合，後者が金属結合をしており，結合様式がまったく異なるため，液体になっても混ざり合わない。そこで地球初期の非常に高温だったときに水と油のように分離し，重い鉄が核を形成し，軽い「岩石」がマントルを形成した（応用編 4.2 節参照）。核が鉄でできており，マントルが「岩石」でできているということは基礎編 8 章で述べたような手法で推定される密度や地震波速度などとも合致しているので，正しいと考えられている。

　地球内部の高温高圧下での鉱物の相（結晶構造）や密度や地震波速度などは，高温高圧実験や量子力学と統計力学を用いた理論計算により推定されている。このように地球を総合的に理解するには，さまざまな研究手法の融合が必要である。

9.3.1 核を構成する物質

　核を構成する物質は基本的に**鉄**であり[*3]，**外核**が液相で**内核**が固相であることがわかっている。図 9.1 の相図からわかるとおり，内核の固相は六方最密充填構造の ε 鉄とよばれる相である。

[*1] 先に定義した正式な岩石の定義とは異なる。ここではおおざっぱに，珪酸塩，酸化物などの総称として用いている。金属元素が正の酸化数をもっていることで特徴づけられる。以下，この意味で用いるときには「　」を付ける。

[*2] O, Mg, Si, Fe の 4 元素に次いで量の多い Na, Al, Ca, Ni のうち Na, Al, Ca はおもに「岩石」に入り，Ni は鉄に入る。これらの元素については追々話に出てくる。

[*3] 純粋な鉄ではなく，元素として Ni, H, C, O, Si, S などが混ざっていると考えられている。

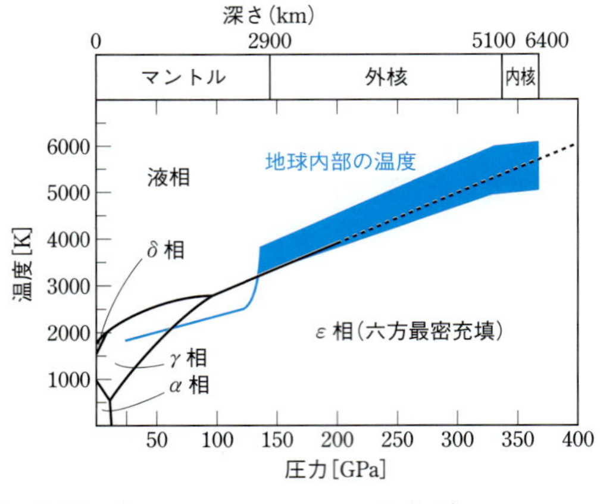

図 9.1　鉄の相図（Tateno et al., 2010 を改変）
外核は圧力が 136 GPa から 329 GPa の間の部分で液相であり，内核は 329 GPa から 364 GPa の間の部分で ε 相である。青色は地球内部の温度として推定される範囲を示す。

9.3 地球深部（マントルと核）を構成する鉱物

9.3.2 マントルを構成する物質

マントルを構成する物質は主に $(Mg, Fe)_2SiO_4$（かんらん石組成の鉱物）と $(Mg, Fe)SiO_3$（輝石組成の鉱物）であった。マントルの組成がかんらん石に近いのか輝石に近いのかはいろいろな議論があるところだが，かんらん石に近いと想定する場合が多い。主にかんらん石と輝石からなる岩石でかんらん石が多いもののことを**かんらん岩**とよぶので，マントルを構成する代表的な岩石はかんらん岩[*1]である。

＊1 正確に言えば，すぐ後で述べるように，圧力が上がるとかんらん石の結晶構造が変化してかんらん石でなくなるので，上部マントルの浅部を代表する岩石というべきである。

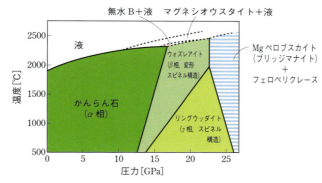

図9.2 Mg_2SiO_4 組成の物質の相図（Presnall, 1995 を改変）
1800℃程度よりも低い温度では，圧力が低い方からかんらん石，変形スピネル，スピネルと構造が変化し，24 GPa 付近で Mg ペロブスカイトとフェロペリクレースに分解する。スピネル構造のリングウッダイトが分解する反応を表す線の勾配が負であることはマントル対流にとって重要である（応用編 7.2 節参照）。

そこで，まずはかんらん岩を代表して，Mg_2SiO_4 組成の物質の結晶構造が圧力とともにどのように変化するかを見てゆく（図9.2）。結晶構造は，浅所ではかんらん石構造（α 相またはかんらん石）だが，400～410 km 以深では変形スピネル構造（β 相またはウォズレアイト）とよばれる構造に変化する。重要な点は，この相転移の起こる深さが，地震波速度の 400 (～410) km 不連続面[*2]に対応していることである。すなわち，この不連続面の原因はかんらん石の相転移にある[*3]。β 相のかんらん石はさらに約 520 km の深さでスピネル構造（γ 相またはリングウッダイト）に相転移する。この相転移に対応する地震波の不連続面は観測されていない。それは，結晶構造の変化が大きなものではないためだと解釈されている。この γ 相のかんらん石は，660～670 km の深さで次の化学反応により，Mg ペロブスカイト[*4]（ブリッジマナイトともよばれる）とフェロペリクレースに分解する。

$$(Mg, Fe)_2SiO_4 = (Mg, Fe)SiO_3 + (Mg, Fe)O$$
$$\gamma \text{相かんらん石} \quad Mg \text{ペロブスカイト} \quad \text{フェロペリクレース}$$

この変化は地震波速度の 660 (～670) km 不連続面に対応している。ここは上部マントルと下部マントルの境界なので，この反応が上部マントルと下部マントルの違いを特徴づけていると考えられている。

これから順序良くいけば，輝石組成の物質の相図を見てゆかねばならないが，紙面が足りなくなるので，次に一気に現実的なマントルの物質について考える。マントルの代表的組成をパイロライト（pyrolite）であると考えることにする。

＊2 不連続面とは地震波速度が急変する場所のことを言い，物質の違いあるいは物質の相転移による結晶構造の違いがその原因とされる。間に空間があって，物質が連続していないという意味ではない。この不連続面の位置は場所によって数 10 km 上下する（応用編 7.2 節参照）。

＊3 このことは高圧物質科学の地震学への貢献として高く評価されている。

＊4 ここでいうペロブスカイトとはペロブスカイト構造の意味である。鉱物名としてのペロブスカイトは $CaTiO_3$ という化学組成をもち，低圧下でも安定である。これと区別するため，高圧下でのみ安定なペロブスカイト構造の珪酸塩を珪酸塩ペロブスカイトとよぶこともある。

ここで，パイロライトとは，マントルの未分化で始源的な状態での化学組成を表す仮想的な岩石としてリングウッド (A. E. Ringwood) によって提唱されたもので，かんらん石が60％，輝石＋ざくろ石が40％（体積比）を占める。この岩石においては，Mg, Si, O, Fe の4元素に加えて，Al, Ca も主要な構成元素である[*1]。この岩石の鉱物組合せと結晶構造が地球内部でどうなるかが高温高圧実験により調べられている（図9.3）。

*1 ざくろ石（漢字で書けば柘榴石）はAlを含む鉱物として上部マントルの圧力では代表的な鉱物である。複雑な固溶体を形成するが，代表的な端成分はパイロープ $Mg_3Al_2(SiO_4)_3$ やグロシュラー $Ca_3Al_2(SiO_4)_3$ である。Fe, Ca は輝石にもざくろ石にも入りうる。

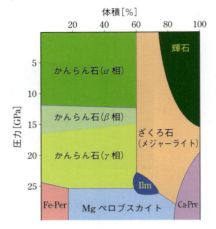

図9.3 下部マントルの相図 (Irifune and Ringwood, 1987)．
Fe-Per：フェロペリクレース，Ilm：イルメナイト，Ca-Prv：Caペロブスカイト。

この相図から，上部マントルを構成する鉱物をおおむねかんらん石の部分と輝石＋ざくろ石の部分に分けて考えることができることが見て取れるだろう。かんらん石の部分は先に述べたとおりである。

次に輝石＋ざくろ石の変化について述べる。圧力が増大すると輝石成分はざくろ石中に少しずつ固溶し，量を減ずる。このように高圧下で輝石成分を固溶したざくろ石はメジャーライト[*2]とよばれる。さらに高圧になるとざくろ石の安定領域は狭くなり，Mgペロブスカイト，Caペロブスカイト (Ca-Prv) やイルメナイト (Ilm)[*3]が形成される。

このように，下部マントルは珪酸塩ペロブスカイトが主体となる。ただし，マントル最深部においては，この鉱物がさらに相変化し，ポストペロブスカイト相とよばれるものになることがわかってきた (Murakami et al., 2004 など)。地震学的に見出されたマントル最深部（深さ約 2700〜2900 km）のD″（ディーダブルプライム）層（基礎編 8.4 節参照）とよばれる部分がそのポストペロブスカイト相に相当するという考えが有力だ。

9.3.3 上部マントル最上部を構成する岩石

上部マントルの最上部の岩石は，玄武岩中の捕獲岩[*4]や造山帯のオフィオライト[*5]を構成する岩石として直接観察することができる。この点が，それより深部と異なる。一方で，高温高圧合成実験によって，上部マントル最上部におけるかんらん岩の鉱物組合せの圧力変化が明らかにされている[*6]（図9.4）。最も重要な

*2 近年マントル捕獲岩（9.3.3参照）の中からメジャーライトが発見されたという報告 (Collerson et al., 2000) がある。

*3 これもイルメナイト構造の珪酸塩の意味であり，鉱物としてのイルメナイト ($FeTiO_3$) の意味ではない。

*4 マントル内を上昇して地表に噴出したマグマと一緒になって上がってきたマントルの岩石をマントル捕獲岩（マントルゼノリス）という。日本で現在でも簡単に観察できる場所として，佐賀県唐津市高島が有名である。

*5 オフィオライトに関しては 9.4 節と基礎編 12.1 節，応用編 12.1 節参照。

*6 日本の岩石学者久城育夫による貢献が世界的に有名である。

変化は Al を含む鉱物が圧力や温度に応じて相変化してゆくことである*1。観察と実験の知識を総合すると，上部マントルのかんらん岩は深さに応じて次のように変化していると考えられている。

　深さ 24 km 以浅：斜長石かんらん岩（斜長石＋かんらん石）
　深さ 24〜50 km：スピネルかんらん岩（スピネル＋斜方輝石＋単斜輝石
　　　　　　　　＋かんらん石）
　深さ 50 km 以深：ざくろ石かんらん岩（ざくろ石＋かんらん石）

小畑正明によって研究されたスペインのロンダ岩体では実際にこの 3 種のかんらん岩が層状に配列しているのが確認されている (Obata, 1980)。

*1　Al を含む代表的な珪酸塩鉱物は，上部マントルの圧力ではざくろ石，常圧では斜長石なのだが，Ca, Na や Mg を含めると相関係はかなり複雑で，さまざまの鉱物が存在する。なお，斜長石はアルバイト $NaAlSi_3O_8$ とアノーサイト $CaAl_2Si_2O_8$ を端成分とする固溶体である。

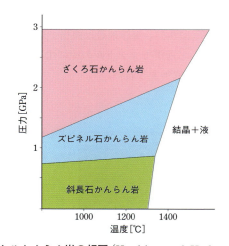

図 9.4　マントルかんらん岩の相図 (Kushiro and Yoder, 1966)

*2　複雑な組成をもつ物質を加熱して融かすと，1 つの融点で融けるということはなく，少しずつ融けやすい成分から融けてゆく。このように一部分が融けて固相と液相が共存することを部分溶融という（基礎編 12 章参照）。

9.4　地殻を構成する物質

　地殻は，マントルが少なくとも一度，**部分溶融***2 を経験してできた岩石である。その結果，元素組成からいえば，マントルで最も重要な陽イオンであった Mg がそれほど多くないという特徴がある。これは，Mg_2SiO_4（フォルステライト）の融点が 1890 °C とかなり高く，非常に融けにくいことによる。一方で，Al を含む代表的な鉱物であるたとえば $NaAlSi_3O_8$（アルバイト）の融点は 1100 °C 程度と低い。このため地殻は Al を含んだ珪酸塩鉱物に富んでいる。

　地殻を構成する岩石の分類は，通常まず SiO_2 の含有量*3 を用いて行われる。SiO_2 の含有量が 45〜52 wt%*4 の岩石を**塩基性岩**（**玄武岩質**あるいは**斑れい岩質**の岩石）*5，52〜63 wt% のものを**中性岩**（**安山岩質**の岩石），63 wt% 以上のものを**酸性岩**（**花崗岩質**の岩石）という。このような分類がなされるのは，SiO_2 含有量はマグマの温度や密度や粘性などと関連しているので，岩石の性質を表すのに有用な指標だからである。

　地殻は，大陸を構成する厚い**大陸地殻**（厚さ 30-70 km）と海洋底を構成する薄い**海洋地殻**（厚さ 5-10 km）に分けられる。以下で説明するように，それらの成因（形成過程）は根本的に異なっている。

*3　ここで，SiO_2 は鉱物としての石英という意味ではなく，組成として SiO_2 をどれくらい含むかという意味である。通常の「岩石」（珪酸塩，炭酸塩，酸化物）においては，酸化数が負の元素は酸素だけである。そこで，酸化数が正の元素の量は，SiO_2, MgO, Al_2O_3 のように酸素と組合せて合計の酸化数を 0 にする組合せで表現されることが多い。

*4　wt% は重量パーセントのことである。

*5　ここでいう塩基性，中性，酸性は pH でいう塩基性，中性，酸性とは関係がない。

9.4.1 海洋地殻を構成する物質

海洋地殻は，海嶺とその下においてマントルが部分溶融してできたマグマが固まってできた玄武岩質の火成岩とその上に海中で堆積した堆積岩からなる。海洋地殻の最下部は**斑れい岩**[*1]からなり，その上にシート状岩脈群（**ドレライト**）[*2]，さらにその上に玄武岩質の**枕状溶岩**[*3]が重なり，最上部に**深海性堆積物**（固結すると**チャート**[*4]などになる）が載っている。このうち火成岩の部分は，以下のように一連の火山活動によって作られたものである。斑れい岩は，マグマだまりが固まってできたもの，シート状岩脈群は，マグマだまりから火道を上昇するマグマが固まったもの，枕状溶岩はマグマが海底に噴出してできたものである。このような構造は，海底掘削の成果や造山帯に産する**オフィオライト**（海洋底の地殻からマントル最上部にかけての断片と考えられる塩基性-超塩基性複合岩体）の構造から推定されている（図9.5）。海洋地殻は海嶺で形成され，プレートテクトニクスにより側方に移動して海溝でマントルの中に沈み込むので，ほとんどの海洋底（海洋地殻）の年代は2億年より若い。

> *1 斑れい岩は玄武岩と同じ化学組成の深成岩（マグマがゆっくりと冷却してできる粗粒な岩石）である。
>
> *2 ドレライトは粗粒玄武岩ともいう。
>
> *3 玄武岩質溶岩が海底に噴出する際に形成される特徴的な構造の溶岩をいう。海水によって急冷された溶岩表層のガラス質皮殻を内部の熱い未固結溶岩が突き破って次々に噴出することで形成される。径1m前後の枕状の部分（ピローローブ）が重なり合った構造を呈し，1個1個のピローローブはガラス質皮殻で囲まれ，その内部は細粒玄武岩で放射状の割れ目（冷却節理）を示す。
>
> *4 チャートは主に石英SiO_2で構成される岩石である。もとは微生物の殻などである。

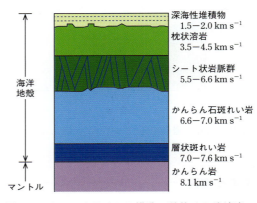

図9.5 オフィオライトの構造。数値はP波速度。

9.4.2 大陸地殻を構成する物質

大陸地殻は**花崗岩質**の上部地殻と斑れい岩質（玄武岩質）の下部地殻から構成される[*5]。そのため大陸地殻の平均化学組成は安山岩質であるといわれている。

大陸地殻の形成過程は複雑でよくわかっていない部分が多い。とくに，どのようにして大量の花崗岩ができたのかは，地質学上の大問題として長く議論されてきた。現在では，花崗岩は火成岩（および火成岩起源の変成岩）や堆積岩（および堆積岩起源の変成岩）の部分溶融による産物だと考えられている。火成岩の部分溶融起源の花崗岩をIタイプ，堆積岩の部分溶融起源の花崗岩をSタイプとよぶ。

Iタイプの例として，玄武岩質の海洋地殻が高圧下で変成されてできた岩石（ざくろ石角閃岩や**エクロジャイト**[*6]など）が部分溶融して安山岩質ないし花崗岩質マグマが形成されることがある。このようなマグマが固化してできた岩石はアダカイトとよばれる。始生代の初期大陸地殻はこのような成因であると考えられる（9.4.3参照）。

> *5 上部地殻と下部地殻の間にはそれほど明確な境界はない。
>
> *6 エクロジャイトは玄武岩が高圧で変成した岩石である。組成は玄武岩質だが，主に高圧で安定な輝石＋ざくろ石から成る。

9.4 地殻を構成する物質

Sタイプの例としては，泥質変成岩*1に代表されるAlに富む変成岩の部分溶融がある．泥質変成岩は水が加わると比較的低温（変成作用の温度としては高温）で部分的に溶融する．その際に花崗岩質のメルト*2が形成される．このようにして変成帯の高温部ではしばしば部分溶融によって形成された花崗岩質メルトが再び固化した岩石が認められる．そのような岩石を特に**ミグマタイト**という．

9.4.3 最初の地殻と初期の地殻

地球初期には地球のかなり多くの部分が融けていて，地表付近は**マグマオーシャン**と称するマグマで覆われた状態になっていたと考えられている（応用編4章参照）．地球が冷えてくるにつれて，それが固まって最初の地殻とよぶことができるようなものができたであろう．しかし，それがどのようなものであって，現在の地殻とどのような関係にあるかは全くわかっていない．

これに関連して，月の地殻はマグマオーシャンから形成されたと考えられている．マグマオーシャンの中で結晶化した斜長石が，その小さい密度のために浮上し，斜長岩質地殻を形成した．地球の最初の地殻はこのようなものであったのかもしれない．

現存する最も古い**大陸地殻**の岩石は，カナダのアカスタ片麻岩や南極のナピア片麻岩などで約40億年前の年代を示す．すなわち，大陸地殻は始生代（40億年前から25億年前の時代）にすでに形成されていたと考えられる．始生代の大陸地殻はTTG (tonalite – trondhjemite – granodiorite：トーナル岩 – トロニエム岩 – 花崗閃緑岩の略称でK_2Oに乏しい花崗岩質岩石）とよばれる大量の花崗岩質岩で特徴づけられる．TTGはIタイプ花崗岩の典型であり，大陸地殻の構成要素として最も重要である．このTTGには高Mg安山岩類似の組成をもつものがあり，マントルで形成された高Mg安山岩*3マグマが，始生代の大陸地殻の形成に重要な役割を果たしたとする説がある（平ほか(1997)の2章）．またTTGはアダカイト的性質をもつことから，始生代の高い地温勾配の環境下で，熱くて厚い海洋地殻が形成され，その深部がエクロジャイトとなり，その部分融解でTTGが形成されたとする説もある（高橋，1999）．

*1 大陸地殻の風化・侵食により形成された細粒物質（泥）が堆積固化してできた泥岩が変成されたもの．

*2 マグマのうち液相の部分をしばしばメルトという．

*3 玄武岩と同等以上（6 wt%）の MgO 含有量を有する安山岩で，かんらん岩の含水条件下での部分溶融などのメカニズムで形成される．瀬戸内地域のサヌカイト（讃岐岩）がその例として有名．

基礎編

10 地球は生きている〜プレートテクトニクス

> 地球表面は十数枚の硬い岩盤で覆われており，その岩盤は**プレート**とよばれている。プレートは長い年月をかけて運動し，大陸移動や地震・火山などの地学現象を起こす。プレート運動によって多くの地学現象が説明できるとする理論的な枠組みを**プレートテクトニクス**とよぶ。ここでは，プレートの運動とはどのようなものか，プレート運動の原動力は何か，そもそも，プレートとは何かについて考えてみよう。

10.1 地球の形とプレートテクトニクス

　地球と金星はよく似た星といわれる。それは，地球と金星の大きさが近く，平均密度もだいたい同じくらいであるからである（応用編，表 7.2）。図 10.1 と図 10.2 は地球と金星の表面地形である。地球の地形は金星と比較すると，高地と低地が明瞭であり，海底の地形もなだらかに変化しているように見える。これは，2 つの地学現象の現れである。1 つは地球の地殻には大陸地殻と海洋地殻の 2 種類があり，地殻とマントルの間で**アイソスタシー** (isostasy) が成り立っていることによる（付録 A 参照）。大陸地殻は主に花こう岩からなるので，玄武岩からなる海洋地殻よりも密度が小さい。このため，アイソスタシーにより地殻の厚さは大陸の方が厚い。この違いが，地球の表面を海洋と大陸の 2 つの地域に明瞭に分けている。もう 1 つは，地球のみでプレートテクトニクスが起きていることである。海底は，プレート運動によってつくられている。このとき，新しくできた場

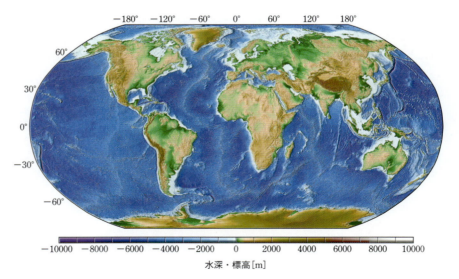

図 10.1　地球の表面地形。データは NOAA・Natinal Data Center によるデジタルデータ ETOPO1 (http://www.ngdc.noaa.gov/mgg/global/global.html) を使用。グリーンランドや南極大陸など氷床に覆われる地域については，氷床の標高を表している。

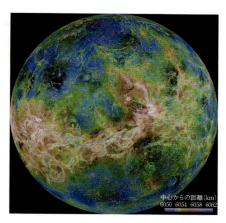

図 10.2　**金星の表面地形**。金星の中心からの距離で表す。画像は NASA のウェブページ (https://solarsystem.nasa.gov/resources/486/hemispheric-view-of-venus/) より引用。

所ほど浅く，古い場所ほど深くなっているのである。これら 2 つのことが，地球の表面地形を特徴づけている。

10.2　大陸移動説からプレートテクトニクスへ

　図 10.1 の大西洋をはさんで南北アメリカ大陸とヨーロッパからアフリカにいたる海岸線を見比べてみると似ていることがわかる。このことは古くから知られていた。気象学者のウェーゲナー (A. L. Wegener) は，海岸線を一致させると，陸生の動植物の化石や火成岩体などの分布も一致することに気づいた。彼は，このような根拠に基づいて，かつて大陸が一体であり，割れて移動したと考えた。1915 年『大陸と海洋の起源』を著して，大陸移動説を提唱した。しかし，大陸移動説は一部の地質学者には受け入れられたものの，多くの地質学者や地球物理学者には受け入れられることはなかった。それは，第一に原動力が説明できないという理由からであった。

　大陸移動の原動力についての最初の正しい説明は，1928 年ホームズ (A. Holmes) によって提唱されたマントル対流説である。**マントル対流**とは，マントルの中で起きる熱対流である。この説の前提となる考えは，マントルが流動することと，マントルが熱源をもつことの 2 つである。前者は，大陸地殻がマントルの上に浮かんでいるというアイソスタシーの考えから，後者は岩石中に放射性元素であるウランが発見されていたことからわかっていた。この説明は正しかったのであるが，大陸が動いているということを示す物理的な観測がなかったことから，マントル対流説はあまり考慮されることがなかった。

　1950 年代後半から 1960 年代になると大陸移動説は復活する。古磁気学的な方法によって大陸が動いている証拠が示されたからである。火成岩は溶岩が冷却しながら固化するときに，ある温度より低くなるとその時点での地球磁場を記録する。地球磁場が双極子（応用編 8.3 節）であると仮定すると，磁極の位置がわかる。大陸が固定していたとすると，2 つの大陸の岩石が記録した磁場から復元したそ

＊ 観測された地球磁場から，国際標準地球磁場（IGRF, International Geomagnetic Reference Field）を差し引いた磁場を地磁気異常とよぶ。IGRF は核がつくる磁場のモデルである。海洋では正負の縞模様として観測されるので，地磁気縞状異常とよばれる。

れぞれの磁極の位置は一致しないが，大陸移動を考えると2つの磁極の位置は一致する。大陸が移動していたことを示す直接的な証拠が見つかったのである。

大陸が移動すると，大西洋のように海が拡大する。ヘス（H. H. Hess）は，大陸移動の原因を海洋底の拡大によって説明することを提唱し，この説は，後に**海洋底拡大説**とよばれるようになった。海洋底拡大説は，**地磁気縞状異常**＊の観測から証明された。海洋地殻は火山岩である玄武岩からできているので，やはり海洋底ができたときの磁場を記録する。海底が拡大している間に地磁気逆転が起き

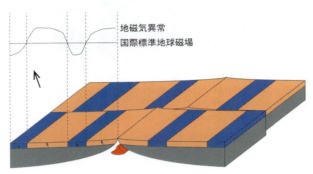

図10.3 **海洋地殻の磁化と地磁気異常**。オレンジ色は現在の地球磁場と同じ方向，青色は地球磁場と反対方向に磁化した海洋地殻を表す。小さな矢印は地殻の磁化の方向，大きな矢印は国際標準地球磁場を意味する。実際には，海洋地殻は一様に磁化するのではなく，浅い部分が強く磁化する。

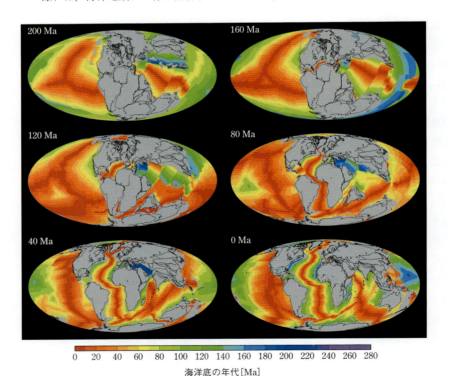

図10.4 **大陸移動と海洋底拡大**。海洋底に塗られた色は年代を表す。年代の単位は100万年である。ソフトウェア GPlates（https://www.gplate.org）を用いて，Seton et al.（2012）によるデータから作図。

るので，海洋地殻は正負の地球磁場を記録する（図10.3）。海洋地殻のつくる磁場は地磁気異常の縞模様として観測されることになる。古地磁気学的な方法によって，大陸移動に伴う海洋底拡大も証明されたのである[*1]（図10.4）。

海洋底拡大に伴う運動について理解が深まると，その運動は剛体的な岩盤の相対的な運動とすると説明できることがわかった。その岩盤は，ウィルソン（J. T. Wilson）によって，プレートと名づけられた。その後の研究から，地球表面は10数枚のプレートからなり，それぞれが運動しているとさまざまな地学現象が説明できることがわかった[*2]。この説は，プレートテクトニクス（plate tectonics）とよばれるようになり，地学現象を統一的に説明できる理論として確立された。

*1　ヴァイン（F. J. Vine），マシューズ（D. H. Matthews）らの研究による。

*2　モーガン（W. J. Morgan），マッケンジー（D. P. McKenzie），ル・ピション（X. Le Pichon）らの研究による。

10.3　プレートの分布とプレート境界

実際に地球のプレートはどのような分布なのだろうか。図10.5にプレートの分布とその運動を示す。図のようにプレートは10数枚からなり，一番大きな太平洋プレートから小さなファン・デ・フーカプレートまで，約1万キロメートル

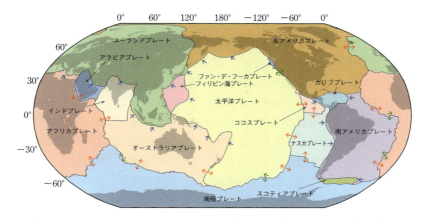

図10.5　(a)**プレートの分布とプレート境界**。赤矢印は中央海嶺，青矢印は沈み込み帯または衝突帯，矢印緑はトランスフォーム断層を示す。

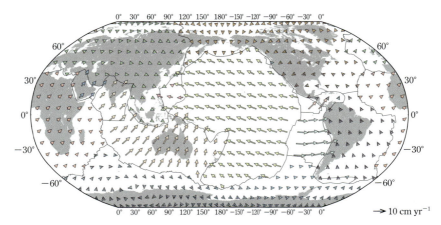

(b)**NNR-NUVEL1 モデル**（Argus and Gordon, 1991）**によるプレート運動**。矢印の長さは速度の大きさを表す。

から数100キロメートルまで大小さまざまな大きさをもつ。プレートは，大陸地殻あるいは海洋地殻どちらかが表面の大部分を占めるかによって，**大陸プレート**(continental plate) または **海洋プレート** (oceanic plate) とよばれる。たとえばユーラシアプレートは大陸プレート，太平洋プレートは海洋プレートである。北アメリカプレートのように大陸と海洋の両方をもつものもある。

　プレートの端は別のプレートと接し，プレート境界とよばれる。プレート境界は別のプレートとの運動速度の違いから次の3つの種類の境界を生ずる。
　① 発散境界：2つのプレートが離れていく場合
　② 収束境界：2つのプレートが近づく場合
　③ 横ずれ境界：2つのプレートが水平にすれ違い運動する場合

　これらの名称は2つのプレート間における運動速度の差だけに注目したものである。地球上の多くの場所では，それぞれの境界は特徴的な地形を形成する。その地形は，発散境界では**中央海嶺**(mid oceanic ridge)，収束境界では**沈み込み帯**(subduction zone) あるいは**衝突帯**(collision zone)，横ずれ境界では**トランスフォーム断層**(transform fault) である。

　中央海嶺は東太平洋海膨や大西洋中央海嶺のように海底に形成された大山脈といえる地形である。中央海嶺では2つのプレートが離れていくことにより，マントルから岩石が上昇し，新しいプレートが生成されている。このときの拡大は対称的に起こる。これは，拡大が受動的であることに起因している。中央海嶺ではマントル岩石の上昇に伴い，岩石の部分融解が生じる。これによって玄武岩質の海洋地殻が生成されている。

　収束境界は2つのプレート組合せが海洋プレートか大陸プレートによってその性質が異なる。2つ海洋プレートの組合せ，あるいは海洋プレートと大陸プレートとの組合せの場合は沈み込み帯を形成する。沈み込み帯では前者の場合，海洋プレートが大陸プレートの下に，後者の場合には一方の海洋プレートがもう一方の下に潜り込む。2つのプレートの間には低角逆断層(thrust fault)*が形成される。沈み込み帯には海溝と**弧状列島**(island arc) あるいは火山列(volcanic arc) が形成される。その代表的な場所は日本列島やチリである。沈み込み帯に火山ができるのは，沈み込んだプレートから放出された水が岩石の融点を下げるからであると考えられている。2つの大陸プレートが収束する場合は衝突帯を形成する。大陸地殻は密度が低いため，沈み込みが妨げられる。このため，衝突帯では大山脈のある造山帯(orogenic belt) が形成される。その代表的な場所は，インドプレートとユーラシアプレートが衝突する場所であるヒマラヤ山脈からチベット高原である。

　トランスフォーム断層は，2つの中央海嶺に挟まれた場所に形成される。トランスフォーム断層は水平に断層の変位を生じる横ずれ断層である。中央海嶺の拡大が対称的であることから，トランスフォーム断層の走向と海嶺の軸は垂直となる。

　プレートテクトニクスを模式的に表すと，図10.6のようになる。新しいプレートは中央海嶺で生まれ，水平に運動する。海洋プレートは，収束境界で別のプレートの下に潜り込み，沈み込み帯を形成する。沈み込んだプレートは，マント

---

* 断層面と水平面のなす，逆角度（断層角）が45°以下の断層。沈み込み帯の逆断層のほとんどは45°以下の断層角をもっている。

10.4 プレート運動とプレートの変形

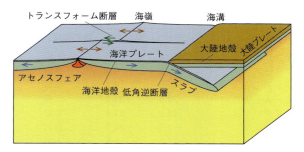

図 10.6 プレートテクトニクスの模式図

ル深くへ落下する。一方，密度の小さい大陸地殻の載っているプレートは沈み込まず，長い間地表に留まる。

10.4 プレート運動とプレートの変形

　プレートはどのような運動をしているのであろうか。1 枚のプレートに注目すると，プレートは 1 年間に数から 10 cm の速さで球面上を動く剛体である。このため，ある瞬間に注目すれば，プレートの運動はある軸のまわりを回転する運動によって表すことができる。このときの軸が地表面と交わる点を**オイラー極**（Euler's pole）という。つまり，プレートの運動はオイラー極の位置[*]とそのまわりの回転速度で与えることができる（図 10.7）。ただし，オイラー極は固定しているのではなく，プレート運動の方向が変化すると移動する。

[*] 回転軸と地表面の交点は 2 点あるが，その 2 つの交点のうち，プレート運動の回転で右ねじが進む方向にある交点の緯度・経度をオイラー極の座標とする。

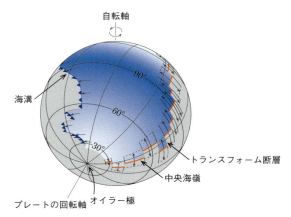

図 10.7　球面上におけるプレートの運動。矢印はプレートの相対運動速度を表す。青色は注目するプレートを示し，色が濃いほどその場所の運動速度が大きいことを表す。上田 (1978) の図を改変。

　図 10.7 のようにオイラー極を北極とするような緯線・経線を書くと，プレート運動の方向は緯線に平行となる。トランスフォーム断層はプレートの運動に平行なので，トランスフォーム断層も緯線に平行につくられることになる。中央海嶺は，トランスフォーム断層に垂直であるので，経線に平行となる。沈み込み帯では非対称なプレート収束が起こっているので，その形は不規則なもので良い。

　プレート間の運動の差は，観測から知ることができる。たとえば，地震のすべ

表 10.1 プレートのオイラー極と回転速度

プレート名	緯度 [°N]	経度 [°E]	回転速度 [°/Myr]
アフリカ	50.6	−74.0	0.30
アラビア	45.2	−4.4	0.57
インド	45.5	0.4	0.57
オーストリア	33.8	33.2	0.68
カリブ	25.0	−93.1	0.22
北アメリカ	−2.5	−86.0	0.22
ココス	24.5	−115.8	1.58
太平洋	−63.0	107.4	0.67
ナスカ	47.8	−100.2	0.78
南極	63.0	−115.9	0.25
ファン・デ・フーカ	−27.4	58.1	0.64
フィリピン海	−39.0	−36.7	0.95
南アメリカ	−25.4	−124.6	0.12
ユーラシア	50.6	−112.4	0.24

NNR-NUVEL1 モデルによる。回転速度は 100 万年あたりの回転角である。

り量や地磁気異常から2つのプレートの収束速度や拡大速度が推定される。プレート間の運動の差から決めたプレート運動を**相対プレート運動** (relative plate motion) とよぶ。これに対し，マントル全体を基準とするプレートの運動を**絶対プレート運動** (absolute plate motion) とよぶ。しかし，プレートは地球表面の全体を覆っているので，内部の運動を知ることができない。このため，マントル全体を基準とする座標系を決めることができない。このため，プレート運動を決める基準を何らかの方法で決めなければならない。1つの考え方は，プレートの相対運動をすべて平均した速度，つまり表面の回転を0とするように決めることである（図10.5，表10.1）。しかし，このようにして決めたプレート運動は必ずしも絶対プレート運動とは限らない。なぜなら，プレート全体がマントルに対して回転している可能性があるからである。

プレートの内部には**ホットスポット** (hotspot) とよばれる火山が存在する。ハワイ群島やポリネシア諸島はその例である。また，イエローストンのように大陸プレート内に形成された火山もある。多くのホットスポットはホットスポット・トラック (hotspot track) とよばれる火山列島や海山列をつくっている。これは，その成因が，プレートの運動に伴ってプレートのほうがマグマのあるホットスポットの位置から時間とともにずれてゆくから，と考えると説明できる。1つのプレート上に複数のホットスポット・トラックが見つかっている。これらの相対的な位置関係は昔に遡っても変化しないように見える。このことから，大きく動いているのはプレートの方であって，火山の源であるホットスポットの方ではないということがわかる。すなわち，ホットスポットはプレートよりもゆっくり運動していると考えられる。さらに，ホットスポットの運動が遅いのは，その根がプレートよりも深いマントルにあり，マントル深部はプレートよりもゆっくり運動しているからと考えることができる。つまり，ホットスポットを基準としてプレート運動を決めれば，近似的にマントル深部に対するプレート運動を表すことができると考えられる。このため，絶対プレート運動は，多くのプレート運動モデルにおいて，ホットスポットを基準として決められている。

10.5 プレートテクトニクスとマントル対流，プレート運動の原動力

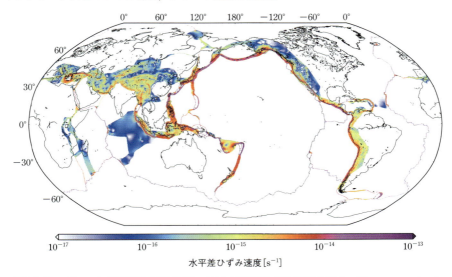

図 10.8 プレートの変形速度の分布。色は水平差ひずみ速度を表す。Kreemer et al. (2014) による水平ひずみ速度のデータ (https://storage.globalquakemodel.org/what/seismic-hazard/strain-rate-model/) を利用した。

ところで，プレート運動のモデルとは，プレート境界の位置と各プレートのオイラー極と回転角速度の組である。観測と合わせる量は，1つ1つのプレートの運動およびプレート境界の位置である。それは，プレートを剛体として計算したプレート境界の相対速度が観測に合うように決定される。ところが実際のプレートは以下に説明するように必ずしも剛体ではないので，モデリングする研究者によってプレートの枚数や境界の位置が異なることもある。

プレート境界は，海嶺のように線状の地形や海溝・トランスフォーム断層のように断層のある場所だけではない。2つのプレートの速度差が小さいときには，はっきりとした境界がつくられないこともある。プレートは完全な剛体ではなく，変形を起こす。逆にもしも，プレートが完全な剛体であるとすると，プレートは運動を起こすことができない。プレート境界に近い部分では，プレートはゆっくりと変形する（図 10.8）。これによって，プレートが運動する自由度がつくられる。ひずみ速度が狭い範囲で大きくならず，広い範囲でゆっくりとした変形が起こり，2つのプレート運動の違いを作り出しているプレート境界も存在する。たとえば，北米プレートとユーラシアプレートの境界がそれに当たる。つまり，プレート境界はプレートの変形が集中し，ひずみ速度が大きい場所と考えることもできる。

10.5 プレートテクトニクスとマントル対流，プレート運動の原動力

地球の内部は大きく分けると地殻・マントル・核の3つの層からなる。これは，地球内部を化学組成によって分けたものである。一方，プレートという層は岩石の力学的性質に注目して考えた層である。岩石の変形機構の1つである塑性流動は温度に強い依存性をもつ。このため，プレートは温度によって決まる層であると考えることができる。

*1 この力はスラブ引っ張り力 (slab pull force) とよばれ、プレートを動かす力のうち、最も大きなものである。

*2 スラブ抵抗力 (slab resistance force) とよばれる。沈み込むプレートにはこれら2つの力のほか、断層の摩擦による抵抗力と、上盤プレートがスラブを吸い寄せる、あるいは押し戻す力がはたらく。前者は大陸抵抗 (continent resistance force)、後者はスラブ吸引力 (slab suction force) とよばれる。

*3 沈み込みをもたないプレートを動かす力は海嶺押し力 (ridge push force) とマントル引きずり力 (mantle drag force) である。海嶺押し力は、海底が海嶺付近で盛り上がっていることから、海嶺がつぶれようとすることによって発生し、プレートを海嶺から遠ざける方向に押す力である。マントル引きずり力は、アセノスフェアからプレートの下にはたらく粘性応力である。この力は必ずしもプレートを動かす方向にはたらくわけではなく、むしろ平均的にはプレート運動に対する抵抗としてはたらいている可能性が大きい。これらの力はスラブ引っ張り力と比べると1桁小さく、10^{12} Nm^{-1} のオーダーであると見積もられている。どちらの力もその根源は熱境界層内の密度差によってつくり出されていることに注意すべきである。

*4 中央海嶺で上がってくる物質の温度はマントル内部の温度そのものであり、マントル物質は断熱温度曲線に従って上昇する。断熱温度のまま地表に達したときの温度をマントルの温位、あるいはポテンシャル温度 (potential temperature) とよぶ。その値は 1,300℃ 程度である。

ここで、マントル全体の温度がどのようなものであるか考えてみよう。マントルの温度を決める岩石の性質で重要なものは**熱伝導率** (thermal conductivity) と**粘性率** (viscosity) である。マントルを構成する岩石の熱伝導率は小さいが、マントルは非常に大きい。このため、マントルは熱伝導だけで十分に熱を放出することができない。マントルの粘性率は非常に大きく、動きにくいにもかかわらず、熱を放出するためにゆっくりとした対流運動が起きる。マントルの内部は対流運動によって、**断熱温度勾配** (adiabatic temperature gradient) とよばれる緩やかな温度勾配をもつ。これに対し、マントルは粘性が大きいため、地表と核・マントル境界付近では熱を伝導により伝えなければならないので、温度勾配が大きくなる（応用編7章参照）。この温度勾配の大きな層を**熱境界層** (thermal boundary layer) とよぶ。

熱境界層は断熱的なマントル内部に対して密度差をもっている。温度が低くなるほど密度は高くなり、温度が高くなるほど密度は小さくなる。つまり、低温の熱境界層は断熱的なマントル内部に対して大きな密度をもつ。このため、プレートはそれ自身がマントルの中に沈もうとする力をもっている。この力を負の浮力 (negative buoyancy) とよぶ。一方、マントルの底にある高温の熱境界層は浮かび上がろうとする力、すなわち浮力をもっている。つまり、低温の熱境界層と高温の熱境界層の負・正の浮力で駆動されている対流がマントル対流であるということになる。

冷たくて密度が高いプレートがマントルへ沈み込んだ部分を**スラブ** (slab) とよぶ。スラブは負の浮力によりプレートを引っ張ろうとする力*1を発生する。スラブはまわりのマントルを引きずりながらマントルへ落下していく。逆に、スラブはマントルから粘性による抵抗力*2を受ける。この抵抗は落下速度に比例して大きくなるので、スラブの落下速度はスラブの負の浮力と粘性抵抗がつり合う速さになる。太平洋プレートのような、沈み込みをもつプレートの運動速度はこのような仕組みで決まっているのである*3。

ここで、地表付近の熱境界層の力学的性質に注目してみよう。マントル内部から浅くなるにつれ、温度は低くなる。粘性率は低温ほど大きくなるので、低温の部分は変形しにくい。このため、低温の熱境界層は剛体的に振舞うようになる。すなわち、プレートは地球のマントル対流における低温の熱境界層であり、その運動はマントル対流の表面の運動とみなすことができる。プレートは**リソスフェア** (lithosphere) ともよばれ、その下の流動的なマントルは**アセノスフェア** (asthenosphere) とよばれる。粘性率は温度だけでなく、圧力にも依存し、圧力が高くなると増加する。このため、アセノスフェアは上部マントルで最も粘性率の低い場所となっていて、プレートを動きやすくする作用があると考えられる。

10.6 プレートの熱的進化と海洋底の水深

10.5節ではプレートがマントル対流における低温の熱境界層であることを説明した。ここでは、もう少し詳しくプレートの温度変化について考えてみよう。中央海嶺でわき上がってきた高温の物質*4はプレート運動とともに水平に移動

10.6 プレートの熱的進化と海洋底の水深

しながら，上部から徐々に冷却されていく。このとき，熱の移動は垂直方向だけを考えれば良いので，プレートの温度変化は，高温の物体が1次元熱伝導によって冷却する場合と同じであると考えることができる。マントルはプレートよりも十分に厚いので，物体は無限の深さまで続いていると考えることができる。このようなプレートの熱的進化モデルをプレートの**半無限体冷却モデル**(half-space cooling model, HSCM) という。半無限体冷却モデルを用いて求めたプレートの温度[*1]を図10.9に示す。この図から，次のようなことがわかる。

① プレート(リソスフェア)とアセノスフェアの間は明瞭な境界ではなく，温度が徐々に変化する場所である。

② 等温線は時間の平方根に比例して深くなっていく。つまりプレートは年代の平方根に比例して厚くなる。

プレートの半無限体冷却モデルが正しいか否かは，観測と比較することによって確かめることができる。その1つは，地表から放出されている熱エネルギーであり，**地殻熱流量**(terrestrial heat flow) とよばれる。地殻熱流量は単位面積を単位時間あたりに通過する熱量として表される。半無限体冷却モデルによると，地殻熱流量はプレートの年代の平方根に反比例して小さくなると予測される。海底面が堆積物に覆われている場所では，熱伝導状態がよく成立している。このような場所で観測される地殻熱流量は，半無限体冷却モデルの予測とよく一致することがわかっている。

もう1つの観測量は，海洋底の水深である。プレートが年代とともに厚くなると，プレートは重くなる。プレートは粘性的なアセノスフェアの上にあるので，プレートはアセノスフェアを押しのけて沈降する。これによって，海洋底水深も増加する。半無限体冷却モデルは，水深が年代の平方根に比例して増加することを予測する。図10.10は海洋底の水深とプレートの年代との関係を表す。100 Maまではモデルの予測とよく一致している。ところが，100 Maを超えると，水深は系統的に浅くなっているように見える。これは，多くの場所でホットスポットの影響を受けていることが原因であると考えられている[*2]。

[*1] プレートの年代をt，深さをzとすると，プレートの温度Tは，$T(z, t) = T_0 + (T_M - T_0) \mathrm{erf}(z/2\sqrt{\kappa t})$ と表すことができる。ここで，$\mathrm{erf}(x)$は誤差関数(error function)

$$\mathrm{erf}(x) = 2/\sqrt{\pi} \int_0^x \exp[-y^2] dy$$

である。ここで，T_0は地表の温度，T_Mはアセノスフェアの温度，κは熱拡散率である。

[*2] かつては，年代が80 Maを超えたくらいから水深が一定となり，半無限体モデルの予測と一致しないと考えられていた。このような状況を説明するために，プレートが有限の厚さをもつ**プレート冷却モデル**(plate cooling model) が考えられた。現在多くの研究者は，ホットスポットの影響を受けている海山や海台を除くと，ほぼ半無限体冷却モデルで説明できると考えている(Marty and Cazenave, 1989)。

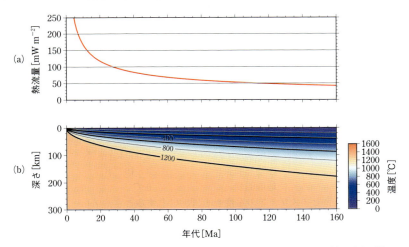

図10.9 プレートの温度と熱流量の理論的予測値。(a)が熱流量で(b)は温度の断面図である。

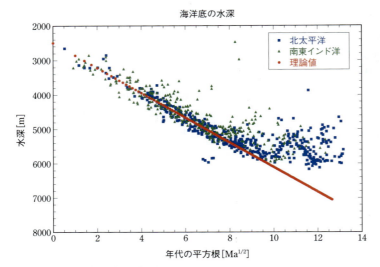

図 10.10 大洋底の年代と水深の関係。青四角は北太平洋，緑三角は南東インド洋の水深を表す。赤丸は半無限体冷却モデルの理論値を表す。水深は ETOPO01，年代は Müller et al. (2008) によるデータ (https://www.ngdc.noaa.gov/mgg/ocean_age/ocean_age_2008.html) を用いた。

演習問題

10.1 大陸移動や海洋底拡大が起こらないと説明できない現象の例をあげよ。

10.2 2つの中央海嶺に挟まれた場所にトランスフォーム断層がなくてはならない理由を考えてみよ。

10.3 海洋プレートが1年間に生成される面積は $2.8\,\mathrm{km}^2$ である (Turcotte and Schubert, 2014)。中央海嶺の総延長が 80,000 km（地球2周分），海溝の総延長がその半分であると仮定して，1年あたりの中央海嶺の拡大速度と沈み込む速度の平均値を求めよ。単位は $\mathrm{cm\,yr^{-1}}$ (yr は年を意味する) とせよ。

10.4 表 10.1 にあるオイラー極と回転速度から，太平洋プレートとユーラシアプレートの最大速度，すなわち，オイラー極から 90° 離れた点の運動速度を求めよ（このとき速度の基準となる座標系は，プレート全体の回転がゼロとなる系である）。単位は $\mathrm{cm\,yr^{-1}}$ とせよ。これらのプレートや他のプレートの運動について，地球儀を見ながら確認せよ。

10.5 日本周辺のプレート運動を説明するのにオホーツクプレートやアムールプレートのような小さなプレートを用いることもある。その理由を，図 10.8 の電子版 WEB (http://www.baifukan.co.jp/shoseki/kanren.html あるいは http://dyna.geo.kyushu-u.ac.jp/NewEPS/) を見て考えよ。

10.6 密度 ρ と温度 T の関係は，式
$$\rho = \rho_0[1-\alpha(T-T_0)]$$
で表される。他の記号の意味と値は次の通りである。

ρ_0	基準密度（T_0 のとき）	$3{,}300\,\mathrm{kg\,m^{-3}}$
α	体積熱膨張率	$3\times 10^{-5}\,\mathrm{K^{-1}}$
T_0	地表温度	$0\,°\mathrm{C}$

アセノスフェアの温度を 1,300°C とするとき，プレートとアセノスフェアの密度差の最大値を求めよ。

10.7 プレートが傾斜角 30° で深さ 660 km まで沈み込む場合を考える。スラブは長さ 1,320 km × 厚さ 100 km × 海溝の長さの直方体であり，スラブとマントルの密度差は上の問題で求めた値の半分であると仮定する。海溝の長さ 1 m あたりにつき，スラブ

10.6 プレートの熱的進化と海洋底の水深

がプレートを引っ張る力を求めよ。

10.8 WEB (http://www.baifukan.co.jp/shoseki/kanren.html あるいは http://dyna.geo.kyushu-u.ac.jp/NewEPS/) のマイクロソフト Excel ファイルを使用して，20, 40, 80, 160 Ma におけるプレートの温度予測値を計算せよ。温度が 1,200 °C となる深さがプレートの最深点と仮定して，プレートの厚さが年代の平方根に比例することを確かめてみよ。

Column　断熱温度勾配

10.6 節や応用編第 7 章に出てくる断熱温度勾配について熱力学による説明を加えておく。これは基礎編 5.2 節に出てきた断熱温度減率とも物理的には同じもので，天体内部の対流が起きている層で実現されていると考えられている温度の勾配である。

対流を起こしている流体の塊を考える。その流体の塊が対流層を横切る時間は，塊が熱伝導によって周囲の流体と温度がなじむ時間に比べて通常は短いので，流体の塊は断熱的に対流層を横切ると近似してよい。対流層はそのような流体の塊の集まりと考えてよいから，対流層の鉛直方向の温度勾配は平均的には断熱温度勾配になると考えられているし，大気などでは実際そうなっていることが確認されている。地球内部の温度の推定にもこのことが利用されている。

熱力学を使えば，その勾配を熱力学的な物性量を用いて表すことができる。断熱的であるということは，エントロピーが一定であるということだから，断熱変化をするときの温度と圧力の関係は

$$0 = dS = \left(\frac{\partial S}{\partial T}\right)_P dT + \left(\frac{\partial S}{\partial P}\right)_T dP = \left(\frac{\partial S}{\partial T}\right)_P dT - \left(\frac{\partial V}{\partial T}\right)_P dP$$

で与えられる。ここで，記号は，通常の熱力学の慣例通り，S はエントロピー，T は温度，P は圧力，V は体積である。最後の等号ではマックスウェルの関係式を用いた。これから

$$\frac{dT}{dP} = \frac{\alpha T V}{C_P} = \frac{\alpha T}{\rho c_P}$$

となることがわかる。ここで，$\alpha = (\partial V/\partial T)_P / V$ は熱膨張率，$C_P = T(\partial S/\partial T)_P$ は定圧熱容量，$c_P = C_P/M$ は定圧比熱，$\rho = M/V$ は密度，M は質量である。これと付録 A で解説されている静水圧の式を組み合わせると，断熱温度勾配として

$$\frac{dT}{dz} = \frac{dT}{dP}\frac{dP}{dz} = -\frac{\alpha T g}{c_P}$$

が得られる。ここで g は重力加速度である。大気では，理想気体の近似がよく成り立ち，$\alpha T = 1$ なので，基礎編 5 章の (5.5) 式になる。マントルの断熱温度勾配は $-0.3\,\mathrm{K\,km^{-1}}$ 程度になる。

基礎編

11 地球上で生命はどのように進化してきたか

> およそ46億年前に隕石の集積によって誕生した地球は，核，マントル，地殻の層構造をつくりあげ，最終産物として水と大気を形成した。生命は，その最終産物から誕生し，地球を特徴づける重要な要素の1つである。さらに生命は，地球の歴史とともに進化し，地球と生命活動の相互作用によって地球表層の環境も変化させてきた。

11.1 地球の時代とその区分

　地球の時代（**地質時代**）は，累代，代，紀，世，期の順に命名・細分化されている（図11.1）。地球の誕生した46億年以降を**冥王累代**，地球上で初めて岩石が生まれた時代以降を**始生累代**，大規模な縞状鉄鉱床の出現以降，顕生累代の始まりまでを**原生累代**とよび，これらをまとめて**先カンブリア時代**という。

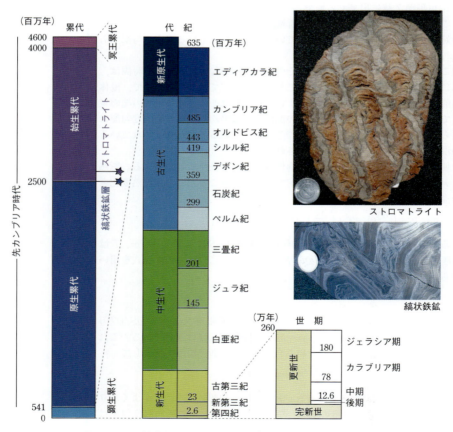

図11.1　地質時代の区分と先カンブリア時代の生物の痕跡

始生累代の初期には，原核生物らしき構造物の化石が発見されているが，生命の出現時期については現在も論争が絶えない。一方，シアノバクテリア[*1]の一部は，**ストロマトライト**という岩石をつくり，化石として産出する。最古のストロマトライトは，始生累代の後期（約30億年前）の地層から産出している。

原生累代には，原核生物のシアノバクテリアや真核生物が繁栄し，その後期には比較的高等な多細胞の藻類も現れている。原生累代最後のエディアカラ紀には，大型の多細胞生物（**エディアカラ生物**）が出現し，わずかではあるが，石灰質の硬組織を獲得した生物の化石も報告されている。古生代と中生代，新生代は，顕生累代とよばれ，現在の生物相に直接つながる分類群が進化を遂げた時代である。

生物の大進化は，化石にもとづいて研究が進められてきた。300年以上前に地層累重の法則が報告された後，同じ時代にできた地層からは，たとえ離れた場所であっても同じ化石を産出することが示された（11.4節の示準化石を参照）。ある層準から特定の化石が産出し始めた後に，その上位のある層準では産出が途絶えてしまうことや形態が若干異なる種が引き続き産出することも報告され，化石記録が生物の出現や絶滅，進化を反映していることが明らかになった。このような化石に対する理解の中で，地層の累重と化石の産出にもとづいて，古い時代の地層から新しい時代の地層を並べることや特徴的な化石の出現や絶滅にもとづいて地質時代が区分されるようになった（図11.1）。見かけ上，化石記録が不連続に見える層準に地質時代の境界が引かれている。

[*1] シアノバクテリア (cyanobacteria) は，古くは藍藻とよばれていたが，真核生物である藻類とは，まったく異なる生物であるため，現在ではラン細菌あるいは藍色細菌とよばれている。

11.2 顕生累代とその生物相

古生代はカンブリア紀，オルドビス紀，シルル紀，デボン紀，石炭紀，ペルム紀に区分されている（図11.1）。古生代最初のカンブリア紀には，外骨格や歯に相当する硬組織，肢や鰭状に発達した運動器官に加えて目を獲得した生物が出現し，さまざまな無脊椎動物が繁栄した。原始的な魚類も出現している。これらの多種多様な生物の出現は，**カンブリア紀爆発**とよばれ，カンブリア紀前期には海生無脊椎動物が門[*2]レベルでほぼ出そろい，捕食－被食の関係や生態ピラミッドが成立していたと考えられている。脊椎動物や植物に注目すると古生代は，魚類とシダ植物の時代とよばれ，古生代の後期には両生類や爬虫類，原始的な哺乳類，裸子植物などが出現した。その過程で維管束植物が陸上に進出したのはシルル紀で，脊椎動物が陸上に適応したのはデボン紀である。しかし，これらの初産出記録は，今後の研究によって変わる可能性もあり，ダニ類やヤスデ類などの節足動物は，少なくともオルドビス紀には上陸していたという説が有力である。

中生代は，**三畳紀**とジュラ紀，**白亜紀**からなり，恐竜などの爬虫類が繁栄し，ジュラ紀には原始的な鳥類が出現した。植物はシダ植物や裸子植物が依然として優勢であったが，白亜紀には原始的な被子植物が出現した。**新生代**は被子植物が多様化し，哺乳類が繁栄した時代で，**古第三紀**と**新第三紀**，**第四紀**に区分されている。人類の祖先は，新第三紀の後期にアフリカ大陸で出現し，我々を含む**ホモ・サピエンス**（*Homo sapiens*）につながる最も原始的な種は新第三紀末期に現れたことが明らかになっている。

[*2] 生物の分類は，種を基本として界，門，綱，目，科，属，種といった階層性をとる。カンブリア紀には，脊索動物や刺胞動物，節足動物，軟体動物，環形動物，有爪動物，鰓曳動物など明らかに現在の門に分類できる動物が多数出現した。

11.3 体化石と生痕化石

化石とは，生物の遺骸や活動の痕跡が自然界で地層中に保存されたものである。化石は生物の体全体や骨，殻，歯などの体の一部からなる**体化石**と生物の活動の痕跡を示す**生痕化石**からなっている（図11.2）。生物の遺骸は，タフォノミー（化石化過程）の初期の段階で，軟体部の腐敗や分解が進むため，ふつう化石として保存されるのは硬い骨や歯のみであることが多い。しかし最近，消化器系や神経系などを含む軟体部が残された化石が相次いで報告されている。中にはこれらが地層の圧密の影響なども受けずに立体的に保存されている場合もある。南中国の約6億年前の地層からは，さまざまな分割の段階を示す胚の化石が立体的に保存されており，スウェーデンのカンブリア系＊からは，眼や付属肢などもほぼ完全な状態で残された節足動物の化石が報告されている（図11.3）。イギリスのシルル系では，火山灰中の炭酸塩ノジュール中に腕足類や軟体動物，節足動物の軟体部が粘土鉱物を鋳型として保存されていることが明らかになり，その全体像が画像解析によって復元されている。その一方で遺骸の分解が進んだ結果，生物体を構成していた有機物（あるいはその一部）の分子のみが地層中から見つかることも多い。特に多細胞生物や硬組織を備えた生物が出現していない先カンブリア時代では，このような鍵となる有機物（バイオマーカー）を用いてもとの生物相を復元する研究が行われている。

＊ 地質時代区分と時代層序区分は異なり，地質時代の累代，代，紀，世，期に相当する時代層序，すなわち地層は，地質時代にもとづいて，それぞれ，累界，界，系，統，階に分けられている。たとえば"中生代白亜紀に堆積した地層である蝦夷層群"は，"中生界白亜系の蝦夷層群"と表現される。

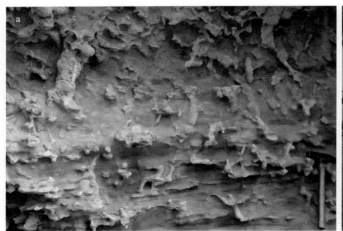 

図11.2（a） 古第三系芦屋層群の生痕化石（*Ophiomorpha*；福岡県）。節足動物が掘った立体的な巣穴の一部と考えられている。(b) ジュラ紀の地層の層理面に残された竜脚類恐竜の足跡（ポルトガル）。生痕化石は「行動の記録」であり，このような生痕から，竜脚類は群れを作って移動していたことがわかる。写真提供：奈良正和氏（高知大学）。

図11.3 軟組織まで保存されたカンブリア紀の節足動物の化石の走査型電子顕微鏡（SEM）画像。スケールは100 μm。スウェーデン南部産 (a) *Hesslandona* sp.; (b) *Skara* sp.

生痕化石は，足跡や這い痕，巣穴，休息痕などの地層中に保存されたものに加えて，体化石に残された怪我や病気，捕食の痕跡や糞なども含んでいる。生痕化石からは，生物の生態や行動パターンなど，体化石では得にくい情報が残されていることも多い。たとえば恐竜の足跡化石を現生動物の足跡や歩行速度と比較することで恐竜の歩行速度[*1]を見積もった研究が知られている。また，カナダのオルドビス紀の陸成層からは，節足動物の体化石は産出していないものの，足跡の化石が報告されているため，前述のように節足動物の陸域への進出はすでにこの頃から始まっていたことが指摘されている。

[*1] 恐竜の歩行速度は，竜脚類の仲間（たとえばブラキオサウルスなど）では，12～17 km/h，最大でも約18 km/h程度と見積もられているが，二足歩行の小型獣脚類の仲間（たとえばオルニトミムス）は，約60 km/h以上で疾走できたと考えられている。

11.4 示準化石と示相化石

化石生物の生存期間を調べると種あるいは属の「寿命」（＝レンジ）が比較的短いものを含む分類群がある。たとえば古生代の三葉虫（図11.4）や古生代～中生代に繁栄した**アンモノイド**[*2]（図11.5），中生代の二枚貝類に属するイノセラムス，古生代から中生代三畳紀に繁栄したコノドント（図11.6），フズリナやカヘイ石などを含む有孔虫などが知られている。これらの化石は，**示準化石**とよばれ，種や属のレンジが比較的短く，世界的に広く分布しているため，地層の詳しい対比や地質時代を明らかにする際の指標として用いられる。国際深海掘削計画や近年の研究では，有孔虫や放散虫（図11.7），ナンノプランクトン，ケイ藻などの微化石が示準化石として一般的に用いられているが，岩石の種類や地層の堆積した環境によって，化石の産出量や構成が異なるため，地層の対比や地質時代はさまざまな分類群を用いて検討されている。なお，日本では，カンブリア紀以前の地層が分布しておらず，古生代前期の地層も限られているため，これらの時代の示準化石はあまり馴染みではないが，海外では先カンブリア時代～古生代初期のアクリターク類[*3]，古生代前期～中期の筆石，デボン紀の介形虫やテンタキュリトイド[*4]などが示準化石としてよく知られている。

生物は一般的に特定の環境に適応しており，その中でも生息する地域や条件が限られているグループも多い。たとえば造礁性サンゴ（図11.8）は，温暖な浅海

[*2] アンモナイトは，ジュラ紀から白亜紀に繁栄したアンモナイト目を表す。そのため古生代に繁栄したゴニアタイト目などを含める場合は，アンモノイド亜綱の総称であるアンモノイドあるいはアンモノイド類を用いる。

＊3　アクリターク類は，古細菌や細菌，真核生物に属し，有機的な膜や殻状の構造をもつ微化石の中で，現在の分類群に特定することが困難な微生物に対する総称である。特に先カンブリア代や古生代の地層からはこのような微化石が多産するため，生物学あるいは分類学的には不明であっても一部のグループは示準化石として用いられている。なお，近年のバイオマーカーを用いた研究によって，アクリターク類とされていたいくつかのグループは渦鞭毛藻類に属することが明らかになった。

＊4　テンタキュリトイドは，円錐形をした石灰質の殻をもつ海生の小型動物（多くの種は殻長が数 mm 程度）で，オルドビス紀に出現し，シルル紀からデボン紀に繁栄した。軟体動物の一種と考えられているが，分類学上の詳細は不明。底生と浮遊性の種からなり，デボン紀の浮遊性のグループは，示準化石として重要である。

域に生息する一方，シジミ類のように淡水域〜汽水域のみに生息している二枚貝や，マガキ類のように汽水域や内湾を好む種類があることが，現生生物から明らかになっている。したがって，このような化石が見つかれば，地層が形成された当時の環境を推定できる場合がある。このような化石は，**示相化石**とよばれ，環境指標として使われている。また，示準化石としても重要であるケイ藻や介形虫，一部の三葉虫や有孔虫は，示相化石としても重要である。

図 11.4　カンブリア紀三葉虫（*Acadoparadoxides* sp.）の体化石（モロッコ産）。体長 32 cm。炭酸カルシウムで覆われた頭部・胸部・尾部が完璧に保存されている。カンブリア紀以降，世界各地から硬い殻をもった大型動物化石が産出する。

図 11.5　ジュラ紀前期の示準化石（英国産アンモナイト：*Psiloceras planorbis*）。大きな個体の直径 6 cm。局所的な酸素欠乏などによって大量死が起き，同じ種類の遺骸が密集して堆積している。世界各地から *Psiloceras* 属が産出し始めるところがジュラ紀の始まりである。

11.4 示準化石と示相化石

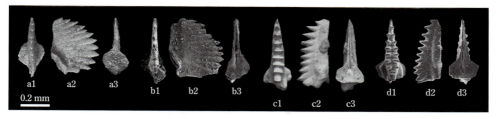

図 11.6　コノドントのエレメント化石（SEM 画像）。前期三畳紀オレネキアン期を代表する *Novispathodus* ex gr. *waageni* (a, b) と *Icriospathodus collinsoni* (c, d)。1–3 の数字は，それぞれ，写真を撮影した方向（上面，側面，下底面）を示す。a, c は，北部ベトナムから産出した化石で，b, d は，愛媛県から産出。コノドントは，口内にリン酸カルシウムからなる複数のエレメントによって構成された採餌器官をもつ原始的な魚類（無顎類）である。軟体部が化石として保存されることは稀であるが，その採餌器官は化石として海成の地層中に豊富に保存されている。また，エレメント化石は，種間で形態が大きく異なっていること，形態の進化速度が速いこと，そして汎世界的に産出することから，古生代〜中生代三畳紀の示準化石として用いられている。写真提供：前川　匠氏（熊本大学）。

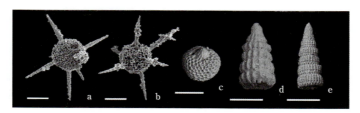

図 11.7　放散虫化石（SEM 画像）。スケールは 50 μm。北部ベトナム産の前期三畳紀放散虫化石（a：*Plenoentactinia? terespongia*, b：*Retentactinia? kycungensis*）と天草諸島に分布する姫浦層群産の後期白亜紀放散虫化石（c：*Cryptamphorella conara*, d：*Dictyomitra koslovae*, e：*Dictyomitra andersoni*）。放散虫はカンブリア紀に出現した海生のプランクトンで，硬い珪質の殻をもつ種が多いため，地層中に保存されやすく，遠洋性の泥質堆積物やチャート，石灰岩から産出する。図の放散虫化石のうち *D. koslovae* は，特に種の生存期間が短く，世界各地から報告されているため，示準化石として重要である。

図 11.8　温暖な浅海環境を示す示相化石（古生代シルル紀のハチノスサンゴ；高知県産）。長径 7 cm。約 4 億 3,000 万年前の熱帯〜亜熱帯の浅海でサンゴ礁を形成した。蜂の巣のような多角形のスペース内にサンゴの個虫が棲み，全体として群体を形成していた。矢印は共生する層孔虫。

11.5　国際標準模式層断面および地点（GSSP）

　　示準化石と層序の基本的な概念を学んだところで，地質時代の境界が厳密にはどのように定義されているかを解説しよう。地質時代の大枠が確立された後，1900年代の中ごろまでに世界各地で膨大な地質および古生物学的なデータが集積された。その結果，各地質時代の境界を見直し，より厳密な定義を与える必要が生じた。1961年に国際地質科学連合（IUGS：International Union of Geological Sciences）の下で国際層序委員会が置かれ，さらに各紀の国際層序区分小委員会が設立された。これらの委員会の下で国際的な会議が開催され，研究者がデータを持ち寄り，調査や議論が繰り返されて，各地質時代の始まりが定められた。地質時代の始まりは，特定の示準化石の初産出や大量絶滅などの汎世界的な地質イベントによって定義されている。同時に原則として世界で唯一の模式的な露頭が選ばれ，その境界が「**国際標準模式層断面および地点**」（**GSSP：Global boundary Stratotype Section and Point**）と定められている。なお GSSP は，紀だけでなく，それよりも細かな時代区分に対しても決定されている一方，さまざまな条件を満たす必要があるため，2017年現在も GSSP が決定していない地質時代がある。中でも先カンブリア時代の詳細な時代区分については，今後も時間を要するだろう。

　　顕生代の各紀は，特定の示準化石の初産出層準で定められており，たとえば中生代三畳紀の始まりはコノドント化石の *Hindeodus parvus* が初めて産出するところと定義され，GSSP は *H. parvus* の初産出がよく観察できる南中国浙江省の煤山に定められた。化石記録の乏しい古生代カンブリア紀は，堆積物中に潜って生活を始めた生物の生痕化石である *Trichophycus pedum* の初産出で定められ，1992年にカナダのニューファンドランド島ビュリン半島にある岬が GSSP として定められている。また，新生代古第三紀暁新世の幕開けは，白亜紀末の大量絶滅＊を引き起こした巨大隕石の衝突直後とされる。その GSSP はチュニジアのエル・ケフにあり，隕石衝突に伴って形成されたイリジウムの濃集層がはさまれている。

＊　大量絶滅とは，地質学的な長いタイムスケールの中で，さまざまな分類群にわたる種が同時期に絶滅する現象を指す。顕生累代ではオルドビス紀末期とデボン紀後期，ペルム紀末期，三畳紀末期，白亜紀末期のビッグファイブとよばれている大量絶滅がよく知られている。

基礎編

12 火山とともに生きる

> 火山は私たちの生活に災害をもたらす一方,恩恵も与えてくれる。火山列島に暮らす私たちは,火山の成り立ちや活動について理解を深め,火山と上手に共存する術を学ぶ必要がある。この章では,火山をつくるマグマの発生から,マグマが岩石となる過程について記述し,いくつかの火山の形態とそれぞれの火山に特有な火山災害についても触れる。

12.1 マグマの生成

マグマは主にマントルで発生するが,地殻の部分溶融によって生じる場合もある(基礎編9章参照)。ここではマントルにおいて,どのようなメカニズムでマグマが形成され,それがどのような火山をつくるかを述べる。マグマは多くの場合,珪酸塩溶融体(メルト)[*1]とそれから晶出した結晶の集合体であるが,大陸では炭酸塩メルトからなるマグマ(カーボナタイトマグマ)も見られる。

[*1] 地球科学ではマグマのうちの液相の部分をメルトとよぶ。

12.1.1 中央海嶺

大西洋や,太平洋そしてインド洋などの海底には,地球を取り巻くように発達する海底大山脈があり,中央海嶺とよばれる(応用編14章参照)。この中央海嶺は火山であり,ここでプレート(リソスフェア)がつくられる。中央海嶺の下には,アセノスフェアの上昇流があり,その断熱上昇過程で部分溶融が起こり,メルトが形成される[*2]。このメルトは中央海嶺の下部に集まってマグマ溜まりを形成する(図12.1)。このマグマ溜まり内で結晶作用が進行し,結晶化したかんらん石や輝石はマグマ溜まり下部に沈降して,**集積岩**(沈積岩)をつくる。その上位にはマグマが固化した**斑れい岩**が形成される。マグマが中央海嶺から海底に噴出すると**玄武岩**質の**枕状溶岩**をつくり,そのマグマの通り道(火道)は,**粗粒玄武岩**(ドレイライト)質の**シート状岩脈群**を形成する。このようにマグマは,同じ化学組成のものであっても,固化する場所や冷却の速度の違いにより,異なった粒度や組織の火成岩を形成し,異なる名称が与えられている(地表付近にマグマが

[*2] マントル内の上昇流が周囲と熱平衡にあれば,それはマントル内の地温勾配に沿って上昇する。しかし,上昇速度が速い場合には,周囲との熱交換がほとんど行われず,もとの温度をほとんど維持したまま上昇することになる。このような場合を断熱上昇という。断熱上昇する上昇流は,下の図に示すようにどこかでマントルの岩石(かんらん岩)の固相線(溶け始める温度)を横切ることになり,部分融解が起こる。

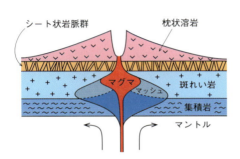

図12.1 中央海嶺の構造を示す模式図

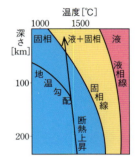

* マグマの中では，液相（メルト）と結晶の間で元素の分配が起こる。K などイオン半径の大きい元素（LIL 元素：Large Ion Lithophile Element）は，かんらん石や輝石の結晶構造に入りにくいため，液相に濃集する。また Zr のように電荷の大きい元素（HFS 元素：High Field Strength Element）も同様に初期に結晶化する鉱物の結晶構造に入りにくく，液相濃集元素に含まれる。これらの元素は結晶化の末期に，黒雲母や白雲母（K の場合），ジルコン（Zr の場合）などの鉱物をつくる。

噴出し，急速に固化して形成された火成岩は**火山岩**とよばれ，マグマが地下でゆっくり冷却して形成された火成岩は**深成岩**とよばれる）。このようにして中央海嶺では海洋地殻がリソスフェアの一部として形成される。それが陸上の造山帯に取り込まれたものは**オフィオライト**とよばれている（応用編 12.1 節参照）。中央海嶺が海底の大山脈として地形的高まりを成すのは，アセノスフェアの上昇による突き上げのためではなく，リソスフェアより軽いアセノスフェアが厚く存在することにより**アイソスタシー**が成立しているためである（基礎編 10.6 節参照；杉村，1987）。中央海嶺で形成される玄武岩は，MORB（Mid Oceanic Ridge Basalt）とよばれ，K などの液相濃集元素*に乏しい特徴がある。玄武岩の岩石学的分類（コラム参照）としてはかんらん石ソレアイトになる。

Column　玄武岩の岩石学的分類

　玄武岩はさまざまな基準によって分類されている。研究者によって分類の基準が異なるため，わかりにくいが，一般的には次のような分類がなされている。まず火山岩は全岩化学組成における K_2O+Na_2O 量に基づいて，それが比較的多いアルカリ岩系と少ない非アルカリ（サブアルカリ）岩系に分けられる。非アルカリ岩系はさらにソレアイト岩系（結晶分化により鉄の濃集が認められるもの）とカルクアルカリ岩系（鉄の濃集が認められないもの）に分けられる。アルカリ岩系の玄武岩（アルカリ玄武岩）は比較的高圧の条件におけるマントルの部分融解によって形成されると考えられている。カルクアルカリ岩系の火山岩は，酸素分圧が高い条件で，あるいは分化したマグマと玄武岩マグマの混合や地殻の岩石の同化作用（溶かし込むこと）によって形成されると考えられている。またシリカ飽和度による玄武岩の分類（Yoder and Tilley, 1962）も広く用いられている。Yoder と Tilley は，玄武岩組成を，透輝石-ネフェリン-フォルステライト（Mg かんらん石）-石英の 4 成分系で近似し，透輝石-ネフェリン-フォルステライト-アルバイト（Na 斜長石：下図 Ab の点）の 4 面体内に入るものをアルカリ玄武岩，透輝石-フォルステライト-アルバイトの面（下図緑の面）内に入るものをかんらん石玄武岩，透輝石-フォルステライト-エンスタタイト（直方輝石）-アルバイトの 4 面体内に入るものをかんらん石ソレアイト，透輝石-アルバイト-エンスタタイトの面（下図橙色の面）内のものをハイパーシン玄武岩（ハイパーシンとは直方輝石の 1 種），透輝石-アルバイト-エンスタタイト-石英の 4 面体内に入るものをソレアイトとよんだ。これはシリカ飽和度に関する次の 2 つの反応に基づく。

$$フォルステライト + SiO_2 = エンスタタイト$$
$$ネフェリン + SiO_2 = アルバイト (Ab)$$

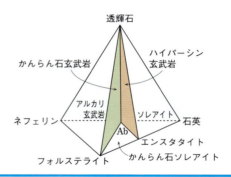

12.1 マグマの生成

12.1.2 海洋島とホットスポット

海洋底にはしばしば海山や海洋島が列状に並ぶ地形が認められる。ハワイ諸島がその典型である。これらの海山や海洋島に産する玄武岩は，**海洋島玄武岩**（OIB：Ocean Island Basalt）とよばれる。これらの少なくとも一部は，地球表面を移動するプレートよりも深い場所からの上昇流（プルーム）によって形成されると考えられ，それを**ホットスポット**という。このような**プルーム**は周囲より高温であり，発生場においてすでに部分溶融していた可能性もあるが，断熱上昇によりソリダスを横切ることで部分融解した可能性も考えられる。海洋島玄武岩の多くはアルカリ玄武岩であるが，ハワイ島などではソレアイトも見られる。いずれの玄武岩も MORB に比して，液相濃集元素が高濃度に含まれるのが特徴で，MORB とは起源マントルが異なると考えられている。

12.1.3 広域火成岩区（LIP：Large Igneous Province）

プレート内火成活動の大規模なものとして，**海台玄武岩**（Oceanic Plateau Basalt）と**洪水玄武岩**（Continental Flood Basalt）が挙げられる。これらは一括して**広域火成岩区**（LIP）と称される。いずれも中央海嶺とは無関係に存在し，大量の玄武岩質マグマの噴出によって特徴づけられる。有名なものとしてニューギニア島東方沖のオントンジャバ海台（Ontong Java Plateau）とインドのデカン高原玄武岩が挙げられる。前者では日本列島全体よりも広い地域が厚さ 1000 m 以上の玄武岩溶岩で覆われている。デカン高原玄武岩はマダガスカル沖のレユニオン・ホットスポットと関係づけられるとする説もあるが，その非常に大きいマグマ供給速度（年 5 km³ に達する）はプルームでは説明できないとする研究者もいて，よくわかっていない。

12.1.4 島弧‐沈み込み帯

島弧‐沈み込み帯では，海溝と平行に一定の距離（100 km 程度）を隔てて火山列が発達する。この火山列を**火山フロント**という。沈み込み帯では付加体の堆積物がプレートの沈み込みに伴って島弧下部にもたらされ，低温高圧型変成作用を受ける（応用編 12 章）。この変成作用によって脱水反応が起こり，放出された水が上位のくさび型マントルにもたらされると，マントルの部分融解が起こる。これは水の存在下では，岩石の融点（正確にはソリダス）が下がるためである。こうして形成されたメルトはくさび型マントル内を上昇し，集まってマグマ溜まりをつくり，その上に火山を形成する（応用編 12 章図 12.3 参照）。脱水反応は一定の温度圧力条件で起こるため，マグマが形成される場所は海溝から一定の距離隔たった場所になる。これが火山フロントが海溝から一定距離の場所にある理由である。島弧では，中性（SiO_2 52〜63 wt%）の安山岩や酸性（SiO_2 63 wt% 以上）のデイサイトなどの火山岩や，花崗岩が卓越するのが特徴である。玄武岩も少量存在し，日本列島の場合，海溝に近い場所ではソレアイト，列島中心部ではかんらん石ソレアイト（高アルミナ玄武岩），日本海側ではアルカリ玄武岩が分布するという特徴がある。

12.2 マグマの結晶作用と火成岩の多様性

この節では地球上で見られる多様な火成岩がどのようにして形成されるのかについて結晶作用の観点から考察する。この問題の世界的先駆者であったボウエン（N. L. Bowen）による考えを紹介し，その限界についても述べる。

12.2.1 マグマの結晶作用

マグマは冷却に伴って鉱物を結晶化させる。結晶化は鉱物の融点の高い順番に起こると考えられがちだが，物事はそれほど単純ではない。ここでは単純な2成分系の結晶作用を共融系，連続反応系，不連続反応系の3つの場合について論じる。マグマは多成分系であるが，2成分系でもこれだけ複雑なことが起こるということを理解してもらいたい。系とは熱力学的考察の対象となるある量の物質，または物質の領域のことである。

(1) 共融系

お互いに固溶体をつくらない2種の鉱物，透輝石（$CaMgSi_2O_6$）とアノーサイト（$CaAl_2Si_2O_8$）からなる系を考える（図12.2）。透輝石とアノーサイトを粉末にして混合した任意の組成の出発物質をつくる。この物質の温度を上昇させると，透輝石やアノーサイトの融点よりもはるかに低い温度で融け始め，出発物質の組成に関わらず一定組成のメルトをつくり始める。この温度とメルトの組成が示す点を**共融点**とよぶ（図12.2のE点）。共融点と透輝石の融点を結ぶ曲線は，透輝石の**液相線**（リキダス）*，共融点とアノーサイトの融点を結ぶ曲線はアノーサイトの液相線とよばれる。このような相の関係を示した図を**相図**とよぶ。共融点よりも透輝石側のある組成Aの液（メルト）からの結晶作用を考えよう。この液を冷却すると，a点で透輝石のリキダスにぶつかり，透輝石を晶出し始める。さらに冷却すると，液は透輝石を晶出しながら透輝石リキダス上をE点に向かって組成変化する。液がE点に至るとこの液から透輝石とアノーサイトが同時に晶出し，結晶作用が終了するまで液の組成はE点に留まり，温度もE点の温度のままである。この場合，結晶化が始まる温度は，透輝石やアノーサイトの融点よりも低い温度であることに注意しよう。また融点がより低い透輝石が先に結晶化し始めることにも注意しよう。どちらの鉱物が先に結晶化するかは，融点によって決まる

---

* 純物質に比べて他の成分が混合した物質の方が融点が下がる現象を凝固点降下という。他の成分の存在によって液相のエントロピーが増すことによって起こる。リキダスの温度が両端の成分から共融点に向かって下がっているのはこのためである。

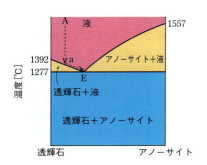

図12.2 共融系の相図の例（透輝石-アノーサイト2成分系）

12.2 マグマの結晶作用と火成岩の多様性

のではなく，液の組成が共融点の透輝石側にあるか，アノーサイト側にあるかによって決まるのである。このような系は**共融系**とよばれる。

(2) 連続反応系

連続固溶体をつくる鉱物の結晶作用として，岩石学的に最も重要な斜長石の結晶作用を説明する。斜長石はアルバイト（曹長石：$NaAlSi_3O_8$）とアノーサイト（灰長石：$CaAl_2Si_2O_8$）の固溶体である。図 12.3 に斜長石の相図を示した。組成 A の液の結晶作用を考えよう。液を冷却すると l_1 点で液相線にぶつかる。ここで同じ温度の**固相線**[*1]に対応する組成 s_1 の斜長石が結晶化し始める。さらに冷却すると，液と斜長石は反応してどちらも組成を変えながら液は l_1 から l_2 へ，斜長石は s_1 から s_2 へと変化する。斜長石の組成がもとの液の組成 A と同じになった時点（s_2）で最後の液（l_2）がなくなり，結晶作用は終了する。

*1 固溶体鉱物の場合，温度を上げていったときに融け始めの温度と組成の関係を示す線を固相線（ソリダス）といい，融け終わりの温度と組成の関係を示す線を液相線（リキダス）という。言い方を変えると，平衡状態で共存する固相と液相があるときに，固相の組成を示す線を固相線（ソリダス），液相の組成を示す線を液相線（リキダス）という。

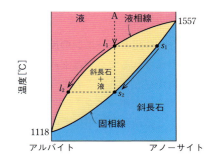

図 12.3　連続反応系の相図の例（斜長石：アルバイト-アノーサイト 2 成分系）

(3) 不連続反応系

最後に玄武岩の結晶作用においてもっとも重要なフォルステライト（苦土かんらん石：Mg_2SiO_4）-シリカ（SiO_2）[*2]の系を考える。図 12.4 に相図を示した。エンスタタイト（$MgSiO_3$）よりもややシリカよりの組成をもつ液 A からの結晶作用を考えよう。A を冷却すると a 点でフォルステライトの液相線にぶつかる。ここで液からフォルステライトが結晶化し始める。さらに冷却すると液はフォルステライトを結晶化させつつ R 点に向かって組成変化する。これは液からフォルス

*2 SiO_2 はシリカとよばれ，SiO_2 の化学組成を有する鉱物をシリカ鉱物という。シリカ鉱物は温度圧力条件によって異なる結晶構造を取る。低圧条件では高温のマグマからはクリストバライトが，より低温では高温石英が結晶化する。

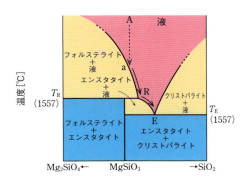

図 12.4　不連続反応系の相図の例（苦土かんらん石-シリカ 2 成分系）

テライト成分が取り除かれるため，液が次第にシリカに富んでいくためである。R点で奇妙なことが起こる。液は自ら結晶化させたフォルステライトと反応してエンスタタイトをつくる。このためR点は**反応点**とよばれる。R点ですべてのフォルステライトがエンスタタイトに変化してしまうと，液はエンスタタイトを結晶化しつつE点（**共融点**）に向かって組成変化する。E点に達すると液からエンスタタイトとクリストバライトが同時に結晶化して結晶作用が終了する。最終的な固相はエンスタタイトとクリストバライトの混合物であり，その全岩組成はもとの液の組成Aと一致する。このような系は，液と結晶が反応して別種の鉱物をつくるので，**不連続反応系**とよばれる。ここで注意したいことは，R点やE点において液と2種の固相（結晶）が存在している間は，系の温度は一定に保たれる点である。これは，氷と水が共存している間は熱を加えたり除去したりしても温度が一定に保たれるのと同じ原理である。多成分多相系の平衡を記述するギブスの相律がこの原理であるが，やや専門的になるのでここではこれ以上述べない。

12.2.2 結晶分化作用とボーエンの反応原理

マントルで形成されるマグマは玄武岩質であるが，地殻には安山岩や流紋岩など多様な火成岩が存在する。このような火成岩の多様性はどのようにして生まれたのだろうか？これがボーエン*の問題意識であった。ボーエンは，マグマが反応系であることと結晶分化作用にその原因を求めた。ボーエンはマグマから結晶化する苦鉄質鉱物（MgとFeに富む鉱物）は12.2.1(3)で述べた不連続反応系を構成し，かんらん石，輝石，角閃石，黒雲母の順に結晶化すること，ならびに斜長石は12.2.1(2)で述べた連続反応系であり，アノーサイトに富む斜長石からマグマとの反応によって順次アルバイトに富む斜長石が形成されることを示し，マグマからの結晶作用はこの2つの系列（苦鉄質鉱物がつくる**不連続反応系列**と斜長石がつくる**連続反応系列**）の組合せで説明できるとした（図12.5）。12.2.1での説明は，液と結晶が完全に平衡を保つ場合についてであったが，液と結晶が途中で分離すると，それまでの反応の程度に応じて，結晶の化学組成や液の組成の変化経路に多様性が生じることになる。この現象は**結晶分化作用**とよばれる。たとえば，12.2.1(3)の不連続反応系の**平衡結晶作用**の場合，液の初期組成がエンスタタイトよりもフォルステライト側であれば，結晶作用はR点で終了し，固相はフォルステライトとエンスタタイトの集合体になる。しかし，結晶作用の途中でフォ

* ボーエン（N. L. Bowen, 1887-1956）は実験岩石学の先駆者で，主著 Evolution of the Igneous Rocks (1928) は後の岩石学に多大の影響を与えた。

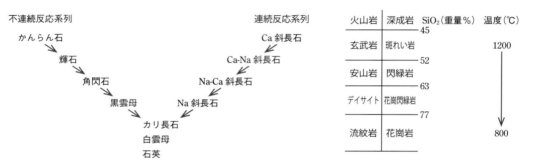

図 12.5 マグマからの結晶作用を示す概念図と対応する岩石

ルステライトが液から取り去られれば，液の組成はエンスタタイトよりもシリカに富むようになり，液はE点まで組成変化することが起こりうる。この場合，マグマ溜まりの底にはフォルステライトの集合体が，上部にはエンスタタイトとクリストバライトの集合体が形成されるだろう。以上のように結晶分化作用（**分別結晶作用**とも言われる）とは，マグマから結晶化した鉱物が，物理的に液と分離する（マグマ溜まりの底に沈むなどして）ことで，マグマの全岩化学組成が変化してよりシリカ成分に富む火成岩が形成される現象である。これは玄武岩質マグマから初期に結晶化する鉱物が，かんらん石や輝石など，MgやFeに富み，シリカに乏しいこと，ならびに密度が液より大きいことから生じる現象である。このように，マグマが反応系であるため，結晶分化作用によって火成岩の多様性が生じうるとボーエンは考えた。この理論体系は**ボーエンの反応原理**とよばれている。

この考えは火成岩成因論のランドマークであったが，今日ではこれだけでは火成岩の多様性は説明できず，マントルで形成される本源マグマの多様性（アルカリ玄武岩とソレアイト），含水マントルの部分融解（高マグネシア安山岩），海洋地殻の部分溶融（アダカイト），マグマ混合やバッチ式分別作用（カルクアルカリ岩），マグマによる地殻の同化作用，地殻物質の部分溶融（ミグマタイト）などさまざまな作用が火成岩の多様性の原因であると考えられている。

12.3　火山の形成

12.2節の解説を踏まえて，12.1節で説明したような過程で生成したマグマがやがて上昇して火山体を形成するまでの過程を説明する（図12.6）。陸上の火山を念頭に置いて説明するが，そうでなくても共通するメカニズムも多い。

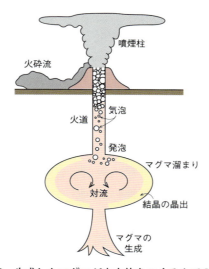

図12.6　生成したマグマが火山体をつくるまでの模式図

12.3.1 マグマの上昇とマグマ溜りの形成

いったん発生したマグマは普通その元となった固体岩石よりも軽い[*1]ので、マントルや地殻の中を上昇してゆく。上昇して圧力が低下するとともにそのマグマのリキダス温度は下がってゆくので、マグマが多少周囲から冷やされたとしても十分に速く上昇すればマグマはそれほど固化しない（図12.7）。しかし、マントルや地殻の岩石は概ね上に行くほど軽くなるので、いずれマグマの密度は周囲の岩石の密度と等しくなって上昇できなくなる。そのようにしてマグマがいったん留まってできるのがマグマ溜りである。12.3.2で説明するように、マグマ溜りこそ12.2.2で説明されたような結晶分化作用をはじめとする多様化が起こる場所であると想定されている。

[*1] 本章では、密度が小さいことを「軽い」、密度が大きいことを「重い」と書いてゆくことにする。

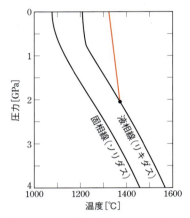

図12.7　無水ソレアイト質玄武岩の固相線（ソリダス）と液相線（リキダス）。赤線は2 GPaの圧力（深さ約70 km）でできたマグマが十分に速く（周囲から冷やされずに）上昇した場合の温度圧力変化を示す。十分に速く上昇すれば地表に至るまでリキダスより温度が高い（Jaupart and Mareschal, 2011, Green, 1982を改変）。

あらゆる火山でマグマ溜りが存在するかどうかはわからないが、地殻変動からその存在が推定されることが多い。球状のマグマ溜りができてそこにマグマが入ってくると地面はそこを中心にして隆起する。逆にマグマ溜りから噴火などによってマグマが流出すると地面はそこを中心にして沈降する。この隆起や沈降の分布は計算することができて、それと観測とを比較することで、マグマ溜りの位置などが推定できる。

12.3.2　マグマ溜り内のプロセス（冷却，固化，分化，浮力の獲得）

マグマ溜りは周囲に低温の岩石があるために、時間が経てばやがて冷却され固まってゆく。固まったものが深成岩となる。噴火を起こさずに固まって終わってしまうマグマ溜りも数多いと考えられている。

マグマ溜りは周囲から冷却されるので周辺から中央へ向かって固化が進むはずである。その際、その化学組成の進化に関しては、極端に言えば2通りの場合が考えられる。もしも内部で液相の対流が起こらなければ、成分の拡散は非常に遅いので、バルク組成[*2]が変わらずに（分化を起こさずに）固化が進む。一方、液相

[*2] バルク組成とは、結晶サイズよりも大きなスケールでかつマグマ溜まりより十分小さなスケール（数cmから数10 cm程度が想定される）で平均した組成のことである。全岩化学組成の意味で使われることもある。

12.3 火山の形成

部分で対流が起これば，同じ固体と液体が反応を続けることがなくなるために**結晶分化作用**（分別結晶作用）[*1]が起こる．実際は，分化無しと完全な結晶分化作用との中間，もしくはそれらがマグマ溜り内の位置によって変化するような進化をたどるであろう．どちらが起こるかは，冷却の方向（上から冷えるか下から冷えるか），固相と液相の密度の組成依存性，部分溶融層の形成の有無などに依存してさまざまなパターンが考えられる．

結晶分化作用が起これば，メルトの密度が変化し，その結果，より低密度になればさらに上昇する可能性が出てくる．さらに固化に伴って，水などのガス成分がメルトに溶けきらなくなって気泡が生成する可能性もある．気泡が生成すれば，それによってマグマ全体の密度が下がるので，これも上昇する原因になる．

12.3.3 マグマの火道内上昇

マグマ溜りと地表を結ぶマグマの通り道を**火道**とよぶ．火道が固まった岩石は**岩脈**とよばれる．

火道におけるマグマの上昇においては気泡の存在が本質的に重要である．マグマには水を主成分とするガス成分が数％溶け込んでいるのが普通である．マグマが上昇するにつれて圧力が下がり溶解度が下がるので，ガス成分が気泡となって出てくる．出てきた気泡は減圧とともに体積を増すことでも浮力を増す．その気泡の浮力がマグマを勢いよく地表に噴出させる原動力となる．

マグマがマグマ溜りにいる間や火道を通ってくる間に気泡がマグマの外に抜けてしまうかマグマの内部に留まっているかは噴火の勢いを決定づける．気泡がマグマ内部に留まっていると，地表に到達するまでに気泡部分の体積はメルトやそれが固まった固体部分の体積をはるかに上回るようになり，メルトや固体部分はしぶきや火山弾，火山灰の形をとるようになる．その結果，噴火は爆発的な(explosive)ものとなる．爆発的な噴火のうちとくに大規模なものを**プリニー式**[*2]とよぶ．一方，気泡が何らかの経路でマグマから抜けると，噴火は穏やかな(effusive)ものとなり，**溶岩流**（図12.8）を出すことになる．

[*1] 結晶分化作用が起こるための条件は，いったん固まった固体が液相と反応しなくなることである．その過程は必ずしも結晶が沈むということでなくてもよい．固化が壁から徐々に進む場合でもいったんできた固体がその上から新たに晶出した固体で覆われて液相と反応しなくなれば結晶分化作用が起こる．

[*2] プリニー式の名称は，ポンペイを滅ぼした西暦79年のベスビウス火山の噴火のときに亡くなった大プリニウスと噴火の様子を記録した甥の小プリニウスに因んで名づけられた．

図12.8　ハワイのキラウエア火山の溶岩流

12.3.4 噴煙柱と火砕流

とくにプリニー式の噴火においては，**噴煙柱**が成層圏にまで達する。もともと噴出する火山灰とガスの混合物は周囲の空気よりも重い。そこでそのままだと上昇できないのだが，周囲の空気を巻き込んで巻き込んだ空気を暖めることで浮力を得て上昇できるようになる。十分に大量の空気を取り込む勢いがあり，それを十分に暖めるだけの熱があれば，対流圏界面に達するような巨大な噴煙柱が形成する。噴煙柱の密度が周囲の空気と等しくなったところで，噴煙柱は横に広がり始める。

噴出するマグマが周囲の空気を十分には巻き込めず，軽くならない場合は，火山灰と気体の混合物が火山体の斜面を流れ下ることになる。これが**火砕流**（図12.9）*であり，大規模な場合は巨大な災害をもたらしうる。たとえば，阿蘇火山が9万年前に阿蘇4とよばれる巨大噴火を起こしたときは，このようにしてできた火砕流が九州全土を覆った。

巨大噴火では，山頂が陥没して**カルデラ**とよばれる地形をつくることがある。阿蘇山の巨大噴火に伴ってつくられた径約20 kmの阿蘇カルデラがその代表的な例である。

12.3.5 溶岩流と溶岩ドーム

比較的穏やかな噴火においては，火口から溶岩が流出する。粘性の低い溶岩の場合は溶岩は火山帯の斜面に沿って流れ下る。これが**溶岩流**である。極端に粘性の高い溶岩では，溶岩は流れ下ることができずに火口の上に**溶岩ドーム**を形成する。図12.10は長崎県雲仙火山における平成噴火（1990-1995年）によって山頂に形成された溶岩ドームである。この溶岩ドームが崩落することで小規模な火砕流が頻発した。図12.9はその例であるが，ごく小規模なものである。平成噴火ではこの火砕流によって火山学者を含む44名の命が奪われた。

* 火砕流とは，高温の火山灰と気体が一体となって斜面を流れ下る現象をさし，原因はいくつかのものがあって，それによって規模もさまざまである。図12.9では小規模なものを紹介している。

図12.9　長崎県雲仙火山（平成新山）の小規模な火砕流

図12.10　長崎県雲仙火山（平成新山）の溶岩ドーム

13 地震はなぜ起こるのか

> 日本は地震国とよばれ，これまでも多くの地震が発生し，2011年の東北地方太平洋沖地震では津波により多くの人命が失われた。また，2016年の熊本地震では家屋倒壊や地すべりにより犠牲者が出た。地震災害の軽減は人々の願いであり，地震の予測は地震学の重要目標の一つである。地震の予測や防災のためには，まず地震発生のしくみを理解することが必要である。本章では，地震とはどのような現象か，地震はどこでどのようなしくみで起こるのかについて説明する。

13.1 地震と地震波

地震とは，地球内部の岩石が破壊して波動（**地震波**）を放出する現象のことである。ここでいう岩石の破壊とは，無傷の岩石が割れる場合だけではなく，岩石内の既存の亀裂などがずれ動く[*1]場合も含む。人々は通常，突然地面が揺れたときに「地震があった」または「地震を感じた」と言うが，この場合の地震は，地震によって発生した地震波が地表に到達して発生した**地震動**のことである。このように，社会的には地震動まで含めた一連の現象を地震とよんでいるが，本章では地震と地震動は区別して使用する。地下の岩石が破壊して地震波を放出する場所のことを**震源**とよび，震源の直上（震源を地表面に投影した位置）を**震央**とよぶ（図13.1）。なお，震源地は学術用語ではないが，震央を含む周辺地域をさす用語として報道などではしばしば使われる。

*1 亀裂が高速度でずれ動くと地震波が放出される。亀裂のずれのことを地震学では「食い違い（dislocation）」とよぶ。本章では，岩石の破壊と亀裂のずれ動き（食い違い）を同じ意味で使用する。

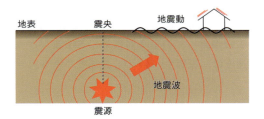

図 13.1 地震の震源と地震波，地震動の概念図

地震によって震源から放出される地震波には大きく分けて**実体波**と**表面波**の2種類がある。実体波は地球内部を伝播する波であり，代表的な波として**P波**と**S波**があり，P波は媒質の膨張と収縮が伝わる縦波，S波は媒質の**せん断変形**[*2]が伝わる横波である。一方，表面波は地球の表面付近にエネルギーが集中して伝わる波であり，代表的な波として**ラブ波**と**レイリー波**がある。これらの波の特徴や性質は，地球を**弾性体**とみなして弾性体の運動方程式を解くことにより得られるが，それらの波の振動と伝わり方を図13.2に模式的に示す。

*2 せん断変形とは，物体内部の任意の面に関して，その面に平行方向の力が作用して生じる変形であり，たとえば2次元の変形で考えると，物体内部の長方形が平行四辺形になるような変形である。

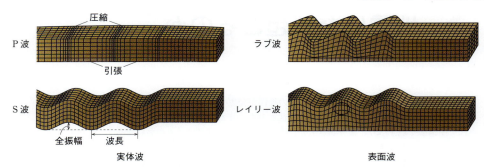

図 13.2　主な地震波の振動と伝わり方の模式図（酒井，2003 をもとに作図）

　地震波が伝わる媒質が**等方弾性体**の場合，**弾性定数はラメ定数**とよばれる 2 つの定数（λ, μ）のみとなり，媒質の密度を ρ とすると，P 波の速度 α は，

$$\alpha = \sqrt{\frac{\lambda + 2\mu}{\rho}}$$

また，S 波の速度 β は，

$$\beta = \sqrt{\frac{\mu}{\rho}}$$

と表される。地球を構成する岩石の λ と μ はおおよそ等しいので，$\lambda = \mu$ とすると，$\alpha/\beta = \sqrt{3}$ となり，P 波の伝わる速さは S 波の約 1.7〜1.8 倍であることがわかる。したがって，震源から離れた場所で地震波を観測すると，先に P 波が到着し，遅れて S 波が到着する。そもそも，P 波と S 波とは，それぞれ Primary Wave（最初の波）と Secondary Wave（2 番目の波）の頭文字をとったものである。

　レイリー波は，上下方向と動径方向[*1]の振動成分をもつ表面波であり，P 波と**SV 波**[*2]が干渉することで生じる。媒質が等方均質で $\lambda = \mu$ の場合は，レイリー波の**位相速度**[*3]は S 波速度の約 0.9 倍であり，S 波よりも少し遅い。一方，ラブ波は，動径方向に直交する水平成分をもつ表面波であり，地下の基盤の上に低速度の表層が乗っている 2 層構造に **SH 波**[*2]が入射する場合に生じる。ラブ波の位相速度は，表層（上層）の S 波速度よりも大きく基盤（下層）の S 波速度よりも

*1　座標の原点から放射状に遠ざかる方向のこと。本章では，震央と観測点を結ぶ方向のこと。

*2　S 波は 2 つの成分に分けられる。このうち，上下方向の振動成分をもつ S 波を SV 波，水平方向の振動成分しかもたない S 波を SH 波という。

*3　波の位相（波の山と谷）が進む速さのこと。

> **Column　弾性体と弾性定数**
>
> 　弾性体とは，力を加えると変形するが，力を除くと元に戻る物体のことである。弾性体としての性質が方向によらない場合，等方弾性体とよぶ。
> 　バネにはたらく力（おもりの重さ）とバネの伸びの関係は，
> 　　　　　　　「力」＝「バネ係数」×「伸び」
> と表され，「フックの法則」とよばれる。同様に，弾性体のフックの法則は，
> 　　　　　　　「応力」＝「弾性定数」×「ひずみ」
> と表される。ここで，応力は物体内の面にはたらく単位面積あたりの力であり，ひずみは物体の変形率（変位の空間微分）である。弾性定数は，バネ問題のバネ係数に相当する。ただし，バネの場合と異なり，応力とひずみはそれぞれ 6 つの成分をもち，応力とひずみの各成分を結びつける弾性定数は 21 個もある。しかし，等方弾性体の場合は，独立な弾性定数は 2 つのみとなる。この 2 つの弾性定数はラメ定数とよばれ，λ と μ で表される。

13.1 地震と地震波

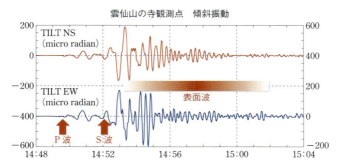

図 13.3 2011年3月11日に発生した東北地方太平洋沖地震の地震波形。長崎県島原半島（九州大学の山の寺観測点）に設置されていた傾斜計で捉えられた振動記録である。上段の赤線で示した波形は南北成分，下段の青線の波形は東西成分である。14時49分台に小さい振幅でP波が到達し，その後52分から53分にかけてS波が到達している。S波に引き続く波は主に表面波である。

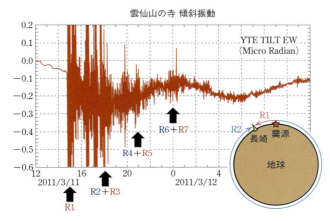

図 13.4 東北地方太平洋沖地震によって発生した表面波。図13.3に示した東北地方太平洋沖地震の波形を，時間軸を圧縮して図示。横軸は，2011年3月11日12時から翌12日12時までの24時間。地震波形は，東西成分の記録を示している。最初の大振幅の波は，右下の図にR1で示した震源（東北沖）から観測点（長崎県）までの最短経路を伝わった表面波（P波とS波も含まれている）である。また，R2+R3は，R1とは反対側の大円を伝わった表面波（R2）と，R1方向に地球を一回りしてさらにR1進んだ表面波（R3）である。R2とR3の到着時刻は，10分程度の時間差しかないため図中では分離できないが，約3時間程度で地球を一周していることがわかる。この他に，さらに地球を2周，3周した表面波も記録されている。

小さくなるが，速度は波の周期によって異なる。このような特徴を**波の分散**という。この他に，表面波には，震源が浅い場合に効率よく励起されるという特徴がある。また，2次元的にエネルギーが伝わる表面波は，3次元的に伝わる実体波よりも震源からの距離による減衰率が小さいため，震源が浅く遠く離れた観測点では，表面波が地震波の最大振幅になることも多い。図13.3に2011年3月11日に発生した東日本太平洋沖地震の地震波形記録を示すが，震源から1,000 km以上離れた長崎県では，主要動であるS波とともに表面波の振幅が大きいことがわかる。また，図13.4から，表面波は，東北地方太平洋沖地震の発生後，地球を何周も回り，約1日経過してもなお地震動が続いていることがわかる。

13.2 地震の発震機構と規模

前節で述べたように，地震は岩石の破壊現象であるが，破壊の形態は一様ではなく，いくつかのパターンがある．たとえば，火山活動に伴って発生する**火山性地震**では，亀裂の隙間にマグマや熱水などの流体が貫入して亀裂が広がる（**開口割れ目**とよばれる）ことで発生すると考えられる地震も存在する．しかし，通常発生する地震の多くは**せん断破壊**[*1]で発生する．地層がせん断破壊によってずれたものを**断層**という．ただし，断層は本来地震とは関係なく定義された地質学用語であり，その断層が将来も活動するのか，また，活動する場合に地震波を放出するかどうかについては問わない．そのため，高速でずれ動いて地震波を放出する（つまり地震の震源となる）地下の断層のことを，特に**震源断層**とよぶ．なお，断層の中で，「最近の地質時代に繰り返し活動し，今後も再び活動する可能性のある断層」を**活断層**とよぶ．したがって，活断層は震源断層を含んでおり，ある活断層が活動して地震が発生した場合，高速でずれ動いて地震波を放出した部位が震源断層である．

断層は，ずれ動く方向により，**縦ずれ断層**と**横ずれ断層**に分けられ，さらに縦ずれ断層は**正断層**と**逆断層**に，また横ずれ断層は**右横ずれ断層**と**左横ずれ断層**に分けられる（図 13.5）．実際の地震は，これらの断層の複合，たとえば逆断層成分を含む右横ずれ断層など，で発生することも多い．地震を発生させた断層の型を，地震の**発震機構**あるいは**メカニズム**とよび，定量的には断層の**走向**，**傾斜**，**すべり方向**[*2]を数値で示す．

[*1] 亀裂の両側が亀裂面に沿って平行に互いに反対方向にずれ動くこと．亀裂の幅が広がる開口割れ目に対して，せん断割れ目とよばれることもある．

[*2] 断層面と水平面の交線を断層の走向といい，断層面と水平面の成す角を傾斜という．また，断層のずれ動きを地震学では**すべり**とよぶことが多く，断層がずれ動く方向を**すべり方向**，ずれ動いた大きさを**すべり量**という．

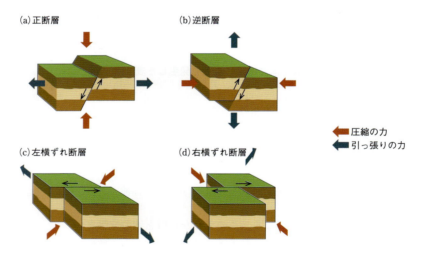

図 13.5　断層の型．図中の赤い矢印は圧縮の方向を，灰青色の矢印は引っ張りの方向をそれぞれ示す．

断層面などの物質の面にはたらく単位面積あたりの力を**応力**といい，この応力が発震機構を決める重要な要素である．応力には，面に垂直にはたらく**垂直応力**と，面に平行にはたらく**せん断応力**がある．ここでは簡単のため 2 次元の問題を扱い，図 13.6 (a) のように岩石に 2 つの垂直応力 σ_1 と σ_2（圧縮を正にとり，$\sigma_1 > \sigma_2$ とする）が作用している場合を考える．このとき，岩石内の角度 θ $(0 < \theta < 90°)$ の

13.2 地震の発震機構と規模

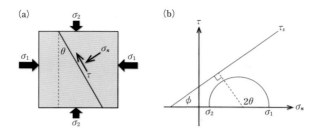

図 13.6 岩石にはたらく応力と破壊の関係。(a)岩石に2方向から垂直応力 (σ_1, σ_2) を加えた場合の，内部の面にはたらく垂直応力 σ_n とせん断応力 τ の模式図。(b)モールの応力円とクーロンの破壊基準 (τ_s と書かれた線)。

面にはたらく垂直応力を σ_n，せん断応力を τ とすると，

$$\sigma_n = \frac{\sigma_1+\sigma_2}{2} + \frac{\sigma_1-\sigma_2}{2}\cos 2\theta$$

$$\tau = \frac{\sigma_1-\sigma_2}{2}\sin 2\theta$$

と表せる。上式から，$\theta=0$ のとき垂直応力 σ_n は最大，$\theta=45°$ のときせん断応力 τ が最大となることがわかる。また，上の2式をそれぞれ2乗して足し合わせると，

$$\left(\sigma_n - \frac{\sigma_1+\sigma_2}{2}\right)^2 + \tau^2 = \left(\frac{\sigma_1-\sigma_2}{2}\right)^2$$

と変形できるので，横軸を σ_n，縦軸を τ とすると，上式は $[(\sigma_1+\sigma_2)/2, 0]$ を中心とする半径 $(\sigma_1-\sigma_2)/2$ の円を表す（図 13.6 b）。これを**モールの応力円**とよぶ。

一方，岩石の破壊（ここでは角度 θ の面上でのすべり）は，上式のせん断応力 τ が面の破壊強度を超えたときに発生する。面の破壊強度 τ_s は，岩石の凝着力と面の摩擦力の和であると考えられ，**クーロンの破壊基準**とよばれる次式で表される。

$$\tau_s = c + \mu_f \sigma_n$$

ここで，c は凝着力であり，μ_f は面の摩擦係数である。この式をモールの応力円の図に重ねて図示すると，傾きが μ_f の直線となる（図 13.6 b）。破壊の発生条件は $\tau > \tau_s$ であるから，モール円がクーロンの破壊基準の直線よりも下側にあるときには破壊は起こらず，岩石に加わる**差応力**（$\sigma_1 - \sigma_2$）が大きくなってモール円の半径が拡大し，モール円が直線と接したときに破壊が起きると考えられる。クーロンの破壊基準の直線と横軸の成す角を ϕ（$\mu_f = \tan\phi$）とすると，図 13.6 b から，$2\theta = 90° + \phi$ の関係があることがわかる。岩石破壊実験などから，$\mu_f = 0.6 \sim 0.8$ であることが知られており，破壊面（＝断層面）の角度 θ はおおよそ 60° 程度になる。

図 13.6 で示した垂直応力 σ_1 と σ_2 は**主応力**とよばれ，σ_1 は**最大主応力**，σ_2 は**最小主応力**とよばれる。3次元の場では**中間主応力**も含め3つの主応力が存在するが，地球内部は岩石の自重やプレート運動などにより，3つの主応力はすべて圧縮である。しかし，3つの主応力の平均値を差し引いた**偏差応力**は，最大主応力は圧縮に，最小主応力は引っ張りになる。図 13.5 には，応力と断層面の関係から推定される圧縮と引っ張りの向きを矢印で示している。したがってこの図は，

図 13.7　2016 年熊本地震で地表に現れた断層。右下の地図は，九州の活断層の分布（活断層研究会）を赤線で示しており，撮影場所は黄色い星印の位置（布田川断層帯）。写真は南側から北方向を見た構図となっており，農地の畔のずれ方向から，東北東−西南西走向の右横ずれ断層であることがわかる。さらにこのことから，この地域にはたらく最大主応力はほぼ東西方向，最小主応力はほぼ南北方向であると推定される（2016 年 6 月 4 日松島健撮影）。

断層面の向きとずれの方向（断層の型）から，その地域にはたらく主応力の方向を推定できることを示している。たとえば，図 13.7 は 2016 年熊本地震の際に震央付近の益城町の農地に現れた断層であるが，この断層の走向とずれの向きから，九州中部地域の地殻にはほぼ東西方向の最大主応力とほぼ南北方向の最小主応力が働いていることがわかる。

ところで 2016 年熊本地震の**本震**[*1]は**マグニチュード**7.3 であり，益城町で**震度 7** を記録した。マグニチュードと震度は，どちらも地震の大きさに関係した用語であるが，マグニチュードは地震そのものの大きさの指標であるのに対し，震度は各地点の地震動の大きさの指標である。したがって，マグニチュードは地震毎に固有の値として一つの数値が決められるが，震度は震源からの距離や地盤の良し悪しなどによって変化し，測定地点の数だけ数値が存在する。地震の震源を部屋の電球にたとえた場合，マグニチュードは電球の電力（ワット）に，震度は部屋内の壁面や机上での照度（ルクス）に対応する。

わが国で用いられている気象庁の**震度階**[*2]には 0 から 7 までの 10 階級があり，現在は震度計で計測された地震動の加速度振幅と継続時間から算出されている。震度 5 弱以上になると電気・水道・ガスなどのライフラインに被害が出始めるといわれている。

一方，マグニチュードの算出にも地震動の振幅が用いられるが，震源から観測点までの距離による減衰の影響が補正されて，地震そのものの大きさを表わすように工夫されている。また，マグニチュードは，以下の式により地震のエネルギーと結びつけられる。

$$\log E_s = 1.5M + 4.8$$

[*1] 一連の地震活動の中で最大の地震のこと。したがって，地震活動が終了しないと厳密には本震かどうかは決まらない。地震活動域において，本震の発生前に発生した地震を**前震**，本震後に発生した地震を**余震**という。

[*2] 震度の程度を階級で示すもので，国によって異なる。わが国は気象庁の震度階を採用しており，0，1，2，3，4，5 弱，5 強，6 弱，6 強，7 の 10 階級がある。

13.2 地震の発震機構と規模

ここで, E_s は地震のエネルギー, M はマグニチュードである. この式からわかるように, マグニチュードが1大きくなるとエネルギーは約32倍になり, マグニチュードが2大きくなるとエネルギーは約1,000倍になる.

マグニチュードにもいろいろな種類があり, 実体波の振幅から求める実体波マグニチュード m_b, 表面波の振幅を用いる表面波マグニチュード M_s, 気象庁によるマグニチュード M_j などがあってそれぞれ数値が異なることに加え, 地震の規模が大きくなると数値が頭打ちになるという問題がある. そのため, 学術的には, 地震そのものの規模を表す物理量として**地震モーメント**が用いられる. 震源断層でのすべりは, 2対の**力のモーメント**[*1]で力学的に表現できることがわかっており, そのうちの1対の大きさを地震モーメント M_o とよんで, 以下の式で定義する.

$$M_o = \mu DS$$

ここで, μ は**剛性率**[*2], D は断層面上の平均すべり量, S は断層の面積である. D や S は地震にともなう地殻変動や長周期の地震動の解析から推定することができ, これらから地震モーメントが得られる. また, 地震モーメントは以下の式によってマグニチュードに換算することができる.

$$M_W = \frac{\log M_o - 9.1}{1.5}$$

M_W は**モーメントマグニチュード**とよばれ, 表面波マグニチュード M_s と一致するように係数や定数項が決められたが, M_s が7.5程度以上で頭打ちになるのに対し, M_W はそれ以上の規模になっても頭打ちにならず, 地震の規模を正しく表すことができる. たとえば, 2011年東北地方太平洋沖地震の発生直後に発表された気象庁マグニチュード M_j (M_s とおおよそ一致する) は8.4であったが, その後発表された M_W は9.0であった.

また, モーメントマグニチュードの導入により, マグニチュードと震源断層のサイズ (面積) や平均すべり量との関係が明瞭になった. マグニチュード5の地震は震源断層サイズが3 km×3 km程度, 平均すべり量は約15 cmであるのに対し, マグニチュード6では10 km×10 km程度ですべり量約50 cm, マグニチ

*1 物体を回転させようとする能力のこと. 物体に力を加えて物体を回転させる場合, 回転中心 (支点) から力の作用点までの距離と力の積 (正確には外積) を, 力のモーメントとよぶ. 震源断層の場合は, 断層面から面の両側にわずかに離れた2地点にはたらく断層面に平行で互いに逆方向の力を考え, この力によって断層面上にすべりを生じさせることを考える. しかし, この平行で逆方向の力は, 震源断層に対し力のモーメントとして作用するため, 断層面が回転してしまう. そのため, 回転を打ち消すような別のもう1対のモーメントが必要である. これらの2対のモーメントが, 断層すべりと力学的に等価な力のモーメントである.

*2 ラメ定数の一つであり, せん断変形のし難さを表す.

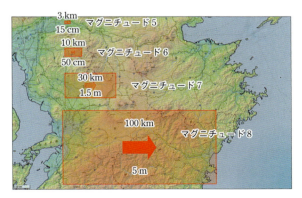

図13.8 地震のマグニチュードと震源断層のサイズ. マグニチュード5～8の地震に対応する震源断層の大きさを九州の地図と比較したもの. 断層面上の平均すべり量も模式的に示している (山岡耕春の作図に加筆).

ュード7では30 km×30 km程度ですべり量約1.5 m，マグニチュード8では100 km×100 km程度ですべり量約5 mとなり，マグニチュードが1だけ大きくなると断層面積は約10倍，平均すべり量は約3倍になる．図13.8は，マグニチュード5から8までの震源断層のサイズを九州の地図と比較したものである．2016年熊本地震はマグニチュード7.3であったため，断層サイズは30 km程度であり，地震にともなって阿蘇カルデラ西端付近から熊本平野南端付近にかけて地表に出現した断層の長さとおおよそ一致している．また，もし九州中部でマグニチュード8の地震が発生すると，その震源断層は九州を横断するほどの大きさになることがわかる．ちなみに，マグニチュード9.0の2011年東北地方太平洋沖地震の震源断層の大きさは，岩手県沖から茨城県沖にかけての東西約200 km×南北約500 kmであり，最大すべり量は30 m以上に達した．

なお，これまで説明してきたように，地震の震源は面積をもっており，地震の規模が大きくなると図13.1で示した概念図は適切ではないことがわかる．実際の地震では，断層面上の1点ですべりが始まり，その後，すべり域は断層面上をS波速度の70%程度の速さで拡大していく．このすべり域の拡大にともない，断層面上の各地点から地震波が放出される．地震時に気象庁が発表する震源は，断層面上で最初にすべりが開始した位置のことである．したがって，地震のマグニチュードが大きいときには，気象庁発表の震源（震源地）から数10 kmも離れた場所でも震源断層の直上の場合があるので，防災上は注意が必要である．

13.3 地震の種類と原因

*1 プレートが生成され，二手に分かれて遠ざかっていく境界をプレートの発散境界という．その典型的な場所が大西洋などの大洋底の中央海嶺である．一方，プレートが消費される場所を収束境界という．収束境界には，沈み込み境界と衝突境界の2種類がある．沈み込み境界は海溝を持つ日本列島などの島弧や，チリなどの陸弧が典型であり，衝突境界はヒマラヤ・チベット高原が代表例である．

*2 地球内部から高温のマントル物質が絶えず上昇してくる地点．大量のマグマが生産され，大きな火山体を形成する．典型例は，ハワイである．

*3 決して変形しないような，大きさのある物体のことを剛体という．剛体の運動は，並進運動と回転運動より成る．

*4 物体のすべての地点が，同一の速度で平行移動する運動のこと．

地震は世界中でくまなく起きているわけではない．世界地震センター(ISC)や米国地質調査所(USGS)は世界中で発生する地震の震源データを公開しており，それらの震源分布（たとえば，ISCのホームページ http://www.isc.ac.uk/ を参照）を見ると，海嶺や島弧，大陸の縁辺部などに集中して帯状に分布していることがわかる．これらの地震帯は**プレートの発散境界**や**収束境界**[*1]に対応しており，プレートの中央部では，ハワイなどの**ホットスポット**[*2]を除くと，規模の大きな地震は発生しない．このことは，前節で説明した岩石の破壊条件を考えると理解できる．すなわち，岩石にはたらく最大主応力と最小主応力の差が大きくなると破壊（＝地震）が発生するので，プレートが生成したり衝突したりするプレート境界付近では差応力が大きく地震が発生するが，プレート境界から遠く離れた中央部は**剛体**[*3]的に**並進運動**[*4]するだけなので差応力が小さいのである．

次に，プレートの収束境界である日本列島の地震について見てみる（図13.9）．日本周辺では非常に多くの地震が発生していること，また，地震の震源は太平洋側から西方に向かってしだいに深くなっていき，日本海西縁付近では約600 kmの深さまで達していることがわかる．これらの地震は沈み込む太平洋プレートに沿って発生している．西南日本の九州－琉球弧でも西側で深くなる震源分布が認められ，深さ200 km程度に達している．これらはフィリピン海プレートの沈み込みに対応している．さらに，これらの地震のほかに，日本列島下には数10 km以浅の地震も発生している．

13.3 地震の種類と原因

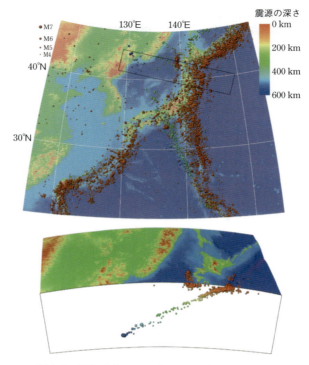

図13.9　**日本周辺の震源分布**。1993年〜2006年7月に発生したマグニチュード4以上の地震。国際地震センターの震源データから地震調査研究推進本部が作成。

　図13.10は日本列島周辺で発生する地震のタイプを模式的に示したものである。地震は，**プレート境界地震**と**プレート内地震**に大別される。プレート境界地震は南海トラフ地震や2011年東北地方太平洋沖地震に代表される海陸プレート境界の地震であり，図13.10ではピンク色の矩形で震源断層が示されている。海のプレートが，日本列島を乗せた陸のプレートの下に海溝から沈み込むときに，プレート境界にせん断応力がはたらき，このせん断応力がプレート境界の破壊強度を超えたときにプレート境界がすべって（陸のプレートが低角の逆断層モーションでずり上がって）地震が発生する。一方，プレート内部地震には，海のプレート内の地震（**スラブ内地震**＊）と陸のプレート内の地震（**内陸地震**）があり，図13.10ではそれぞれ緑色と黄色の矩形で震源断層が示されている。海のプレート内の地震は，海のプレートが沈み込む際に上に凸に曲げられたり（**ベンディング**），沈み込んだ後に曲げが戻されたり（**アンベンディング**），周囲のマントルとの密度差で下方に引っ張られる（**スラブ・プル**）ことなどにより差応力が生じ，海のプレート内部が破壊することにより発生すると考えられる。陸のプレート内の地震は，海のプレートの沈み込みにともなって陸のプレートが押され，差応力が生じて発生すると考えられる。日本列島の場合には西方に押されるため，日本で発生する内陸地震の発震機構は，東西圧縮による逆断層型か，東西圧縮・南北張力による横ずれ断層型が卓越する。ただし，海陸プレート間の固着が小さい九州では，東西方向の圧縮応力が低下して鉛直方向の圧縮応力と大きさが逆転し，南北張力の正

＊　スラブ（slab）とは平板のことであり，プレートテクトニクスでは陸のプレートの下に沈み込んだ海のプレートをスラブとよぶ。

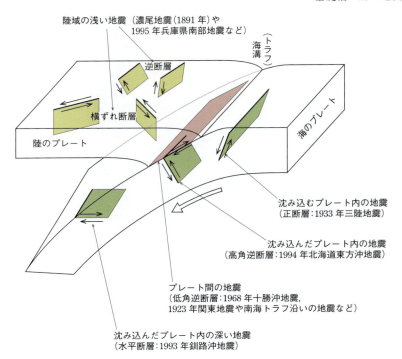

図 13.10　日本列島周辺で発生する地震のタイプ。プレート内部やプレート境界で発生する地震の震源断層の模式図（地震調査研究推進本部「日本の地震活動」による）。

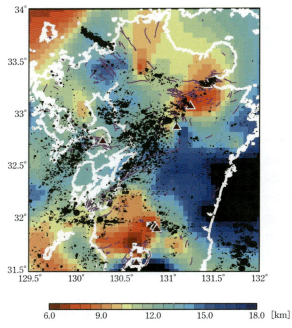

図 13.11　九州の地殻内で発生する地震の D95 の分布。赤い色は D95 が大きい領域，青い色は D95 が小さい領域を示している。図中の白線は九州の海岸線である。1993 年から 2013 年に発生した地震の震央分布も黒い点で重ねて表示している（Matsumoto et al., 2016 による）。

13.3 地震の種類と原因

断層型の地震も発生する。

　以上は，地震の種類と発生原因について差応力の観点から述べてきた。しかし，地震の発生をコントロールするもう一つ重要な要素として温度がある。図13.11 は，九州の陸のプレート内で発生する地震（内陸地震）のD95の分布である。D95とは，その地域の地震の95％がこの深さ以浅で発生しているという意味であり，D95はその地域の地震発生層の深さを表している。九州の陸のプレート内で発生する地震の発生層の厚さは最大でも18 km程度であり，九州の地殻の厚さが30 km程度であることから，内陸地震は地殻の下部では発生しないことがわかる。温度が高くなると岩石は**脆性破壊**＊せずにゆっくりと引き延ばされて変形する**延性**＊という性質に変化することから，高温下では地震は発生しない。したがって，地震発生層の深さは地下の温度分布を反映していると考えられる。これまでの研究では，地震発生層の深さはおおよそ350～400℃に対応すると考えられている。九州で近年発生したマグニチュード7級の内陸地震は，2005年の福岡県西方沖地震と2016年熊本地震であるが，いずれの震源域も地震発生層の深さが相対的に深い（15～18 km程度）。一方，別府から阿蘇にかけての火山地域では地震発生層は10 km以下と浅いことがわかる。地震発生層の深さは，震源断層の下端すなわち断層幅を規定することになるので，その地域で発生し得る地震の規模を推定するうえで重要である。

　なお，図13.9を見ると，スラブ内地震は約600 kmの深度まで発生しているが，これは地球内部の温度勾配や圧力勾配からみて考え難いことである。このように深い場所で地震を生じるような脆性破壊が発生する理由は，まだ完全には解明されていないが，相転移（コラム参照）などが関係しているとする指摘がある。今後の研究により，これらの謎が解明されて「地震はなぜ起こるのか」について完全に理解できるようになり，地震発生の予測に向けた研究が進むことに期待したい。

＊ 物体に加える力を増大させていった場合に大きく変形せず，弾性限界を越えた途端に急に破壊に至る性質を脆性という。また，このような破壊を脆性破壊とよぶ。一方，力を加えていくと，弾性限界を越えても破壊せずに引き延ばされる性質を延性という。

Column　相転移と脱水脆性化

　水の状態には固体（氷），液体，気体（水蒸気）などがあるように，同じ物質であっても，温度や圧力などに応じて状態が変わる。この状態のことを**相**（phase）とよび，ある相から別の相に移行する現象を**相転移**とよぶ。

　スラブの内部では，マントルの主要鉱物である**かんらん石**が，スラブの沈み込みにともなって**スピネル構造のリングウッダイト**へと相転移して体積が減少する。この相転移によりスラブ内の変形が進んで断層すべりが発生する可能性がある。

　または，スラブマントルの相転移により結晶から水が放出され（脱水反応），この水の圧力が破壊強度を低下させ，地震が発生するという考え（**脱水脆性化**という）もある。

　クーロンの破壊基準は，岩石内のすき間などに水などの流体が存在すると，

$$\tau_s = C + \mu_f(\sigma_n - P)$$

と表される。ここで，Pは流体の圧力である。脱水反応により岩石内に水が放出されると，その圧力Pにより実効的な垂直応力$(\sigma_n - P)$が小さくなり，その結果，破壊強度τ_sが低下する。

基礎編

14　気象災害

> 台風や集中豪雨による洪水や土砂崩れなど，気象災害のニュースをよく目にする。日本では，これまでも防災目的のダムや河川堤防などがたくさん建設されてきたし，最近の気象観測の技術や予報精度は向上している。それにも関わらず，いまだに気象災害が減らないのはなぜだろうか？この章では気象災害をもたらす気象現象について説明し，実際に筆者が体験した台風，および集中豪雨と水害についての事例を解説する。さらに，我々が利用できる防災情報についても紹介する。

14.1　気象災害とは

*1　寺田寅彦の言葉だが，彼の著書には記述がない。弟子の中谷宇吉郎の解説によると，話の間にはしばしば出た言葉であり，「天災と国防」には同様の記述がある。西日本新聞(1955年9月11日)で解説している。

*2　風害，大雨害，大雪害，雷害，ひょう害，長雨害，干害，なだれ害，融雪害着雪害，落雪害，乾燥害，視程不良害，冷害，凍害，霜害，塩風害，寒害，日照不足害などが含まれている。

*3　昭和29年(1954年)以降に発生した，農業被害額が500億円以上の災害では，低温・日照不足・長雨等が19例，高温・少雨等が5例ある。

「天災は忘れた頃来る*1」という言葉の通り，日本では多くの自然災害が起こり，甚大な被害が出ている。その中でも，**気象災害***2とは「大雨，強風，雷などの気象現象によって生じる災害」と定義されており，平成(1989年)に入って以降も，毎年のように気象災害が発生し，数10人から数100人規模の死者・行方不明者が出ている(図14.1)。

このような気象災害をもたらす気象現象にはさまざまなものがあるが，気象学的に空間と時間のスケールによって分類することができる。もっとも大きいマクロスケール(数1,000km以上，数日以上)の気象現象には，ブロッキングやエルニーニョ南方振動などが含まれる。これらは，冷夏や酷暑，梅雨・秋雨前線による長雨など長期緩慢災害*3を引き起こし，農作物などに被害を与える。

次に，メソスケールの気象現象には，メソα(2,000km～200km，数日から1週間程度)スケールの**台風**や**集中豪雨**，メソβ(200km～20km，数日以内)スケールの局地的な大雨，メソγ(20km～2km，数時間以内)スケールの積雲や**積乱雲**による豪雨に分けられる。さらに小さいミクロスケール(2km以下，1時間以

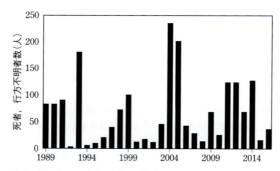

図14.1　平成元年(1989年)以降の災害をもたらした気象事例による死者・行方不明者数。気象庁の災害をもたらした気象事例(平成元年～本年)をもとに作成した。ただし，1988年以前には，死者・行方不明者数が数1,000人規模の台風(1959年の伊勢湾台風では5,098人，1945年の枕崎台風では3,756人など)が，桁違いの被害を与えていた。

内）の気象現象には，竜巻やダウンバースト[*1]が含まれる。

しかし，これらの気象現象はそれぞれが独立したものでなく，さまざまなスケールの気象現象が重なり合っている。たとえば，台風によって梅雨前線が活発になり，前線付近に積乱雲群が発生して集中豪雨を引き起こすなど，多重性があることを理解すべきである。以下に，筆者が実際に体験した台風や集中豪雨を例として，気象災害について解説する。

[*1] 発達した積乱雲からは，竜巻やダウンバーストなどの激しい突風をもたらす現象が発生する。ダウンバーストとは，「積雲や積乱雲から爆発的に吹き降ろす気流および，これが地表に衝突して吹き出す破壊的な気流」で，航空機が着陸する際の墜落事故の原因となる。

14.2 台　風

台風とは北西太平洋の熱帯低気圧で，最大風速がおよそ $17\,\mathrm{m\,s^{-1}}$ 以上のものと定義されている[*2]。1981〜2010 年の平均では，日本に接近するのは 11.4 個，上陸するのは 2.7 個である。台風は暖かい海面から供給された水蒸気が，凝結するときに放出される潜熱エネルギーによって発達する。陸地に上陸すると水蒸気の供給が無くなり，さらに地表面との摩擦によって衰退する。

ここで，2006 年台風 13 号の衛星画像と台風の構造の模式図を，図 14.2 に示す。西表島付近に，はっきりとした大きな台風の眼が見える。模式図のように，台風は特徴的な軸対称の構造をしており，中心には眼とそれを取り囲む壁雲，さらに外側にはアウターバンドの雲が，らせん状に広がっている。2006 年 9 月 15〜16 日の風速・風向および降水量と気圧の変化を，図 14.3 に示す。筆者はこのとき石

[*2] 熱帯低気圧の発生域によって，大西洋ではハリケーン，インド洋ではサイクロンとよばれている。

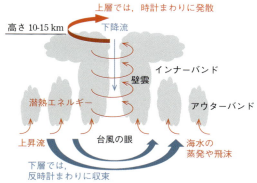

図 14.2　2006 年 9 月 16 日 6 時の赤外画像と，台風の構造の模式図。気象衛星センター，今月の気象衛星画像（2006 年 9 月），http://www.jma-net.go.jp/sat/data/web/jirei/sat200609.pdf より

垣島で台風の同位体観測を行っており，眼が真上を通過する貴重な経験をした。台風の接近にともなって，15日夕方から徐々に気圧が低下して風速が強くなり，16日未明には台風の壁雲に入り，強い東風と非常に強い雨となった。16日早朝には一時的に風雨が弱くなったため，眼の中に入ったと直感して水蒸気を採取した。その後，再び壁雲に入って，今度は西風となり，再び雨も強くなった。

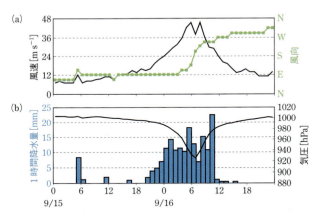

図14.3 石垣島で観測した台風13号の風速・風向(a)，および降水量・気圧(b)の変化（2006年9月15−16日）。台風により気圧が低下して風速が増加しているが，眼の領域では風が弱まっている。風向は東風から南風，西風へと渦を巻くように変化した。

＊1 竜巻の風速は直接観測が難しいことから，シカゴ大学の藤田哲也博士が1971年に考案した，被害状況から風速の階級を推定する「藤田スケール（Fスケール）」が世界的に使われている。日本では「日本版改良藤田スケール（JEFスケール）」が使われている。

＊2 気象庁では，1日8回3時間毎に台風の実況（台風の中心位置や暴風域など）を発表している。また，1日先までの台風の予報を1日8回，3日先までの予報を1日4回行っている。

この台風では，9月16日に西表島で最大瞬間風速 $69.9\,\mathrm{m\,s^{-1}}$ を記録しており，我々の観測でもブロックで固定した重い雨量計が，強風に流されて渦を巻くような軌跡を残した（図14.4）。暴風や大雨によって，沖縄地方，九州地方，中国地方で死者・行方不明者があわせて10名と甚大な被害を与えた。また，宮崎県延岡市では竜巻[*1]が発生した。台風は風害や水害だけでなく，潮汐の変化によっては高潮害や波浪害なども発生する。

気象庁では台風の進路予報[*2]を行っており，中心位置や暴風圏の範囲など詳細な情報を得ることができるようになった。さらに，警報や注意報などの情報を正確に理解し，台風が来る前から暴風雨に対する準備を行うことが重要である。

図14.4 台風の強風によって，雨量計が流された軌跡
（2006年9月18日 石垣島で撮影）

14.3 積乱雲と集中豪雨

集中豪雲や局地的な大雨*，竜巻やダウンバーストなどの気象災害は，ほとんどが積乱雲によって発生する。積乱雲の水平スケールは数 km 以下で，寿命は 1 時間程度である。発達した積乱雲の模式図を，図 14.5 に示す。

成長期には，暖かく湿った空気塊が上昇流によって凝結高度まで持ち上げられると，水蒸気が凝結して雲水が形成される。潜熱によって暖められた空気塊は，さらに浮力を得て上昇流が強くなる。この強い上昇流によって，雲水は 0°C 高度を越えて上空まで運ばれ，やがて雲氷を形成する高度に達する。発達した積乱雲内では，雲氷と雲水（過冷却水）が混在しており，飽和水蒸気圧が大きい雲水は蒸発して水蒸気となる。その水蒸気は飽和水蒸気圧が小さい雲氷のまわりで昇華して付着し，雲氷は成長して降水粒子となる。このような降水粒子の成長を，ベルシェロン過程とよぶ。

成熟期には，積乱雲が発達して圏界面高度まで達して横に広がり，「かなとこ雲」をつくる。成長した降水粒子は落下をはじめ，下降流が発生する。0°C 高度より下では氷が融解して雨粒となり，衝突併合過程によって，さらに大きな雨粒に成長する。降水粒子が蒸発すると，気化熱を吸収して周囲を冷却するため，下降流はさらに強くなる。下降流が非常に強い場合，ダウンバーストなどの災害が発生する。消滅期には，下降流が上昇流よりも強くなり，水蒸気の供給がなくなり，積乱雲は消滅していく。これが単一の積乱雲の一生である。

* 気象庁は局地的大雨を「急に強く降り，数 10 分の短時間に狭い範囲に数 10 mm 程度の雨量をもたらす雨」と定義しており，集中豪雨については正式な定義はないものの，「同じような場所で数時間にわたり強く降り，100 mm から数 100 mm の雨量をもたらす雨」と説明されている（荒木, 2017）。

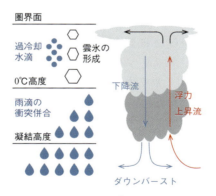

図 14.5 発達した積乱雲の模式図

単一の積乱雲の降水量は数 10 mm 程度であり，数 100 mm を超えるような集中豪雨には複数の積乱雲群が必要となる。たとえば，梅雨前線や秋雨前線に向かって南から水蒸気が大量に流れ込むと，前線やその南側付近では積乱雲が線状に次々と発生して（**線状降水帯**），同じ場所に大量の降水をもたらす集中豪雨が発生する。

1995〜2009 年の 4〜11 月までの集中豪雨 386 事例を抽出した結果を図 14.6 に示す（津口・加藤，2014）。集中豪雨の発生する地域や時間特性を解析した結果，関東から九州地方の太平洋側で，7 月〜9 月に多く発生する。とくに太平洋沿岸の山地では，斜面に沿って上昇流が発生するため，集中豪雨が発生しやすい。ま

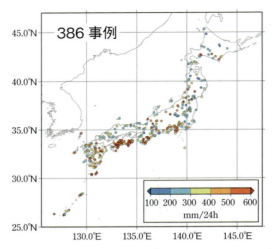

図14.6 集中豪雨事例の分布（津口・加藤，2014より）

＊1 津口・加藤(2014)では，天気図で台風や熱帯低気圧が500km以内にある場合は「本体」，500〜1500kmと離れている場合は「遠隔」と分類してある。

＊2 解析雨量とは，「全国に設置しているレーダーと，アメダス等の地上の雨量計を組み合わせて，降水量分布を1km四方の細かさで解析したもの」である。

た，集中豪雨をもたらす気象現象としては，台風や熱帯低気圧の本体[*1]がもっとも多く，停滞前線，台風や熱帯低気圧の遠隔[*1]，低気圧，寒冷前線などがある。九州地方では，24時間雨量が600mmを超える事例が多く見られ（図14.6），梅雨期（6，7月）には梅雨前線が停滞して，線状降水帯が多く発生するのが特徴である。

そこで，九州の梅雨期における集中豪雨の例として，2012年7月11日〜14日に発生した「**九州北部豪雨**」の解析雨量[*2]による総降水量分布と，天気図を図14.7に示す。九州北部地方は，梅雨前線の南側にあたり記録的な大雨となった。7月11日から14日までの総降水量は，熊本県の阿蘇市，大津市，菊池市付近で約900mm，福岡県八女市，大分県日田市付近で約800mmとなった。とくに，熊本県の阿蘇乙姫では，1時間雨量108mm，3時間雨量288.5mm，24時間雨量507.5mmを記録した。気象庁では大雨洪水警報を発表して警戒を呼びかけ，「経験したことのないような大雨」という，見出し文のみの気象情報を初めて発表した。

この集中豪雨は，天気図（図14.7b）に示されている梅雨前線よりも南側100〜200kmで発生しており，東シナ海上から南西風により大量の水蒸気が九州北部にもたらされた。そのため，積乱雲が風上側で繰り返し発生するバックビルディングにより，複数の線状降水帯が形成され，それらが停滞して大雨をもたらした。後述するように，この豪雨によって，熊本・大分・福岡県などでは，河川の氾濫や土石流が発生し，家屋の損壊や浸水など甚大な被害が発生した。

地球温暖化による大気中の水蒸気量の増加によって，大雨の発生回数の増加や強い台風が多くなることが指摘されており（環境省，2014；気象庁，2017），熊本の観測でも1時間最大降水量が増えていることが報告されている（一柳ほか，2016）。このように，集中豪雨の強度や頻度が高まることが予測されており，気象災害に対する注意が必要である。

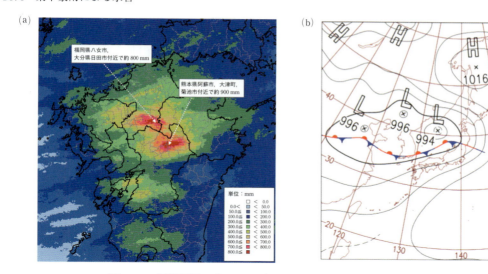

図 14.7 解析雨量による 2012 年 7 月 11 日〜14 日の総降水量の分布図(a) (福岡管区気象台, 2012) と, 7 月 12 日 9 時の天気図(b) http://www.data.jma.go.jp/fcd/yoho/data/hibiten/2012/201207.pdf より

14.4 集中豪雨による水害

次に, 集中豪雨によって引き起こされる**水害**について, 熊本県の白川を例にとって説明する。白川は流路長 74 km, 流域面積 480 km^2 の一級河川である。図 14.8 に示すように, 上流では阿蘇カルデラ内の北を流れる黒川と南を流れる白川が合流し, 流域面積の約 80% を占める。中・下流域はほとんど支流をもたず, 河道から非常に狭い範囲しか流域をもたない。下流の熊本市の市街地では, 河道の方が周囲よりも標高の高い天井川となっている。このように, 白川は洪水を起こしやすい河川であり, これまでもたびたび氾濫を起こしてきた。

図 14.8 白川流域の地形図および, 降水量と河川水位の観測地点

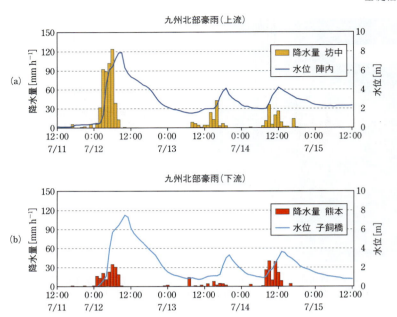

図 14.9 阿蘇カルデラ内にある白川上流域の降水量と流量(a)と，熊本平野にある下流の降水量と流量(b) （国土交通省，水文水質データベースをもとに作成）

図 14.10 九州北部豪雨によって，熊本市龍田地区で白川が越水した様子
（国土交通省　熊本河川国道事務所提供）

* 河川堤防を境界として，河川側を堤外地，住居や農地などのある側を堤内地とよび，河川水が堤内地へ氾濫した場合は外水氾濫，堤内地にある水路などが溢れた場合は内水氾濫という。

　2012年7月11日から14日にかけて発生した九州北部豪雨では，熊本県・大分県・福岡県・佐賀県の河川で，堤防の決壊や越流による**外水氾濫***が発生し，死者・行方不明者は34人と甚大な被害を与えた。もっとも被害が大きかったのは上流の阿蘇地域で，山間部では土砂崩れや土石流が発生し，死者・行方不明者は25人である。白川は熊本大学黒髪キャンパスのすぐ南側を流れており，数km上流にある龍田地区では白川が越流し，被災した学生もいた。幸いにも人的被害はなかったが，家屋の全半壊や床上・床下浸水が発生した。このとき，大学横の白川の水位は堤防ギリギリで，上流から冷蔵庫やガスボンベなど，さまざまなものが流れてきたのを覚えている。水が引いた後には，大量の流木が橋脚に引っかかっていた。

7月11日から15日まで，白川上流域の阿蘇カルデラ内の降水量と，中・下流域の降水量と白川の流量の変化を，図14.9に示す．上流にある坊中の降水量は，12日だけで500 mmを超えたのに比べて，下流の熊本では170 mm程度である．しかし，白川の水位は，両地点ともに急激に上昇しており，上流側の陣内では12日8時に，下流側の子飼橋では12日10時に最大となった．越流した熊本市龍田地区に避難指示が出されたのは9時20分であり，逃げ遅れた住民はヘリコプターやボートで救出された（図14.10）．避難指示が出た頃には水位はすでに高くなっており，さらに早い避難指示が望まれる．

今回の水害では，流域面積の大きい上流の阿蘇カルデラ内で大量に降水があったため，下流の平野部では降水量は多くないにもかかわらず，急激に水位が上昇した．このように，河川災害では流域全体の降水量や，これまでに降った雨による地下水の上昇など，流域全体を考慮した警戒が必要である．そこで，気象庁では**流域雨量指数**[*1]を考慮して，洪水警報や注意報[*2]を発表するようになった．たとえば，全国的には気象庁の「洪水警報の危険度分布」や国土交通省の「川の防災情報」が参考になるし，熊本県では熊本河川国道事務所，熊本県統合型防災情報システムによって，河川流域の降水量や河川の水位，ライブカメラなどを見ることができる．災害時にはこれらの情報を活用して，早めに避難する（避難指示を出す）など，適切な判断で行動することが重要である．

[*1] 流域雨量指数とは，全国の約20,000河川を対象に，河川流域を1 km四方の格子（メッシュ）に分けて，降った雨水が地表面や地中を通って時間をかけて河川に流れ出し，さらに河川に沿って流れ下る量を，タンクモデルや運動方程式を用いて数値化したもの．各地の気象台が発表する洪水警報・注意報の判断基準に用いる．

[*2] 気象庁では，大雨や暴風などによって発生する災害の防止・軽減のため，気象警報・注意報や気象情報などの防災気象情報を発表している．

14.5　災害と地形

このような洪水や地震などの災害に対して，各自治体では**ハザードマップ**を作成して，住民に注意を呼びかけている．たとえば，熊本市の洪水ハザードマップ[*3]を見ると，先述した九州北部豪雨で浸水した熊本市の龍田地区は，白川が蛇行した部分に位置しており，越流しやすい地形であることがわかる．このように，災害と地形には密接な関係があるといえる．

日本の平野の大部分は，河川が洪水で運んだ土砂によって形成されており，平野部の地形は過去に繰り返し起こった洪水の結果を示している（国土地理院応用地理部，2015）．洪水で運ばれた土砂が河川の両側に堆積して周囲よりも高い自然堤防は住宅地として，それより外側の周囲よりも低い後背湿地は水田に利用されてきた．また，旧河道にあたる場所では，地震の際に液状化を起こしやすいといえる．このように，自分の住んでいる場所の地形や地質・過去に発生した災害などの情報からハザードマップを理解し，普段から災害に備えることが重要である．

[*3] 熊本市防災サイトには，各種のハザードマップや避難場所，さらには降水量や河川水位の情報がまとめられている．

15 地球システムにおける人類
～持続可能な文明の構築のために

> 本章では，本書で解説されている地球と生命の歴史，地球環境の変遷についての理解をもとに，人類が地球に存在する意味について考察する。人類は，どのような背景の下に文明を成立させてきたのであろうか。また，持続可能な文明は構築可能であろうか。人類文明の存続のために，地球環境科学からの貢献が求められている。

15.1 地球システムと生命

現在の地球は，太陽系46億年の歴史を経て存在している。その太陽系は，言うまでもなく我々の住む宇宙の進化の産物である。宇宙の誕生から太陽系の形成に至る過程については，基礎編2章，3章を参照されたい。地球は，我々にとって大きすぎず小さすぎず，適切な恒星である太陽の惑星として，適切な場に適切な大きさと特徴をもつ天体[*1]として誕生した。いわゆる**ハビタブルゾーン**[*2]に適切な惑星が形成された場合，そこに生命が誕生することは必然かも知れない。地球に誕生した生命は，その後ゆっくりと，しかし着実に進化してきた[*3]。

地球に存在する生命は，現在に至る約38億年に達する進化の歴史を経ている。ここで注意すべきは，38億年に達する地球生命進化の時間スケールは，宇宙138億年の時間スケールと比肩しうるということである。地球生命は，固体地球，水圏，気圏が相互に作用する**地球システムの進化**[*4]とともに進化し，**生物圏**として他の3圏と作用しあう存在となった。

宇宙的時間スケールの中で，地球システムは生命にとって決して穏やかな，安定した環境を維持し続けてきたわけではない。地球の歴史の中では，破局的とも言うべきイベントや激しい環境変動が一度ならず生じてきた。時には**大絶滅**に瀕した地球生命は，途絶えることなく，しぶとく生き残っただけではなく，環境の激変をも原動力とした進化の結果として現在の豊かな**生態系**を成立させている。これこそ，奇跡ともいうべき地球システムと生命の**共進化**の賜物であろう。地球に存在する生態系について考えるとき，再度留意すべきことはその進化には40億年近い宇宙的時間スケールを必要としたことである。これは，生命の誕生は必然の過程であるとしても，地球生態系を生み出すほどの進化が起こることは必ずしも必然的現象ではないことを意味するのかも知れない。

[*1] 基礎編1章参照。
[*2] 惑星系において，惑星表面に水が液体として存在可能な温度となる恒星からの距離の範囲。
[*3] 地球における生命の進化過程については，基礎編11章および応用編10章に詳しい。
[*4] 応用編4, 5, 6章参照。

15.2 人間圏の形成

15.2.1 人類の誕生と進化

現生人類[*1]に直接連なる祖先は，約700万年前に東アフリカの大地溝帯においてチンパンジーと分岐したとされる。初期の人類は**猿人**とよばれ，いくつかの属[*2]に分岐しつつ約120万年前まで生存していた。現生人類が属する**ホモ属**は，約260万年前に**原人**として現れ，拡散と分岐を繰り返しつつ10種以上の**化石人類種**を生み出した。生物種としての現生人類の成立は約20万年前と考えられている。地球に現在生存している人類は現生人類のみであるが，**ネアンデルタール人**とよばれる人類も2万年余り前まで生存していたとされる[*3]。現生人類へと至る人類の進化過程では，ただ一つの系統において種が逐次交代してきたのではなく，分岐した種の共存や絶滅が起こっていた。

人類は，進化の過程において**二足歩行**能力を獲得し，大脳の発達，手の活用と**道具の利用**，**火の使用**，**言語の獲得**といった複合的な発展を経て現生人類へと至っている。これら能力の発展は，人類の生存能力に寄与するものであるが，人類は生態系の中の生物種としては長きにわたってわずかな個体数しかもたない脆弱な存在であった。人類は，**多産**を可能とする生殖能力でその脆弱性を補ってきた。さらに，子の生存確率は，生殖サイクルを超えた長寿を獲得した雌の存在によって高まる。**長寿の個体**の存在は，世代を超えた**文化の継承**をも可能とした。

[*1] ホモ・サピエンス。

[*2] アウストラロピテクス属など。

[*3] ヨーロッパでは，ネアンデルタール人と現生人類が共存していた時代がある。

15.2.2 気候変動と文明の始まり

人類が進化してきた時代は基本的に現在より寒冷な**氷河時代**であり，種々の気候変動要因により時折温暖な**間氷期**が訪れる[*4]。現生人類は，火の利用，衣服や住居の工夫などによって寒冷な気候に適応しつつ，舟・漁労・狩猟道具を発明して狩りを高度化し，さらには食料の保存法や調理法の発見なども相まって生活圏を広げていった。氷期における**海水準低下**は大陸間の移動を助け，現生人類は南極大陸を除く全世界に分布を広げた。

2万年余り前，直近の最寒冷気候[*5]からの**温暖化**が始まり，約1万5千年前には**最終氷期**が終わった。この後，約1万2千年前には世界各地で独立にさまざまな**作物の栽培**や動物の**家畜化**が始まった。これは，人類が自然そのものの生態系から資源を得ることだけに頼るのではなく，積極的な自然への働きかけが始まったことを意味する。農耕の開始は，人口の増加，定住集落の出現からやがて一定の体制，組織をもつ**社会の成立**を促した。**文明の始まり**である。ただし，人類の農耕文明は，温暖かつ比較的安定した地球環境が1万年近くも続く[*6]という，過去数10万年間においては極めて例外的な環境の中で発展してきたことを忘れてはならない。

[*4] 応用編6.1節参照。

[*5] 最終氷期最盛期 (Last Glacial Maximum, LGM)。

[*6] 応用編図6.1(c)参照。

15.2.3 人間圏の出現

狩猟採集から農耕牧畜へと主な食料獲得手段が変化した後でさえ，人類は環境条件の制約から逃れることはできなかった。西アジアから地中海沿岸にかけての地域では，農耕牧畜文明初期における**森林伐採**による畑地，放牧地の拡大は生産

性を向上させたが，それを上回る**人口増加**が土地の荒廃につながった。これは，地中海文明を担った人々の拡散と，それによる地中海世界のヨーロッパ全域への拡大を促した。

南アジア，東アジアの**モンスーン地域**における農耕社会は，湿潤な気候による**高い生物生産性**に支えられてきた。日本列島では，小規模な農耕と林野での採集・狩猟，河川や海岸での漁労を組み合せた生活様式が縄文時代には成立した。以後，一定数の人口の存在が組み込まれた生態系が，稲作の拡大などの変化を経つつ維持されてきた。**里山**である。

農耕牧畜文明の成立は，人類が自らのための物質とエネルギーの獲得を目的として自然を改変し，新たなシステムを構築したことを意味する。これは，地球システムに**第5のサブシステム**として**人間圏**が出現したことでもある。地球システムの中に成立した人間圏は，それでも産業革命前夜までは食料やエネルギーを主に生物圏に依存していた。この間にあっても着実に増加してきた人口は，生物圏に対する負荷を増大させ，生態系の再生能力を超えた消費による**砂漠化**の進展や，乱獲による**生物種の絶滅**＊など時には自然環境に不可逆的な影響を与えてきた。

＊ 狩猟採集によって資源を得ていた時代であっても，人類の進出によって大型ほ乳類や鳥類が絶滅した例は多数存在する。

15.3　資源消費と人口の急増

15.3.1　産業革命と非再生性資源大量消費の始まり

人類は古代から中世を経て社会システムを発展させ，さまざまな文明を構築してきた。やがて，**自然科学の成立**と軌を一にして，人類は生物圏以外に賦存する資源の利用を劇的に拡大した。**化石燃料**と**鉱物資源**の消費に依存した**産業革命**の勃発である。産業技術の急速な発展は，農業分野においても，動力や化学肥料，農薬などの利用によって生産力の拡大をもたらした。

科学的医療技術の発達と食料生産の拡大は，特に乳幼児死亡率を劇的に低下させ，結果として**人口の急増**をもたらした(図15.1)。増加した人口は都市へと移動し，産業労働力かつ消費者として巨大な，急拡大する市場を生んだ。人間圏は**大量生産**と**大量消費**社会へと変貌した。人口の急増は，数100万年以上にわたる進化によって，環境と生態系へ適応し生存するための戦略として獲得してきた人類

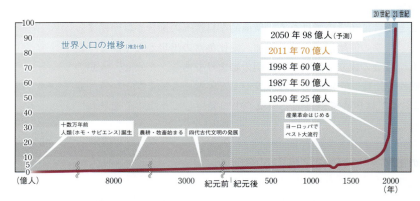

図15.1　人類誕生から2050年までの世界人口の推移(推計値)(国連人口基金東京事務所ホームページより)

の持つ生物種としての能力が，人間圏の拡大，医療技術を含む科学の発達と食料生産の増大という状況の下でもたらした必然の帰結である。

15.3.2　環境負荷の拡大

　人類が人間圏を急膨張させるようになるまでは，地球上には"安定した"生物圏が存在していた。もちろん，生物圏は火山活動や地殻変動などの固体地球の活動や，気候変動などの影響を受けて変化し，進化を続けてきた[*1]。しかし，このような変動は地質学的，宇宙的時間スケールで起こってきたことであり，生物圏での物質循環はそれよりはるかに短い，年の単位の時間スケールで起こっている。すなわち，生物圏とは，主に太陽エネルギーによって駆動される，生態系という秩序をもった組織からなる**生物化学的物質循環**のシステムである。

　生物圏での物質循環では，**一次生産者**である**光合成生物**が生産した有機物が消費者，分解者へと受け渡される。ここでいう"有機物"とは，食物連鎖の媒体として直接捕食されるものだけではなく，すべての生物体，すなわち**バイオマス**の総量をさす。地球上に一定量のバイオマスが存在するかぎり，少なくとも1年以上の期間を単位時間としてみれば生産量と分解量が等しい**動的平衡状態**が成立している[*2]。つまり，生物圏で単位時間に生産される物質の量は，同じ時間で分解される物質量と等しいと考えることができる。

　人類が生存のために必要とする物質とエネルギーを，生物圏の動的平衡状態の安定性を損なうことなく入手するためには，人類による擾乱が生態系の**再生能力**と**分解能力**の範囲内に収まっていなければならない。さもなければ，資源を持続的に得続けることはできない。しかし，先に述べたように人類は文明の発達と人口増加によって物質とエネルギーに対する需要を爆発的に増大させた。この需要を満たすため，人類は生物圏から得られる以上の資源を，鉱物資源や化石燃料を利用することで手に入れた。

　資源の"消費"は，自覚あるいは意図の有無にかかわらず必然的に**廃棄物**を生む。廃棄物や**副産物**の生成は，最終的な消費段階だけではなく，資源の獲得および有用物質の抽出や加工段階でも起こる。**金属鉱山**の開発や精錬に伴う**有害物質の排出**や**工場排水**による汚染等が頻発し，時には深刻な被害をもたらしたことがその例である[*3]。産業や人口が集中した都市部においては，化石燃料の燃焼による**大気汚染**が深刻化した[*4]。化学的には不活性であり，無害と考えられていたフロンガスも，大気中に蓄積することで成層圏の**オゾン層**を破壊する。人為的排出による大気中の二酸化炭素濃度の増加をも含め，これらはすべて**人間圏**による**地球システムへの負荷**が許容範囲を超えつつあることを示している。

15.4　有限の地球

15.4.1　成長の限界

　20世紀の100年で世界の人口は約4倍に増加し，21世紀初めには70億人を超えた。この間，単に人口が増加しただけではなく，一人あたりの資源消費量も飛躍的に増えている。石油をはじめとしたエネルギー資源や希少金属など，**資源の**

[*1] 時には破局的変動による大絶滅を経験してきたことは前述の通り。

[*2] 有機物が生物化学的物質循環サイクルから逸れ，はるかに長い時間スケールをもつ固体地球を場とする物質循環サイクルへと移行したものが石油，石炭などである。この移行分は平衡からのずれと考えることができる。

[*3] 工場排水に含まれていた有機水銀に起因する水俣病はその一例である。

[*4] 19世紀に始まったロンドンのスモッグ被害は20世紀半ばにピークとなった。その後も，高濃度の大気汚染が発生している都市が存在する。

枯渇が現実味を帯びつつある．資源だけではなく，食料や水資源にも危機が迫っているといわれている．地球にはもはや，人類にとって無尽蔵の資源を供給し，廃棄物を受け入れることが可能な余裕は存在しない．

　地球は有限であることが明らかとなった現在，限りある資源をどのように利用するか，また二酸化炭素をはじめとする排出物をどのように管理するかは喫緊の課題である．これら課題への対処では，現在の世界に存在する格差をどのように解消するかについても，同時に考慮しなければならない．資源の枯渇，食糧不足が，世界規模での紛争を引き起こしてしまっては，人類文明の崩壊につながる．

15.4.2　地球の限界（プラネタリー・バウンダリー）

　地球環境の有限性について，包括的，定量的な評価が試みられている．その一例が，ストックホルム大学のグループ*によって提唱されている**プラネタリー・バウンダリー**という概念である（Rockströmら，2009）．これは，気候変動，新規化学物質，成層圏オゾン減少，大気エアロゾル負荷，海洋酸性化，生物地球化学的循環，淡水利用，土地利用変化，生物圏一体性の9分野について，現在の地球システムにおけるリスクを評価したものである．

＊ Stockholm Resilience Centre, Stockholm University.

　2015年に発表された評価（図15.2）において，**遺伝的多様性**や，**窒素・リンの循環**については，すでに限界を超えて不安定化し，高リスク状態であるとされている．また，気候変動および土地利用変化についてはリスクが増大しつつあると評価されている．さらに，現時点では定量的評価がなされていない分野もある．資源問題への対処と共に，環境への負荷がどのような分野で深刻化しているか理解し，対策を進めることが求められている．

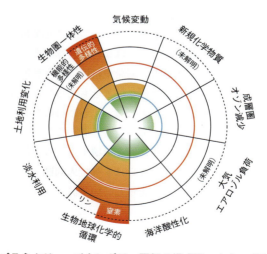

図15.2　プラネタリー・バウンダリー評価の模式図．中心の青色円内の領域に収まる分野については，安定が保たれていると評価されている．しかし，すでに地球の限界（赤で示した円）を超え，リスクが顕在化している分野も現れているとされている（Steffenら，2015より作成）．

15.5 人類と地球生命の持続可能性のために

　地球という星に誕生した生命の40億年近くにわたる進化によって生まれてきた人類は，数1000年前，農耕牧畜を開始したことで生態系との関係を本質的に変化させた。さらに，技術文明を獲得した人類は，過去数100年の間に資源の大量消費を前提とする産業社会を構築した。これらの時間スケールは，地球生命の歴史と比較すれば100万分の1から1,000万分の1程度の比率にしかならない。そのわずかな時間の間に，人類は人口の爆発的増加とともに地球そのものの限界に到達しようとしている。地球の**資源は有限**である。これまで続けてきたような，資源を消費し，人間の生活圏を拡大することこそが"成長"であり，"発展"であるという概念はもはや成り立たない。

　固体地球は億年単位の時間スケールで物質を循環し，地球上に大陸スケールの組織を形成した。人類が利用している鉱物資源は，その多くが固体地球の活動によって**有用物質が濃集**して形成されたものであり，再生には固体地球の時間スケールを必要とする。現在のままの人類文明がそれだけの間待てるとは考えられない。

　有限の地球の中で，人類文明が持続する可能性はあるだろうか。それは，**消費・散逸による成長**から**持続・循環による発展**へと転換できるかどうかにかかっている。そのためには，人間圏の中で**資源循環のシステム**を構築し，天然資源への依存を最低限とする必要がある。生物資源については，生態系の多様性と再生能力を損なわない範囲での利用に留めなければならない。

　物質としての実体をもつ資源は，適切な利用と**回収・再生のシステム**を構築することで循環させることが可能である。しかし，物質循環のサイクルを駆動するためにはエネルギーとコストが必要である。現在でも，資源の回収，リサイクルは行われているが，時としてリサイクルのためのリサイクルとなり資源の浪費につながりかねない場合がある。また，先進国の廃棄物や回収物が発展途上国に持ち込まれ，環境や健康への悪影響が顧みられないまま有価物の回収が行われている場合がある。

　現在の主要なエネルギー資源である化石燃料は有限であり，化石燃料の消費による二酸化炭素の排出も大きな問題である。化石燃料資源は，循環利用あるいは総量を維持した持続的利用が不可能な資源である点で他の資源と本質的に異なる。化石燃料に頼らないエネルギー獲得手段として，**原子力エネルギー**にどこまで依存するのか，**自然エネルギー**利用はどこまで拡大可能で，そのコストをどのように負担するのか，持続的に利用可能な**バイオマス資源**はどれだけ存在するのかなどを検討し，これらのバランスをどのように取っていくかについて最適解を見いだす努力を続けなければならない。ただし，我々に残された時間は必ずしも長くはない。

　人類文明が持続するためには，人類がこれまで経験したことのないような**破局的巨大災害**への備えも必要である。**巨大火山噴火**は，10万年の時間スケールでは普遍的なリスクであると見なさなければならない。人類が地球環境に与えつつある擾乱に対し，地球の気象システムがカオス的に応答して激しい気象現象が世界

的に頻発したり，突然の気候変動が起こるかもしれない。巨大災害のリスクに対しては，社会システムとしての対応だけではなく，個人や共同体のレベルにおいても対処できる柔軟性と備えを必要とする。

　地球科学は，諸科学の発展を基盤として地球の歴史を紐解き，それをもとに地球の現状と将来を理解するための科学である。地球への理解は，地球からの恵みとそこに潜むリスクを理解する科学的想像力の基礎となる。地球を知ることへの欲求は，未知なるもの，まだ誰も見たことのない世界を知りたいという人間の本能とも言うべき欲求でもある。人類は，この本能があるからこそ幾多の危機を生き延び，困難を克服して人間圏を拡大し，現在の社会を築いてきた。成長の限界に達しようとする今，我々はより良く地球を知ることを通じて新たな世界を切り開いていかなければならない。

応用編

1 太陽系の惑星

> 基礎編では，太陽系の8つの惑星は3つに分類されることを学んだ。それらは，岩石と金属を主成分とする**地球型惑星**（水星，金星，地球，火星），H_2とHeを主成分とする**巨大ガス惑星**（木星，土星：**木星型惑星**ともいう），水・メタン・アンモニア等の氷を主成分とする**巨大氷惑星**（天王星，海王星：**海王星型惑星**ともいう）である。この章では，太陽系の個々の惑星や小天体の特徴を学ぶ。章の最後では，太陽系の特徴を他の恒星の周囲を回っている系外惑星と比較する。そのことによって，太陽系の特徴が普遍的なものかどうかを考察する。

1.1 灼熱の世界：水星と金星

1.1.1 水　星

　水星の平均軌道半径は約 0.39 天文単位 (AU) であり，太陽の最も近くを公転する地球型惑星である。水星の軌道は太陽系の惑星としては離心率が大きく 0.2 もあるため，近日点距離と遠日点距離は 1.5 倍以上も変化する。水星は太陽の大きな潮汐力の影響で，公転周期の 2 倍と自転周期の 3 倍が等しい。このため，近日点[*1]において太陽が南中する地点は水星上の 2 カ所しかない。この地点を**熱極**といい，南中時の地表温度は 700 K に達する。なお，水星表面の平均温度は 452 K であるが，大気がほぼないため日陰の温度は 110 K ほどである[*2]。

　水星は最も小さな惑星であり，赤道半径が 2,440 km である。平均密度は 5.4 g cm^{-3} もあり，直径の 3/4 にもなる金属質の核があると考えられている。水星表面の磁場強度は地球の 1/100 とはいえ，固有磁場をもつことから，核の一部は溶融していると考えられる。

　水星の表面は多数のクレーターに覆われており，一見したところ月によく似ている（図1.1）。しかし，月のように暗色の玄武岩が占める海と明色の斜長岩が占める陸に明瞭には分かれていない。高さ1 km，長さ数 100 km におよぶ崖（リンクルリッジ）が見られる（図1.1）。これは水星が冷却したことで，その大きさが収縮し形成されたと考えられている。水星表面の岩石は，Feに乏しく，高い

*1　水星の近日点は徐々に移動していくことが知られている。その移動量は，他の惑星の万有引力の影響では説明できず，アインシュタインの一般相対性理論によって説明された。

*2　水星の自転軸は公転軌道面にほぼ垂直であるため，極付近のクレーター底には太陽光の当たらない永久影となる部分がある。水星でもこうした場所の温度は常に 102 K 以下であり，メッセンジャー探査機の観測（2012年）によって，永久影内に氷が存在する可能性が指摘されている。

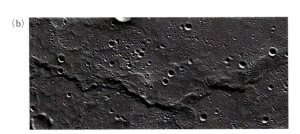

図 1.1　水星　(a)全体像，(b)リンクルリッジ（NASAによる）

*1 マントルが大規模に溶融してつくられるMgに富む火山岩。太古代のものがほとんどである。

Mg/Si比と低いAl/Si比およびCa/Si比をもっており、玄武岩とコマチアイト*1の中間的な化学組成をもっている。硫化鉱物は地球や月の岩石の10倍以上も含まれており、より還元的な環境で形成されたことを示している。

1.1.2 金　星

金星の平均軌道半径は約0.72 AUで、太陽から2番目に近く、地球のすぐ内側を公転する地球型惑星である。金星の平均半径、質量はそれぞれ地球の約95%、約82%あり、両者の内部構造はよく似ていると推定され、地球の兄弟星ともいわれる。しかし、実際にはさまざまな点で大きく異なった惑星である。金星は太陽光（可視光）を強く反射[*2]する。それは、可視光を強く反射する濃硫酸の雲粒からなる厚い雲の層に金星が覆われているためである。このため自転周期はレーダー観測によって求められており、約243日と非常に長く、かつ、その自転方向は他の惑星とは逆で、北極から見て右まわりである。金星の大気は自転よりもはるかに高速でわずか4日で金星を一周する。これを**スーパーローテーション**という。その仕組みはまだ十分には解明されていない。金星は主に二酸化炭素（96.5%）、窒素（3.5%）からなる厚い大気をもち、表面付近の気圧は約90気圧ある。このため、金星では暴走温室効果（応用編4章参照）がはたらき、表面温度は約730Kにもなる。

*2 このため、古くから明けの明星・宵の明星として知られている。

金星に着陸したベネラ探査機（1975-1982）によって、金星表面は玄武岩で覆われていることがわかった。マゼラン探査機のレーダー測定（1990-1992）からは、成層火山だけでなくパンケーキ状火山も見つかっており、玄武岩よりも粘性の高い溶岩の存在も示唆される（図1.2）。さらには、褶曲山脈も存在する。金星にもクレーターは存在する。単位面積あたりのクレーター数から金星表面の形成年代は5〜10億年と推定されている。クレーターは全球的にランダムに分布していることから、5〜10億年前に金星全体の表面が溶岩で覆われるようなできごとが起きたと考えられている。

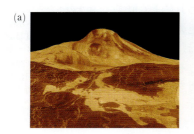
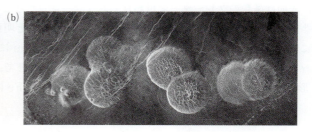

図1.2　金星の火山　(a)成層火山, (b)パンケーキ状火山（NASAによる）

1.2　赤い隣人：火星

*3 その離心率は0.09で、水星の次に大きい。このため、火星の軌道の研究からケプラーは3つの法則を導き出すことができた。

火星の平均軌道半径は約1.52 AU[*3]で、地球のすぐ外側を公転する地球型惑星である。赤道半径は3,396 kmであるが、地球型惑星で最も小さい平均密度（3.93 g cm^{-3}）をもつ。自転周期は24時間37分である。火星の自転軸は公転面に垂直な方向から約25°傾斜しているため、季節変化が見られる。火星には薄い

大気（1/100 気圧未満）があり，主に二酸化炭素（95％），窒素（3％），アルゴン（1.6％）からなる。平均気温は 170 K で，寒冷かつ乾燥している。このように薄い大気ではあるが，火星全体に広がる**砂嵐（ダストストーム）**が起きることがある。火星は肉眼でも赤く見える。それは，火星の表面に Fe^{3+} を含む鉱物[*1]が存在するためである。

*1 赤鉄鉱 Fe_2O_3，針鉄鉱 $FeO(OH)$ といった鉱物である。

火星は北半球と南半球で地形が大きく異なる。南半球は単位面積あたりのクレーター数が多く，約 40 億年前に形成された地形であると推測されている。一方，北半球は低地になっており，単位面積あたりのクレーター数は少なく，35～25 億年前に形成された地形だと推測されている。火星には巨大な火山がいくつも存在する。**オリンポス山**は平均半径からの高さが 27 km，裾野の直径が約 600 km にもおよぶ太陽系最大の火山である。その東に位置するタルシス地域も 3 つの巨大火山が集中している。このように，火星に巨大火山が存在するのは，火星には**プレートテクトニクス**がないため，同じ場所で長期にわたって火山活動が続いたためであると考えられる。タルシス地域から東側に向かって長さ 2,000 km，深いところで 10 km もある**マリネリス峡谷**が存在する。この峡谷は風化侵食によって形成されたものではなく，タルシス地域の隆起によって形成された地溝帯であると考えられている。火星には地球のように極冠がある。極冠は CO_2 と H_2O の氷からなるが，H_2O 氷は夏期には昇華する。極冠周囲の地下には厚さ数 1,000 m にもなる水の氷が存在することが，マーズエクスプレス探査機のレーダー探査によって明らかになった。

火星には大規模な流水地形があることが知られている。南半球には地下水の侵食によって形成されたとされる谷ネットワーク，北半球には巨大洪水の跡であるアウトフローチャンネルが存在する（図 1.3）。火星の表面は，3 台のローバー[*2]によって詳しく調べられてきた。その結果，火星には堆積構造をもつ堆積岩や礫岩が存在すること，水から析出した鉱物である石膏[*3]や粘土鉱物が発見されている。また，マーズ・グローバル・サーベイヤー探査機等の観測（2005 年）によって，現在も何らかの流体が流れ出ている場所も発見されている。

*2 天体の表面を動き回って調査できる車両のこと。これら 3 台のローバーは地球からの通信によって制御している。

*3 石膏 $CaSO_4 \cdot 2H_2O$

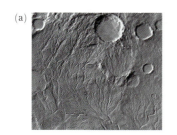 

図 1.3 火星の表面 (a)谷ネットワーク（NASA による），(b)アウトフローチャンネル（ESA による）

1.3 地球環境への脅威：小惑星と隕石

火星と木星の間には，軌道が確定し番号が振られているものだけでも 523,824 個もの小天体が存在している（2018 年 10 月現在）。最大のケレス[*4]は球形に近く

*4 最大の小惑星ケレスは，準惑星の一つでもある。

図 1.4 **小惑星** (a)ケレス（長径 974.6 km）（NASA による），(b)イトカワ（長径 535 m）（JAXA による）

直径半径約 950 km である．しかし，大半の小惑星は大きさ数 10 km より小さく不規則な形態をしている（図 1.4）．小惑星の大部分は 2.1～3.3 AU の範囲に分布しており，**メインベルト小惑星**という．その他に，主なものとして，地球軌道と交差するような**地球近傍小惑星**，木星の軌道上で木星と ±60° 離れた位置に存在するトロヤ群小惑星がある．2010 年に，はやぶさ探査機が試料を持ち帰ったイトカワは地球近傍小惑星の一つである．地球近傍小惑星の力学的寿命（地球や火星に衝突するまでの期間）は 10^7 年程度であるため，メインベルト小惑星が木星の大きな重力など[*1]の影響で地球近傍小惑星の軌道に変化するものと考えられている．白亜紀末に地球に衝突した小惑星も地球近傍小惑星であり，地球近傍小惑星は地球環境への脅威である[*2]．

小惑星は太陽光の反射スペクトルの形状によって分類されている．スペクトル形状にもとづく分類の主要な型には，S 型，C 型，D 型，P 型があり，小惑星を構成している物質の違いを反映するものと考えられている．

隕石は惑星間空間に存在していた固体物質が地球に衝突してきたものである．現在 59,941 個の隕石が登録されている（2018 年 10 月現在）．そのほとんどは小惑星起源であるとされ，45 億年を越える古い形成年代をもつ．その他，少数だが月や火星起源の小惑星も存在する．隕石は，**コンドライト隕石**，**始原的エコンドライト隕石**，**エコンドライト隕石**に大別[*3]され，それらはさらに多くの種類に細分される（図 1.5）．コンドライト隕石はコンドルールという自由空間において溶融し結晶化した大きさ数 10 μm から数 mm の球状の物体を含むことから，その名

[*1] その他，不規則な形状の天体が不均等に赤外線を放出することで軌道が変化する YORP 効果も重要といわれている．

[*2] 白亜紀末に地球に衝突したとされる直径約 10 km クラスの小惑星が地球に衝突する頻度は 1 億年に一度程度である．小さいものはべき乗で数が増えるため，小さいものの衝突頻度はより高い．このため，地球近傍小惑星に対しては監視体制が敷かれている．

[*3] 以前は，石質隕石，石鉄隕石，鉄隕石という分類がよく行われたが，未分化隕石と分化隕石の一部が石質隕石に分類されるといった問題があるため，ここでは用いない．

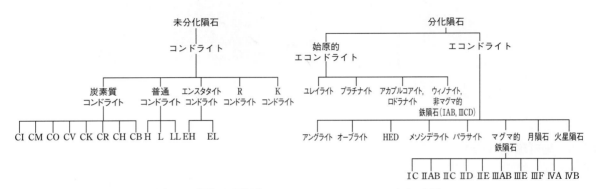

図 1.5 **隕石の分類**（Weisberg et al., 2006 にもとづく）

が付けられた。コンドライト隕石の母天体*は火成作用によって天体スケールの分化を経験しておらず，未分化隕石ともよばれる。他の2種類は，多かれ少なかれ分化を経験しており分化隕石ともよばれる。

隕石と小惑星のスペクトル型との対応が早くからできていたのは，ベスタ起源とされる分化隕石の一種HED隕石である。普通コンドライト隕石がS型小惑星起源であることが確定するには，イトカワの試料の分析を待たねばならなかった。現在，はやぶさ2探査機が向かっているリュウグウはC型小惑星に属しており，CMコンドライト隕石に似た物質からできていると推定されている。

* 隕石がもたらされた天体を母天体という。

1.4　太陽系の巨人たち：木星，土星とその衛星

木星と土星の平均軌道半径は，それぞれ，約5.2および約10 AUである。木星と土星は，地球の直径の11倍と約9倍もある太陽系で最大および2番目に大きな惑星である。どちらも**巨大ガス惑星**であり，体積の大部分をH_2，He，メタンなどが占める。これらは天体内部の浅いところでは気体であるが内部では液体状態となる。そして，中心部分には，岩石，金属，氷からなる核が存在すると考えられている。どちらも，約10時間という短い周期で自転しているため，赤道方向に膨らんでいる。

小型望遠鏡でも容易にわかる木星の特徴は縞模様と**大赤斑**である（図1.6）。木星は自転が速いため，強い**コリオリ力**がはたらき，東西方向の風が生じる。この風に沿って主にアンモニアやメタンからできた雲が並んでいる。明るい部分は**帯**，暗い部分は**縞**という。大赤斑は，地球が3個も入るほどの巨大な赤っぽい嵐で，1600年代に発見されてから今日まで存在している。土星の場合にも縞模様が見られるが，木星よりは薄い。どちらも，表面の色はクリーム色である。これらは大気中の有機物による着色だと考えられている。大気層の下には，液体水素や液体金属水素の層が存在する。後者が存在するため，どちらも強い磁場をもち，極付近でオーロラが観測されることがある。

土星の最大の特徴は**環**をもつことである。望遠鏡で観測できる明るい環は，外側からA環，B環，C環とよばれる（図1.7）。A環とB環の間には，カッシーニの間隙とよばれる隙間がある。土星の環は直径（A環の外縁の直径は土星の2.25倍）に対して厚みは非常に薄く，10 m程度しかない。このため，土星の環を真横から観察できる時期には，環がほとんど見えなくなる（環の消失という）。天体力学的な考察から，環は多数の粒子からできていなければならないことは19世紀

図1.6　木星

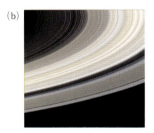

図1.7　(a)土星とその環，(b)環の拡大像（NASAによる）

には予測されていた．ボイジャー探査機は，明るい環が数 1000 本もの細い環の集まりであること（図 1.7），環を構成する粒子の 95 % は大きさ数 m から数 cm の H_2O の氷であることを明らかにした．これらの環の外側には E 環，F 環，G 環があり，より内側に D 環がある．これらは非常に暗い大きさ数 μm の粒子からなる[*1]．

*1 木星，天王星，海王星にも環があるが，土星の暗い環と同様に大きさ数 μm の暗い粒子からできている．

木星も土星も，非常に多くの衛星をもつ．木星では 79 個，土星では 62 個[*2]の衛星が発見されている（2018 年 10 月現在）．ガリレオが発見した 4 個の大きな衛星は，木星に近い方から，イオ，エウロパ，ガニメデ，カリストとよばれる．イオは太陽系で最も火山活動の盛んな天体である．その熱源は木星の巨大な潮汐力である．**エウロパ**の表面は氷に覆われているが，クレーターはほとんどなく，着色した染みや脈状の地形が見られ，地下に海があると考えられている．

*2 同一天体の可能性があるものを除いた数．

土星の衛星の**エンケラドス**も氷に覆われた衛星である．この天体にもクレーターはほとんどない．エンケラドスの南極付近には**間欠泉**が存在しており，やはり地下に海があると考えられている（図 1.8）．間欠泉の噴出物はカッシーニ探査機によって分析されており，岩塩，カリ岩塩，メタンやプロパンなどの単純な有機分子，アンモニア，非晶質シリカ，水素が検出されている．土星最大の衛星**タイタン**は，主に窒素（97 %），メタン（2 %）からなる，1.5 気圧にもなる大気をもつ．大気中には有機物の「もや」がかかり，表面を観測するのは難しい．2005 年にはカッシーニ探査機から分離されたホイヘンス着陸機が着地するまでの間に，河川や海岸線のような地形を観測している（図 1.9）．タイタンの表面温度が約 94 K であり，メタンが固体，液体，気体の 3 態を行き来できる温度範囲に入っていることから，メタンが地球における水の役割を果たしてできた地形と考えられている．

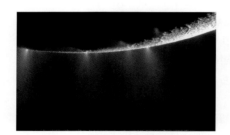

図 1.8 エンケラドスの間欠泉
（NASA による）

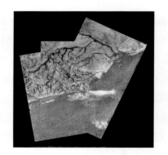

図 1.9 タイタンの河川や海岸線のような地形（NASA による）

1.5 極寒の世界と太陽系の放浪者

天王星と海王星の平均軌道半径はそれぞれ約 20.1 AU と約 30.1 AU であり，太陽から最も遠くに位置する**巨大氷惑星**である．どちらも主に水素，ヘリウム，メタンからなる大気をもつが，メタンによって赤い光が吸収されるため，どちらも青く見える．それらの内部の大部分は，水・アンモニア・メタンの氷[*3]からなるマントルが占めており，中心部には岩石質の核がある．海王星の最大の衛星トリトンは海王星の自転方向とは逆向きに海王星の周囲を公転している逆行衛星で，太陽系外縁天体を海王星が重力的に捕獲したものと考えられている．トリトンの

*3 惑星科学では，水・二酸化炭素・アンモニア・メタンの固体の総称を氷とよぶ．また，巨大氷惑星内部の「氷」は液体状態になっている．

表面は 42 K という極低温であるが，窒素とメタンの氷に覆われたその表面は活動的であり，クレーターはかなり少なく，液体窒素と液体メタンの溶岩を噴出する**氷火山**が発見されている。

　1990 年代になって，冥王星と似た軌道をもつ小天体が初めて発見されて以降，次々と同様の天体が発見され，2,442 個が登録されている（2018 年 10 月現在）。それらは海王星軌道よりも太陽から遠いところに存在する氷天体であり，**太陽系外縁天体**[*1]とよばれる。**冥王星**[*2]よりもより直径が大きい太陽系外縁天体が発見された際に，惑星の定義が議論された結果，2006 年から冥王星は太陽系外縁天体の最も大きな天体の一つとして，準惑星に再分類された。ニューホライズンズ探査機は，2015 年に冥王星とその衛星カロンを観測し，それらの表面には，氷火山，巨大な氷原，起伏に富む山地，茶色く着色した領域があり，予想以上に活動的な天体であることを見出した（図 1.10）。

　彗星はほうき星ともよばれる長い尾をもつ天体である。突如現れる異様な天体であることから，古来，不吉なことの前兆と考えられていた。18 世紀になると，彗星も万有引力の法則に従う太陽系の天体の一つであることが明らかになった。彗星本体（彗星核）は大きさ約 1〜数 10 km の氷天体であり，太陽に近づくと表面からガスや塵（ダスト）を放出するようになり，これが尾として観測される。彗星は，非常に細長い楕円から放物線軌道をもつ**長周期彗星**と，200 年以下の周期をもつ**短周期彗星**に分類される。前者は，直径 10^{4-5} AU もある球殻状に太陽系を取り巻く領域（**オールトの雲**）起源[*3]とされるのに対して，後者は太陽系外縁天体起源であるとされる（図 1.11）。彗星核は汚れた雪玉にしばしばたとえられ，氷，鉱物，有機物からなる天体である。探査機の観測によると，短周期彗星の彗星核表面は非常に黒い物質に覆われている[*4]。近年，地球や火星に水や有機物が形成後にもたらされたかどうかということが議論されている。それらを運んだ天体としては，小惑星（特に，粘土鉱物などの含水鉱物を多く含むと考えられている C 型小惑星）や彗星が候補としてあげられている。これらの天体起源の隕石や彗星の重水素/水素比を地球の値と比較すると，小惑星起源の隕石の値はほとんど同じであるのに対して彗星の値は高いものがほとんどである。このことから，地球に水や鉱物をもたらしたのは小惑星であるという説が有力である。

[*1] （エッジワース）カイパーベルト天体，海王星以遠天体ともよばれる。
[*2] 冥王星の直径は 2,370 km しかなく，月の直径 3,474 km よりかなり小さい。
[*3] 太陽系初期に木星の巨大な重力によってこのような遠くにはじき飛ばされたものと考えられている。
[*4] ロゼッタ探査機が観測した Churyumov-Gerasimenko 彗星の場合，表面に水の氷はわずか 2% 以下しか含まれていなかった。

図 1.10　冥王星と衛星カロン（NASA による）

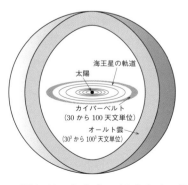

図 1.11　カイパーベルトとオールト雲の分布の模式図。オールト雲の球殻状の分布の一部を切り取り内部が見えるようにしたもの。

惑星間空間に存在する微細な粒子（流星体，メテオロイド）が高速で地球大気に突入したときに起きる発光現象のことを**流星**という。メテオロイドの起源は短周期彗星（木星族彗星）および小惑星である。短周期彗星の軌道上には彗星から放出された塵がトーラス状に分布している。その中を地球が通過すると，多くの流星が天球上の一点（放射点）から放射状に飛び出してくるように見える。このような一群の流星のことを**流星群**[*1]という。

*1 流星の単位時間あたりの出現数が1時間に1,000個を越える場合には流星雨という。

1.6 異形の世界

*2 系外惑星の検出方法としては，ドップラーシフト法（視線速度法），トランジット法（食検出法），マイクロレンズ法，直接撮像法などがある。

*3 英語では離心率のことをエキセントリシティーということと，エキセントリックをかけたジョークである。

1990年代になって，他の恒星のまわりを公転する惑星が発見[*2]されるようになった。これらを**（太陽）系外惑星**という。これら太陽系外惑星には，太陽系の惑星からは想像もできない性質をもつものが多数ある。一つは，わずか数日程度で中心星の周囲を公転する巨大ガス惑星である。太陽系ではおよそ5 AU以遠にしか存在しない巨大ガス惑星が中心星のすぐそばに存在することから**ホットジュピター**ともよばれる。また，離心率が0.5を越えるような楕円軌道をもつ惑星も発見されており，**エキセントリックプラネット**[*3]とよばれる。これらの系外惑星がどのようにして今日見られるような軌道をもつようになったかを検討することで，惑星の軌道の安定性についての議論が深まり，太陽系においても，形成時から形成後の巨大惑星の軌道安定性について新たな検討が行われるようになっている。ガス惑星だけでなく，主成分が岩石や金属であると推定される太陽系外惑星も存在する。岩石質の太陽系外惑星で地球の数から10倍程度の質量をもつものを**スーパーアース**という。

惑星に生命が誕生して存続していくことのできる恒星の周囲の領域のことを**ハビタブルゾーン**という。地球の生命の維持には液体の水の存在が不可欠である。他の天体の生命でも液体の水の存在が同様に不可欠である可能性は高いとして，惑星表面に安定的に液体の水が存在することを必要条件とすると，この条件を満たす領域がハビタブルゾーンということになる。この範囲は，基本的には中心星からの距離に依存するが，加えて，系外惑星の大気，水，自転軸の傾斜などにも依存する。それでも，ハビタブルゾーンにあると考えられる地球サイズの岩石質の太陽系外惑星も発見されるようになっている。

今までに存在が確定している太陽系外惑星は3,878個である（2018年10月現在）。太陽系の惑星に似た中心星からの距離と大きさをもつ太陽系外惑星を検出するのは現在の方法では困難であるため，太陽系に似た構造をもつ太陽系外惑星系がどの程度存在するかはまだ明らかではない。

2 地球と惑星の形状と重力

応用編

本章では，地球の形はどのように定義されて，それが重力とどう関係があるのかを説明する。このことは地球上の位置を緯度・経度・高さで表現するということと密接に関係する。この章では基本的には地球の形の説明をするが，関連して惑星など太陽系内のほかの天体の形に関する話題を含める。

2.1 地球は丸い

地球の形は第 1 近似としてはもちろん球である。これはもちろん宇宙から撮影した地球の写真 (図 2.1) を見れば明らかなことである。

図 2.1　JAXA 月周回衛星「かぐや」から見た地球の姿 (ⓒJAXA/NHK)。月から見た「満地球の出」を撮影したもの。地球が丸いことがよくわかる。

地球の大きさは 1 周が約 40,000 km である。これはもともとメートル法の**メートル**の定義が極から赤道までの距離を 10,000 km であると決めたことに由来する[*1]。したがって，地球の半径は 1 周の長さを 2π で割って 6,366 km であるということになる。

地球が丸い理由は，万有引力が等方的にはたらくことに由来するわけだが，地球内部がある程度流動的であることにもよる。観測によれば，半径が約 200〜300 km 程度よりも大きな小惑星は丸く，それより小さな小惑星はあまり丸くない (図 2.2；Hughes and Cole, 1995；荒川, 2004)。小さい小惑星は万有引力が小さく，内部の温度や圧力が十分に高くはならないので流動的にならず，丸くはならない。半径が 300 km の天体の中心圧力は 150 MPa[*2] くらいになり，一方，岩石の破壊強度は 200 MPa 程度である。両者がほぼ一致するということから，それより大きな天体ではいびつな形を支えきれずに丸くなるということが推測できる。

[*1] 現在ではメートルは光の速度を基準として定義されている。

[*2] 圧力の単位で，メガパスカルと読む。1 気圧が約 1,000 hPa (ヘクトパスカル) ($=10^5$ Pa) だから，1 MPa ($=10^6$ Pa) は約 10 気圧である。圧力については付録 A も参照。

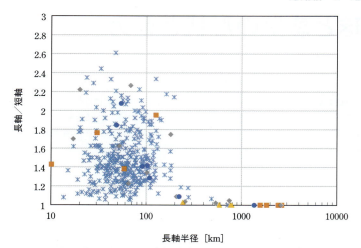

図 2.2　小惑星や木星型惑星の衛星の長軸半径と長軸・短軸比の関係。水色のアスタリスクが小惑星，橙の四角が木星の衛星，灰色の菱形が土星の衛星，黄色の三角形が天王星の衛星，青の丸が海王星の衛星を示す。データは，小惑星に関しては Broughton (2017)，衛星に関しては NASA Space Science Data Coordinated Archive (2016) による。半径が 200～300 km 程度を境にして，それよりも大きい天体は長軸と短軸にほとんど差がなく，丸いことがわかる。

2.2　ジオイドの概念と標高

地球の形をもう一段階精密に考える。そのレベルになると，地球の形を何をもって定義するかということがまず問題になる。伝統的には，地球の形は，高度 0 に相当する**重力の等ポテンシャル面**で定義される。これを**ジオイド** (geoid)[*1]という。重力の等ポテンシャル面とは，やや不正確ながら平たく言えば，平均的な海面（平均的なという意味は，潮汐をならしたという意味である）もしくは等高度面である。

なぜ重力の等ポテンシャル面を「地球の形」とするのだろうか。「形」なのだから，地表面をそのままなぞれば良いではないかと考えるのが素直ではある。しかし，地形を宇宙空間内の 3 次元座標で表現してもそれはわかりづらいし，そもそも GNSS (Global Navigation Satellite System)[*2]のような宇宙測地学の時代以前にはある地点の宇宙空間内での座標を直接測定する方法がなかった。そこで，地形は「**緯度・経度・標高**」で表現し，その緯度・経度と標高の基準は別の方法で決定するという 2 段階で地球の形を表現することになった。その標高の基準がジオイドである。そこで，そのジオイドをもって「地球の形」とするようになった。

では標高の基準がなぜ重力の等ポテンシャル面になるのだろうか。それは，伝統的には標高を**水準測量**で測定するからである。水準測量においては，水準器によって水平面を求め，それを基準にして高さを測定してゆく（図 2.3）。その水準器が示す水平面が重力の等ポテンシャル面である。

*1　ジオイドという単語を初めて用いたのは，ドイツの Listing (1873 年) である。ただし，そのような概念自体は Gauss (1823 年) がすでに用いていた。

*2　地球を回る複数の衛星からの距離を電波を用いて測定することにより位置を決定するシステムのこと。GPS (Global Positioning System の略) はアメリカ合衆国の GNSS システムである。

2.2 ジオイドの概念と標高

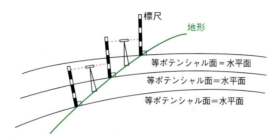

図 2.3 水準測量。水準測量においては，水平面を基準にして高さの差を順々に測定してゆく。

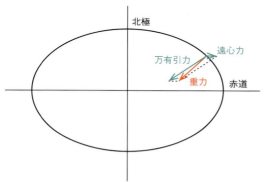

図 2.4 重力の定義。重力は万有引力と遠心力のベクトルの和である。

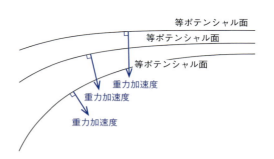

図 2.5 重力加速度と等ポテンシャル面の関係。重力加速度は等ポテンシャル面に垂直なベクトルである。等ポテンシャル面の間の間隔が狭いほど重力加速度は大きい。

それでは，重力の等ポテンシャル面とは何かを改めてきちんと考えてみよう。地球上にある物体は，地球による万有引力と自転による遠心力を受ける。この2つの力をベクトルとして足し合わせたものが重力である（図 2.4）。地表にある物体が地球の自転とともに動いている限り，万有引力と遠心力を同時に感じることになり，それらを分離して測定することはできないから，それらを合計した重力を考えるのが合理的である。水準器は，重力を感じて，重力に垂直な面を水平面とする。一方で，**ポテンシャル**とは，ポテンシャルの勾配が力になるような量である（図 2.5）。等ポテンシャル面は力の向きに垂直になる。式で書けば，重力ポテンシャルを W，重力加速度を g とするとき，

$$g = \nabla W \tag{2.1}$$

で定義される。∇ は勾配演算子[*1]で，デカルト座標系で ∇W を成分に分けて書くと

$$\nabla W = \left(\frac{\partial W}{\partial x} \quad \frac{\partial W}{\partial y} \quad \frac{\partial W}{\partial z} \right) \tag{2.2}$$

と表される。上の W は，ふつう力学の教科書で書いてあるポテンシャルと符号が逆になっているが，このような学問（測地学[*2]という）では便宜上どちらかといえば上のように定義することが多い。図で表現するとすれば，3次元空間を描くのは難しいから，どこかの2次元断面で考える。その断面上で等ポテンシャル

*1 勾配演算子 ∇ は grad と書くこともある。これは gradient（勾配）の略である。

*2 測地学（geodesy）とは地球の形と重力を扱う学問である。

面（2次元断面では線になる）の図を描いてそれを等高線だと思うと，地球中心に向かうほど高さが高くなることになる。坂の勾配が最も急な上り坂の方向が重力になる。海水が密度が一定で重力だけがはたらいて静止しているのならば，海面は等ポテンシャル面になる。実際は，潮汐があったり，海流があったりするので，海面は必ずしも等ポテンシャル面とは一致しない。しかしながら，おおざっぱには一致するので，よく初心者向けのジオイドの説明においては，ジオイドは平均海面であり，陸地でも細い溝を掘って海水を導入したと仮定するときに海面が作る面だという言い方をする。

正標高（orthometric height）は，その場所のジオイドから等ポテンシャル面に垂直に測った距離として定義される[*1]（図2.6）。日本では，ジオイドは，東京湾平均海面と一致する等ポテンシャル面が選ばれている。実用上は，測量法施行令第2条によって**水準原点**[*2]とその標高[*3]が定められており，それを基準にして標高の測量を行うことになっている。

> [*1] 日本で使われている標高の定義は，正確には正標高の一種であるヘルメルト高である。正確な定義については，黒石(2003)を参照されたい。
>
> [*2] 水準原点は東京都千代田区永田町にある。
>
> [*3] 2011年10月に改訂された水準原点の標高は24.3900 mである。大きな地殻変動があると，この数値は改訂される。2011年10月の改訂も同年3月の東北地方太平洋沖地震による地殻変動を受けてなされたものである。

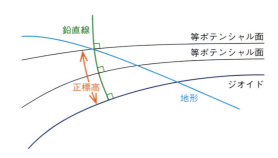

図2.6 正標高の定義。正標高はジオイドから鉛直線に沿って測った距離である。

2.3 静水圧平衡とジオイド

ここまでは，地球の形を**ジオイド**とする理由を測量の便宜の観点から説明したが，それ以前の前提として，実際に等ポテンシャル面の形と地表面の形がそう離れてはいないということが重要である。実際，地表面の形がジオイドと最もずれている点は，地表面を「固体地表面と海面」と考えれば，エベレスト（チョモランマ）山の標高約 8,850 m であり，地表面を「固体の地表面」のみを指すものと思えば，マリアナ海溝の約 11,000 m である。これらは地球の半径約 6,400 km のそれぞれ約 1/700，1/600 程度の量にすぎない。つまり，1%以下の精度で，地表の幾何学的な形とジオイドとは一致するのである。

なぜ地表の実際の形とジオイドがほぼ一致するかといえば，固体地球の深部[*4]には**流動性**があり，長い時間経てば，その2つが一致するように流動するからである。海でも固体地球でも，流動性があり長い時間が経つと，内部では力のつり合いが成立する。この場合内部ではたらく力は圧力だから，

$$0 = -\nabla p + \rho \nabla W \tag{2.3}$$

が成立する。ここでpは圧力，ρは密度である。この関係を**静水圧平衡**（hydrostatic

> [*4] どのくらいより深ければ（圧力と温度が十分高ければ）岩石が流動的になるのかは微妙な問題があり，一概に述べるのは難しい。余裕をもって言えば，数〜数10 kmよりも深いところが流動的である。だからこそ地形は10 km程度よりも大きくジオイドからずれることはない。詳しくは唐戸(2011)の第9章の議論を参照のこと。

ilibrium)*1 という。この式が意味していることは，もしρが一定なら，圧力勾配の向きと重力の向きが一致するということである。等圧面や等ポテンシャル面は，圧力勾配や重力にそれぞれ垂直だから，このことから等圧面と等ポテンシャル面が一致するということもわかる。地表は近似的には1気圧の等圧面と考えてよいから，地表の形状と等ポテンシャル面は一致するようになるのである。

まとめると，地球内部には流動性があるから，地球の形とジオイドはほぼ一致するようになる。これを実際に証拠付けている現象もある。今から約20,000年前の最終氷期最盛期には，北米大陸北部やスカンジナビア半島は分厚い氷に覆われていた。今では氷が融けている。そうすると，固体地球にとっては上からの荷重が取れたことになるので，流動性があれば少しずつ盛り上がってくるはずである*2。この隆起が実際に観測されている。このことから地球内部の流動性がどの程度あるかも定量的に推測されている。

*1 付録A参照。

*2 氷期の後に氷が融けた部分が盛り上がってくる現象のことを英語ではpostglacial reboundとよぶ。定着した和訳はないが，「後氷期の隆起」，「後氷期回復」，「後氷期地殻隆起」などと訳された例がある。

2.4 地球や惑星は回転楕円体

自転する天体では，遠心力があるために，地球や惑星のジオイドは極方向が少しつぶれて赤道方向に少し膨らんだ**回転楕円体**[*3]にほぼなっている。この回転楕円体が万有引力のポテンシャルと自転角速度を用いてどう表されるかを考えていこう。以下，惑星という単語は省いて単に地球と書くけれども，他の惑星でも同様に成り立つ。

まず，**重力ポテンシャル**を数式で表そう。重力ポテンシャルWは万有引力のポテンシャルVと遠心力のポテンシャルΦの和である。

$$W = V + \Phi \tag{2.4}$$

地球が回転楕円体なのだから，万有引力のポテンシャルの形も回転楕円体になる。このことを少し数式で書いてみよう。万有引力のポテンシャル面の形を通常近似的に

$$V = \frac{GM}{r}\left[1 - J_2\left(\frac{a}{r}\right)^2 \frac{3\sin^2\varphi - 1}{2}\right] \tag{2.5}$$

というふうに表す*4。ここでGは万有引力定数（$G = 6.672 \times 10^{-11}$ m³ kg⁻¹ s⁻²），Mは地球の質量（$M = 5.974 \times 10^{24}$ kg），rは地球中心からの距離，φは緯度，aは赤道半径である。最初の項GM/rは地球の全質量が中心に集中している場合のポテンシャルで，球対称*5である。定数J_2を含んだ項がポテンシャルが楕円体形に赤道方向に膨らんでいることを表現しており*6，$J_2 > 0$であることが，等ポテンシャル面が赤道方向に膨らんでいることを表す（演習問題2.2）。これに対して，遠心力のポテンシャルは

$$\Phi = \frac{1}{2}\omega^2 r^2 \cos^2\varphi \tag{2.6}$$

と書ける*7。ここでωは自転角速度である。これらを足すと重力ポテンシャルは

$$W = V + \Phi = \frac{GM}{r}\left[1 - J_2\left(\frac{a}{r}\right)^2 \frac{3\sin^2\varphi - 1}{2} + \frac{1}{2}m\left(\frac{r}{a}\right)^3 \cos^2\varphi\right] \tag{2.7}$$

となる。ここで，mは赤道における万有引力と遠心力の比で

*3 地球のように赤道方向に膨らんだ回転楕円体とは，自転軸が短軸となる楕円形を自転軸のまわりに回転させてできる形である。

*4 式(2.5)の導出は巻末の参考文献を参照のこと。

*5 ポテンシャルが球対称というのは，言い換えると等ポテンシャル面の形が同心球面になるということである。

*6 楕円状のふくらみを表すのに使う$(3\sin^2\varphi - 1)/2$という形の関数は，2次のルジャンドル多項式とよばれる。詳しくは，巻末の参考文献を参照のこと。ここでは，この関数が赤道でマイナス，両極でプラスになってその中間は滑らかな関数であるということを確認してもらえば十分である。J_2の添字の2は，この関数が一連のルジャンドル多項式のうちの2次のものであることからきている。

*7 遠心力は，自転軸と直交する方向で自転軸から遠ざかる方向にはたらき，その大きさは$\omega^2 r \cos\varphi$である。$s = r\cos\varphi$として遠心力の大きさは$s\omega^2$だから，これを積分すると，ポテンシャルは$\Phi = \int s\omega^2 ds = \frac{1}{2}\omega^2 s^2$となる。

$$m = \frac{a\omega^2}{GM/a^2} = \frac{\omega^2 a^3}{GM} \tag{2.8}$$

と定義される．地球の場合，

$$m = 3.46 \times 10^{-3} = \frac{1}{289} \tag{2.9}$$

となる（演習問題 2.1）．

次に，これから等ポテンシャル面の形を求めよう．ジオイドのポテンシャルを W_0 とする．すると，等ポテンシャル面を表す式は

$$W_0 = W(r, \varphi) \tag{2.10}$$

すなわち，

$$W_0 = \frac{GM}{r}\left[1 - J_2\left(\frac{a}{r}\right)^2 \frac{2 - 3\cos^2\varphi}{2} + \frac{1}{2}m\left(\frac{r}{a}\right)^3 \cos^2\varphi\right] \tag{2.11}$$

となる．$m, J_2 \ll 1$ とすると，

$$r \approx r_0\left[1 - J_2 + \left(\frac{3}{2}J_2 + \frac{1}{2}m\right)\cos^2\varphi\right] \tag{2.12}$$

と近似的に解くことができる[*1]（演習問題 2.4）．これが**ジオイドの回転楕円体**を近似的に表現する式である[*2]．ただし，

$$r_0 = \frac{GM}{W_0} \tag{2.13}$$

である．

地球がどれくらいつぶれているかを表す量として**扁平率**(flattening) f を

$$f = \frac{a - c}{a} \tag{2.14}$$

と定義する．ただし c は極半径である．式 (2.12) において，緯度を 90° とすると，極半径が

$$c = r_0(1 - J_2) \tag{2.15}$$

となり，緯度を 0° とすると，赤道半径が

$$a = r_0\left(\frac{1}{2}J_2 + \frac{1}{2}m\right) \tag{2.16}$$

となることがわかるから，

$$f = \frac{a - c}{a} = \frac{3}{2}J_2 + \frac{1}{2}m \tag{2.17}$$

となる．実際の地球の場合は，f を実測することもできるし，J_2 を実測して[*3]上の式から f を求めることもできる．その結果，$f = 1/298$ という値が得られている．

さて，地球の扁平率は 1 よりはだいぶん小さいのだが，地形を表現するときにはそう小さな量ではない．地球の赤道半径と極半径の差を計算してみよう．

$$a - c = af = \frac{6370 \text{ km}}{298} = 22 \text{ km} \tag{2.18}$$

何と，地球の赤道の出っ張りは，エベレスト（チョモランマ）山より高い．だから地形を表すときにこの量は全く無視できない量であることがわかる．たとえば，地球中心からの距離で高さを表すと，世界最高峰は，エベレストではなく，南米の山になる（エクアドルのチンボラソ）．

[*1] 小さい量 m, J_2 がかかっている項では粗い近似をして良いので，式 (2.11) のかぎ括弧の中の第 2 項と第 3 項の r は定数 a で近似して良い．そうするとこの近似式が得られる．

[*2] 式 (2.12) が表現している形は，厳密に言えば回転楕円体ではない．

[*3] J_2 はたとえば人工衛星の軌道の観測から計算できる．

2.5 扁平率と地球や惑星の内部構造

さて,天体(地球を含む惑星や衛星)の質量が中心に集中しているときは $J_2=0$ になるから,**扁平率**は $f=m/2$ になり,中心集中度が弱くなるにつれて J_2 が大きくなって f も大きくなる。そのことから逆に J_2 (もしくは f) の観測から天体の内部構造に関する手がかりが得られる。地球以外の天体では,探査機での探査を考えると f よりも J_2 の方が観測しやすいので, J_2 が観測されているものとしよう。

天体内部で完全に静水圧平衡が成り立っているという仮定の下に, J_2 を用いて天体の**慣性モーメント**[*1] I を次のように近似的に表現できることが知られている(ラドー・ダーウィンの式)。この式の導出はきわめてややこしいので,ここでは省略する[*2, *3]。

$$\frac{I}{MR^2} = \frac{2}{3}\left[1 - \frac{2}{5}\sqrt{\frac{5}{3J_2/m+1}-1}\right] \tag{2.19}$$

ここで R は天体半径である。 I は慣性モーメントであって, I/MR^2 は

$$\frac{I}{MR^2} = \frac{\int_0^R (8/3)\pi r^4 \rho(r)\,dr}{R^2 \int_0^R 4\pi r^2 \rho(r)\,dr} \tag{2.20}$$

と表される。ここで, $\rho(r)$ は密度の半径方向の分布を表す。 I/MR^2 は,密度が一様ならば 0.4 であって,密度が中心に集中するにつれて小さくなる。この量は,惑星や衛星の内部構造の推定に用いられている。

[*1] 慣性モーメントの定義は力学の教科書で確認されたい。

[*2] ラドー・ダーウィン (Radau-Darwin) の式の導出については, Fitzpatrick (2016) や Wahr (1996) などを参照されたい。

[*3] ラドー・ダーウィンの式のダーウィンは,進化論で有名なチャールズ・ダーウィンの第5子(次男)の George Howard Darwin である。

2.6 緯度と経度の定義:回転楕円体の幾何学

地球がだいたい回転楕円体だとわかったところで,緯度を改めて定義しよう。球の場合の緯度の定義は単純で疑問の余地はないが,回転楕円体になると図 2.7 のように少なくとも**地理緯度** (geographic latitude) と**地心緯度**の 2 通りの定義が考えられる。地理緯度は,回転楕円体面に対する垂線が赤道面となす角度である。地心緯度は,地球中心まで引いた線が赤道面となす角度である。日本でも世界標準でも緯度の定義としては,地理緯度が採用されている。

なぜ,地理緯度が採用されるのだろうか。それは,地球の中心の位置は直接観測できないのに対して,重力の方向と回転楕円体への垂線が一致していれば,地理緯度は天の北極の仰角(**天文緯度**という)に等しくなるからである。すなわち,地理緯度の方はその場で観測できる量だからである。

実際の地表面の形は回転楕円体からずれているから,緯度や経度は,その場所から基準となる回転楕円体へ垂線を下ろして,その垂線と回転楕円体との交点の位置の地理緯度と経度で定義される。その基準となる回転楕円体のことを**地球楕円体**という。日本では,2002 年 4 月以降国際的な基準である GRS80 (Geodetic Reference System 1980) 楕円体というものが採用されている(表 2.1, 2.2)。それまでは,日本独自の地球楕円体を用いていたが,GNSS の発達に伴い,国際的な基準に即していないと不都合が生じるので変わった。たとえば,GNSS を使っ

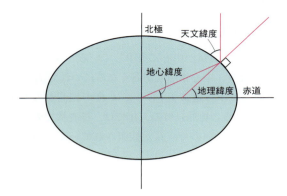

図 2.7 地心緯度，地理緯度と天文緯度の関係

表 2.1 GRS80 楕円体を定義する定数

定数	内容
$a = 6{,}378{,}137$ m	楕円体の赤道半径
$GM = 3{,}986{,}005 \times 10^8$ m^{3}s^{-2}	地球の地心重力定数
$J_2 = 108{,}263 \times 10^{-8}$	地球の力学形状係数
$\omega = 7{,}292{,}115 \times 10^{-11}$ rad s^{-1}	地球の自転角速度

表 2.2 GRS80 の導出定数の一部。表 2.1 から本章に書かれている知見を使って求められる定数には以下のようなものがある。

定数	内容
$c = 6{,}356{,}752.3141$ m	楕円体の極半径
$f = 1/298.25722101$	楕円体の扁平率

て航海をしていて GNSS が使っている国際的な緯度・経度と日本の緯度・経度が違っていると，浅瀬の位置を間違えて事故が起きるということがあるかもしれない。

ここで位置の基準をまとめると，緯度と経度は地球楕円体を基準に決められていて，標高はジオイドを基準に決められている。理想的には，ジオイドを最もよく近似する回転楕円体を地球楕円体にすると良いのだが，日本では，地球楕円体は国際基準に従い，ジオイドは東京湾平均海面を基準にしているから，地球楕円体とジオイドの間に直接的な関係はないことになっている。

演習問題

2.1 重力の等ポテンシャル面（ジオイド）を「地球の形」ととらえる根拠を大きく2点簡潔に述べよ。

2.2 J_2 が正であることが，万有引力ポテンシャルが赤道方向に膨らんでいることを示していることを説明せよ。

2.3 地球の自転角速度ωの値を s^{-1} 単位で計算せよ。そのことから $m = 1/289$ になることを確認せよ。

2.4 式 (2.12) を導出せよ。

2.5 火星では $J_2/m = 0.43$ であることが観測されている。このことから火星の I/MR^2 をラドー・ダーウィンの式 (2.19) を使って推定せよ。さらに，火星のマントルの密度が 3.5 g cm^{-3}，コアの密度が 7.0 g cm^{-3} と仮定して，式 (2.20) を用いて火星のコアの半径を推定せよ。

2.6 緯度経度や高さの定義が法律上どのように書かれているかを調べよ。
「測量法」と「測量法施行令」を見るとよい。

2.6 緯度と経度の定義：回転楕円体の幾何学

Column　ジオイド異常と重力異常

　第2章本文では，地球のジオイドは回転楕円体の形状をしているという説明をした。しかし，詳しく観測すると，回転楕円体形状からずれている（図2.8）。この基準となる回転楕円体からのずれのことを**ジオイド異常**という。

　回転楕円体から予測される重力からのずれをジオイドではなく重力加速度の形で表現することもある。これを**重力異常**という。重力異常は，**フリーエア異常**もしくは**ブーゲ異常**の形で通常表現される。フリーエア異常は，単純に回転楕円体の重力値からのずれである[*1]。ブーゲ異常は，山の質量の効果を差し引いて，地下の質量分布を反映した形にしたものである[*2]。

　これらのジオイド異常と重力異常は，見ている空間スケールに応じて使い分ける。グローバルなスケールではジオイド異常が用いられることが多い。ジオイドの方が大きなスケールの重力変化を反映しているからである。大きなスケールのジオイド異常はマントル対流のパターンを反映している。たとえば，図2.8ではジオイドが高い場所がマントル対流の上昇域と考えられている場所によく対応している。フリーエア異常は，アイソスタシーからのずれを反映しており，100〜1,000 km程度のスケールでパターンを見るときに使われる。ブーゲ異常は数100 km以下の範囲で地下構造を見たいときに使われる。

[*1] 単純とは言っても，観測点の高度の効果は補正して，ジオイド面での値に直してある。重力は地球から離れるほど（高度が上がるほど）小さくなるから，同じ高度で比較しないと地下の情報を反映した量にはならない。この補正をフリーエア補正という。

[*2] 山があれば，その山による万有引力が重力に反映する。そのように地形からわかる自明な効果を差し引くことで，重力異常を地下構造を反映した値に換算したものがブーゲ異常である。ただし，通常は山の密度を一定と考えて，山によって密度が違うという効果を考えない。したがって，様々な種類の密度の異なる岩石を含むような広い範囲で見るときは，必ずしも地下構造を反映しているとはいえなくなる。

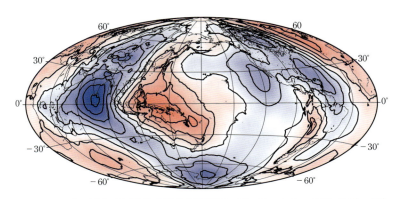

図2.8　地球のジオイド異常の図（EGM2008；Pavlis et al., 2012のデータを用いた）。赤色がジオイドが基準となる回転楕円体よりも高い場所，青色は低い場所である。等値線は20 m間隔である。

応用編

3 同位体と地球惑星の化学と年代学

> 宇宙において恒星の一生の過程で，さまざまな原子核がつくられた。その中で，安定で普段は変化しない「安定核種」と不安定なために他の元素に自発的に変わろうとする「放射性核種」ができた。核種の中には陽子数が同じでも，中性子数が異なる同位体がある。これらの同位体は，元素の履歴や宇宙や地球の生い立ちを理解するために，貴重な手がかりを提供してくれる。本章では，同位体の生成，元素の性質，安定な同位体の利用例を概観した後，放射性同位体を用いた放射時計の原理を述べ，いくつかの応用例を紹介する。

3.1 元素・同位体の生成

*1 元素記号の前の上付きの数字は質量数，すなわち陽子と中性子の数の合計である。

*2 中性子捕獲反応は，原子炉などで適度の運動エネルギーをもつ熱中性子を原子核に照射することにより，容易に再現できる。

*3 β^- 壊変の他に，プロトンが陽電子を放出して中性子に変わる β^+ 壊変もある。β^+ 壊変が起こると，陽子の数が減るために，原子番号が1つ下がる。ウランのように重い原子核からは，He原子核（α粒子）を放出して壊れることもある。これを α 壊変とよぶ。

地球や惑星の物質を構成する元素は宇宙でつくられた。宇宙における元素合成の場は主に，ビッグバン，恒星（主系列星，赤色巨星）の内部，超新星の爆発である。ビッグバンでは，その直後の数秒後に，冷却の進行とともに陽子，中性子，電子などの素粒子が生まれた。陽子は ^{1}H（原子番号1）*1 の原子核である。さらにそれらが核融合し，^{2}H（原子番号1），^{3}He，^{4}He（原子番号2）や ^{6}Li，^{7}Li（原子番号3）ができた（基礎編2章参照）。恒星の内部では，^{1}H の**核融合反応**により，^{4}He（原子番号2）ができた（基礎編3.3節参照）。これは，現在の太陽で進行している馴染みの深い反応である。それ以上重い元素の核融合には，さらに大きな圧力と温度が必要で，赤色巨星の芯がそのような場を提供した。そこでは，複数の ^{4}He が核融合して，^{12}C，^{16}O，^{20}Ne，^{24}Mg，^{28}Si など，比較的量の多い原子核がつくられた。核融合で生成する元素は ^{56}Fe（原子番号26）までで，それより重い元素は，既成の原子核が中性子を捕獲してつくられた。原子核が中性子に当たると，**中性子捕獲反応**という反応が起こる*2。その際，原子核に中性子がくっ付いて同じ原子番号の重い原子核が生まれる。それが不安定であれば，1つの中性子が自発的に電子を放出して，陽子に変わる。こうして原子番号の1つ大きな原子核が生成する。これは β^- **壊変***3 とよばれる壊変形式である。こうしてできた原子核が不安定な場合，安定な核になるまで β^- 壊変を繰り返す。このようにして，鉄より重いさまざまの元素が中性子捕獲と β^- 壊変によってつくられた（コラム参照）。

> **Column s-プロセスと r-プロセス**
>
> 1つずつ中性子を捕獲しながらゆっくりと進行する過程を s-プロセス，一度に多くの中性子を捕獲して進む過程を r-プロセスという。
> s-プロセスは，赤色巨星中心部の中性子の富んだ所で，r-プロセスは超新星の爆発，中性子星の合体といったカタストロフィックな場で，それぞれ進行する。s-プロセスの場合，その過程で短寿命の不安定核種ができると，それより重い原子核の生成は起こりにくくなる。
> 原子番号83の Bi から原子番号90の Th の間には安定同位体や半減期が 10^4 年以上の長寿命放射性核種が存在しない。それにもかかわらず，Th や U（原子番号92）がつくられるためには，r-プロセスが必要である。

つくられた多くの原子核は不安定で，太陽系からは短い時間でなくなってしまった。そのように現在ではなくなってしまっている原子核のことを**消滅核種**とよぶ。現在の太陽系には安定で自発的には壊変しない原子核と，少しだけ不安定で崩壊に数億年以上の時間を要する原子核だけが残った。現在の太陽系をつくるもとになった元素*はこのようにしてつくられ，その平均的な組成を図3.1に示す (Palme and Jones, 2005)．

一方で，微量ではあるが現在も生まれている放射性核種もある。^{3}H, ^{10}Be, ^{14}C, ^{26}Al などは，高エネルギー粒子からなる宇宙線との核反応によって大気中や地表面でつくられ，**宇宙線生成核種**とよばれている。

* 太陽系の元素組成は太陽スペクトルと隕石の組成から見積もられている。両者の見積もりの間には軽元素や希ガスでは大きな差がある。図3.1は隕石によって見積もられたものである。隕石に基づく組成は，太陽やその惑星の固体成分をよりよく代表している（太陽の観測に基づくものは基礎編9.1節参照）。

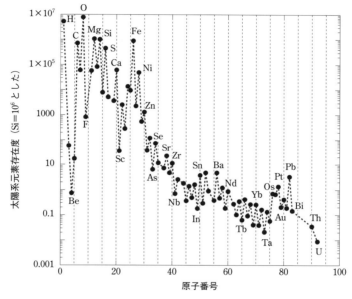

図 3.1 **太陽系の元素存在度**（Si 原子 10^6 個に対する原子数）

3.2 元素の地球化学的性質

上で見たように宇宙において多様な原子核がつくられ，地球は288種の長寿命ないし安定な原子核が材料になっている。このうちの多くは中性子の数が異なっていても陽子の数が等しい同位体として存在しているので，元素の数で表すと，計84種の元素である。原子核の性質のほとんどは陽子の数で決まるので，地球における振舞いは元素で分類できる。そして，元素の性質は周期律表で整理されている。地球における元素の振舞いは，その元素が置かれた条件に強く依存するので，大気，海洋，地球内部，深部などで，区別して記述される。たとえば，炭素を例にとると，大気では CO_2，海洋では炭酸イオン，表層では有機炭素，地球内部では炭酸塩鉱物，そして深部ではダイヤモンドといった具合である。地球における元素の性質を細かく整理することは，地球化学の成書に譲り，ここでは最も基本的な分類として知られる，ゴールドシュミットの分類（図3.2）を紹介する。ゴールドシュミット（V. M. Goldschmidt）は元素を隕石の元素分析に基づいて，

元素を親気(atmophile)元素，親石(lithophile)元素，親銅(chalcophile)元素，親鉄(siderophile)元素に分類した(Mason and Moore, 1985)。それぞれ，大気，珪酸塩相，硫化物相，金属相に集まりやすく，親気元素，親石元素，親鉄元素は概ね大気，地殻・マントル，コアに高濃度で存在する元素に対応すると考えてもよい。実際には2つや3つのグループにまたがって存在する元素も存在するものの，地球における元素の挙動を推定する際に便利である。この分類は，図3.2のように周期律表にまとまって配置され，イオンや原子の大きさ，価数，イオン化ポテンシャルの大小を総合した分類といえる。たとえば，イオン半径が大きく価数の小さい元素 (例，Na, Caなど) や逆にイオン半径が小さく価数が大きい元素 (Al, Zr, Hfなど) は珪酸塩相に認められやすいために，親石元素に分類されている。イオン化ポテンシャルの極端に大きな希ガスは親気元素である。これらの分類は後で述べる放射年代を応用する際の基本的な情報である。

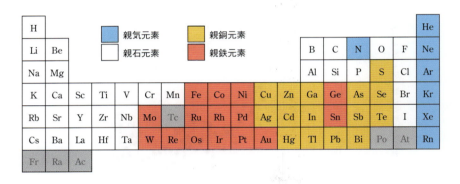

図3.2　ゴールドシュミットによる元素の分類。灰色は短寿命核種しか存在しない元素。

3.3　安定同位体と同位体効果

　　同位体のうち安定で壊変しないものを**安定同位体**とよぶ。ビッグバンで生成した ^1H, ^2H や ^3He, ^4He がその例である。同じ元素の異なる安定同位体は，陽子の数は同じであるため，化学的性質はほとんど同じである。しかし，重さがわずかに異なるため，反応の起こりやすさや，動きやすさにわずかに差がある。この差を生じる効果を**同位体効果**とよぶ。とくに，軽い元素が重要である。というのは，原子核の重さに対して，同位体の重さの差の割合が大きいので，同位体効果が効きやすいからである。1組の同位体の個数の比を**同位体比**＊とよび，同位体効果は同位体比の変動をもたらす原因の一つである。

＊　一般的に安定同位体の同位体比は，質量が小さな同位体に対する質量が大きな同位体の割合で表す。水の場合，水素や酸素の同位体比が大きいほど重くなる。

3.4 不安定な同位体と放射時計

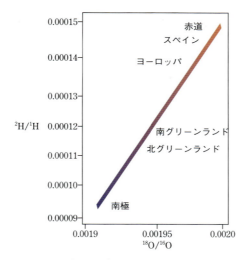

図 3.3 天水（雨や雪）中の水素と酸素の同位体比

　一例をあげると，地球の水を構成する酸素と水素の同位体比（^{2}H/^{1}H, ^{18}O/^{16}O）*
の分布には図 3.3 に示すような規則正しい関係がある (Craig, 1961)。水蒸気か
ら凝結して水に変わるときにある決まった割合の重い水分子が優先的に水に変化
する。この過程で雨や雪は大きな同位体比をもち，逆に水蒸気の同位体比は小さ
くなる。その際，その変動量は水素と酸素で比例するので，図 3.3 のような関係
が得られる。南極の雪はすでに他の場所で雨や雪を降らせた残りの水蒸気から凝
結したもので，同位体比が極めて小さい。この関係は水循環の研究に利用されて
いる。炭素や窒素の同位体比（^{13}C/^{12}C, ^{15}N/^{14}N）は生物活動により影響される。
それを利用し，生物活動の影響，地球環境問題の研究などに応用されている。

* 水素，炭素，酸素など軽
元素の同位体比は，元素によ
って国際的に決められた基準
物質の同位体比との差を
1,000 倍拡大した δ 値で表す
ことが慣例になっている。下
式の R は同位体比を表し，た
とえば ^{2}H/^{1}H や ^{18}O/^{16}O など
が入る。

$$\delta = \left(\frac{R_{試料}}{R_{標準}} - 1\right) \times 1{,}000$$

3.4 不安定な同位体と放射時計

　ある元素の同位体の中で不安定なものを**放射性同位体**とよぶ。放射性同位体は
崩壊して，時間の経過とともにその個数は減少する。それと並行して崩壊時に生
まれる核種の個数は逆に増加する。前者を**親核種**，後者を**娘核種**とよぶ。核の崩

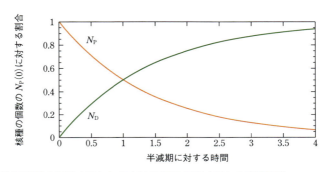

図 3.4 放射性親核種の個数（N_P）と安定娘核種の個数（N_D）の時間変化
式 (3.3), (3.4) を図にしたもの。赤線は $N_P(t)/N_P(0)$，緑線は $(N_P(t) - N_P(0)/N_P(0)$ を表す。

壊はある一定の確率で起こる。化学反応の速度は温度，圧力などの条件が変わると変化するのに対し，核壊変反応の場合，地球のどんな場所でも地球史を通じて，その確率は変化しない。このことを利用すると，過去に地質学的な出来事がいつ起こったかを推定することができる。このように放射性同位体を利用して過去の年代を推定することを放射時計とよぶ。親核種，娘核種の個数をそれぞれ N_P，N_D とすると，これらの個数の変化は次のように表される。

$$-\frac{dN_P}{dt} = \lambda N_P \tag{3.1}$$

$$\frac{dN_D}{dt} = \lambda N_P \tag{3.2}$$

λ は核壊変定数とよばれ，単位時間中に壊変する確率を表している。これらの式を積分して，次式を得る。

$$N_P(t) = N_P(0) e^{-\lambda t} \tag{3.3}$$
$$N_D(t) = N_D(0) + N_P(0)(1 - e^{-\lambda t}) \tag{3.4}$$

親核種のちょうど半分が壊変するのに要する時間を半減期とよび，半減期は $\ln 2/\lambda$ で表される。図 3.4 は最初に娘核種がない，すなわち $N_D(0)$ が 0 の時の N_P と N_D の時間変化を，半減期を時間の基準にとって表す。

これらの式は現実的には使いにくい式である。なぜなら，個数は見ている系の大きさによって変わるし，薄まったり，濃くなったり，容易に変化するからである。そこで，濃度が変わっても影響されないように，親核種をもたない（時間が経っても放射壊変により個数が影響されない）安定同位体の個数（N_{PS}, N_{DS}）に対する割合，**同位体比**（R_P, R_D）

$$R_P(t) = \frac{N_P(t)}{N_{PS}} \tag{3.5}$$

$$R_D(t) = \frac{N_D(t)}{N_{DS}} \tag{3.6}$$

を用いる。式 (3.3)，式 (3.4) は同位体比を用いて表すと

$$R_P(t) = R_P(0) e^{-\lambda t} \tag{3.7}$$

$$R_D(t) = R_D(0) + \frac{N_P(0)}{N_{DS}}(1 - e^{-\lambda t}) \tag{3.8}$$

となる。これらの式が対象となる試料や適用する親核種と娘核種のペアに応じて，さまざまな変型を伴い適用される。後に，具体例で示すように，どのように変型するかは，用いる試料，核種の化学的な性質によるところが大きい。

最も簡単な例として，放射性炭素（^{14}C）年代測定の場合には式 (3.7) を直接応用して年代を求める。^{14}C は大気中の ^{14}N が太陽起源の高速の中性子と核反応をして生成する。そうして生じた ^{14}C は一定の確率で β^- 壊変し，もとの ^{14}N に戻る。親核種の ^{14}C は大気中で酸素と結合して二酸化炭素になり，光合成によって植物に固定されることになる。固定された後は大気から生成する ^{14}C から遮断されるので，^{14}N へと変わっていく。この時娘核種として生成した ^{14}N は，空気中に逃げるか，あるいはたとえ残ったとしても，空気やアミノ酸などとして，どこにでもある大量の ^{14}N と区別できない*ので，実質的に測ることができない。したがって，試料中で区別して測定できるのは親核種の ^{14}C だけである。親核種だ

* ^{14}C は多くても ^{12}C のおよそ 10^{12} 分の 1 しか存在しない。娘核種として生成する ^{14}N も周りに存在する ^{14}N と比べて極めて少ない。

けに注目した式(3.7)に従い，$^{14}\mathrm{C}/^{12}\mathrm{C}$ 比が減少してゆく。$^{14}\mathrm{C}$ の半減期は 5,730 年（核壊変定数 $\lambda = 1.21 \times 10^{-4} \mathrm{y}^{-1}$）である。したがって，$^{14}\mathrm{C}/^{12}\mathrm{C}(0)$ がわかれば，式(3.7)より，光合成により固定したときを $t=0$ とし，そこから経過した時間を求めることができる。固定した炭素の $^{14}\mathrm{C}/^{12}\mathrm{C}$ 比は太陽活動に影響されるが，ほぼ一定とする[*1]と，$^{14}\mathrm{C}/^{12}\mathrm{C}(0)$ は定数となる。この $^{14}\mathrm{C}$ 年代測定法は，考古学などにも広く応用されている。

[*1] 実際には，一定でない。特に 2,000 年前から過去に遡るほど，次第に $^{14}\mathrm{C}$ の生成量が少なくなり，現在の生成量との差は顕著になる。正確な年代決定を行うためには，その補正が必要である。

3.5　等時線と地球の年齢

次に，火成岩の年代（火成岩がマグマ[*2]から固化した年代）を求めることを考える。この場合，火成岩ができた時の $R_\mathrm{P}(0)$ や $N_\mathrm{P}(0)$ は普通わからないから，式(3.7)や(3.8)を直接利用することはできないので，今度は娘核種の情報も利用する。したがって，前の $^{14}\mathrm{C}$ の例と異なり，試料には親核種も娘核種も完全に残されていることが前提となる。まず，式(3.7)と(3.8)を用いて 1 つの岩石中で娘核種の同位体比がどう変化するかを考えてゆく（図 3.5）。最初完全に融けたマグマがあったとしよう。メルト中では，元素はよく混ざるので，その中では元素濃度も同位体比も均一であろう。メルトから鉱物が析出してくると，鉱物ごとに元素の濃度は変わる。しかし，鉱物が析出したとき，1 つの元素に注目すれば，その同位体比はやはり均一である[*3]。すると，ある時間が経過したとき，1 つの岩石で見ると，放射性元素を多く含む鉱物（$N_\mathrm{P}(0)/N_\mathrm{DS}$ が大きい鉱物）ほど娘核種の同位体比 $R_\mathrm{D}(t)$ の増え方は大きくなり，親元素 $N_\mathrm{P}(t)/N_\mathrm{DS}$ の減り方は大きくなる。そこで，$N_\mathrm{P}/N_\mathrm{DS}$ を横軸に，$R_\mathrm{D}(t)$ を縦軸にとると，時刻 0（固化した瞬間[*4]）では横一線だったものが，時間が経つにつれ右のほうにあったものは左上のほうに大

[*2] マグマは溶融物（メルト）と鉱物や気相の集合体をさす。

[*3] メルトから鉱物が析出する際にも同位体効果が起こりうるので，厳密には均一とは限らない。同位体効果をキャンセルするための補正を行うことがある。

[*4] ここでは鉱物の析出は，すべての鉱物について同時に一瞬で起こるものと仮定する。同時でないときはそれなりの補正が必要である。

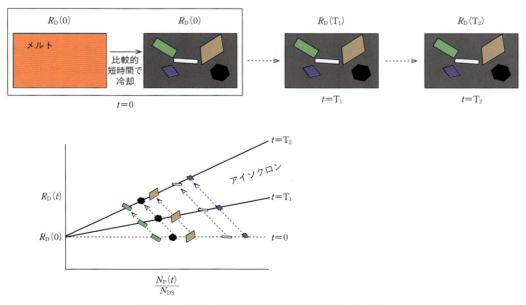

図 3.5　岩石の生成年代測定の原理とアイソクロン

きく動き，左のほうにあったものは左上のほうに小さく動くことになる．実際に測定できる量は，$N_P(0)$ ではなく $N_P(t)$ なので，式 (3.8) をそのまま用いることはできず，$N_P(t)$ を用いて書き直した

$$R_D(t) = R_D(0) + \frac{N_P(t)}{N_{DS}}(e^{\lambda t}-1) \tag{3.9}$$

を用いる．複数の鉱物について娘核種の同位体比 $R_D(t)$ と娘核種と親核種の比 $N_P(t)/N_{DS}$ を測定し，両者をそれぞれ y 軸，x 軸に対しプロットすると，1本の直線が得られる．この直線は**等時線**（**アイソクロン**）とよばれている．直線の傾きは上の式から $e^{\lambda t}-1$ となる．岩石ができた年代はこれから求めることができる（図 3.5）．

変質を受けていないコンドライト隕石という隕石複数個に，半減期が 488 億年（核壊変定数 $\lambda=1.42\times10^{-11}\mathrm{y}^{-1}$）と長い ^{87}Rb を親核種にもつ ^{87}Sr と親核種のない ^{88}Sr の同位体比（^{87}Sr/^{88}Sr）に，式 (3.9) を適応すると，コンドライト隕石が生成した年代としておよそ 45 億年前後の年代が求められる（Minster et al., 1982）．この方法で適用する親核種（Rb）も娘核種（Sr）も親石元素に分類され，隕石のような石の中に残りやすい．他の半減期の大きな放射性核種を用いる年代測定でも，ほぼ同じ 45.5 億年の年代が得られる[*1]．このことは，多くの隕石が同位体が均一な 1 つの単純な相から同時に生成したことを意味している．隕石の年齢は，太陽系形成の年代を近似していると考えられ，地球の年齢の上限を与えている．地球の誕生，すなわち微惑星の集積は，その隕石の生成から数千万年以内と比較的短期間に起きたと考えられている．それは次節で述べるように消滅核種を用いて推定される通り，コアの分化が隕石の生成から数千万年以内に起きていなければならないからである．

[*1] 他の親核種-娘核種のペアとして，
^{147}Sm-^{143}Nd ($\lambda=6.54\times10^{-12}\mathrm{y}^{-1}$, 半減期 1060 億年)，
^{238}U-^{206}Pb ($\lambda=1.55\times10^{-10}\mathrm{y}^{-1}$, 半減期 44.7 億年)，
^{235}U-^{207}Pb ($\lambda=9.85\times10^{-10}\mathrm{y}^{-1}$, 半減期 7.0 億年)，
^{187}Re-^{187}Os ($\lambda=1.52\times10^{-11}\mathrm{y}^{-1}$, 半減期 456 億年) などが隕石の年代測定に使われてきた．これらのペアは，隕石の中に残りやすい．

[*2] なお，短寿命核種がすべて消滅核種というわけではない．3.1 節で見たように，宇宙線生成核種は常につくられ続けているので現在でも存在する．

3.6 コア，マントル分離のタイミング

短寿命ゆえに消えてなくなっている核種がある[*2]．このような核種は**消滅核種**とよばれている．消滅核種に放射時計が適用できる場合がある．この場合に求まる年代は，現在を基準にした年代でなく，対象となる試料が分かれる前の源の物質の生成した時を基準にした**相対年代**である．もちろん，その源の物質に消滅核種が含まれている必要がある[*3]．

ここではその代表的な例として，隕石が形成してから地球のコアがマントルから分離する[*4]までの相対的な年代を求める方法を説明する．使うのは，質量数 182 のタングステン（^{182}W）で，これは質量数 182 のハフニウム（^{182}Hf）の娘核種である．親核種である ^{182}Hf は半減期 900 万年（核壊変定数 $\lambda=8\times10^{-8}\mathrm{y}^{-1}$）と，地球の年齢と比べると短く，地球からすでに消滅している．隕石はコア・マントルの分離前の地球を代表している．隕石と地球のマントルで ^{182}W の残り具合を比較することにより，コアがマントルから分離した相対年代がわかることになる．そのからくりを説明する．

ハフニウムはタングステンとは化学的性質が異なっている．ハフニウムは親石元素，タングステンは親鉄元素に分類され，ハフニウムはタングステンより，マ

[*3] 次に紹介する例では，隕石の生成時に消滅核種が含まれていることを前提にしている．隕石が太陽系の誕生によってもたらされる直前に超新星の爆発が起こっていた．

[*4] 地球はできた当初は鉄と岩石が混ざっていたが，地球全体が融けたために，あたかも水と油が分離するように鉄と岩石が分離して，それぞれコアとマントルになったと考えられている（応用編 4 章参照）．その分離が起こった年代をここでは取り上げる．分離は一瞬にして起こったわけではないが，ここでは話を簡単にするために一瞬で起こったと考えてもらうのが良い．

ントルに入りやすい。地球が1つの溶融体だった時ハフニウムとタングステンはよく混ざり合っていた。タングステンには親核種を持たない^{184}Wがあり、^{182}W/^{184}W比を考える。隕石が生成して1億年も経てば、^{182}Hfはほとんど消滅してしまう。その頃、まだ1つの溶融体の状態であれば、地球の^{182}W/^{184}W比は均一になる。したがって、1億年以上経ってコアが分離した場合、コアとマントルはどちらも同じ、^{182}W/^{184}W比を示すであろう(図3.6)。分化をしていない隕石も^{182}Hfが同じように消滅し^{182}Wに変化しているので、その比と同じ比である。もしも、隕石が生成して、少ない時間でコアが分離した場合、その地球にはまだ^{182}Hfが残っている。コアからは多めのハフニウムがマントルに閉め出され、その分マントルには多めの^{182}Wができ、一方のハフニウムの少なくなったコアでは^{182}Wが少なくなる(図3.5)。現在のマントルの^{182}W/^{184}Wをコアの形成を経験していない隕石の値と比較すると、有意に大きな値が観測される (Halliday *et al*., 2000)。このことは、コアが、隕石が生成してから^{182}Hfの半減期の数倍以内、長くても1億年以内に、速やかに分離していたと考えられる。この年代は隕石の生成時を起点としており、隕石の年代が45.5億年なので、地球の年齢は45.5億年よりも若く、44.5億年よりも古いことがわかる。

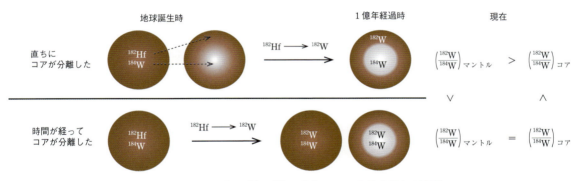

図 3.6 マントル中の^{182}W/^{184}W比とコアの分離時期との関係

3.7 地殻の生成のタイミング

ジルコン($ZrSiO_4$)は地殻の生成以降、親核種(ウラン)と娘核種(鉛)をしっかりと閉じ込めたタイムカプセルといえる。ジルコンは数ミリの小さな鉱物ながら、非常に頑丈な鉱物である。ジルコンは化学的にも物理的にも強いので、ジルコンと一緒にできた岩石が後に壊れても、どこかに堆積して残っている。そして、その堆積物が堆積岩になっても、ジルコン中のウランはしっかりとタイムカプセルとして時を刻んでいる。ジルコンの場合に優れた特徴は、Zrと同じ親石元素である親核種のウランを高濃度に含んでいるのに対し、ジルコンが生成した時間($t=0$)において、親石元素ではない娘核種の鉛の濃度が無視できるほど少ないことである。このことにより式(3.4)が簡略化でき、さらに式(3.3)を合わせると

$$\frac{N_D}{N_P}=\frac{1-e^{-\lambda t}}{e^{-\lambda t}}=e^{\lambda t}-1 \tag{3.10}$$

が得られ，親核種と娘核種の量比を測るだけでも，そのジルコンがいつ生まれたかわかる（コラム参照）．

ジルコンを堆積岩から取り出して，得られた年代は，そのジルコンを産んだ火成活動の起こった年代で，それは地殻ができた年代に相当する．多くのジルコンを世界中から集めて，地殻の生成年代を求めると，地殻は定常的に少しずつ生成したのではなく，約10億年周期で間欠的に成長してきたことがわかった（McCulloch and Bennett, 1994）．

Column　U-Pb 年代測定法の利点

ウランの場合，鉛への 2 つの独立な放射壊変系があるので，ジルコンの生成年代は娘核種の量を測らなくても ^{206}Pb と ^{207}Pb の比を用いるだけでも求まる．これは U-Pb 年代測定法の優れた利点の一つである．ウランの同位体のうち，^{235}U，^{238}U は何回か α 壊変と β 壊変を繰返し最後にそれぞれ安定な ^{207}Pb と ^{206}Pb として落ち着く．その半減期はそれぞれ 7 億年（核壊変定数 $\lambda_1 = 9.85 \times 10^{-10} \mathrm{y}^{-1}$），45 億年（核壊変定数 $\lambda_2 = 1.55 \times 10^{-10} \mathrm{y}^{-1}$）である．^{235}U-^{207}Pb と ^{238}U-^{206}Pb の 2 つのペアを用いれば，式 (3.9) が独立に 2 つ成り立つので，N_{DS} を消去して得られる次の式を用いれば，2 つの娘核種の同位体比からだけでも年代が求められる．

$$\frac{^{207}\mathrm{Pb}}{^{206}\mathrm{Pb}}(t) = \frac{^{235}\mathrm{U}}{^{238}\mathrm{U}} \frac{(e^{\lambda_1 t}-1)}{(e^{\lambda_2 t}-1)}$$

式中の ^{235}U/^{238}U は親核種の同位体比であり，地球上では同じように壊変し一定の定数（0.007253）である．測定する必要はない．

応用編

4 地球の形成と進化

> 金属コアと珪酸塩マントル・地殻，大気・海洋からなる地球の成層構造は約 46 億年前の惑星の形成と同時進行でつくられた。この時期に地球で起きた化学反応や重力分離，脱ガスなどの化学的・物理的過程によって各層の特徴が形づくられた。そして，その後の 46 億年にわたり，地球の熱的進化にともなう相互作用によって各層は変化を続けている。

4.1 地球の形成

地球は微惑星が集積することで形成し（基礎編 3.2 節参照），地球の成層構造は形成とほぼ同時進行でつくられる（図 4.1）。

地球の形成と分化[*1]の概略は以下のようにまとめられる。微惑星集積に並行して，微惑星に含まれる揮発性成分[*2]が集積時の衝撃で脱ガスしたり，原始地球の周囲にある原始惑星系円盤のガスが取り込まれることで，原始大気が形成される（4.3.1）。原始大気が形成されて大気の**保温効果**[*3]がはたらくようになると，惑星表層は微惑星集積で解放される重力エネルギー（コラム参照）を効率的に逃がすことができなくなって，原始地球表層の温度は上昇するようになる。やがて原始惑星の表層は岩石が融ける温度まで暖まり，地球の表層は大規模に融解してマグマの海（**マグマオーシャン**[*4]）が形成される。マグマオーシャン中では，密度の違いによって成分ごとに重力による分離が起こり，相対的に重い金属は惑星の中心に集まってコアを形成し，相対的に軽い岩石がコアの外側をくるむ成層構造がつくられる（4.2 節）。集積する微惑星が少なくなって解放される重力エネル

[*1] 均質なものが異質なものに分かれること。

[*2] 気体になりやすい性質を揮発性とよぶ。揮発性物質（成分）は気体になりやすい物質（成分）のこと。

[*3] 地表から射出された熱放射がそのまま宇宙空間に出て行くならば，地表は効率的に冷却することができる。大気があって地表が射出する熱放射を吸収すると，地表は大気が射出する熱放射によって加熱されるため効率的に冷却することができなくなる。これを保温効果とよぶ。

[*4] 珪酸塩が大規模に融解したものをマグマオーシャンとよぶ。

Column　惑星形成時の加熱

質量 M で半径 R の惑星に質量 dm の微惑星が集積したときに解放される重力の位置エネルギーは $dE=(GM/R)dm$ なので，惑星形成で解放される重力エネルギー E は

$$E=\int dE = \int \frac{GM}{R} dm \tag{4.1}$$

になる。この式を用いて地球形成時に解放されるエネルギー量を見積もると，地球全体を 40,000 K にまで上昇させる大きさになる。岩石の融解する温度は 1,000～2,000 K 程度であるから，惑星形成で解放される重力エネルギーのわずかな部分でも惑星を加熱するのに用いられれば，惑星は簡単に融解する。

実際には，惑星は自ら熱放射を出すことによって冷却するため，惑星が全体として数万 K に達するような高温になることはないが，微惑星衝突においては瞬間的にかなりの高温が発生し，少なくとも局所的には固体惑星の融解が（地球形成の末期には蒸発も）生じたはずである。また，惑星形成の最終ステージに起こる原始惑星どうしの衝突（ジャイアントインパクト）では，衝突によって原始地球は大規模に融解し，地表には深いマグマオーシャンが形成されたと考えられる。

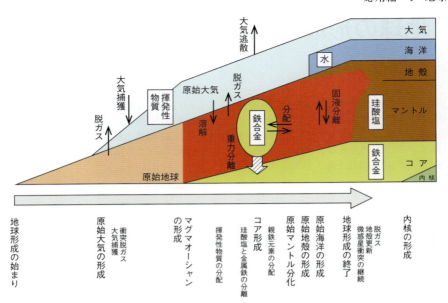

図 4.1 地球とその成層構造の形成の概念図(阿部 1998 を改変)。地球断面の時間変化を模式的に表している。

ギーが小さくなると,惑星表面の温度は低下して,マグマオーシャンの表面は固化して原始地殻が形成される。惑星表面の温度がさらに低下すると,大気中の水蒸気が凝結して地表に降り注ぎ,海洋が形成される (4.3.3)。惑星のさらなる冷却にともなって,マグマオーシャンは表面だけでなく内部でも固化がすすんでいく。一方で,マントル対流にともなって,固化したマントルが部分溶融して地殻が生成する。また,惑星深部では冷却によって溶融していたコアの一部が固化するようになり,コアは固体の内核と液体の外核に分かれる。

4.2 マントルとコアの分離過程

マグマオーシャンの中には溶融した珪酸塩(いわゆるマグマ)と珪酸塩鉱物の結晶,溶融した鉄合金が共存している。溶融した鉄合金は珪酸塩より密度が大きいため,沈降してマグマオーシャンの底に溜まり鉄合金層をつくる。マグマオーシャンの下は主として珪酸塩の固体からなり,マグマオーシャンの底に溜まった鉄合金層より密度は小さい。このような密度の逆転層は重力的に不安定で,最終的にはマグマオーシャンの底に溜まった鉄合金はその下の固体珪酸塩層の中を沈降し,地球の中心部にコアをつくる(図 4.2)。

マグマオーシャンの中のドロドロに熔けた珪酸塩と鉄合金は激しく反応する。この化学反応は地球内部の元素分布に大きな影響を与える。たとえば,溶融した珪酸塩への H_2O の溶解度は圧力により増加するため,マグマオーシャンの中では H_2O と鉄の反応によって水素と FeO ができる。生成した水素の大部分は鉄合金に溶け込み,FeO は主に珪酸塩に溶ける。

$$3Fe + H_2O \longrightarrow FeO + 2FeH \qquad (4.2)$$

4.2 マントルとコアの分離過程

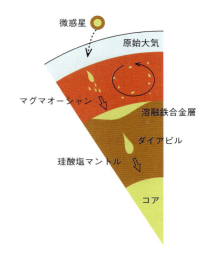

図 4.2 地球の集積期に起きたコア・マントル分離過程の模式図。マグマオーシャンの底に鉄合金が溜まって層をなす。重力的不安定性が成長すると鉄合金層は下のマントル中を沈降する。

　H_2O などの揮発性物質に富む微惑星や原始惑星が地球に衝突して合体した場合，H_2O は大気・海洋の元となるだけではなく，マグマオーシャンに溶け込み，その一部は水素の形で地球のコアにもたらされる。珪酸塩に溶解している H_2O はマグマオーシャンが冷えて固化すると，珪酸塩鉱物の結晶に取り込まれる。この結果，現在のマントルは海洋の数倍の H_2O を含んでいるという説がある。水素と同様に炭素，窒素，酸素，珪素，硫黄などの軽元素も鉄合金に溶け込んで地球のコアに入る。どの元素がどれくらいコアに溶け込み，マントルに入っているかという問題が残っているが，これは地球の原材料の化学組成と，鉄合金とマントルが反応した温度と圧力，そのときの酸化還元状態（酸素雰囲気）などによって変わりうる。また，軽元素の鉄への溶解は融点を数 100 K 下げる。純粋な鉄は珪酸塩鉱物より融点が高いが，軽元素を含んだ鉄合金は珪酸塩より融点が低くなるため，原始地球ではそのほとんどは融けた状態で存在する。

　マグマオーシャンの中で起こる化学反応によって，マントルとコアの間で分配[*1]された元素には Ni や Co，Pt，Au などの微量金属元素（地球化学的には**親鉄元素**[*2]と分類される）がある。これらの元素の酸化還元反応は高温高圧実験からよく調べられていて，**分配係数**[*3]が温度と圧力でどのように変わるのかがわかっている。マグマオーシャンの中で化学平衡に達した珪酸塩と鉄合金からマントルとコアができたとすると，地球のマントルに含まれる親鉄元素の量（図 4.3）を説明するためには深さ 1,000～1,500 km に達する大規模なマグマオーシャンが必要となる[*4]。しかし，これは地球がほぼ現在のサイズに成長したとき，マグマオーシャンの中でコアとマントルの化学平衡が成立した場合の見積もりである。地球形成の最終段階では月から火星程度のサイズの原始惑星同士のジャイアントインパクトが起きたと考えられている。それぞれの原始惑星はすでに分離したコアとマントルをもっている。原始惑星同士の大規模な衝突・合体でできた原始地球のなかで再びマントルとコアが十分に化学反応するのかという問題がある。こ

[*1] 結晶とマグマのような混じり合わない2つの相が化学平衡にあるとき，ある元素や成分が溶解度に応じて2つの相に入ること。

[*2] ゴールドシュミット (1988-1947) による元素の地球化学的分類の一つ。応用編 3.2 節参照。

[*3] 分配係数は，与えられた温度・圧力条件において，共存する相の間で元素がどのように分配されるかを示すパラメーターである。分配係数は圧力と温度，化学組成の関数となる。

[*4] 多くの親鉄元素は圧力と温度が増加すると岩石に分配される量が増える傾向がある。この場合，より深いマグマオーシャンの中で鉄合金と珪酸塩が化学反応すると，より多くの親鉄元素がマントルに残ることとなる。

のため，親鉄元素の分配から地球形成期のマグマオーシャンの規模を一義的に決めることはできない．地球のコア形成は地球の元となったそれぞれの原始惑星のコア・マントル分離過程の複合した複雑な過程である．

　地球のマントルとコアの分離の時期はWやPbなどの同位体によって制約されている（応用編3.6節）．太陽系形成直前の超新星爆発によって合成された^{182}Hfはβ崩壊により半減期約900万年で^{182}Wに変わる．コアとマントルが分離する際，親石元素のHfはマントルに濃集し親鉄元素のWはコアに濃集するため，コアとマントルの分離時期によってマントル中のW同位体比が異なってくる．もしコアが^{182}Hfのライフタイム内に形成されたのであれば，現在の地球のマントルは地球の原材料となる物質と比べて^{182}Wが過剰に存在するはずである．地球の原材料と似た科学組成をもつと考えられるコンドライト隕石と比べると地球のマントルは^{182}Wの過剰が認められることから，地球のコアとマントルの分離は太陽系形成後3000万年以内に起きたと考えられている．

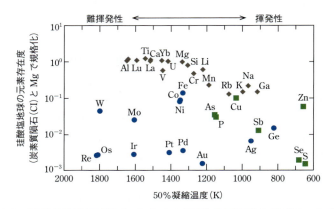

図 4.3　地球の珪酸塩部分（マントル＋地殻）の元素存在度（CIコンドライトとMgで規格化）．高温のとき物質はすべて気相に存在するが，温度が下がると一部は凝縮相に入る．各元素についてその50％が凝縮相に入る温度を50％凝縮温度とよぶ．コア・マントル分離時にマントルに濃集した親石元素（茶）のうち難揮発性のものはほぼ1の存在度をもち，揮発性が高くなると存在度が低下する．親鉄元素（青）と親銅元素（緑）はコアに濃集したため珪酸塩部分での存在度が低い．

4.3　大気と海洋の形成

4.3.1　大気と海洋の起源

　惑星の表層を覆う大気と海洋を構成する元素の供給源は，大きく分けて2つが考えられている．1つは原始惑星系円盤ガス，もうひとつは固体材料物質に含まれる揮発性成分である．周囲に原始惑星系円盤ガスがある中で原始惑星が月くらいの大きさまで成長すると，原始惑星はその重力によって周囲にある円盤ガスを捕獲するようになる（**円盤ガス捕獲大気**）[*1]．また，惑星を構成する固体材料物質には，微量ではあるがH, C, Nなどの揮発性成分が含まれており，それらが何らかの過程で外に出てくる（脱ガス）ことによっても大気が形成される（**脱ガス大気**）[*2]．

[*1] 円盤ガスを捕獲して形成される大気は1次大気ともよばれる．

[*2] 脱ガスして形成される大気は2次大気ともよばれる．

4.3 大気と海洋の形成

　一般に，地球大気（海洋を含む）は脱ガス起源と考えられている．図4.4は現在の地球の揮発性元素の存在度を太陽大気で規格化したもので，地球の揮発性元素の存在度は隕石中の揮発性元素の存在度に似ていることがわかる．特に，希ガスの相対存在度はよく一致しており，このことは地球大気が脱ガス起源であることを示唆するものと考えられている[*1]．一方で，円盤ガス捕獲大気はこの図では水平にプロット[*2]されるので，円盤ガスの捕獲だけで地球の揮発性元素存在度を説明することはできない．大気を宇宙空間に逃散させる過程[*3]があれば，軽い成分ほど逃散しやすいので，元素存在度は軽い元素に欠乏した左下がりのパターンに変わる．しかし，地球の元素存在度は同程度の質量数で比べると主成分ガス（H, C, N）が希ガスに対して相対的に多く，円盤ガス捕獲大気に逃散があっても地球の元素存在度をつくることはできないと考えられている．

　大気を形成した脱ガスは地球史の初期に集中的に起こったことが，大気のAr同位体比から示唆される．^{40}Arは^{40}Kが電子捕獲によって放射性崩壊して生成する[*4]．親石元素であるKは岩石中に多く存在するため，岩石中の^{40}Arは時間の経過とともに増加していく．すなわち，早い時期に脱ガスした場合と遅い時期に脱ガスした場合を比較すると，遅い時期に脱ガスして形成した大気の方が^{40}Arを多く含むことになる．現在の地球大気中の^{40}Arの量に基づいて脱ガスの時期を推定した研究は，大気中のArの8割以上は地球形成から10億年以内に脱ガスしなければならないことを明らかにした．Arだけが他の親石元素と別に振舞ったとは考えにくいので，大気を形成した脱ガスのほとんどは地球史の初期に起こったと考えられる[*5]．

[*1] 地球大気の希ガスは隕石中の希ガスに比べるとXeが少ない．地球大気が脱ガスでつくられたとするなら，Xeの大部分は大気以外のどこかに存在していなければならないが，それがどこであるのかは不明である．

[*2] 円盤ガスは基本的に太陽大気と同じなので，円盤ガス捕獲大気の組成は太陽大気の組成とほぼ同じになる．

[*3] 大気が宇宙空間に流出する過程は**大気逃散（散逸）**とよばれる．

[*4] ^{40}Kの半減期は12.48億年．放射性崩壊全体の89%はβ崩壊で^{40}Caを生成し，11%が電子捕獲で^{40}Arを生成する．

[*5] 地球史の初期に集中的に起こった脱ガスをカタストロフィック脱ガスとよぶ．

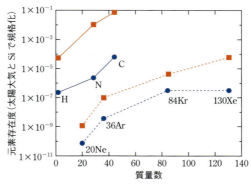

図4.4　太陽組成とSiで規格化した，隕石と地球（コアを除く）の元素存在度．隕石は赤色の四角，地球は青色の丸．HはH$_2$として，CはCO$_2$として，NはN$_2$としてプロットしてある．

4.3.2　原始大気の組成

　円盤ガス捕獲は地球大気の主成分元素の起源ではないと一般に考えられているが（4.3.1），そのことは地球が円盤ガス捕獲大気を形成しなかったことを意味するものではない．地球は円盤ガス捕獲大気を形成したが，その後に円盤ガス捕獲大気の大部分を失ったのかもしれない[*6]．そして円盤ガス捕獲大気の一部は残っていてもよい．円盤ガスはH$_2$とHeを主成分とするが，原始惑星に捕獲された

[*6] 円盤ガス捕獲大気を失う過程として有力と考えられているのは，大気の流体力学的逃散である．惑星大気上層が強く加熱されて大きな熱運動のエネルギーをもつようになると，上層大気は惑星の重力を振り切って宇宙空間へと逃散する．

円盤ガスは固体惑星と反応することでH_2Oを生成し，H_2-H_2Oを主成分とする大気を形成すると考えられる[*1]。

脱ガスで形成される大気は，一般にH_2O-CO_2を主成分とする酸化的な組成であると考えられているが，H_2やCOといった還元的な成分が含まれていた可能性も考える必要がある。なぜなら，地球と同じような組成をもった微惑星は金属鉄を含むはずであり[*2]，ある程度の大きさになった原始惑星に微惑星が高速衝突すれば，衝突時に発生する高温高圧下で微惑星中の揮発性物質と金属鉄は化学反応すると考えるのが自然だからである。微惑星に含まれる含水鉱物や炭酸塩鉱物が分解して脱ガスする成分は酸化的なH_2OやCO_2であるが，それらが金属鉄と反応すればH_2やCOといった還元的な成分が生成する。

$$H_2O + Fe \longrightarrow H_2 + FeO \quad (4.3)$$
$$CO_2 + Fe \longrightarrow CO + FeO \quad (4.4)$$

金属鉄が集積している状況においては，還元的な成分を含んだ大気が形成されると考えるべきである。

金属鉄と大気の反応は，大気の酸化還元状態だけでなく，主成分ガスの相対存在度にも影響を及ぼす。H，C，Nなどの親気元素の一部は溶融した金属鉄に溶け込むことで大気から取り除かれるが，溶融金属鉄への溶解度は元素によって異なるため，大気と金属鉄が反応すると大気主成分元素(H, C, N)の相対存在度は変化する。低圧下においてC，Nの溶解度はHのそれよりも大きいので，溶融金属鉄と反応した大気は相対的にHに富む組成になると考えられる。

4.3.3 海洋の形成

惑星形成と同時に形成される大気はH_2Oを大量に含んでいたと考えられる(4.3.2)。微惑星の集積によって惑星が強く加熱されているとき，惑星表層にあるH_2Oは気体として大気中に存在するが，惑星形成末期になって集積する微惑星が少なくなり加熱が弱まると，水蒸気は凝結して雨となって地上に落ちて惑星表面に海洋を形成する。水蒸気大気が凝結するかどうかは惑星を加熱する強さによって決められており，加熱の強さが**射出限界**[*3](約$300\,\mathrm{W\,m^{-2}}$)を下回ったときに水蒸気大気は凝結して海洋が形成される。

惑星の加熱源は，微惑星集積で解放される重力エネルギー以外にも，太陽放射による加熱，コア形成にともなう重力エネルギーの解放，などがある。太陽放射による加熱の強さは，太陽光度と惑星アルベドによって決まる。46億年前の太陽光度は現在より30%程度低かったとされている。惑星アルベドは大気分子だけでなく大気に浮かぶ粒子(雲，エアロゾル)の性質や分布にも依存するため，初期地球の惑星アルベドを推定することは困難であるが，仮にアルベドが現在の地球の値(0.3)とあまり変わらなかったとすると46億年前の太陽放射による加熱は約$170\,\mathrm{W\,m^{-2}}$になる。この値は射出限界よりはだいぶ小さいので，微惑星集積やコア形成による加熱が弱まれば，速やかに海洋が形成されると考えられる。

地質学的な証拠から少なくとも38億年前に海洋が存在していたとされ，地球化学的な証拠からは43億年前に海洋が存在していた可能性が指摘されている。初期に海洋が存在していたとするこれらの証拠は，微惑星の集積フラックスが小

[*1] 円盤ガスの捕獲は円盤ガスが消失する前，惑星形成の最中に行われる。惑星表面は集積時に解放される重力エネルギーによって強く加熱されているため，惑星表層は高温で大気との反応が進むと考えられる。

[*2] 地球の2/3を占めるマントルは酸化物(岩石)だが，1/3を占めるコアは金属鉄である。

[*3] 惑星放射を吸収する水蒸気の分布が飽和蒸気圧で規定されているとき，惑星が宇宙空間に射出することのできる惑星放射の大きさ(冷却率)には上限が存在する。この上限を射出限界とよぶ。射出限界を上回る加熱があると，地表に海洋が存在する状態で平衡になることはできなくなり，海洋は蒸発する。

さくなれば直ちに海洋が形成されることと整合的である。海洋形成後においても微惑星の集積はあるので，微惑星の集積で惑星表層が強く加熱されれば，海洋は蒸発する*1。微惑星衝突の頻度が小さければ，蒸発してもまた凝結して海洋が形成される。初期の海洋はときたま生じる大きな微惑星の衝突によって，何度か全蒸発することがあったかもしれない。

*1 微惑星が脱出速度で衝突し，その運動エネルギーがすべて海洋の蒸発に使われるなら，直径300 km程度の微惑星の衝突で地球の海洋は全蒸発する。

4.4 大気の化学進化

海洋が形成され大気からH_2Oが取り除かれると，大気の組成はH_2-CO-CO_2を主成分としたものになる。現在の地球表層にある親気元素の大部分はH_2OやCO_2といった酸化的なものであり，H_2やCOといった還元的なものはほとんどない。したがって，地球大気は惑星形成時に形成した還元的な成分を含むものから，還元的な成分を含まない酸化的な組成へと変化したことになる。惑星形成が一段落した後は上からの親気元素の供給量が小さくなるので，大気の組成は主に，宇宙空間への大気の逃散と，大気と固体惑星の間の物質の出入りによって変えられたことになる*2。

大気（とマントル）の酸化にもっとも寄与したと考えられるのは，Hの宇宙空間への逃散である。大気逃散は，大気分子（原子）のもつ熱運動のエネルギーが重力のエネルギーより大きいときに生じるため，軽い分子（原子）は逃散しやすく，重い分子（原子）は逃散しにくい*3。大気からもっとも軽い元素であるHが逃散すると，大気中の還元的な成分が減って（相対的に酸化的な成分が増えて），大気は酸化的になる。また，大気上層で紫外線によってH_2Oが分解し，生成したHが宇宙空間へ逃散すれば，残ったOは大気と反応して大気を酸化する。Hの逃散フラックスは上層大気を加熱するエネルギーのフラックス，すなわち太陽の放射する極端紫外線の強さで律速されるので，原始大気が酸化される時間スケールは若い太陽の放射する極端紫外線の強度によって決まる。

生命が誕生して地球上で光合成が行われるようになると，光合成で発生した酸素が地球表層に放出される。光合成の反応を一般化して書けば

$$n\,CO_2 + n\,H_2O \longrightarrow (CH_2O)_n + n\,O_2 \qquad (4.5)$$

となる。合成された有機物が埋没するなどして大気から隔離されると，O_2は周囲にあるものを酸化するか，あるいは大気に蓄積する*4。地球表層に埋没している有機炭素 (1.8×10^{21} mol) がすべて光合成で生成したとすると，光合成で発生したO_2は地球海洋の約5％に相当する量のH_2を酸化することができる。マントルに運び込まれた有機物もあるかもしれないので，光合成で生成したO_2はこれよりも多かった可能性はあるが，原始大気の組成(4.3.2)を考えると，光合成と有機炭素埋没だけで原始大気を酸化することは難しい。

地球史における酸素濃度の変動は地質記録から推定されていて，それによると約20億年前以前に酸素はほとんど存在せず，約20億年前頃に増大したとされている。酸素を放出する光合成は約35億年前に開始*5したとされているが，地球史の前半に放出された酸素は大気中の還元的な成分や地殻の酸化で消費されたので，地球史の前半には酸素がほとんど存在しなかったのだと考えられている。現

*2 初期地球においては，固体惑星との反応によって大気を酸化することはできない。大気を酸化するためには3価の鉄が必要であるが，金属鉄と混ざり合った状態から分離した初期地球のマントルと地殻は金属鉄と化学平衡に近い状態にあると考えられ，そこに3価の鉄は存在しない。現在の地球マントルには3価の鉄があるので，大気だけでなくマントルも酸化されたことになる。

*3 重力エネルギーは粒子の質量に比例するが，熱運動のエネルギーは粒子の質量に依存しない。

*4 有機物が隔離されないと式(4.5)の逆反応によってO_2は消費されてしまう。

*5 光合成では炭素の同位体分別が生じるので，有機炭素と炭酸塩（無機炭素）の炭素同位体比を調べることで光合成の開始時期を推定することができる。

在の地球大気に含まれる大量の O_2 が光合成に由来するものであることは間違いないが，酸素濃度を制御する機構は解明されておらず，なぜ約20億年前頃に酸素濃度が急増したのか，なぜ現在の酸素濃度は21％であるのか，といった問題は説明されていない。

海洋が形成された後は，海洋中で生じる化学反応によっても大気組成が変わる。珪酸塩の風化によって海洋に供給された Ca イオンは，海洋中で炭酸イオンと反応して石灰岩 ($CaCO_3$) を生成する。

$$Ca^{2+} + CO_3^{2-} \longrightarrow CaCO_3 \qquad (4.6)$$

炭酸イオンは海水に溶け込んだ CO_2 から生成する[*1]ので，海水中のこの反応は大気中の CO_2 を石灰岩 ($CaCO_3$) に固定して大気から取り除くはたらきをしていることになる。石灰岩に固定された CO_2 の一部は，プレート運動にともなって沈み込む際に高温高圧下で分解して火山ガスとして大気に戻ってくる。地質学的な時間スケールでは，炭酸塩岩の生成による CO_2 除去と火山ガスの放出による CO_2 供給のバランスによって，大気 CO_2 量は決まると考えられていて，この炭素が炭酸塩と CO_2 の間で循環する過程は**炭酸塩-珪酸塩の地球化学的循環**とよばれる。CO_2 をほとんど含まない現在の地球大気は，炭酸塩-珪酸塩の地球化学的循環によって CO_2 が大気から除去された結果として説明することができる。

大気 CO_2 量を調節する炭酸塩-珪酸塩の地球化学的循環は，地球史を通じて地球環境を温暖な状態に保つ役割を担ってきたと考えられている。気候が寒冷化したときには，珪酸塩の風化[*2]が弱まって Ca イオンの供給が減ることで炭酸塩岩生成による CO_2 の除去が少なくなる。そうすると火山ガスによって供給される CO_2 が除去されるよりも多くなり，大気 CO_2 量が増加する。大気 CO_2 量の増加は温室効果を強め，寒冷化を打ち消す。逆に気候が温暖化した場合には，珪酸塩の風化が強まって大気 CO_2 量を減らすことで，温暖化を打ち消す。地球史を通じて太陽光度は30％ほど大きくなったとされているが，炭酸塩-珪酸塩の地球化学的循環が大気 CO_2 量を調節することによって，地球環境は極端な状態に陥ったままになることなく大局的に温暖な状態を維持してきたと考えられている[*3]。

[*1] 大気の CO_2 が海水に溶ける反応は
$CO_2 + H_2O \longleftrightarrow H_2CO_3$
$H_2CO_3 \longleftrightarrow H^+ + HCO_3^-$
$HCO_3^- \longleftrightarrow H^+ + CO_3^{2-}$
である。

[*2] 珪酸塩の風化は温度と大気 CO_2 分圧が高いほど強まる。

[*3] 全球凍結した地球は，炭酸塩-珪酸塩の地球化学的循環によって全球凍結から脱出したと考えられている。

応用編

5 大気と海洋の相互作用

この章では大気と海洋が相互に作用することによって生じる現象について学ぶ。まず始めに，熱帯域の大気海洋相互作用の代表的な現象であるエルニーニョ現象について解説し，次に中緯度域の西岸境界流が大気に与える影響に注目する。また，低気圧擾乱と海洋との相互作用についても焦点を当てる。

5.1 熱帯域の大気海洋相互作用

5.1.1 エルニーニョ現象

赤道太平洋に沿って東西方向に海水温の鉛直分布を見てみると（図5.1a），平年では太平洋西部では**主温度躍層**（基礎編6.1節参照）の水深が深く，対照的に東部では主温度躍層の水深は浅い。そのため，表層水温は一般的に西部で高く，東部で低くなっている。海水温が高いと対流圏下層が不安定になるため，熱帯対流活動が活発化する。対流圏中・上層では水蒸気の凝結による潜熱加熱*で上昇流が強まり，地表気圧も低下する。一方，東部では海水温が低いため多量の降水を伴うような対流活動は抑制されている。つまり，熱帯太平洋の東西で見ると，西では降水量が多く地表気圧が低い，東では降水量が少なく地表気圧が高いという対照的な分布になっている。大気循環からみると，西部で上昇流，東部で下降流，対流圏下層では地表気圧の高い東部から気圧の低い西部に向かって偏東風（貿易風）が吹き，上層ではその反流（補償流）が吹く。このような熱帯大気の東西鉛直循環は**ウォーカー循環**とよばれる。つまり，海洋表層も大気循環も熱帯太平洋では東西非対称の特徴をもっている。

＊ H_2O の相変化（ここでは凝結）によって熱が放出され周囲の大気を加熱すること。

ところが，平年にみられる東西非対称性が大きく崩れて，海洋も大気も非対称性が不明瞭になることがある。もし熱帯太平洋の東西間の地表気圧差が小さくな

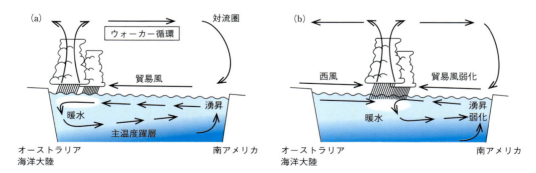

図5.1 **熱帯太平洋域の大気・海洋の東西非対称性**。(a) 平年では，熱帯太平洋西側で主温度躍層が深い，海水温が高い，降水が多い，地表気圧が低い状態で，対照的に，太平洋東側では主温度躍層が浅い，海水温が低い，降水が少ない，地表気圧が高い状態になっている。(b) エルニーニョ現象発生時には東西非対称性が不明瞭となる。

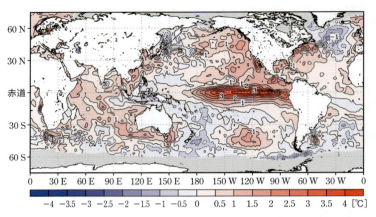

図 5.2 エルニーニョ現象発生時の海面水温偏差分布（2015 年 11 月）

* 深層から表層に海水が沸き上がる流れ．

ると偏東風が弱まる．偏東風によって主温度躍層の水深の東西差が主に生じているため，偏東風の弱化は**湧昇流***も弱め，東部の浅い主温度躍層は平年より深くなる（図 5.1b）．湧昇流の抑制は東部を中心に海面水温の上昇をもたらす．その時の海面水温分布を示したのが図 5.2 である．2015 年 11 月の全球海面水温の偏差分布を例としてあげている．ここで偏差は平年値からの差である．太平洋の赤道に沿って日付変更線付近から南アメリカのペルー沖にかけて水温が高くなっており，3°C を超える高温偏差もみられる．もともと西部に比べて東部では海面水温の平年値は低いため，赤道太平洋東部で顕著な偏差分布が生じることになる．このように，ペルー沖から赤道太平洋東部にかけて，平年に比べて海面水温が数°C 高い状態が半年以上持続する現象を**エルニーニョ現象**とよぶ．

高海水温の領域が熱帯太平洋の西部から中部へ拡大または移動すると，熱帯対流活動の中心も西部から中部へ移動する傾向があるため，降水量分布の東西非対称も崩れる．ウォーカー循環も対応して弱化するので，偏東風が弱まり，主温度躍層の水深の東西差もさらに不明瞭となる．このように，熱帯太平洋の大気・海洋に見られる東西非対称性が大きく崩れる現象がエルニーニョ現象といえる．

5.1.2 ENSO 現象とは

一方，熱帯太平洋東部で平年より海面水温が低い状態が続く場合もある．海洋表層では主温度躍層の水深の東西勾配が平年に比べて大きく，大気では東西間の地表気圧差が大きく，すなわちウォーカー循環が平年より強い．エルニーニョ現象とは反対に，熱帯太平洋の大気・海洋に見られる東西非対称性が平年よりさらに顕著になっている状態を**ラニーニャ現象**とよぶ．

前述のエルニーニョ現象の説明では，熱帯太平洋の東西間の地表気圧差が小さくなる，つまりウォーカー循環の弱化が始まりとしていたが，これは原因でもあり結果でもある．なぜなら，もし熱帯太平洋東部の海面水温が上昇すると，熱帯対流活動が東偏し，結果としてウォーカー循環が弱化するからである．大気と海洋が相互作用している現象では，単純な因果関係でその現象の全体像を説明することはできない．これまでを簡潔にまとめると，熱帯太平洋域では，海洋表層も

5.1 熱帯域の大気海洋相互作用

大気も東西非対称が平年より顕著な時は，海洋ではラニーニャ現象の発生，大気ではウォーカー循環の強化がみられ，対照的に東西非対称が不明瞭な時は，海洋ではエルニーニョ現象の発生，大気ではウォーカー循環の弱化が生じている。エルニーニョ現象とラニーニャ現象が交互に発生している時には，対応してウォーカー循環も強弱を繰り返している。このウォーカー循環の強弱を特に**南方振動**(Southern Oscillation)とよび，もともとはダーウィン（オーストラリアの都市）とタヒチの地表気圧が互いに逆位相で変動しているという発見に基づいて命名された。

以上のように，エルニーニョ現象／ラニーニャ現象と南方振動は，熱帯太平洋で生じている大気海洋相互作用の現象を海洋側と大気側から別々にみているにすぎず，1つの大気海洋結合現象として捉えるべきものである。その考え方に沿って，両者の名称の頭文字をとって**ENSO**(El Niño-Southern Oscillation)**現象**ともよばれている。

5.1.3 ENSO 現象の発生頻度

図 5.2 の特徴的な海面水温偏差が見られる海域（東部赤道太平洋）をエルニーニョ監視海域と定義して，国際的な気象機関が常時モニタリングを行っている。エルニーニョ監視海域の過去 60 年間の海面水温変動を図 5.3 に示す。偏差は平年値からの差である。平年に比べて $-2°C$ から $+2.5°C$ 程度の間で変動しており，極端な正（負）偏差を示している時期は顕著なエルニーニョ（ラニーニャ）現象が発生していることを意味する。水温変動の時間スケールは 2 年から 5 年程度であり，南方振動とも高い相関関係にあることから，ENSO 現象の発生頻度は平均すると数年に 1 回程度であるといえる。地球温暖化の進行によって近未来の ENSO 現象の発生頻度や規模がどのように変調するのかについては多くの議論がある。

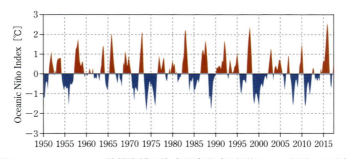

図 5.3　**エルニーニョ監視海域の海水温変動**（平年値からの偏差で示す）

大規模なエルニーニョ現象やラニーニャ現象が発生すると，世界各地で異常気象が頻発する傾向がある。現象自体は熱帯太平洋の現象であるが，ウォーカー循環の変化を介して熱帯インド洋や熱帯大西洋の大気循環に影響を与える。また，熱帯対流活動（潜熱加熱の分布）が変化するため，対流圏の大気中を水平伝播する**惑星波**（**ロスビー波**）を介して，両半球の中高緯度地域の大気循環にまでその影響が及ぶことが知られている。

5.2 中緯度域の大気海洋相互作用

5.2.1 暖流からの熱・水蒸気供給

基礎編 6.2.3 で解説されているように，北太平洋の西岸境界流は**黒潮**とよばれている。黒潮とその下流にあたる**黒潮続流**が，低緯度海域から中緯度の日本近海への熱輸送を担っている。北半球冬季のユーラシア大陸東岸では，乾燥して寒冷な北西季節風と黒潮・黒潮続流が交差するため，多量の熱・水蒸気が暖流から大気へ供給される。図 5.4 に北太平洋における冬季平均の海面**熱フラックス**[*1]の分布を示す。日本の太平洋沿岸の黒潮に沿って熱フラックスの極大がみられる。最大値は 500 W m^{-2} ほどにも及ぶ。熱対流によって地球表面から大気へ輸送される熱フラックスは全球平均で 100 W m^{-2} 程度であることから，中緯度海洋でも日本近海が特筆すべき地域であるといえる。また，北大西洋の西岸境界流である**メキシコ湾流**が流れる北アメリカ大陸東岸の海域でも，冬季には熱フラックスの増加が観測され似たような特徴をもつ。

*1 対流によって海洋表面から大気中へ輸送される熱（1 m^2 あたりのワット数で示す）。

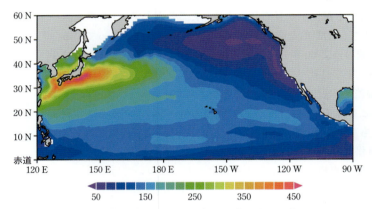

図 5.4 冬季平均海面熱フラックス(W m^{-2})の空間分布
正値は海洋から大気への向きを表す（東北大学　杉本周作氏提供）

5.2.2 暖流による地表傾圧帯の形成

冬季は北西季節風の卓越によって日本海や東シナ海の海面水温は大きく低下するが，黒潮・黒潮続流は常に低緯度から熱を輸送しているため，海面水温の低下量は小さい。結果的に，日本付近で海面水温の南北勾配が大きくなる。暖流の存在がもたらす，このような南北温度勾配は対流圏下層の**傾圧性**[*2]を強めるはたらきをする。下層傾圧性の強化は**温帯低気圧**の発生や発達に好適な環境場をもたらす。なぜなら，温帯低気圧は中緯度傾圧帯で発生・発達する擾乱で**傾圧不安定**[*3]が重要であるからである。

図 5.5a は冬季の 1 月について日本付近で発生あるいは発達した温帯低気圧経路の頻度分布を示したものである。経路は 2 つに大別され，1 つは日本海を通過する低気圧と，もう 1 つは黒潮・黒潮続流上を通過する低気圧（いわゆる南岸低気圧）である。また図 5.5b は海面水温の水平温度勾配の分布と温帯低気圧の発生・発達環境場の指標となるパラメーターを併せて示している。このパラメータ

*2 大気の等圧面と等密度面（等温面）が交差している状態を指す。

*3 傾圧性が強まると（ここでは南北温度勾配が大きくなると），大気は力学的に不安定（傾圧不安定）になる。その不安定を解消するために偏西風が蛇行し，地表付近では温帯低気圧が発達する。

5.2 中緯度域の大気海洋相互作用

ーは傾圧不安定理論に基づいた下層傾圧性の指標であり，イーディーの擾乱最大成長率とよばれている．図を見ると，水温勾配が大きい海域と低気圧が発達しやすい領域がほぼ重なっている．特に黒潮・黒潮続流に沿ってパラメーターの極大域が分布しており，黒潮・黒潮続流上で低気圧が急発達する事例が多いという観測事実と矛盾しない．暖流の存在が日本付近の冬季の低気圧活動に大きな役割を果たしていることがわかる．

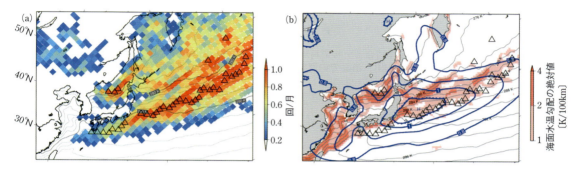

図5.5 (a) 1月の日本周辺で発達した温帯低気圧の経路頻度分布
△は主経路を指す．等値線は海面水温．(b) イーディーの擾乱最大成長率の分布（青等値線）と海面水温水平勾配（陰影）(Hayasaki and Kawamura, 2012 より引用)．

5.2.3 黒潮の大蛇行と低気圧活動

黒潮は時によって大きく蛇行することが知られている．黒潮の大蛇行時には冷水渦が出現し，水温変化により漁場が移動するなど，水産業にも大きな影響を与える．図5.6は大蛇行が生じている時の流路と非大蛇行時の流路（直進流路）に分けて描いたものである．大蛇行が発生すると東海沖を中心に大きく蛇行する場合が多いが，蛇行パターンは複雑である．過去のデータによると，1970年代半ばから1980年代末までは頻繁に大蛇行が生じていたが，2000年代から最近にかけては発生頻度が低下している．なぜこのような長期的な変動傾向が生じるのかに

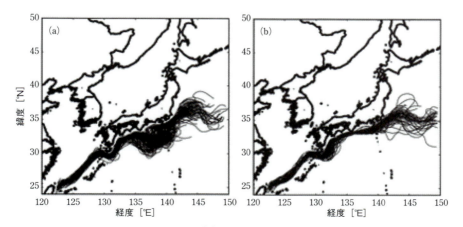

図5.6 黒潮の(a)大蛇行流路と(b)直進流路
(Nakamura et al., 2012 より引用)．

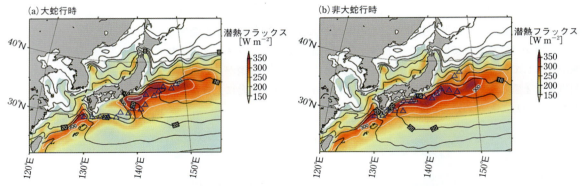

図 5.7 大気海洋結合モデルで再現された黒潮大蛇行時(a)と非大蛇行時(b)の海面水温(等値線)，海面での潜熱フラックス(陰影)，温帯低気圧の主経路(三角印)の分布 (Hayasaki et al., 2013 より引用)

ついてはよくわかっていないが，ここで注目すべきは**黒潮大蛇行**が冬季の低気圧活動を大きく変調させる点にある。

図 5.7 に黒潮の大蛇行時と非大蛇行時について海面水温分布，海面での**潜熱フラックス**[*1]分布，温帯低気圧の主経路の比較を示す。**大気海洋結合モデル**[*2]で黒潮大蛇行を再現し，低気圧活動との関連を検証した結果に基づいている。非大蛇行時には太平洋沿岸に沿って海面水温の等値線が混んでおり，低気圧の主経路もそれに沿っている。海面からの潜熱フラックス量も多い。ところが，大蛇行時には四国沖で海面水温の等値線が大きく湾曲し，低水温の領域が出現するため潜熱フラックス量も減少する。低気圧の主経路も非大蛇行時に比べて大きく南偏している。また，その後の低気圧の急発達も大蛇行時には抑制される傾向がある。つまり，黒潮の変動が低気圧の経路や発達に有意な影響を与えていることが見出されている。その原因としては，大蛇行による下層傾圧性の弱化と傾圧帯の南偏や，海面からの潜熱フラックスの減少があげられる。後者については次節でさらに考察する。いずれにしても，冬季の日本周辺の低気圧活動に黒潮はダイナミックな変動を通して能動的役割も果たしていることを強調したい。

[*1] 海面で海水が蒸発する(H_2O の相変化が生じる)ことで，気化熱という形で海洋から大気へ供給される熱(1 m^2 あたりのワット数で示す)。

[*2] 大気と海洋は互いに熱・運動量を交換しているが，それらの相互作用のプロセスを大気モデル単独，あるいは海洋モデル単独では表現できない。そこで，海洋モデルで計算された海面水温を大気モデルの外力として与え，大気モデルで計算された海上風等を海洋モデルの外力として与えて，交互に計算結果の受け渡しをすることで大気海洋相互作用のプロセスを表現することが可能になる。そのような大気と海洋が結合して変動する現象を予測するモデルを大気海洋結合モデルという。

5.3 低気圧と海洋の相互作用

5.3.1 温帯低気圧に伴う気流系とその変質過程

前に述べたように，観測事実として黒潮・黒潮続流上で温帯低気圧が急発達する事例が数多い。傾圧帯という背景場の下で低気圧が更なる急発達をするためには，対流圏上層の気圧の谷のみならず水蒸気の凝結による潜熱加熱の寄与も大きい。低気圧を急発達させるのに必要な多量の水蒸気は一体どこから供給されるのだろうか。2013 年 1 月中旬に急発達した南岸低気圧を例にあげて説明することにしよう。

図 5.8 はその低気圧中心近傍の気流系を空気塊の流跡線解析[*3]という手法で可視化したものである。急発達する低気圧の多くでは，低緯度から低気圧中心に流

[*3] 仮想的な空気塊が時間の経過とともに移動する軌跡を流跡線といい，その流跡線を調べることで空気塊がどのような経路で運ばれてきたのかを推定することが可能になる。

5.3 低気圧と海洋の相互作用

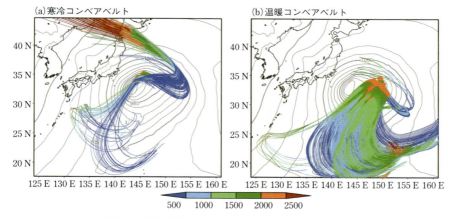

図 5.8 急発達する温帯低気圧中心近傍の気流系。流跡線の色は高度 [m] を示す。等値線は海面更正気圧 (Hirata et al., 2015 より引用)。

入する顕著な暖湿気流が見られる。高**相当温位**[*1]で特徴づけられるこの暖湿気流は**温暖コンベアベルト**とよばれる (図 5.8b)。温暖コンベアベルトは低緯度から多量の水蒸気を低気圧内部へ供給するはたらきを担っており、温暖前線面に沿って上昇し、温暖前線近傍での活発な対流活動に寄与している。一方、中心気圧の急速な低下に伴い、低気圧中心近傍で反時計まわりの風の流れが強まると、温暖前線北側で、温暖前線面の下方をかいくぐるように寒冷な (低い相当温位の) 東寄りの風が発達する。この気流は主に**大気境界層**[*2]内に限定され、**寒冷コンベアベルト**とよばれる。図 5.8a を見ると、南からの気流が一部混在しているが、主要な気流は高緯度から低気圧中心に接近し、流れを西向きに変えて中心に流入している。これが寒冷コンベアベルトである。

この 2 つの気流系について典型的な空気塊を抽出し、暖流上を吹送する空気塊の変質過程を図 5.9 でみてみよう。(a) は各コンベアベルトの典型空気塊の流跡線と海面潜熱フラックス分布を重ねたものである。(b), (c) は 2 つの典型空気塊の変質過程を示している。寒冷コンベアベルトによって流入する空気塊は高度 500 m 以下を移動する間に海面から蒸発した多量の水蒸気を獲得して、低気圧中心付近の上昇流に捕捉され、上空で潜熱を解放 (**温位増加**, **水蒸気混合比減少**) している。一方、温暖コンベアベルトに沿う空気塊はすでにかなり湿潤な状態で低気圧中心近傍に流入しており、その間水蒸気混合比はほぼ一定で海面潜熱フラックスも非常に小さい。つまり、温暖コンベアベルトに伴う湿潤空気塊は中緯度海洋による変質をほとんど受けていない。これらの特徴から、低気圧中心付近の潜熱加熱をもたらす水蒸気の起源は、温暖コンベアベルトによって供給される低緯度域の水蒸気と、寒冷コンベアベルトによって供給される黒潮・黒潮続流域から蒸発した水蒸気に大別されることがわかる。

発達する低気圧の寒冷コンベアベルトが暖流域に重なってくると海面潜熱フラックスが急増し、対応して中心気圧の更なる低下が生じることが見出されていることから、前節で紹介した黒潮大蛇行によって低気圧の発達が抑制される主要因の一つとして、海面潜熱フラックスの減少が考えられる。このように、低気圧シ

*1 外部との熱の出入りがない状態 (断熱変化) で、空気塊を上空のある気圧面から地表付近の 1000 hPa 面まで下降させたとすると、高い気圧のために空気塊は圧縮され、内部エネルギーが増加、つまり昇温する。昇温した時の温度 θ は当然ながら元の空気塊の温度より高くなっており、この θ を温位という。また、空気塊に含まれる水蒸気が全て凝結して空気塊を加熱した分を温位に加味したものを相当温位という。

*2 地表から高度約 1〜2 km までの大気層で、地表面摩擦などの影響を大きく受ける。

ステム内の寒冷コンベアベルトを介して，黒潮・黒潮続流が低気圧の急発達に重要な役割を果たしている．また，同じ西岸境界流であるメキシコ湾流上でも急発達する温帯低気圧が多いことから，同様な大気海洋相互作用が生じている可能性が高い．

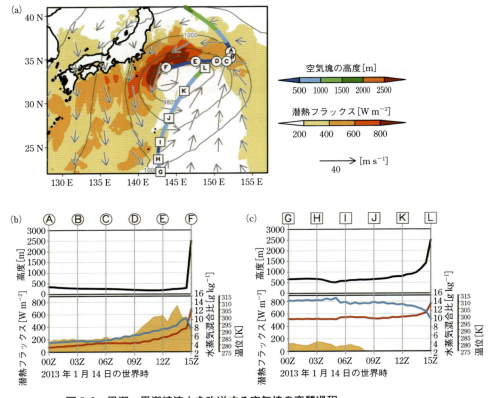

図 5.9 黒潮・黒潮続流上を吹送する空気塊の変質過程
(a) 典型空気塊の流跡線．海面での潜熱フラックス（陰影），海面更正気圧（等値線），海上風（ベクトル）を併せて示す．(b) 寒冷コンベアベルトに沿う空気塊の変質過程．(c) 温暖コンベアベルトに沿う空気塊の変質過程（Hirata et al., 2015 より引用）．空気塊の高度（黒線），水蒸気混合比（水色線），温位（赤線），並びに潜熱フラックス（オレンジ色の陰影）を示す．

5.3.2 台風と海洋表層水温

熱帯低気圧は低緯度域で発生する水平スケール 1,000 km 程度の擾乱で，水蒸気の凝結による潜熱が駆動源となって発達していく低気圧である．気象庁では最大風速がおよそ 17 m/s（34 ノット）以上の熱帯低気圧を**台風**と定義している．海洋上を台風が通過すると海面水温が低下することが知られている．どの程度の規模で海面水温が低下するのだろうか．大気海洋結合モデルを用いて台風による海面水温の低下を見積もった一例を図 5.10 に示す．台風が通過した後に，海面水温が 2°C 以上低下した領域が線状に拡がっているのが見られる．

海面水温低下の要因としてまずあげられるのが台風に伴う強風によるかき混ぜ効果である．日射量が多く静穏な海域では，海面とその直下の水深 1 m ほどの間

5.3 低気圧と海洋の相互作用

で水温の強い鉛直勾配が形成されている。強風は海洋表層を混合し，鉛直方向の水温勾配（上方ほど水温が高い）を減少させる。結果的に，海面水温は低下する。また，台風が励起する湧昇流も要因の一つである。台風中心近傍の大気境界層内では，地表面摩擦によって中心に向かう動径風速成分が大きくなるため，海上風は反時計回りに台風中心へ吹き込んでいる。台風中心付近の鉛直断面をみると，海上風は収束するが，海洋表層（**エクマン層**）の流れは**エクマン輸送**（基礎編 6 章参照）により水平に発散する。発散した海水を補償するために水温躍層*が持ち上げられる。つまり，エクマン湧昇が生じる。この湧昇流も海面水温の低下をもたらしている。

* 鉛直方向に水温が急激に変化する層。

移動速度が遅く，かつ強い台風ほど，海面水温の低下が促進される。一方では，停滞性の台風ほど水温低下の影響を受け，台風の発達が抑制される可能性がある。海面水温を境界条件として与えた台風の再現実験では台風は過発達傾向にあり，海面水温も予測する大気海洋結合モデルでは現実的な台風強度が再現されたという報告もある。台風と海洋との双方向作用のプロセスをさらに理解していく必要がある。

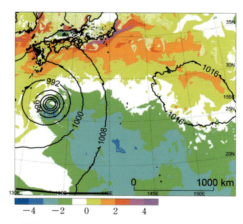

図 5.10　台風に対する海洋応答。陰影は海面水温分布（寒色系が水温低下を示す），等値線は海面更正気圧（気象研究所　和田章義氏提供）

応用編

6 地球環境変動と地球温暖化

> 気温，風，降水など，われわれの身のまわりの大気の状態は，太陽のまわりの公転に従い1年周期で変動しているが，その変動は正確に毎年同じ状況を繰り返すのではなく，顕著な年ごとの変動，すなわち年々変動が存在する。そのような年々変動を，ある期間にわたって平均することで，大気の長期的な変動を議論することができる。そのような大気の平均的状態のことを**気候**(climate)といい，その変動を**気候変動**(climate change)*という。一般には数年から数億年で平均して，いろいろな時間スケールの気候変動が議論される。この章では，今から15万年前以降の気候変動を概観した後，近年話題となっている地球温暖化について議論する。

* たとえば，気象庁の発表する天気予報で用いる「平年」は，30年間の平均に基づく気候値である。

6.1 気候変動の概観

地球の海陸分布は，今から約70万年ほど前に現在とほぼ同じになり，それ以降，氷期と間氷期を繰り返す気候変動システムが完成したと考えられている。図6.1は，さまざまな資料から推定した，過去15万年以降の，中緯度における平均気温の偏差の時間変化を示したものである。(d)図を見ると，気温の高い状況（**間氷期**）と低い状況（**氷期**）が約2万年から4万年の周期で繰り返されており，現在は約1万年前の氷期が終わった後の間氷期にあることがわかる。氷期と間氷期の間の気温差は6℃のオーダーと見積もることができる。一方で，やがて1〜2万年ほどの間に，地球の気候は氷期へと移行することも予想できる。この6℃という変動は，たとえば(a)図に見られる，過去150年の間のゆっくりとした温暖化にともない観測される0.6〜0.7℃の昇温幅と比べると，10倍にも達する大きなものである。また，(b)図を見ると，1400〜1800年頃にも，今より1.5℃程度気温が低か

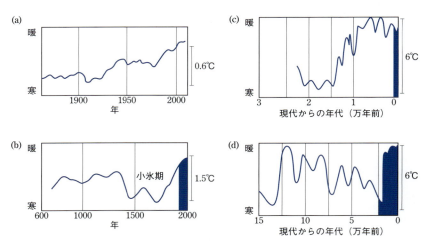

図6.1 数10年から数万年に及ぶさまざまな時間スケールでの気温変動 (Graedel and Crutzen, 1995を改変)。縦軸は中緯度での平均気温の偏差。

った**小氷期**とよばれる時代があったこともわかる。本章では，これらの図に見られる気候変動を中心に議論する。

気候をどれくらいの期間で平均するかに応じて，さまざまな時間スケールの気候変動が議論でき，それぞれの気候変動をもたらす要因も異なってくる。上で触れた海陸分布は，大気や海洋の流れ（大気海洋大循環）に大きな影響を与え，その結果，低緯度と高緯度の間の熱輸送に影響を与える。(d) 図に見られる約2万年から4万年の周期の変動の原因は，地軸の歳差運動，地軸の傾きの変動など，天文学的な要素が原因と考えられている。これらの変動で，特定の緯度帯に到達する太陽放射量の変動が引き起こされ，その結果生じる気候の周期的変動を**ミランコビッチ・サイクル**（Milankovitch cycle）*1という。

これよりも短い時間スケールの変動を引き起こす要因としては，後述する太陽活動の変動，火山活動頻度の変動などが知られている。また，本章後半の議論の中心となる，二酸化炭素を始めとする**温室効果気体**（greenhouse gas）の増加や，オゾンなどの大気微量成分の変動も，太陽放射および地球放射間のバランスを変動させることで，気候変動を引き起こしうる。一方で，これらの外的な要因が変化しなかったとしても，大気や海洋固有の内部変動により，数10年周期の気候変動が引き起こされることも知られている。これらの要因の中には，メカニズムが比較的よく理解されているものと，そうでないものがある。

*1 ミランコビッチ・サイクルは，セルビアの地球物理学者ミルティン・ミランコビッチ（Milutin Milanković; 1879-1958）の研究から名づけられたものである。太陽地球間の距離（公転楕円軌道の離心率）の変動には約10万年，地軸の歳差運動には2.3万年と1.9万年，地軸の傾きには4.1万年の周期成分がある。気候変動にも同じ周期成分があり，約10万年周期の成分以外は，これらが原因であることが同定されている。

6.2 小氷期と太陽活動

図 6.1 b に見られる小氷期の時代が，現在と比べ非常に厳しい気候であったことは，木々の年輪や氷河のサンプルから確認されている。また，ピーター・ブリューゲル*2の絵画に見られるように，この時代のヨーロッパの絵画には，今では見られないような，厚い氷で覆われた運河や湖が描かれ，陰鬱な灰色の空，雪に覆われた景色など，その後に続く印象派の画家たちが描く，明るく色彩にあふれた世界とは対照的である。また，その時代に続いた飢饉やペストの大流行も，当時のこのような，寒くじめじめとした気候と関連があったともいわれている。

*2 ピーター・ブリューゲル（Pieter Bruegel de Oude; 1525頃-1569）はオランダの画家。「鳥罠のある冬景色」，「雪中の狩人」など，氷や雪に覆われた冬の風景を描いた絵が多い。

このような厳しい気候は，何によりもたらされたのであろうか。太陽表面には，周囲よりも相対的に温度が低い領域である**黒点**が観測され，17世紀初めのガリレオの観測以来記録が残されている。図 6.2 は，その年平均値の経年変化を描いた

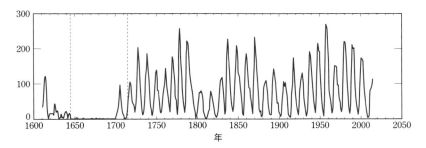

図 6.2 1610年以降の年平均太陽黒点数の経年変動。縦軸は太陽黒点数で，NASA（米国航空宇宙局）のデータによる。

*1 マウンダー極小期は，太陽黒点の研究で知られる，イギリスの天文学者エドワード・マウンダー(Edward Walter Maunder；1851-1928)にちなんで名づけられた。

*2 たとえば簡単に，黒体放射に関するステファン・ボルツマンの法則を考えてみよう。太陽からの放射を S，地球の気温を T とすると，$S \propto T^4$ と表すことができる。これより，$T \propto S^{1/4}$ となるので，S が 0.1% 変動すると，T はその 1/4，すなわち 0.025% 程度のみ変動することになる。絶対温度 300 K を仮定すると，その変動幅は 0.075 K 程度と見積もられる。

ものである。一見して，約 11 年周期で増減を繰り返している特徴に加え，17 世紀半ばから 18 世紀初頭にかけては，黒点がほとんど観測されなかったことがわかる。現在，この黒点が極めて少なかった時代を，発見者の名から**マウンダー極小期**(Maunder Minimum)*1 とよんでいる。また，18 世紀末から 19 世紀初めにも，30 年ほどの間，黒点は少なかった時代がある。太陽黒点が多い時は太陽活動が活発な時に対応するが，1970 年代末以来の衛星観測により，太陽放射エネルギー量の正確な値が得られるようになり，それによると，最近の 11 年周期変動にともなう太陽放射エネルギー量の変動幅は，0.1% 程度であることがわかった。この程度の減少量で，小氷期のような気候の寒冷化を説明するのは難しいが*2，マウンダー極小期のように何 10 年も黒点が見えない時には，最近の変動の下限をはるかに下回るエネルギーしか来ていなかった可能性がある。あるいは，大気に，変動を増幅する何らかのフィードバック機構が存在する可能性もある。太陽活動と気候の関係は，まだよくわかっていない点が多く，現在も多くの研究者が研究を続けている。

6.3 地球温暖化とは

さて，以上の議論を念頭に置いて，図 6.1a をもう一度見てみよう。この図に見られる，小氷期が終了して以降の，比較的ゆっくりとした温暖化傾向のことを**地球温暖化**(global warming)といい，近年，これに関わるさまざまな問題が指摘されている。以下の議論では，より最新のデータに基づいてこの地球温暖化を議論する。

図 6.3 は，1891 年以降の世界平均地上気温の経年変化を示したもので，陸上と海上を合わせた年平均値について描いたものである。世界平均に際しては，観測点ごとに 1981 年から 2010 年の 30 年平均からの気温偏差を計算し，さらに観測点の空間的な非均一性も補正するようにして算出している。縦軸がそうして求め

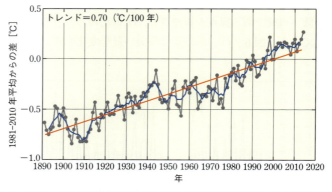

図 6.3 1891〜2014 年の世界平均年平均気温の変化図(気象庁気候変動監視レポート 2014)。黒線は各年の 1981〜2010 年の 30 年平均からの偏差値，青線は 5 年間の平均，赤線は長期変化傾向を表し，100 年あたり 0.70℃ の昇温率である。

6.3 地球温暖化とは

た値で，この図から明らかなように，変化傾向は一様ではないが，全体を通しての変化傾向を計算すると，100年あたり 0.70°C の昇温傾向となる。この昇温傾向こそが，いわゆる地球温暖化である。図には示さないが，同様の計算を日本の観測地点について行うと，100年あたり 1.15°C 程度の昇温傾向となり，これよりやや大きな値となる。このような，過去およそ100年の期間に見られる地上気温のゆっくりとした昇温傾向のことを地球温暖化という。0.70°C というのは陸上と海上の平均で，一般には陸上の昇温率の方が海上よりもやや大きくなる。また，同じ陸上，海上同士でも，高緯度の方が低緯度よりも大きくなる。

ここで，地球温暖化としばしば混同される，**都市化の影響**[*1]について注意を与えておく。この見積もりにあたっては，都市化の影響は除かれている。都市化の影響とは，観測地点が住宅やビルに囲まれてしまうために，人工的に気温が上昇する現象のことで，**ヒートアイランド現象** (urban heat island) ともいわれている。この影響をできる限り取り除くため，都市化の影響の少ない観測地点のみ選んで変動を見積もって作成したのが図 6.3 である。したがって，この図に見える昇温傾向は，都市から離れた陸上や海上での平均的な変化傾向を表すものといえる。温暖化と都市化は異なる現象で，原因も全く違う。しばしば，地球温暖化と都市化を混同した議論が多いので注意が必要である。

この図で見られる，100年あたり約 0.7°C の昇温は数値的には小さいような印象を受けるし，また上述の通り，過去に氷期から間氷期に移った際の昇温幅と比べるとずっと小さく，たいしたものではないようにも思われる。しかしながら，近年の地球温暖化には，単なる平均気温の上昇に加え，温暖化にともなう**極端現象**の増加という問題が付随している。極端現象とは，夏季の異常高温の頻出や，猛烈な集中豪雨や異常干ばつの生起，冬季の異常低温や猛烈寒波など，本来生起頻度が低い現象のことである。そのことを表し，「30年に一度の」というような表現がなされることもある。地球温暖化にともない，世界の各地で，これらの極端現象が起こりやすくなっていることが報告されている。極端現象が起こりやすくなる理由はよくわかっていないが，地形なり時間帯なり，現象が生じやすい場所や時間が限られているので，温暖化にともなう変化が一様に生じるのではなく，場所や時間が集中することで，極端現象の生起頻度の増加として現れているのかも知れない。

それでは地上から離れた高層大気の気温変化はどうなっているのかを見てみる。図 6.4 は，1958 年から 2008 年の期間における高度 20 km 付近の世界平均気温の経年変化[*2]を描いたもので，この 50 年間の平均値からの偏差で示している。図より，この高度では，この 40 年の間に約 2°C も降温していることがわかる。100年あたりに換算すると 5°C にも及ぶ降温率で，地表気温の昇温率に比べ絶対値は 7 倍以上にもなる。同様のことを，いろいろな高度で調べると，昇温と降温は約 10 km 付近を境界に入れ替わり，それより下では昇温，上では降温していることが示される。このような大気下層と上層で逆の変化傾向が見えることは，この後の地球温暖化のメカニズムを考える上で重要であり，記憶にとどめておいてほしい。

*1 都市化の影響は都市化の程度に依存するが，大都市ではかなり大きく，たとえば福岡では同じ 100年あたり 3.2°C もの昇温率が観測されているので，これと日本の平均的な昇温率 1.15 度との差の，およそ 2°C が都市化の影響と見積もることができる。つまり，都市化の影響は，この場合，温暖化による昇温の約 2 倍に相当する。

*2 図 6.4 の説明にあるように，3 回の気温上昇は，大規模な火山噴火の影響である。火山噴火の影響は，地上付近の気温に対しては，高層とは逆で温度を下げるようにはたらく。図 6.3 をよく見ると，このあたりの年には，上昇傾向の上に降温の影響が乗っているように見える。

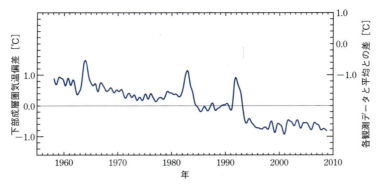

図 6.4 ラジオゾンデ観測（黒実線）による高度 20 km 付近の気温変化とさまざまな観測データ（WMO, Scientific Assessment of Ozone Depletion：2010）。平均して 10 年あたり 0.5℃ の降温化傾向が見られる。3 回の大きな昇温は火山噴火の影響を受けたもので，1964 年頃のはアグン，1983 年頃のはエル・チチョン，1992 年頃のはピナツボの各火山噴火によりこの高度に放出された多量のエアロゾルが太陽放射を吸収した結果と考えられる。

6.4 地球温暖化のメカニズム

それでは，地球温暖化を説明するメカニズムはどう考えればいいのだろうか。その際には，上述の，大気下層での昇温と上層での降温の両方が説明できる必要がある。そして，観測される大気下層での昇温と上層での降温の両者を整合的に説明できるのは，以下に述べるような，二酸化炭素を始めとする温室効果気体の増加による，大気の赤外線放射バランスの変化しかないと考えられている。片方だけ，例えば地表付近の温暖化だけを説明しようと思うのなら，無理やりに他の理由をつけることができないこともないが，それではもう一方を説明することはできない。

地球の温暖化には，二酸化炭素，メタン，一酸化二窒素，ハロカーボン類などの微量な大気成分が関与していると考えられ，まとめて温室効果気体という。図 6.5 に 1958 年以降の大気中の二酸化炭素濃度の観測例*を示すが，一様な増加傾向を見せている。また，図は省略するが，その他の温室効果気体もすべて明瞭に増加

＊ 図 6.5 を見ると，二酸化炭素濃度に明瞭な季節変動があることがわかる。二酸化炭素の季節変化は，主に植物の光合成活動によって生じている。夏季には光合成が活発化することで濃度が減少し，冬季には呼吸が優勢となって濃度が上昇する。したがって，植物がほとんど自生しない南極大陸では季節変化がほとんど見られない。

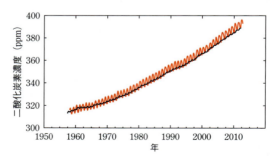

図 6.5 1858 年以降のマウナロア（19°32′ N, 155°34′ W；赤）と南極点（89°59′ S, 24°48′ W；黒）における大気中の二酸化炭素濃度。IPCC 評価報告書 2013 年版（IPCC, 2013）による。

6.4 地球温暖化のメカニズム

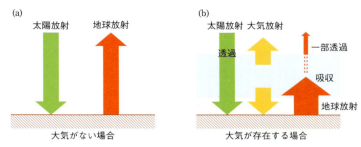

図 6.6 温室効果の説明図。(a)大気がない場合と(b)大気が存在する場合の放射のやり取りの比較。これらの図では太陽放射の反射は除いて描かれている。

している。温室効果気体は，太陽からの光（太陽放射）はほとんど吸収せず透過させるのに対し，地球が放射する赤外線（地球放射）の大半を吸収する性質がある。窒素や酸素などにはそのような性質はない。太陽放射と赤外線は同じ光線の仲間であるが，両者の違いは波長にある。太陽放射の中心は目に見える可視光線で，赤外線に比べて波長が短い光線であるが，赤外線は波長が長く目には見えない。

図 6.6 に，大気がない場合と，大気が存在する場合の放射のやり取りの模式図を示す。実際は，太陽放射の一部は反射され宇宙空間に直接戻るが，気温の決定には関与しないので，図から省いている。大気がない場合は，太陽放射からもらった熱と同じ量を，地球放射として宇宙空間に向かって射出するだけで，特段何も起こらない。大気が存在する場合は，それとはかなり異なるやり取りとなる。太陽放射は大気を透過して地面に到達し，そこで吸収される。同時に地面は吸収した熱を赤外線として大気に向かって放射する。大気は，赤外線の一部のみを透過させ，大半を吸収する。同時に大気は，吸収した熱を地面と宇宙空間の双方に向かって赤外線として放射する。その結果，地面は，太陽放射と大気からの放射の合計の熱を受けることになり，大気がない場合と比べ地面の温度が上昇する。これを一般に**温室効果**（greenhouse effect）という。大気から地面への放射量は非常に大きく，実は地面に直接到達する太陽放射量よりも多い。大気がない場合には，平均地表気温はマイナス 18°C になると見積もられ，実際の平均地表気温は約 15°C なので，温室効果気体による温室効果は 33°C にも及んでいることになる。

それでは，温室効果気体が増えるとどうなるのだろう。図 6.6 にも描いているように，温室効果気体は，地球放射の大半を吸収するが，一部は透過させる。たとえばひまわりなどの気象衛星観測は，この一部透過した赤外線を観測している。温室効果気体が増えると，より赤外線の吸収効率が高まるので，透過する地球放射が減少し，その分大気が多くの熱を吸収するようになる。その結果，地面への放射も増えて，その分地面をより昇温させるようになる。これを**温室効果の強化**という。これが近年の温暖化の主因であると考えられている。

高度 10 km 以上の高層大気における熱のやり取りはこれとは全く異なる*。高層大気（成層圏）には**オゾン層**があり，ここでは，オゾンによる太陽紫外線吸収

* 成層圏における放射バランスは，オゾンによる太陽紫外線吸収加熱を S，成層圏の気温を T，温室効果気体濃度を ε とすると，$S \propto \varepsilon T^4$ と表すことができるので，S が一定とすると，$T^4 \propto \varepsilon^{-1}$ となる。温室効果気体が増えれば ε は大きくなるので，逆に T は減少する。また，ε が一定であっても，$T^4 \propto S$ となるので，オゾンが減少し S が減少すれば T は減少することになる。

加熱と温室効果気体による赤外線放射冷却のバランスで気温が決まっている。オゾンによる太陽紫外線吸収量が変わらないとすると，温室効果気体が増加した場合には，地面のように上から赤外放射を受けて暖められることもなく，宇宙空間への赤外放射のみが強まり，冷却されて気温が下がることとなる。観測される降温化傾向は，これにより説明できる。オゾンの減少によっても低温化は起こるが，図 6.4 を見ると，**オゾンホール**(ozone hole) を始めとしたオゾン破壊が顕著となる，1980 年頃以前から低温化は着実に生じていることから，低温化の原因の大半は温室効果気体の増加のためと考えられる。

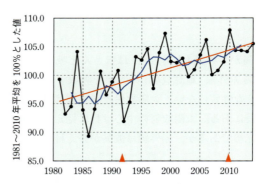

図 6.7 日本の 13 観測地点の夏季（6 〜 8 月）における 850 hPa 面高度（高度 1500 m 付近）の比湿(空気 1 kg あたりの水蒸気含有量) について 1981〜2010 年の平均を基準とする比率の経年変化（気象庁異常気象レポート 2014）。青線は 5 年間の平均，赤線は長期変化傾向を表し 10 年あたり 2.9% の増加率である。2 つの赤い△印は測器の変更があった年を表すが，その影響は無視できると考えられる。

＊ クラウジウス・クラペイロンの式は，空気中の水蒸気が飽和状態にあるとき，空気の飽和水蒸気圧を e，温度を T，水蒸気と水の間のエントロピーの差を ΔS，同じく体積差を ΔV とすると，
$$\frac{de}{dT} = \frac{\Delta S}{\Delta V}$$
と表すことができる。右辺の符号は正であり，したがって，温度が高くなるほど飽和水蒸気圧 e は増加することがわかる。

　ここで，もう一度図 6.3 をながめてみると，地上気温の昇温傾向が見られるといっても，昇温率は一様ではないことに気づく。停滞したり，しばらく低温になったり，また急に昇温が始まったりする特徴が見られ，これは温室効果気体の増加傾向がほぼ一様であるのとは異なる特徴である。上記に挙げた温室効果気体以外に，下層大気中に存在する水蒸気も大きな温室効果をもつ。地球温暖化にともない，大気が含みうる水蒸気量(飽和水蒸気圧)は増加する。たとえば，熱力学のクラウジウス・クラペイロン (Clausius-Clapeyron) の式＊によると，気温が 1°C 昇温すると空気中に含み得る最大水蒸気量（飽和水蒸気圧）が約 7% 増加する。実際，日本付近の夏季の観測によると，過去 30 年間で約 10% の水蒸気量の増加が観測されており（図 6.7），この増加は，この 30 年間の昇温量にともなう飽和水蒸気圧の増加で説明できる。同様の水蒸気の増加傾向は，日本付近に限らず世界各地全球的に観測されており，この水蒸気量の増加により，近年の温室効果の強化はほぼ倍増されていると見積もられている。さらに，先ほど述べた火山噴火もそうであるが，エルニーニョ，ラニーニャ，太陽活動の変動，あるいは内部変動などの影響も加わって，実際に観測されている複雑な気温の変化傾向をつくっていると考えられる。これらさまざまな要因の寄与の定量的な見積もりは，**IPCC（気候変動に関する政府間パネル）**の枠組みで，後述の**気候モデル** (climate model) とよばれる，さまざまな要素を組み込んだ数値シミュレーショ

ンに基づき行われており，観測されるような非一様な昇温傾向の説明に，ほぼ成功している。

　昇温により水蒸気が増え，さらに温室効果を強化するという正のフィードバックの存在が，地球温暖化問題をより深刻にしている。水蒸気量の増加は，降水として地上に落ちることでバランスが保たれるので，やがては降水量の増加に結びつくと考えられる。降水量の増加があらゆるところで一様に増加するのであれば10％の増加ですむが，地形などの影響で，もともと降水が生じやすい場所には，この平均的な増加量以上に増幅される可能性がある。すなわち，非常に強い降水，集中豪雨として現れやすくなる危険性が増大する。これは上述の極端現象増加の一因と考えられる。

6.5　近未来の気候変動

　それでは未来の気候はどのようになるのだろうか。図6.1で明らかなように，地球の気候は1～2万年の間に氷期へと遷移する。しかしながら，現在もっとも大きな関心をもたれているのは，そのような先のことではなく，たかだか100年ほどの近未来の気候変動である。この取り組みは，IPCCの枠組みで，世界中の研究機関や気象庁で開発された40にも及ぶ気候モデルを用いて行われている*。

　気候モデルは，基本的部分は，日々の天候の変化を予測する，天気予報に用いられているものと同じであるが，この先1～2週間の天候変化の予測にとっては重要ではない，海洋循環を表現する海洋大循環モデル，森林や草原，砂漠などの植生を表現する生物圏モデル，雪氷や海氷の変化を表現する雪氷圏モデル，大気中のオゾンやエアロゾルなどさまざまな化学物質の化学反応を表現する大気化学モデルなど，気候の変動に関与するさまざまな要素（**気候システム**）を組み込んだ数値シミュレーションモデルである。

　将来予測を行うためには，過去の気候が再現できるモデルである必要があるので，気候システムの組み込みが正しいことを確認する意味で，過去100年ほどの期間の太陽活動や火山噴火などの自然要因や，温室効果気体やオゾンの変動，土地利用などの人為的要因を組み入れて，その期間の気候を再現する実験を行い，十分な再現性を確認する。その上で，今度は将来100年ほどの期間で予測される上記要素の変動を与えて，将来気候の予測を行う。IPCC評価報告書の作成では，二酸化炭素などの温室効果気体の削減が成功し，21世紀末に20世紀初頭の値に戻せたというシナリオ（RCP 2.6），それとは逆に，現状のまま増加し続けたというシナリオ（RCP 8.5），その中間のシナリオなど，さまざまなシナリオに沿って計算が行われている。

　そのような将来予測シナリオに基づく全球平均地表気温予測を図6.8に示す。この図より，21世紀末には，最大の温室効果気体排出シナリオで4.0℃の昇温，20世紀初頭に戻すことに成功する排出シナリオでも1.0℃の昇温となっている。また，温室効果気体の排出が20世紀初頭の値に戻ったとしても，昇温がゆっくりと続き，気温が元には戻らないことにも注意が必要である。これらは全地球平均値であり，高緯度ではこれよりもずっと大きな昇温となる。19世紀末から現在ま

＊　IPCCでは，6年ごとに気候変動に関する評価報告書を出版しており，最新版は2013年版である。それによると，温室効果気体全体のうち，二酸化炭素の寄与が約50％，メタンが約30％，残りが約20％と見積もられている。

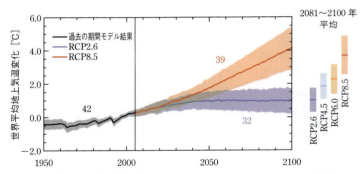

図 6.8 世界の気象研究機関の気候モデルを用いたさまざまな温室効果気体排出シナリオに基づく全球平均地表気温予測 (IPCC, 2013)。数値は参加モデル数。RCP 2.6：非常に低い温室効果気体排出シナリオ，RCP 8.5：非常に高い温室効果気体排出シナリオ。

での昇温量が 0.7°C であることを考えると，最低でも 1.0°C 昇温すればどうなってしまうのだろうか。さらに 4.0°C も昇温すれば，もう氷期は来なくなってしまうかも知れない。

　IPCC レポートでは，このような温暖化予測にともなう，海面水位の上昇，北極海の海氷予測なども行っている。図は省略するが，21 世紀末の海面水位は 0.4 m から 0.6 m 上昇すると予測されている。この上昇には，海水温度の上昇による海水の熱膨張の寄与が最も大きいとされている。また，北極海の海氷も，4.0°C の昇温シナリオでは，完全に消滅してしまうことが予測されている。また，高度 30 km 付近の成層圏では，21 世紀末には世界平均で 8°C にも及ぶ降温となることが予測されている。このように温暖化の影響は深刻である。科学的な予測結果を軽視し，目先の利益にとらわれていると，もう後戻りはできなくなることも自覚する必要があるだろう。

7 地球のマントルのダイナミクスとプレートテクトニクス

応用編

> 地球表面で観察される地学現象には，マントルの内部で起こっているダイナミックな流れに由来しているものが多い．たとえばプレートテクトニクスに代表される地球表面でのプレート運動は，その下のマントルの動きの一部であると考えてよい．とはいえマントルは固体の岩石で構成されているのだから，その「流れ」は地球科学の他の分野で登場する流れ（たとえば空気や海水の流れ）とは様子が大きく異なることが予想されよう．この章では地球や地球型惑星の内部で生じる固体の岩石の流れの性質や特徴について説明する．

7.1 マントル対流の基礎理論

　そもそも**対流**とは，流体の内部で起こる（微視的でない）流動現象のことをさす．図7.1は，地球のマントルを模した3次元球殻領域の内部で想定される対流の一例を示す．図の黄色で示された部分は周囲よりも高温の流体が占めているところで，温度が高いために軽くなり，中心から外側に向かって上昇していく．一方，周囲よりも低温の流体が占めている水色の部分では，温度が低いために重くなり，中心に向かって下降していく．このように，温度差によってひき起こされる対流を**熱対流**という．

　次に図7.2を参照しながら，熱対流をしている流体の内部の構造に関する用語を紹介しておこう．**対流胞**（対流セル）とは，上昇流と下降流で区切られた「小部屋」のような構造をさす．また対流胞の上下の境界に沿って薄い層状にできる，温度の変化が大きい部分を**熱境界層**とよぶ．さらに熱境界層から離れたところで，深さとともに温度がゆるやかに増加している部分がみられるが，これは深いところにある流体ほど高い圧力を受け，体積が小さくなることによって温度が（断熱

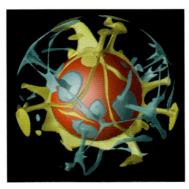

図7.1 3次元球殻領域の内部で起こる熱対流の一例．黄色は周囲よりも高温の上昇域，水色は周囲よりも低温の下降域を表す．赤の面は球殻の内側の面（核・マントル境界に相当）を示す．

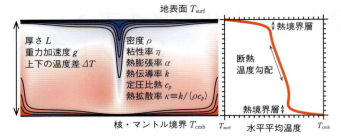

図 7.2　熱対流をしている流体の内部の温度や流れの構造の模式図。この図に示されている量を用いると，式 (7.1) よりレイリー数 Ra が定義される。

変化により）上昇することを表している。この温度変化の度合を**断熱温度勾配** (adiabatic temperature gradient) という。なお上昇流や下降流に伴って温度が大きく変化している部分が**プルーム** (plume) に相当するものであるが，より一般的にはプルームという用語は図 7.1 に見えるような円筒形の上昇流や下降流を指すものとして使われている。

　「熱対流」は地球内部の運動を考える基本原理である。たとえばマントルの内部で起こっている運動も，基本的には熱対流で理解できる。具体的には，マントル深部から高温の岩石が軽くなって浮き上がってきたものが上昇プルームであり，地球表面から低温の岩石が重くなって沈んでいくものが下降プルームやプレート沈み込みである。また，上面に発達した低温の熱境界層がプレートであり，この熱境界層に沿って流体が上面を横方向に流れていくことがプレート運動に相当している。

　まず最初に，固体の岩石から構成されている「かたい」マントルの中で本当に熱対流が起こりうるのかを検討してみよう。容易に想像されるように，熱対流が起こるかどうかは，① 熱対流を駆動する効果と，② 熱対流を抑制する効果との兼ね合いで決まる。たとえば，流体の層の上下の温度差は，① 熱対流を駆動する効果をもつはずであるし，流体のもつ**粘性**（粘り気）*は，② 熱対流を抑制する効果をもつはずである。流体力学の考え方によれば，熱対流が起こるかどうかは**レイリー数** (Rayleigh number) という指標で見積ることができる。ある設定のもとではレイリー数 Ra は

---

* 粘性とは，流体がもっている，動きに抵抗する性質のことをいう。その大きさは粘性率 (viscosity) という量で表され，粘性率が大きい流体ほど「ねばねば」している。

表 7.1　地球のマントルと室温の水の「流体」的な物性の比較（マントルの値は本多 (2011)，水の値は理科年表より）。

記号	意味 [単位]	値	
		マントル	水
α	熱膨張率　　　　　　　[K^{-1}]	10^{-5}	2×10^{-4}
κ	熱拡散率　　　　　　[$m^2 s^{-1}$]	10^{-6}	1.47×10^{-7}
c_p	定圧比熱 [$\times 10^3\,J\,kg^{-1}K^{-1}$]	1	4.19
ρ	密度　　　　　[$\times 10^3\,kg\,m^{-3}$]	3.3〜5.6	1
η	粘性率　　　　　　　　[Pa s]	10^{20}〜10^{24}	10^{-3}

7.1 マントル対流の基礎理論

$$Ra \equiv \frac{\rho\alpha\varDelta TgL^3}{\eta\kappa} = \frac{熱的な浮力の大きさ}{粘性による抵抗の大きさ} \quad (7.1)$$

と与えられ，この値が十分大きければ熱対流が起こるのに対し，そうでなければ熱対流は起こらない．熱対流が起こる場合と起こらない場合の境目となるレイリー数の値は**臨界レイリー数**とよばれ，理論的な検討によれば10^3程度の値になることが知られている．ここで表7.1に示されたマントルの物性値と，マントルの厚さLが約3,000 kmおよび重力加速度gが$9.8\,\mathrm{ms^{-2}}$であることを用いてレイリー数を計算してみると，およそ10^7となり，臨界レイリー数よりも十分大きな値であることが確認できる．

なお，**粘性率**ηが非常に大きいにもかかわらず，地球のマントルのレイリー数が十分大きな値となるのは，マントルの厚さが十分大きいからである．非常に厚いマントルの中では，対流によってエネルギーを運び出さなければ熱がたまり過ぎてしまうのである．そのため，水と比べてはるかに粘性率の大きな流体の中でも対流運動が起こることになる．

マントルの中の対流現象のもう1つの大きな特徴は，地球の自転による**コリオリカ**（転向力）の効果をほとんど受けていないことである．その理由は，粘性率の非常に大きなマントルの流れが非常に遅いからである．後にみるように，マントルの流れる速さはプレートの動く速さと同じくらい（1年で数cm程度）と見積もられているが，この速さは地球の自転の速さ（約1日で1回転）と比べてはるかに小さい．そのため，マントルの流れは地球科学の他の分野で登場する流れ（大気・海洋の流れ，外核の流れなど）と比べて，流れの構造が大きく異なっている．

また前の議論から，レイリー数Raが大きくなるほど対流は活発になると予想される．次に，Raの変化によって対流の活発さがどう変化するかを，いくつかの指標に基づいて調べてみよう．まず対流によって運ばれる熱量をはかるため，**ヌッセルト数**（Nusselt number）という指標を導入しよう．ここでヌッセルト数Nuとは以下のように定義される．

$$Nu = \frac{伝導と対流による全熱流量}{伝導のみによる熱流量} \quad (7.2)$$

この定義から明らかなように，対流していないときは$Nu=1$，対流しているときは$Nu>1$で，Nuが大きいほど対流によって大量の熱が運ばれていることを

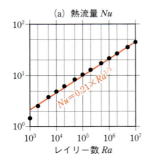 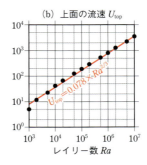

図7.3 レイリー数Raの変化に対する，(a)ヌッセルト数Nuおよび(b)対流層上面での流れの速さU_topの変化．いずれのグラフも，縦軸・横軸とも対数になっていることに注意．

意味している．さらにまた，対流層上面での流れの平均速度 U_{top} を用いて，対流による流れの速さをはかることにしよう．ただしここでは U_{top} は，実際の流れの速度と熱伝導(拡散)[*1]による熱輸送の速さ (κ/L) との比を表しているものとする．Ra の値をさまざまに変えて熱対流の実験を行い，そこで得られた Nu や U_{top} の変化の例を図7.3に示す．図7.3より，Ra が大きくなると Nu も U_{top} も大きくなっていることがわかる．このうち，Ra が大きくなるほど Nu が大きくなることは，上面や下面に沿った熱境界層が薄くなり，またその中での深さ方向の温度勾配が大きくなったことに対応している．さらに，Ra の増加に伴う Nu や U_{top} の増加は，Ra のべき乗に比例していることが見てとれる．この結果は，**境界層理論** (boundary layer theory) とよばれる理論によって予測されるものとよく一致する．境界層理論によれば，レイリー数 Ra とヌッセルト数 Nu および上面の流速 U_{top} の間には

$$Nu \propto Ra^{1/3}, \quad U_{\text{top}} \propto Ra^{2/3} \qquad (7.3)$$

という関係のあることが予測されている．実際，図7.3からは，Ra が10倍大きくなると Nu はおよそ $2.1\,(=\sqrt[3]{10})$ 倍に，U_{top} はおよそ $4.6\,(=\sqrt[3]{100})$ 倍になっていることが示されており，境界層理論から予測される関係とよく一致している．また，地球マントルに想定されるレイリー数の値をこの関係式に代入し，マントル内の熱対流の流れの速さや運ばれる熱流量を見積ってみると，地球表面での観測量に近い値(たとえば対流層表面の流れの速度が1年で数cm程度であることなど)が得られる．このことは，熱対流が地球惑星内部のダイナミクスを理解する基本原理であることの証拠である．

ここまでの議論では，簡単な設定のもとで起こる熱対流の性質を紹介してきた．具体的には，2次元の箱型の容器の中で起こる，①粘性率などの物性が一定，②相状態や化学組成が一定，③時間変化のない定常状態での対流に限定して考えていた．これに対し，実際の地球内部で起こっている対流現象では，3次元の球殻の中で起こることに加え，①′ 粘性率の温度依存性や物質の圧縮性などによって物性が変化する，②′ 相状態や化学組成が変化する，③′ 時間変化のある非定常状態といった違いがある．そのため，地球内部のダイナミクスのリアルな描像を得るためには，これらが対流現象にもたらす影響を調べていくことが重要である．そこで以下では，上記の複雑さによってもたらされるマントルの流れの特徴のいくつかについて，これまでの研究で得られている知見を紹介する．

7.2 マントル物質の相転移とマントル対流の層構造

マントルを構成する鉱物は，高温・高圧下でさまざまな**相状態**(**結晶構造**)をとる[*2]．その代表的な例はマントルに最も多く存在する鉱物である**かんらん石** $(\text{Mg}, \text{Fe})_2\text{SiO}_4$ の一連の相転移である．かんらん石は地球表面から深さ約410 kmの温度・圧力条件で**ウォズレアイト**(変形スピネル構造のかんらん石)に，ウォズレアイトは深さ約520 kmの条件で**リングウッダイト**(スピネル構造のかんらん石)に変化する．またリングウッダイトは深さ約660 kmの条件で**ブリッ**

[*1] 熱伝導も拡散とよばれる現象の1つであり，κ/L は伝導(拡散)によって距離 L だけ熱が伝わる速さという意味になっている．

[*2] マントル鉱物の相転移については，基礎編9.3.2を参照．とくに図9.2は Mg_2SiO_4 組成の鉱物の相図である．

7.2 マントル物質の相転移とマントル対流の層構造

ジマナイト（珪酸塩ペロブスカイトの一種）(Mg,Fe)SiO$_3$ とフェロペリクレース (Mg,Fe)O に分解する。このうちブリッジマナイトはマントル最深部に相当する条件でポストペロブスカイト相へと変化する。これらの変化は，地震波速度などの物理量に不連続な変化を引き起こす。たとえば密度についていえば，ル・シャトリエ (Le Chatelier) の原理にあるとおり，低い圧力で安定な状態は密度が低く，高い圧力で安定な状態は密度が高いことから，相転移境界の下側では上側と比べて密度が不連続に増加することになる。実際，かんらん石からウォズレアイトの相転移に伴って密度は約 8% 増加するほか，ウォズレアイトからリングウッダイトの相転移では約 2%，リングウッダイトの分解相転移では約 10% の密度の増加が起こる。

こうした相転移は，地震学的な地球内部構造との関係があるだけでなく，マントル対流の流れの様式にも影響を与える。その影響を理解するために，**クラペイロン勾配** (Clapeyron slope) という概念を紹介しておこう。クラペイロン勾配とは，低圧相と高圧相の相転移が起こる圧力が，温度が変わるとどう変化するかを表したもので，[PaK^{-1}] という単位をもつ*。クラペイロン勾配が 0 でない場合には，相転移の起こる圧力（すなわち深さ）が温度によって異なることに注意しよう。前述のかんらん石の一連の相転移のうち，かんらん石からウォズレアイトへの相転移は正のクラペイロン勾配を，リングウッダイトの分解相転移は負のクラペイロン勾配をもつと考えられている。

図 7.4 は，マントル中を沈み込む低温の下降流を例にとって，クラペイロン勾配が 0 でない相転移の起こり方を模式的に示している。図より，低温の下降流の中では，深さ約 410 km での相転移の位置は上にたわみ，逆に深さ約 660 km での相転移の位置は下にたわんでいることが見てとれる。この相転移境界のたわみの向きの違いは，クラペイロン勾配の符号の違いを反映している。まずかんらん石からウォズレアイトへの相転移について注目すると，この相転移のクラペイロン勾配が正であるから，低温の下降流の内部では周囲と比べて圧力の低い（すなわち浅い）場所で相転移が起こることになる。その反対に，リングウッダイトの分解相転移ではクラペイロン勾配が負であるから，低温の下降流の内部では周囲と比べて圧力の高い（すなわち深い）場所で相転移が起こることになる。これらの相転移のクラペイロン勾配の絶対値がおよそ 1〜3 MPaK^{-1} であることから，周囲よりも約 500 K 低温のプレートの中では，相転移境界の位置が上下に数

*相転移の熱力学によると，クラペイロン勾配 dP/dT は $dP/dT = \Delta S/\Delta V$ と与えられる。ここで ΔS と ΔV はそれぞれ相転移によるエントロピーと体積の変化量である。

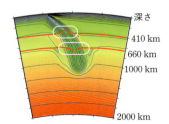

図 7.4 マントル中を沈み込む低温のプレート（スラブ）が経験する相転移の模式図。赤の実線で，深さ約 410 km で起こるかんらん石からウォズレアイトの相転移，および深さ約 660 km で起こるリングウッダイトの分解相転移の 2 つの位置を示している。

10 km 程度ずれることが期待される。

これを踏まえて，クラペイロン勾配が 0 でない相転移が，その相転移の深さを通過しようとする低温の下降流にどんな影響を与えるかを考えよう。まずクラペイロン勾配が正の相転移についていえば，低温の下降流の中では高圧相への転移が周囲よりも先行して起こる。ここで高圧相は低圧相よりも密度が高いことを考えると，周囲よりも先行して起こった相転移によって低温の下降流はさらに下向きの浮力を獲得し，下降が促進される。逆にクラペイロン勾配が負の相転移についていえば，低温の下降流の中では高圧相への転移が周囲よりも遅れて起こる。これにより低温の下降流は相対的に上向きの浮力を獲得し，下降が阻害される。またこの議論から，相転移が対流を促進したり阻害したりする効果の強さは，クラペイロン勾配と相転移による密度変化の積で見積られることも理解できよう。

なお上の議論では，温度差によって相転移の起こる深さの違いにのみ注目してきた。しかし厳密にいえば，相変化に伴って出入りする**潜熱**が引き起こす温度変化の効果も考慮する必要がある。たとえば低圧相から高圧相への変化が起こる際，クラペイロン勾配が正の相転移では潜熱が解放されるが，負の相転移では潜熱が吸収される。この効果は図 7.4 からも見てとることができ，これらの相転移に伴う潜熱の出入りにより，深さ約 410 km の相転移を越えると低温の領域は細くなり，逆に深さ約 660 km の相転移を越えると低温の領域は太くなっている。この潜熱の出入りの効果は上とは全く逆向きにはたらき，正のクラペイロン勾配をもつ相転移は対流を阻害し，負のクラペイロン勾配をもつ相転移は対流を促進する傾向をもつ。ただしその効果はさほど大きくないので，第一近似的には相転移面の位置の変化のみを考えれば十分である。

相転移面の位置の変化を考えた場合の考察より，負のクラペイロン勾配をもつ相転移の効果が十分強い条件下では，この相転移の位置を通過しようとする上昇流や下降流が妨げられることが予想される。このことは，地表面から深さ約 660 km にあたるマントル遷移層下面付近で，沈み込んだプレートの停滞*が起こる場合があることをうまく説明できるように思われる。ただしその一方で，実際のかんらん石の相転移の性質を考えた数値シミュレーションによれば，この相転移の効果だけではスラブの停滞を引き起こすには十分ではないことも結論づけられる。いいかえれば，たとえば東アジア地域の地下で見られるような沈み込んだプレートの停滞を引き起こすには，かんらん石の相転移の効果だけでなく，他のさまざまな効果，たとえば上部マントルと下部マントルの粘性率の違いや，（沈み込まない）上盤側のプレートの運動の効果などを考え合わせることが重要であると考えられる。

* 沈み込んだプレートの停滞については，基礎編 8 章を参照のこと。

7.3 マントル・プレートの運動とマントル物質のレオロジー

流体の熱対流という観点にたてば，プレートとは対流しているマントルの上面に発達した低温の熱境界層であり，熱境界層に沿って生じる横方向の動きがプレート運動に相当すると考えることができる。しかし実際には，固体の岩石からなるマントルやプレートの運動は，このような熱対流のごく基本的な描像とは大き

7.3 マントル・プレートの運動とマントル物質のレオロジー

く異なる特徴を示している。その例の1つとして，地球内部を構成する固体の岩石が地表面の「かたい」**リソスフェア**とその下にある「やわらかい」**アセノスフェア**という2つの層に分かれていることがあげられる。もう1つの重要な例は，「かたい」はずのリソスフェアも場所によって「かたさ」が違うことである。プレートとは地表面のリソスフェアが境界によって区切られてできた1つ1つの断片を指すのだが，プレートの境界にあたるごく狭い部分は大きく変形する「やわらかい」性質を示す一方で，境界から離れたプレートの内部はほとんど変形していない「かたい」性質をもっている。すなわち，プレート運動をマントル対流の一部として正しく表現するためには，固体の岩石がもつこうした特徴的な**レオロジー**（流動特性）を適切に考慮することが重要である。その中でも特に，「かたい」リソスフェアから「やわらかい」プレートの境界をごく局所的に発生させることが，流体的なマントルの流れからプレートの運動をつくり出す鍵となっている。

前述した2種類の「かたさ」の違いのうち，リソスフェアとアセノスフェアの違いの主な理由は深さの違いに伴う温度の違いである。マントル物質は単に非常に大きな**粘性率**をもつだけでなく，条件によって粘性率が大きく異なる。特に温度の影響に注目してみれば，温度が100 K上がると粘性率はおよそ10倍低下する。粘性率の温度依存性の強さが熱対流の様式に与える影響は，熱対流の数値シミュレーションを主な手段として調べられている。その一例を図7.5に示す。ここでは，対流層下面での粘性率で定義したレイリー数を一定値（$Ra=10^7$）に保った上で，粘性率の温度依存性の強さを変化させ，上面付近の低温の流体の粘性率を変化させている。図7.5からは，粘性率の温度依存性の強さの違いによって，表面付近の低温の流体の「かたさ」や流れによって発生する**応力***の大きさだけでなく，低温の**熱境界層**の厚さや「動きやすさ」にも大きな違いが生じていることが見てとれる。まず図7.5の上面と下面の粘性率の比 $\eta_\text{top}/\eta_\text{bot}=10^2$ の場合の

* 応力とは物体の中のある面にかかっている，単位面積あたりの力のこと。圧力も応力の一種である。

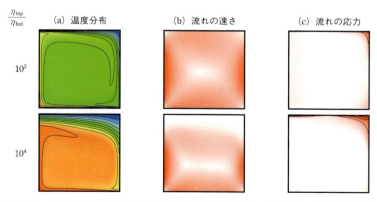

図7.5 2次元の箱の中の熱対流モデルで得られた，粘性率の温度依存性の強さの違いによって生じる熱対流様式の変化。左の数字は上面の粘性率 η_top と下面の粘性率 η_bot の比であり，粘性率の温度依存性の強さの指標である。(a)は温度の分布で，青ほど低温，赤ほど高温を示す。(b)は流れの速さの分布で，赤が濃いほど流れが速いことを示す。(c)は流れによって発生する応力の大きさの分布で，赤が濃いほど強い応力が発生していることを示す。

ように，粘性率の温度依存性があまり強くなく，低温の流体もあまり「かたく」ない条件では，表面の熱境界層はごく薄く，熱境界層の中の流体も内部の流体と同程度の速さで横方向に動いている．また低温熱境界層の動きが最も強く妨げられる流体層の右上隅で最も強い応力が発生しているが，熱境界層がさほど「かたく」ないためその値はさほど大きくはない．これに対し，粘性率の温度依存性が $\eta_{\rm top}/\eta_{\rm bot}=10^4$ と強くなった場合では，低温の熱境界層が表面に沿って非常に厚く発達している．また流体層の右上隅で発生している応力は $\eta_{\rm top}/\eta_{\rm bot}=10^2$ の場合と比べて顕著に大きく，低温の熱境界層が十分に「かたい」条件 ($\eta_{\rm top}/\eta_{\rm bot}\geq 10^4$) のもとではその大きさは 100 MPa 程度でほぼ一定である．しかしこの場合では，「かたい」熱境界層の中の流体の動きは非常に小さくなってしまう．すなわち「かたい」上に「動く」プレートを再現するには，粘性率の温度依存性の効果を考えるだけでは十分ではない．

一方，「やわらかい」プレートの境界域と「かたい」プレートの内部の違いが生まれるのは，支配的なレオロジーが変化する影響が大きい．実際，温度が低く粘性率が極端に高くなるような条件のもとでは，物質の変形が粘性による流動ではなく，たとえば**破壊**のような仕組みで起こると考えるのが自然であろう．このようなレオロジーの変化を表現するモデルの1つが**降伏**（yielding）*である．降伏によって粘性率の変化を起こす仕組みを図7.6に模式的に示す．**歪速度** $\dot{\varepsilon}$ が小さいうちは**応力** σ は $\dot{\varepsilon}$ とともに増加するが，その値はある値 σ_Y を超えて大きくなることはないと仮定する．また応力が σ_Y と等しくなった場合には**粘性率** η が $\dot{\varepsilon}$ とともに減少したと実効的にみなされる．この σ_Y は**降伏応力**（yield stress）あるいは**降伏強度**（yield strength）とよばれ，その物質の「かたさ」に相当するような量である．

* 降伏とはたとえば，非常に強い力でバネを引き伸ばすと，力を取り除いても元の長さに戻らなくなるような現象のことである．このように降伏とは本来は，物質のもつ弾性（バネ）の性質に関して使われる術語であるが，以下では粘性的な性質に関しても同じ術語を用いることにする．

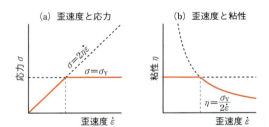

図7.6 降伏によって粘性率の変化を起こす仕組みの模式図 (a)歪速度 $\dot{\varepsilon}$ が小さいうちは応力 σ は歪速度とともに増加するが，σ はある値 σ_Y を超えて大きくなることはない．(b)歪速度 $\dot{\varepsilon}$ が小さいうちは粘性率 η は歪速度によらないが，応力が σ_Y で一定となった場合には η が実効的には $\dot{\varepsilon}$ とともに減少したとみなされる．

降伏による粘性率の低下をモデルに取り入れた熱対流の数値シミュレーションによると，$\sigma_Y=100$ MPa 程度の降伏応力を用いてやれば，低温で「かたい」熱境界層の粘性率を降伏によって局所的に低下させることができ，その結果「やわらかい」プレート境界に似た構造が発生することで，「かたい」上に「動く」プレートがモデルによって再現されるようになってきている．しかし $\sigma_Y=100$ MPa

7.4 地球以外の岩石天体のマントル対流

という降伏応力の値は，すでに形成されたプレート境界の断層がすべる強度と考えれば十分に妥当な値といえるものの，破壊を一度も経験していない「無傷の」岩石の強度と比べればかなり小さい．これによれば，プレート境界をもたない「無傷の」リソスフェアの中に断層を新たに作り出し，いくつものプレートに分断すること自体が容易ではないことになる．そのため，「かたい」プレートの動き始めに関する問題，たとえば地球の歴史の中でいつどのようにしてプレートテクトニクスが開始したのか，といった問いに対する答はまだ十分に得られていないのが現状である．

7.4 地球以外の岩石天体のマントル対流

固体の岩石の流動を扱うマントル対流の考え方は，他の岩石天体の内部のようすを考える際にも応用できるであろう．そこで，地球以外の岩石天体を例にとって考えてみよう．

太陽系の中のいくつかの岩石天体の特徴をまとめたものを表 7.2 に示す．表からもわかる通り，天体の大きさ（赤道半径や質量）が増すほど，その天体の固体表面での重力も大きくなっている．式 (7.1) の定義と照らし合わせれば，天体が大きくなるほどそのマントル対流の**レイリー数**は大きくなることが予想される．太陽系の中では地球が最大の地球型惑星であることを考えれば，太陽系の中の他の岩石天体のマントル対流は地球のそれよりも低いレイリー数で起こっている，ごく穏やかなものになるのであろう．一方でまた表 7.2 より，天体ごとに平均密度がかなり異なっており，岩石と同程度のもの（月，火星）もあれば，岩石と鉄のほぼ中間あたりのもの（地球，水星，金星）もある．こうした平均密度の違いは，その天体の中に含まれる金属鉄の量の違い，いいかえればその天体の核の大きさの違いに起因している．たとえば水星は大きな核をもっているのに対し，月の核は極めて小さい．天体の中を占める核の割合が変わればマントルの占める割合も変わるが，それに応じて「球殻」としてのマントルの 3 次元的な形状も変化する．こうした形状の違いがマントルの内部の温度分布や流れのパターンに大きく影響している可能性があるかも知れない．

表 7.2 太陽系の中のいくつかの岩石天体の特徴（データは主に Turcotte and Schubert, 2014 より）．

		地球	月	水星	火星	金星
赤道半径	[km]	6371	1737	2439.7	3389.5	6051.8
質量	[10^{24} kg]	5.9722	0.073483	0.33010	0.64169	4.8673
平均密度	[10^3 kg m^{-3}]	5.513	3.347	5.427	3.934	5.243
重力加速度	[m s^{-2}]	9.7803	1.622	3.701	3.690	8.870

ところで近年の天文学的な観測技術の進歩により，太陽以外の恒星のまわりにも（自ら光を出さない）惑星が数多く発見されるようになってきた．こうした太陽系以外の惑星系の存在が数多く知られるようになってくると，そこには地球より大きな地球型惑星がいくつか含まれているらしいこともわかってきた．これら

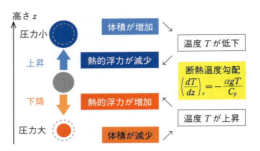

図 7.7 断熱温度変化が上昇流や下降流に与える影響の模式図。流体塊が上昇すると，断熱膨張によって温度が低下し，熱的な浮力が減少する。同様に流体塊が下降すると，断熱圧縮によって温度が上昇し，熱的な浮力が増加する。鉛直方向の動きに伴って起こる断熱的な温度変化によって，流体塊の動きは妨げられる傾向がある。しかもこの効果は重力加速度が大きいほど強く現われる。

は最大で地球の 10 倍程度の質量をもっており，**スーパー地球**（super Earth）などとよばれている。先の議論によれば，こうした大きな地球型惑星のマントル対流は大きなレイリー数をもつであろうから，地球よりも活発なマントル対流が起こっていることを想像させるであろう。しかしその一方で熱力学的な考察からは，大きな地球型惑星のマントルの中ではマントル対流がかえって抑制されるとの指摘もある。図 7.7 にその仕組みを概念的に示す。たとえばある深さにある流体の塊が上昇する場合を考えてみると，上昇に伴って流体塊の体積は増加する（**断熱膨張**）から温度は低下し，熱的な浮力を奪われることによって上昇は抑制されてしまう。流体の塊が下降する場合も同様であり，下降に伴って流体塊の体積は減少する（**断熱圧縮**）から温度は上昇し，熱的な浮力が追加されることによって下降は抑制されてしまう。なおこの温度変化は図 7.2 でも登場した**断熱温度勾配***ができる仕組みそのものであり，スーパー地球のマントル内に限らず，地球やさらに小さい天体のマントルの中でも実は（程度の差はあるものの）必ず起こっている。しかしこの仕組みによる温度の変化の規模は上昇や下降に伴う圧力の変化の程度に比例することから，この効果は重力加速度の大きな天体，いいかえれば大きな岩石天体の内部ほど強く現われることが期待される。この効果を適切に取り入れたマントル対流の研究は近年ようやく開始されたところであり，スーパー地球のマントルのダイナミクスや表層環境の理解に向けて，その研究の進展が待たれている。

* 基礎編 10 章のコラム「断熱温度勾配」参照。

8 地球のコアのダイナミクスと地磁気

応用編

> 地球には天体規模の顕著な磁場が存在する。これを**地球磁場**，あるいは**地磁気**とよぶ。地球磁場は地球の中心に棒磁石を置くことによって概ね表される。しかしながら，地球の中心部は高温のために永久磁石は存在できない。ではなぜ地球磁場は存在するのか？現在，地球規模の磁場を維持することができる唯一の機構と考えられているのが，地球中心部の核（**コア**）のうち，外核とよばれる液体金属部分の**ダイナモ作用**である。本章ではコアの運動，地球磁場の大まかな特徴を概観し，ダイナモ作用の概要を説明する。

8.1 コアの対流

　コアの流れを起こしている原因は地球の熱史と関連している。地球の熱史とは**マントル**とコアが形成された後に，内部に溜まった熱を外へ輸送する冷却過程であり，その過程でコアの温度が融点まで下がると中心から固体の内核が生まれ，時間と共に成長する。コア表面からは熱が逃げて冷やされる一方で，深部は熱いままであるので，上は冷たく下は熱いという不安定な温度分布となる。コアの上下間の温度差があるしきい値（臨界値）を超えると対流による熱輸送が始まる。これが「熱対流」である。水を入れた鍋が下から熱せられている状況を想像するとイメージが湧くであろう。また，コアには金属鉄の他に，硫黄や酸素等の軽元素が少量含まれている（応用編4.2節参照）。こうした軽元素は，内核が固化する際に内核中に取り込まれずに液体の外核に取り残される。その結果，外核の底では相対的に軽元素の量が多く周囲に比べて密度が小さくなり，下が軽く上が重いという不安定な組成分布となる。この密度差がある臨界値を超えると対流が生じ，これを**組成対流**という。したがって，コアでは熱と組成という二種類の対流が同時に起きていると考えられる。

　コアの対流は，理論的にはどのような特徴をもつと考えられるだろうか。コア内部で作用する最も重要な力は地球の自転によって生じるコリオリ力である。コリオリ力が流体の粘性による抵抗力に比べてどの程度大きいかによって，流れの特徴は大きく異なる。コリオリ力と粘性力の比の指標としてエクマン数Eという無次元数を用いる。

$$E = \frac{\nu}{2\Omega D^2} = \frac{|粘性抵抗|}{|コリオリ力|} \tag{8.1}$$

ここでνは動粘性率 $[\mathrm{m^2 s^{-1}}]$，Ωは自転角速度 $[\mathrm{s^{-1}}]$，Dは外核の厚さ $[\mathrm{m}]$ である。液体鉄の動粘性率は10^{-6}程度で，これは水と同程度である。$\Omega = 7.29 \times 10^{-5}$，$D = 2.3 \times 10^6$ とすると$E \sim 10^{-15}$ を得る。溶けた鉄というと非常にドロドロして粘性が高そうという先入観をもちがちであるが，実は水と同じくらいにサラサラであり，コアではコリオリ力に対して非常に小さな抵抗力しか生じない。これは前章のマントル対流との大きな違いである。このような状況下で力のつり合いを

考えると，流れの構造は自転軸の方向に一様になることが知られている（**テイラー・プラウドマンの定理**）．この結果，流れの分布は自転軸方向に伸びた柱状の構造をもつことになる．

地球コアでも実際にこのような流れが生じているのであろうか．コアは地表から 2,900 km ほどの深さにあり，直接視ることはできない．しかしながら，**地球磁場**とその時間変化（**地磁気永年変化**）を観測することによって間接的に知ることができる．ある媒質の電気伝導度が非常に高く，完全導体とみなせる場合，媒質を貫く磁束[*1]は保存され，媒質とともに移動する．これを**磁場凍結**という．コアの電気伝導度は $10^5 \sim 10^6$ [Sm^{-1}：ジーメンス毎メートル] 程度と非常に高く，数 10 年程度の時間スケールにおいては近似的に磁場凍結が成り立っているとして，コアの流れを推定することができる．すなわち，コア表面の磁場[*2]のパターンの動きがコア表面の流れを直接反映していると考える．この近似を**磁場凍結近似**と言い，広く用いられている手法である．図 8.1 はコア内部の深さ数キロメートルほどの流れの様子を示している．低緯度で大規模な西向きの流れが見られる．

[*1] 磁束は流体中の任意の面 S に対して $\int_S \boldsymbol{B} \cdot d\boldsymbol{S}$ で定義される．完全導体では流体とともに動く面 S に対して磁束が保存される．磁力線が流体に流されるというイメージをもつとよい．

[*2] コア表面の磁場の推定の仕方は 196 頁のコラム参照．

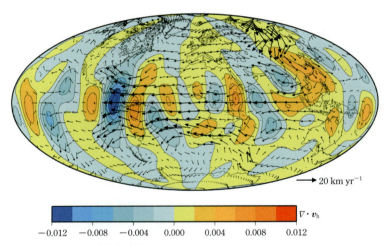

図 8.1 地球磁場観測によって推定された 2010 年のコア表層付近の流れ場の様子．矢印は水平面内の流れ成分で長さが流速に比例するように書いてある．カラーは流れ場の水平発散（$\nabla \cdot \boldsymbol{v}_h$ [s^{-1}]）という量で，流体の湧き出し（正）・沈み込み（負）を表している（松島政貴氏 提供）．

Column テイラー・プラウドマン定理

地球の自転角速度ベクトルを $\boldsymbol{\Omega}$，密度（ρ）が一定のコアの速度を $\boldsymbol{v}$，圧力を p とする．自転軸方向に z 軸をとり，圧力勾配とコリオリ力のつり合いを考えると

$$\nabla p = 2\rho \boldsymbol{v} \times \boldsymbol{\Omega} \tag{8.2}$$

両辺の回転（$\nabla \times$）をとると左辺は消え，以下のようになる．

$$0 = \nabla \times (\boldsymbol{v} \times \boldsymbol{\Omega}) \tag{8.3}$$

公式 $\nabla \times (\boldsymbol{v} \times \boldsymbol{\Omega}) = (\boldsymbol{\Omega} \cdot \nabla)\boldsymbol{v} - (\boldsymbol{v} \cdot \nabla)\boldsymbol{\Omega} + \boldsymbol{v}(\nabla \cdot \boldsymbol{\Omega}) - \boldsymbol{\Omega}(\nabla \cdot \boldsymbol{v})$ を使うと，右辺第一項以外はゼロになり，結局

$$(\boldsymbol{\Omega} \cdot \nabla)\boldsymbol{v} = \frac{\partial \boldsymbol{v}}{\partial z} = 0 \tag{8.4}$$

を得る．(8.4) 式は回転の効果が支配的な系では，流れが自転軸方向に対して一様になることを意味する．これを**テイラー・プラウドマンの定理**という．

その他に，湧き出しや沈み込みを伴う時計まわり・反時計まわりの渦が東西方向に交互に，かつ，南北方向に沿って分布していることがわかる。南北方向に沿った分布は柱状の対流渦を見ていると考えられる。気象学と対応させて，時計まわりの渦を高気圧型セル，反時計まわりの渦を低気圧型セルとよび，それぞれらせん状の上昇流と下降流を伴っている。こうした構造は室内実験やコンピュータシミュレーションによっても確認されており，地球のコア内部で柱状の対流セルが発達していることが強く示唆されている。推定されたコアの流れの特徴的な速さは1年間で20 km（約0.6 mm s^{-1}）程度であり，この程度の速さの流れによって地球磁場がつくられているのである。

8.2　現在の地球磁場

コアの流れの情報を与えてくれる最も重要な観測量は磁場である。そこで，本節では，地球磁場を表現する方法について学ぶ。地球磁場を表現する際，磁束密度を磁場と同様に扱うことが慣例である。ここでも地球磁場を $\boldsymbol{B}$（単位T：テスラ）で表す。磁場は大きさと方向をもつベクトル量である。ある地点における地球磁場ベクトル $\boldsymbol{B}$ を記述する代表的な方法を2つあげよう。一つは直交する3成分を用いる方法で，もう一つはベクトルとしての大きさと方位を用いる方法である。通常3成分として北向き成分 X，東向き成分 Y，鉛直下向き成分 Z を考える。ベクトルの大きさである強度は全磁力 F で与えられ，$F=|\boldsymbol{B}|$ である。方位情報は2つ必要であり，$\boldsymbol{B}$ と水平面とがなす角 I（下向きを正とする）および，水平面内で $\boldsymbol{B}$ が真北の方向となす角 D（時計まわりを正とする）を用いる（図8.2）。I を伏角，D を偏角という。

上記の記述はその場における地球磁場に対するものである。一方，地球磁場は全地球規模の場であるので，グローバル解析が必須である。その際，我々は球面調和解析[*1]を用いる。地球磁場の磁気ポテンシャル（地磁気ポテンシャル）を $\varPsi$ として，その係数であるガウス係数 $g_l{}^m$，$h_l{}^m$（単位nT：ナノテスラ，1 nT = 10^{-9} T）によって地磁気ポテンシャルを表現する。

標準的な地磁気モデルは，**国際標準地球磁場**（IGRF：International Geomagnetic Reference Field）という[*2]。IGRFは5年毎にガウス係数を定めることで決定される。2000年代以降は地上の地磁気観測所における定点データに加え

[*1] 球面調和解析の式は196頁のコラムに示す。定性的には，球面上の波の重ね合わせとして磁場を表現する。ガウス係数の添字の l は緯度方向の節の数，m は経度方向の節の数を表す。

[*2] 国際標準地球磁場については，巻末参考文献の京都大学地磁気世界資料解析センターのウェブサイトを参照のこと。

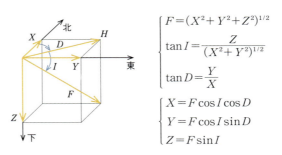

図8.2　地磁気の3要素。H は磁場を水平面へ投影した水平分力である。(X, Y, Z) と (F, I, D) の間には上の関係が成り立つ。

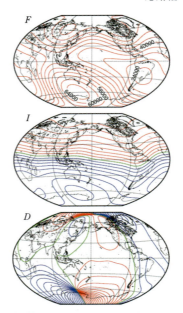

図 8.3 2015年の地球表面における全磁力 F,伏角 I,偏角 D の分布。赤線は正の値,青線は負の値,緑線は 0 を示す。伏角・偏角の等高線は $10°$ 間隔である。

て,人工衛星による稠密な地磁気観測データが利用されるようになり,より精密にガウス係数が決められるようになった。現在の地球磁場の特徴を 2015 年の国際標準地球磁場を用いて全磁力,伏角,偏角について見てみよう(図 8.3)。全磁力 F は赤道付近で約 30,000 nT,極地域では約 60,000 nT と約 2 倍変動している。日本付近では $F=40,000–50,000$ nT である。両半球の高緯度と南米付近に目玉状の強弱の分布がいくつか見られる。伏角は赤道付近で $I \sim 0$ となり,地磁気がほぼ水平方向であることを示す。北半球ではほぼ $I>0$ と下を向いている。一方,南半球ではほぼ $I<0$ と上を向いている。偏角は低中緯度地域で概ね $D \sim 0$ であり,北を向いているが,高緯度地域では北からのずれが大きくなり,等高線の集中する場所が北半球と南半球で 1 か所ずつ,計 2 か所見られる。この場所での伏角を見ると,$I=\pm 90°$ であることがわかる。$I=90°$ の地点を磁北極といい,磁場は真下を指す。$I=-90°$ の地点を磁南極といい,磁場は真上を指す。$I=0°$ の線を磁気赤道といい,磁場は水平である。磁北極,磁南極,磁気赤道の

> **Column 地磁気ポテンシャル**
>
> 地磁気ポテンシャル Ψ は
> $$\Psi = a \sum_{l=1}^{\infty} \sum_{m=0}^{l} \left(\frac{a}{r}\right)^{l+1} (g_l^m \cos m\varphi + h_l^m \sin m\varphi) P_l^m(\cos\theta) \tag{8.5}$$
> と表される。ここで a は地球半径 (6,370 km),$P_l^m(\cos\theta)$ はシュミット規格化されたルジャンドル陪関数である。たとえば,$l=1$ については
> $$P_1^0(\cos\theta) = \cos\theta, \quad P_1^1(\cos\theta) = \sin\theta \tag{8.6}$$
> である。観測からガウス係数を求めた後で,r にコアの半径を代入することで,コア表面の磁場を求めることができる。これはマントルの電気伝導度が無視できる数年より長い時間スケールの現象に対して成り立つ。

位置は理論的に定まるものではなく，すべて観測に基づいて決定されることに注意しよう。

8.3 地球の双極子磁場

地球磁場を球面調和解析したとき，地表において最も大きな成分は $l=1$ の成分である。これを**地心双極子磁場**という。これは地球中心に棒磁石を置いたときの磁場の形態に対応する。とくに，昔の磁場を考えるときは，磁場の細かい形態がわからないので，地心双極子磁場で近似して考えることが多い。そこで，本節では地球磁場の特徴を地心双極子磁場に基づいて見てゆくことにする。原点（地球中心）に磁気双極子モーメント $\boldsymbol{m}$ [Am^2：アンペアメートル 2 乗] の磁気双極子があるものとしよう。この双極子による磁気ポテンシャルは点 $\boldsymbol{r}=(x, y, z)$ [m]において

$$\phi(\boldsymbol{r}) = \frac{\mu_0}{4\pi} \frac{\boldsymbol{m}\cdot\boldsymbol{r}}{r^3} \tag{8.7}$$

で与えられる。ここで $\mu_0 = 4\pi \times 10^{-7}$ は真空の透磁率（単位 Hm^{-1}：ヘンリー毎メートル）である。(8.9) の勾配を取ることにより，磁気双極子がつくる磁場 $\boldsymbol{B}$ は次式で表される。

$$\boldsymbol{B} = -\nabla \phi(\boldsymbol{r}) = -\frac{\mu_0}{4\pi} \nabla\left(\frac{\boldsymbol{m}\cdot\boldsymbol{r}}{r^3}\right) \tag{8.8}$$

ただし，デカルト座標系で $\nabla = \left(\frac{\partial}{\partial x}, \frac{\partial}{\partial y}, \frac{\partial}{\partial z}\right)$ である。これを計算すると，磁性体外での磁場 $\boldsymbol{B}$ は次式で表される。

$$\boldsymbol{B} = -\frac{\mu_0}{4\pi}\left(\frac{\boldsymbol{m}}{r^3} - \frac{3(\boldsymbol{m}\cdot\boldsymbol{r})}{r^5}\boldsymbol{r}\right) \tag{8.9}$$

簡単のため，磁気双極子の向きが z 軸（自転軸）と平行であるとする（北極方向を正とする）。位置ベクトルを球座標 $\boldsymbol{r}=(r, \theta, \varphi)$ で表すと，磁気ポテンシャルは

$$\phi(\boldsymbol{r}) = \frac{\mu_0}{4\pi} \frac{m\cos\theta}{r^2} \tag{8.10}$$

ただし，球座標系では $\nabla = \left(\frac{\partial}{\partial r}, \frac{1}{r}\frac{\partial}{\partial \theta}, \frac{1}{r\sin\theta}\frac{\partial}{\partial \varphi}\right)$ である。磁場 3 成分を計算すると

$$B_r(\boldsymbol{r}) = \frac{\mu_0}{2\pi} \frac{m\cos\theta}{r^3} \tag{8.11}$$

$$B_\theta(\boldsymbol{r}) = \frac{\mu_0}{4\pi} \frac{m\sin\theta}{r^3} \tag{8.12}$$

$$B_\varphi(\boldsymbol{r}) = 0 \tag{8.13}$$

以上から全磁力について

$$F(\boldsymbol{r}) = (B_r^2 + B_\theta^2 + B_\varphi^2)^{1/2} = \frac{\mu_0}{4\pi}\frac{m}{r^3}(1+3\cos^2\theta)^{\frac{1}{2}} \tag{8.14}$$

が得られる。したがって赤道面上（$\theta = \pi/2$）では，

$$F(\boldsymbol{r}) = \frac{\mu_0}{4\pi}\frac{m}{r^3} \tag{8.15}$$

極 ($\theta=0, \pi$) では,

$$F(\bm{r})=\frac{\mu_0}{2\pi}\frac{m}{r^3} \tag{8.16}$$

となる．したがって，中心からの距離が同じならば，極と赤道では強度が2倍異なることがわかる．前節で見たようにIGRFの全磁力図（図8.3）においても極付近と赤道付近で2倍程度強さが異なるが，これは地球磁場が主に**双極子磁場**から成ることを意味している．以降では $(B_r, B_\theta, B_\varphi)$ および (X, Y, Z) について $X=-B_\theta$, $Y=B_\varphi$, $Z=-B_r$ が成り立つことに注意しよう．伏角 I については

$$\tan I=\frac{-B_r}{|B_\theta|}=\begin{cases}-2\cot\theta & (\bm{m}\ \text{北向き})\\ 2\cot\theta & (\bm{m}\ \text{南向き})\end{cases} \tag{8.17}$$

となり，$\bm{m}$ が南向きのとき，北半球 ($0\leq\theta\leq90°$) で正，南半球 ($90°\leq\theta\leq180°$) で負の値をとり，IGRFの特徴と概ね一致する．したがって現在の地球磁場の双極子は南方向を向いていることがわかる．偏角 D は

$$\tan D=\frac{B_\varphi}{-B_\theta}=0 \tag{8.18}$$

より

$$D=\begin{cases}180° & (\bm{m}\ \text{北向き})\\ 0° & (\bm{m}\ \text{南向き})\end{cases} \tag{8.19}$$

となり，やはり $\bm{m}$ が南向きの時に，低・中緯度でほぼゼロとなるIGRFの特徴と一致する．一方で，高緯度の偏角はほとんど説明できない．以上のように双極子磁場は地球磁場の特徴を概ね説明できることが確認されたが，それだけでは十分でないこともわかった．これは地球の双極子が自転軸に対して約10°傾いていることと，地球磁場には双極子磁場以外の成分（非双極子成分）が含まれているためである．

8.4 地磁気の生成過程

地球では主に鉄からなる外核における発電作用（**ダイナモ**）が起きており，コアに電流が流れることで地球磁場が生成・維持されている．イメージをつかむために，電気伝導度が高く，電流の流れやすい流体を考えてみよう．流体が磁場中で運動すると，電磁誘導によって誘導電流が流れて磁場を変形する．同時に，磁場によるローレンツ力は流体の運動による磁場変動を妨げるようにはたらく．こうした流れと磁場の相互作用の結果として，もともとあった磁場が成長，維持，または減衰するかが決まる．流体の運動によって磁場が変形するということは，流体が磁場に対して仕事をしていることを意味する．すなわち，運動エネルギーから磁気エネルギーへとエネルギーの変換が起きている．このエネルギー変換は，我々が日常利用している電気を発電する原理と同じであり，地球はまさに巨大な発電機であると言ってよいだろう．地球のダイナモはこうしたエネルギーの変換過程の結果として地球磁場を生み出しているのである．

磁場がどのようにして流れによって強められ維持されるのか，簡単な例を見てみよう．ここで，磁場凍結が成り立っている場合，磁力線は流体と一緒に動くこ

8.4 地磁気の生成過程

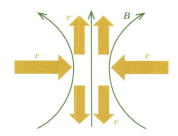

図 8.4 流れ v による磁力線 B の引き伸ばし過程の概略図

とに注意しよう。磁力線に垂直に流体が周囲から集まってきた場合，何が起こるかを考える（図 8.4）。流体が集まると磁力線も集まってくる。磁場の強さは磁力線の密度に比例するので，このとき磁場は強くなる。一方，金属の圧縮率は小さいので，磁力線に沿った方向の流れも生じて，この流れは磁力線を引き伸ばしているようにも見える。そこで，このことを，磁力線が引き伸ばされると磁場が強くなると表現する*。これはゴム紐を伸ばすと弾性エネルギーが増加することと似ている。これが磁場を強化するメカニズムの基本になる。

しかしながら，コアという有限の領域内で磁力線をずっとまっすぐにどこまでも伸ばすという流れを考えることはできないので，適宜磁力線を折りたたむ必要がある。そこで，磁力線を同じ向きに重ねるような流れも必要になる。逆向きの磁力線は互いに打ち消しあうためである。そこで，磁場を強めるメカニズムとして模式的に考えられるのが，伸長，ねじり，折り畳みの組み合わせである（図 8.5）。とある瞬間のループ状磁場を考えよう。この磁場は ① ある速度 v によって引き伸ばされ，より大きなサイズのループとなる。磁力線は引き伸ばされると磁気エネルギーが増加する。これはゴム紐を伸ばすと弾性エネルギーが増加することと似ている。その後，② ねじられることで 8 の字状にされ，見かけ上 2 つの磁場ループがつくられる。③ この 8 の字を折り畳み，ループを重ねると元と同じループが 2 つできる。つまり，磁場は初期状態の 2 倍になっていることになる。このように磁力線を引き伸ばして，ねじったり，折りたたんだりして変形することで，もともとあった磁場と同じ磁場をつくることができれば，磁場が維持されると考えるのである。

現実のコアでは柱状対流が発生し，高気圧型セルと低気圧型セルが交互に並び，上向きと下向きのらせん状の流れが組織化されてつくられる。したがって，より多様かつ複雑な過程によって磁場が生成・維持されているであろう。コンピュータシミュレーションによって明らかにされた柱状対流による磁場の生成過程の一

* 数式で書くと $\dfrac{DB}{Dt} = B \cdot \nabla v$ と表現される。この式の右辺において v と B が平行な状態を考えると，磁力線に沿って磁力線を引き伸ばすような流れがあると磁場が強化されることがわかる。

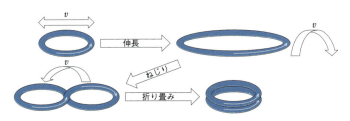

図 8.5 磁力線の変形による磁場強化過程の模式図

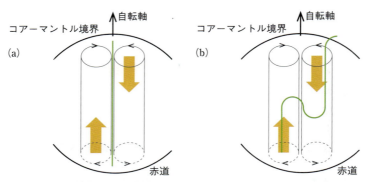

図 8.6　柱状対流による磁場強化過程の模式図。緑線が磁力線を表す。(a) 初期状態として磁力線が与えられた状態。(b) 流れによって磁力線が移動された状態。(a)(b) 両図において，左の柱が高気圧型セル，右の柱が低気圧型セルである。

＊　詳細は巻末参考文献の『太陽地球系科学』を参照のこと。

例を図 8.6 に模式的に示す＊。コンピュータシミュレーションにおいても上記の伸長，ねじり，折り畳みに相当する過程が起こっているのだが，それらすべてを記述すると長くなりすぎるので，ここでは伸長がどのようなところで起きているのかという点にのみ注目する。まず，自転軸に沿う磁力線が初期に与えられたとして，その後に磁力線が柱状対流によってどのように変形されるのかを考える。高気圧型セルでは赤道から上昇していく流れがあり，低気圧型セルでは**コアーマントル境界**から下降していく流れがある。質量を保存するために，赤道では高気圧型セルへ，コアーマントル境界付近では低気圧型セルへそれぞれ収束していく流れが生じる。その流れが，赤道では高気圧型セルへ，コアーマントル境界では低気圧型セルへ磁力線を移動させる。途中で磁力線は曲げられて，上昇流・下降流による上下への引き伸ばしが起きる。引き伸ばしが起きているところでは磁気エネルギーが増加するので，そこで磁場が強化されていることになる。これと有限の電気伝導度による散逸が適宜釣り合うことで，磁場が維持されているのである。

　地球ダイナモのコンピュータシミュレーションでは，磁場や流れ場は時間変化をしている。そのような磁場の時間変化が**地磁気永年変化**として地上で観測される。地磁気永年変化は地球ダイナモの変動を特徴づける上で非常に重要な現象である。しかるに，地球磁場の直接観測はたかだか 200 年弱程度の期間しか行われておらず，全容を理解するにははなはだ短い。そこで我々は，岩石に記録された地球磁場の記録から間接的にではあるが，過去の地球磁場（**古地磁気**）の情報を復元することによって地磁気永年変化の理解を試みている。地球磁場観測，古地磁気学とコンピュータシミュレーションなど，さまざまな視点からの研究が，地磁気永年変化，コアのダイナミクス，そして地球ダイナモの包括的理解に必要である。

9 地球・惑星物質（鉱物）を知ろう

応用編

> 地球を構成する鉱物やマグマなどの物質を高い精度で科学的に知ろう。鉱物は特定の化学組成と構造をもち，安定に存在できる温度圧力が決まっている。鉱物の成長は資源の濃集に関わる。鉱物の形状や物性は欠陥の形態などのさまざまな要因により変わる。固体惑星を形成している各原子の大きさは，原子価数や化学結合性，温度・圧力などにより変化する。主要元素の Si は酸素イオンによる4配位から高圧下では6配位に変わり，Si-O 距離は 1.6 Å から 1.8 Å と長くなる。超高圧下で距離が延びるという逆現象が起こる。

9.1 結晶・融体・非晶質固体・ガラス

ほとんどの鉱物は結晶である。結晶は，巨視的には均質で異方性をもち，微視的には3次元的に規則的・周期的に原子が配列している。結晶の異方性は，結晶の形状や物性などに現れる（森本ほか，1975）。それぞれの元素の大きさや化学結合性を反映した結晶構造は，温度や圧力により変化する。

マグマなどの**融体**や**非晶質固体**やガラスは原子配列の3次元周期性をもたない。珪酸塩融体やガラスでは，Si と酸素からなる網目構造部分と Ca や Na と酸素からなる多面体部位（短距離秩序をもつ）が3次元周期性をもたずに分布し，巨視的には等方体である。ナノサイズの微小な結晶子が大きな結晶に成長できていない状態や機械的に粉砕された状態などさまざまな非晶質固体がある。融体や非晶質固体，ガラスには結晶同様に短-中距離秩序構造がある。マグマ中では SiO_4 四面体や MgO_6 八面体などの短距離秩序（局所構造）が観測され，超高圧力下ではマグマにも大きな密度変化が起こり，SiO_6 八面体や MgO_8 多面体へと局所構造が変化する。ガラスは，**ガラス転移**現象が観測される準安定状態である。テクタイトやシュードタキライト，フルグライト*などの天然のガラスにも，急冷速度などの形成条件や組成により多様な局所構造が観測される。

* テクタイトとは，巨大な隕石が地球に衝突することで形成された天然ガラスで，地表の岩石と隕石本体とを起源とする融体が宇宙空間で固まり大気圏に再突入したものなど。シュードタキライトとは，断層運動の摩擦熱で岩石が局所的に溶かされ，その融体が急冷されてできる脈状のガラス質岩石。フルグライトとは，落雷によりできた天然ガラス。

9.2 鉱物の構造を決めるパラメーター：対称性（空間群）・格子定数・原子座標

$Mg_2Si_2O_6$ 高温単斜エンスタタイト輝石の結晶構造を図9.1に示す。結晶構造の理解には3次元の周期性と対称性を理解することが重要で（吉朝，2001），複雑な原子レベル構造も比較的簡単に記述・分類することができる。結晶構造は，**単位格子（格子定数）**，**対称性（空間群）**，**原子座標**，**席占有率**，Debye-Waller 因子（占有位置の動的ゆらぎ・静的ゆらぎを反映）で記述できる。図9.1と図9.2に線で示された最小の周期単位が単位格子である。

この鉱物の単位格子は，$a=9.5387(8)$ Å，$b=8.6601(7)$ Å，$c=5.2620(4)$ Å，$\alpha=90°$，$\beta=108.701(6)°$，$\gamma=90°$ である（図9.2参照）。結晶の対称性を表す空間

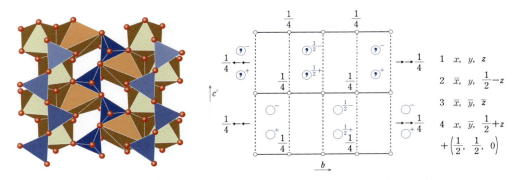

図 9.1 cb 面へ投影した $Mg_2Si_2O_6$ 高温単斜エンスタタイト輝石の結晶構造と空間群 $C2/c$ の対称の要素。赤玉は酸素，青玉は Si，茶玉は Mg を示す。配位多面体として表記している。

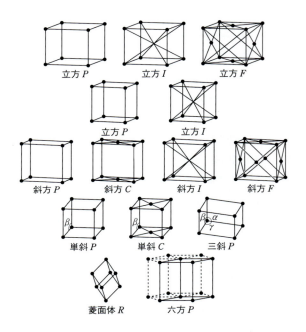

図 9.2 単位格子を成す 6 面体。3 軸を a 軸，b 軸，c 軸とし，c 軸に交わる ab 面の a と b の成す鈍角を γ 角とよぶ（同様に bc 面での α 角，ac 面での β 角）。単位格子中に模様のない平行六面体で作られた格子をブラベー格子とよぶ。ブラベー格子は 14 種類ある。三斜晶，単斜晶，直方（斜方）晶，正方晶，三方晶／菱面体晶，六方晶，立方晶の 7 種類の結晶系と 4 種類の格子タイプ（単純 P，底心 C，B，A，面心 F，体心 I）がある。$a=b$，$\gamma \neq 90°$ の菱形よりも，$a \neq b$，$\gamma = 90°$ の直交系の方を採用するため，複合格子として，C 底心格子，F 格子や I 格子などを用いる。

* 空間群は International Tables でわかる。
国際結晶学連合（IUCr）の編集した"International Tables for Crystallography Vol. A (2006)"に載せられた，空間群のテーブルを利用できる。各空間群の単位格子中の対称要素の位置や原子の占有する席の対称性や単位格子中の席の数（同価点の数），消滅則，部分群や超群など多くの情報を読みとることができる（詳細は，日本結晶学会編，2009）。

群は $C2/c$ である。大文字 C は C 格子を表し，2 回回転軸に垂直に c 映進面がある（図 9.1，9.3）。3 次元周期性から，単位格子の内部がすべて理解できれば，結晶全体が理解できることになる。結晶は必ずある 1 つの空間群*（230 種類ある）に属する。1 つの単位胞の中の原子の空間配置を決めることで，（すべての非等価原子の座標を決定すること）で結晶構造が決まる。原点から a，b，c 軸方向にそれぞれ分率 x，y，z 値により，原子座標が構造解析から決められる。表 9.1 に原子席である Mg1 から O3 までの原子座標を示す。Mg1 と Mg2 は 2 回回転軸上の特殊位置にあり，単位格子中に 4 個等価点が存在する。他は一般位置にある（8 個の等価点）。格子中の原子数により $Mg_1{}_4Mg_2{}_4Si_8O_1{}_8O_2{}_8O_3{}_8$ と記述できる。通常の簡略型化学式 $Mg1Mg2Si_2O_6$ を用いた場合には 4 つ分に対応し $Z=4$（$MgSiO_3$ とした場合 $Z=8$）と記述する。Z は単位格子中にある化学式単位の数を表し，等価点と密接に関係している。

表 9.1 $Mg_2Si_2O_6$ 高温単斜エンスタタイト輝石の各原子の座標

原子	x	y	z
Mg_1	0.0	0.9042(1)	0.25
Mg_2	0.0	0.2856(1)	0.25
Si	0.2922(1)	0.0920(1)	0.2457(1)
O_1	0.1130(1)	0.0828(2)	0.1380(3)
O_2	0.3636(2)	0.2577(2)	0.3179(3)
O_3	0.3543(1)	0.0065(2)	0.0258(3)

記号	対称要素	符号	記号	対称要素	符号	並進成分	記号	対称要素	符号	並進成分
1	1回軸		2_1	2回らせん		$c/2, a/2$	a, b	映進面	------	紙面に平行に
2	2回軸					または $b/2$				($a/2, b/2$ 等)
			3_1	3回らせん		$c/3$				
3	3回軸		3_2			$2c/3$	c	映進面	------	紙面に垂直に
4	4回軸		4_1			$c/4$				($c/2$ 等)
6	6回軸		4_2	4回らせん		$2c/4$	n	対角映進面		($c+b$)/2 等
$\bar{1}$	反転		4_3			$3c/4$				
$\bar{2}(m)$	2回回反軸(鏡面)		6_1			$c/6$	d	ダイヤモンド		($a+b$)/4 等
$\bar{3}$	3回回反軸		6_2			$2c/6$		映進面		
$\bar{4}$	4回回反軸		6_3	6回らせん		$3c/6$				
$\bar{6}$	6回回反軸		6_4			$4c/6$				
			6_5			$5c/6$				

図 9.3 対称要素と記号。結晶では 5 回回転軸や 7 回以上の回転軸は現れない。対称の要素は，1，2，3，4，6 の 5 種類の回転軸と反転あるいは対称中心等の 5 種類の回反軸を合わせて，10 種類に限定される。回反操作が入ると右手は左手の像になり，対掌体が現れる。2 や 3 次元の空間群では並進操作を含んだ対称要素として映進面とらせん軸が，対称操作として入る。

9.3 鉱物の化学式，イオンの席選択性

$Mg_1Mg_2Si_2O_6$ 輝石の結晶構造図(図 9.1)からこの鉱物が，c 軸方向に平行に，SiO_4 四面体が鎖状に繋がった Si_2O_6 (あるいは SiO_3) グループであることがわかる(珪酸塩の分類については 9.5 節を参照)。輝石は (Ca, Mg, Na)(Mg, Fe, Al)(Si, Al)$_2O_6$ のような**固溶体**の化学式で表される。鉱物の化学式では，価数やサイズが異なる各種の元素が，席対称性や配位数が異なった席を占有することを表している。この輝石の化学式 $M_2M_1Z_2O_6$ において，歪んだ 6 配位 M2 席は Mg より大きな Ca や Na 等により，M1 席は 2 価や 3 価の Mg, Fe, Al 等に，4 配位 Z 席はより小さな Si, Al に占有されることを示している。全体の電荷のバランスが保たれることが必要であり，輝石では多様な元素置換関係($Mg^{2+} + Mg^{2+} \rightleftarrows Na^+ + Al^{3+}$ のような)が認められる。このようなイオン種による席選択性は，元素の組合せや温度・圧力のような生成条件で変化し，鉱物の生成条件や履歴解読に用いられる。微量含有元素の席選択性も温度圧力や共生鉱物，共存元素などにより変化する。このように鉱物の化学式から，化学結合性や元素の置換関係(席選択性)，基本構造や類縁構造がわかる。

9.4 構造相転移，多形

$Mg_2Si_2O_6$ 輝石は高圧・高温下でガーネット型やイルメナイト型を経てペロブスカイト型に構造相転移する。この輝石組成の2倍の $Mg_4Si_4O_{12}$ を考えよう。ガーネットの化学式 $X_3Y_2Z_3O_{12}$ において，8配位X席が Mg により，6配位Y席が Mg と Si により，4配位Z席が Si により占有されたものが $Mg_3(Mg_{0.5}Si_{0.5})_2Si_3O_{12}$ ガーネット（メージャライト）である。図9.4に直方（斜方）晶系ペロブスカイト型 $Mg_2Si_2O_6$ の構造を示す。Mg は 8 配位席，Si は 6 配位席を占有する。超高圧下で Mg と Si の配位数は増加する。$MgSiO_3 \times n$ 組成の鉱物は輝石－ガーネット型－イルメナイト型－ペロブスカイト型と相転移を起こし，この変化が地球の上部マントル－遷移層－下部マントルの地震波速度の変化に対応する。結晶の構造が異なれば，鉱物名が変わり性質も変わる。同一の化学組成をもつ結晶が，異なる結晶構造を取る現象を**多形（同質異像）**という。炭素結晶の多形として，ダイヤモンドと石墨はよく知られている。

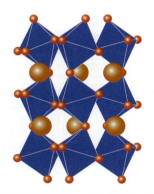

図9.4 直方晶系ペロブスカイト型 $Mg_2Si_2O_6$ の構造

9.5 珪酸塩鉱物の分類と結晶の形

地殻を構成する元素は，酸素，珪素，アルミニウムなどの存在量が多い。酸素と珪素を主体とする珪酸塩鉱物の結晶は，1個の珪素が4つの酸素に囲まれた SiO_4 四面体によって骨格が形づくられている。SiO_4 四面体のつながり方は，その**結晶の形態や性質に現れる**。孤立した SiO_4 四面体，鎖状に繋がる場合は SiO_3 （例：Si-O-Si の架橋酸素を1/2個，非架橋酸素を1個として，Si のまわりの酸素を数える：$(2 \times 1/2)+(2 \times 1)$），層状に繋がる場合は Si_2O_5，3次元フレームワークの場合は SiO_2 として，化学式に表れる（表9.2）。化学組成 $KMg_3AlSi_3O_{10}(OH)_2$ の金雲母では $AlSi_3O_{10}$ の部分が層状珪酸塩であることを示している（Si^{4+} を一部 Al^{3+} が置き換えている）。金雲母が結晶構造中に水酸基 (OH) を含み，高温下で脱水反応を起こすことはマグマの形成にかかわり重要である。

9.6 鉱物の基本構造，最密充填，結晶化学

表 9.2 珪酸塩鉱物の分類

構造群	SiO$_4$ 四面体の配列様式	単位構造式	鉱物例
ネソ珪酸塩		$(SiO_4)^{4-}$	かんらん石 $(Mg, Fe)_2SiO_4$ ざくろ石 $Mg_3Al_2(SiO_4)_3$
ソロ珪酸塩		$(Si_2O_7)^{6-}$	ローソナイト $CaAl_2(Si_2O_7)(OH)_2 \cdot H_2O$ 緑簾石 $Ca_2FeAl_2O(SiO_4)(Si_2O_7)(OH)$
サイクロ珪酸塩		$(Si_6O_{18})^{12-}$	菫青石 $(Mg, Fe)_2Al_3(Si_5AlO_{18}) \cdot nH_2O$ 電気石 $(Na, Ca)(Li, Mg, Al)(Al, Fe, Mn)_6(BO_3)_3(Si_6O_{18})(OH)_4$
イノ珪酸塩 (単鎖)		$(Si_2O_6)^{4-}$	輝石 XYZ_2O_6 　X=Na, Ca, Mn, Fe, Mg 　Y=Mn, Fe, Mg, Al, Cr, Ti 　Z=Si, Al
イノ珪酸塩 (複鎖)		$(Si_4O_{11})^{6-}$	角閃石 $W_{0-1}X_2Y_5Z_8O_{22}(OH, F)_2$ 　W=Na, K 　X=Ca, Na, Mn, Fe, Mg, Li 　Y=Mn, Fe, Mg, Al, Ti 　Z=Si, Al
フィロ珪酸塩		$(Si_2O_5)^{2-}$	白雲母 $KAl_2(Si_3AlO_{10})OH_2$ 金雲母 $KMg_3(Si_3AlO_{10})OH_2$ カオリナイト $Al_2Si_2O_5(OH)_4$
テクト珪酸塩		$(SiO_2)^0$	石英 SiO_2 アルカリ長石 $KAlSi_3O_8$–$NaAlSi_3O_8$ 斜長石 $NaAlSi_3O_8$–$CaAl_2Si_2O_8$

9.6 鉱物の基本構造，最密充填，結晶化学

イオンには特定の大きさがある(図9.5)。結晶解析データの統計処理から球体と近似して，平均の**イオン半径**がシャノン(R.D.Shannon, 1976)により提案されている。陽イオン半径は配位数が増加すると増加し，原子価数が増えるほど小さくなる(Fe^{3+} より，電子が多い Fe^{2+} のほうが大きい)。d 電子をもつ遷移金属イオンでは，通常の高スピン状態より，配位子場が強くエネルギーの高い低スピン状態の方が，イオン半径が小さい。5つの軌道をもつ d 軌道は6配位席と4配位席で軌道の分裂形態が異なり，磁鉄鉱などの鉱物の磁気的性質などを知るうえ

で重要となる。共有結合性は結合に強い方向性がある。絶縁体無色透明のダイヤモンド（sp^3混成軌道）と導電体黒色板状の石墨（sp^2混成軌道とファンデルワールス力）の構造と性質の違いは化学結合性から理解されている。イオン結合性物質ではイオン間の静電的相互作用（クーロン力）を考慮して，マーデルング定数の計算やボンドバレンスサム法により（ポーリング，1975の局所電荷中和則），結晶構造内での電荷分布が評価できる。

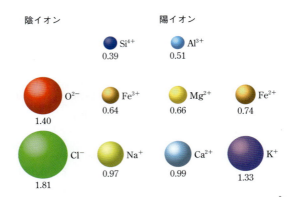

図9.5 地球を構成する主要なイオンの電荷と大きさ（Å）

　原子間距離・角度や配位数などの原子の配位状況から**イオン結合**や**共有結合**，**ファンデルワールス結合**，**水素結合**などの化学結合性を知ることができる。同じ化学組成で同じ空間群に属していても，原子座標や原子間距離が異なれば，異なる結晶構造となり，全く違う性質が現れる（ポーリング，1975）。
　球体の最密充填構造には**立方最密充填**（パッキングABCABC…，面心立方格子に等しい）と**六方最密充填**（ABAB…）がある。体心立方格子や単純格子は最密充填構造ではない。電荷のバランスと充填に必要なサイズのバランスなどの条件を満足した代表的な構造型が鉱物名を用いて基本構造型とよばれる。石墨型やダイヤモンド型，岩塩型，閃亜鉛鉱型，ウルツ鉱型，ルチル型，蛍石型，黄鉄鉱型，スピネル型，ガーネット型，イルメナイト型，コランダム型，ペロブスカイト型など，多くの鉱物や人工化合物結晶がとる構造である。
　電荷分布とサイズのバランスを満たせる許容範囲から外れた物質は，基本構造の間に独特な構造部位をもった誘導体をつくることが多い。K_2NiF_4型は，$KNiF_3$ペロブスカイト型部位とKF岩塩型部位よりなる誘導体である。ある種の誘導体は，基本構造部とそれらに挟まれた接合部分ともよべる構造部をもち，超構造や長周期構造などの結晶になることもある。ベスブ石では，ガーネット型基本構造部の境界接合部分では，6配位席より大きな5配位席があり，特異なイオンの統計配置が起こっている。多くの誘導体では，歪んだ5配位席や，奇妙な配位多面体配置や異常な原子間結合距離が観測され，独特の性質も現れる。
　資源となる鉱石や有用鉱物として代表的なものを表9.3に示す。硫化鉱物に属する硫砒鉄鉱（$Fe^{3+}AsS$）では，構造中のAsは陰イオン席を占有し，硫塩鉱物の硫砒銅鉱（Cu_3AsS_4）では，Asは陽イオン席を占有している。

表 9.3 珪酸塩以外の主要な鉱物とその資源としての用途

族	鉱物名	化学式	利用など
元素鉱物	自然金	Au	宝飾品，金融商品
	自然銅	Cu	電線，銅合金
	ダイヤモンド	C	宝石，研磨剤
	石墨	C	鉛筆，潤滑剤
硫化鉱物	方鉛鉱	PbS	鉛の鉱石
	閃亜鉛鉱	ZnS	亜鉛の鉱石
	黄鉄鉱	FeS_2	硫酸製造
硫塩鉱物	硫砒銅鉱	Cu_3AsS_4	銅の鉱石
	濃紅銀鉱	Ag_3SbS_3	銀の鉱石
酸化鉱物	赤鉄鉱	Fe_2O_3	鉄の鉱石，顔料
	磁鉄鉱	Fe_3O_4	鉄の鉱石
	コランダム	Al_2O_3	宝石，研磨剤
水酸化鉱物	針鉄鉱	FeO(OH)	鉄の鉱石
	ダイアスポア	αAlO(OH)	アルミニウムの鉱石
ハロゲン化鉱物	岩塩	NaCl	食塩，ナトリウムの工業原料
	蛍石	CaF_2	フッ酸製造，光学レンズ
炭酸塩鉱物	方解石	$CaCO_3$	セメント材，石灰
	孔雀石	$Cu_2CO_3(OH)_2$	宝石，顔料
硫酸塩鉱物	重晶石	$BaSO_4$	掘削泥水
	石膏	$CaSO_4 \cdot 2H_2O$	石膏ボード，建築材料
リン酸塩鉱物	燐灰石	$Ca_5(PO_4)_3(F, Cl.OH)$	化学肥料

9.7 結晶のかたちと結晶成長

氷は多様な結晶のかたちをもつ。氷結晶の形状変化から上空の温度や水蒸気圧を推定する中谷宇吉郎の研究は有名である（図9.6）。結晶は構造を反映した面をもつ（図9.7）。結晶のかたち（**晶相**と**晶癖**がある）は，構造や構造中の欠陥の量や状態，成長時の濃度や温度・圧力，それらの変化量にあたる濃度勾配や過飽和度，冷却速度や過冷却度等さまざまな要因により変化する。結晶が成長する機構や速度は，結晶の表面の状態に大きく依存する。図9.8に，結晶の構成単位および成長単元を単純立方体と仮定し，(100)面と(111)面で囲まれたモデル結晶

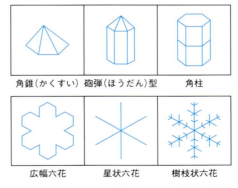

図 9.6 結晶のかたち。中谷宇吉郎による雪結晶の分類より抜粋。

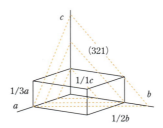

図 9.7 結晶面は 3 つの指数 hkl の小さな整数（面指数，ミラー指数）で表される。指数 hkl によって示される面は，平面と単位胞の 3 辺 abc 軸との切片が $a/h, b/k, c/l$ となる。この関係は有理指数の法則から導かれる。結晶面が結晶軸のどれかと平行なとき交点が無限遠になり，ミラー指数はゼロになる。結晶を扱う場合，指数 hkl は通常小さな整数に限られる。結晶面に垂直な法線の方向を晶帯軸 $[hkl]$ として表す。$[001]$ は，面 (001) に垂直な法線方向である。

(Kossel 結晶) を示す。溶液成長でこのモデル結晶を使って両面の成長を考えてみよう。(111) 面は構成単位のつくる凹凸で構成されており，不完全面とよばれる。(111) 面では，供給される成長単元は（六面体中）3 面で受け止められ，瞬時に結晶相に取り込まれる。(100) 面は完全に平坦で，成長単元を受け止める面は（六面体中）1 面のみである。したがって，この面は成長しにくい面であり，完全面あるいは特異面とよばれる。時間がたつと，極端に成長が速い不完全面は角や稜になり，隣接する成長の遅い完全面が発達することになる。成長の速い不完全面は最終的には成長に寄与しなくなる。

モデル結晶で表した完全面は完全に平坦であるが，実際の結晶では，微視的に見れば，結晶に成長単元を組み込む場所である**キンク**を含む**ステップ**などが存在する（図 9.9）。成長単元はキンク位置で結晶に組み込まれ，その結果，ステップが前進することでこの面が成長する。このような成長様式を沿面成長とよぶ。仮に，結晶面上にあったすべてのステップが結晶面の端まで前進してしまうと完全に平坦な面となり，沿面成長に不可欠なステップがなくなってしまう。沿面成長を続けるには，新しいステップの供給が必要となる。このステップの供給機構には，**スパイラル成長機構**と **2 次元核成長機構**の 2 つがある（図 9.10）。スパイラル成長機構では，結晶表面上に露出したラセン転位（線欠陥）によって供給されたステップがラセン階段状に前進することで，新しいステップを供給している。2

Column 成長速度と駆動力との関係

スパイラル成長機構，2 次元核成長機構，付着成長機構における成長速度 R は，一般に，結晶成長の駆動力 ($\Delta\mu/kT$)（溶液成長の場合は過飽和度，融液成長の場合は過冷却度）と以下のように関係する：

$R_{sp} = A(\Delta\mu/kT)^2$ 　　　　（スパイラル成長機構）
$R_{nucl} = A\exp(-B/(\Delta\mu/kT))$ 　（2 次元核成長機構）
$R_{ad} = A(\Delta\mu/kT)$ 　　　　　（付着成長機構）

ここで，$\Delta\mu$ は 2 相間の化学ポテンシャル差，k はボルツマン定数，T は絶対温度，A と B は係数である。

次元核成長機構では，結晶表面上に2次元核が生成され，その縁が新しいステップになる．2次元核成長機構による成長は，2次元核が形成可能となる臨界の駆動力以下では起こらない（図9.11）．一方，スパイラル成長機構では，2次元核生成に必要な臨界駆動力以下でも成長することができる（コラム参照）．駆動力（$\Delta\mu/kT$）がさらに大きくなると結晶表面はラフになり，成長単元は直ちに結晶に組み込まれ，どの場所も一様に厚みを増していく．このような成長機構を**付着成長機構**（図9.11）とよぶ．

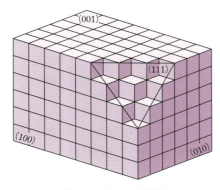

図9.8　Kossel 結晶

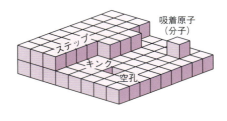

図9.9　顕微的にみたときのモデル結晶表面

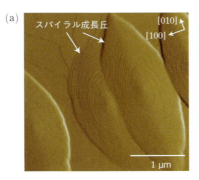

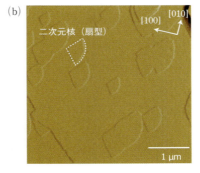

図9.10　原子間力顕微鏡で捕らえた重晶石表面で成長中のスパイラル成長丘(a)と2次元核(b)．ステップの高さは，約3Å（=0.3 nm）

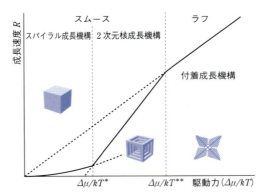

図9.11　駆動力の増加による結晶成長機構の変化を示す模式図
（砂川，2003 を一部修正）

9.8 鉱物を同定する，化学組成を決める，組織を調べる

地球惑星の研究には，組成および状態が一様な物質単位の**相**（phase）として，鉱物の深い理解が必要である．鉱物の集合体としての岩石の組織の観察も重要となる．固体物質研究の基本手法を用いて，岩石の組織や構成鉱物の精密な構造や構成原子の電子状態などが解析できる．鉱物が過去に経験した温度・圧力のような履歴の解読を行うことができる．天然産結晶である鉱物は，原子が 3 次元的に規則正しく周期配列をしている理想的な結晶から離れ，さまざまな構造歪や欠陥，不純物を含有する．コランダム（ルビー）中の Cr のように，不純物元素まわりには独特な局所構造が存在する．格子間イオンがイオン伝導性を，また線欠陥である転位が結晶成長や塑性変形を左右するように，ゆらぎや欠陥に大きく左右される物性が多くある．次に組織や組成，構造を調べる主な手法を紹介する．

9.8.1 偏光顕微鏡

結晶の偏光・複屈折特性を観察するための光学顕微鏡で，透過・反射偏光顕微鏡がある．結晶成長模様などの観察に用いる微分干渉顕微鏡がある．屈折率や多色性，複屈折，干渉色，消光角，コノスコープ像での一軸性・二軸性の識別，光軸角などにより，鉱物の同定が行える．組織の観察や外形，結晶方位，含有物，累帯構造，残存歪，衝撃石英のような変形構造などさまざまな観察が行える．

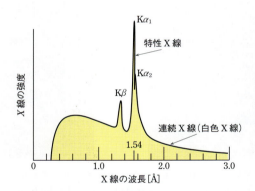

図 9.12 銅をターゲットとした X 線管球からの X 線の放出．連続 X 線と特性 X 線が放出される．原子レベルの情報を得るためには，高エネルギー（数 10 keV）に加速した電子線や波長が好ましい X 線を用いる必要がある．Cu や Mo のターゲット電極に高速電子を衝突させて得られる Cu や Mo（1.54 Å と 0.711 Å の波長）の特性 X 線（$K\alpha$ 線）が広く用いられる．このような特定の波長をもつ蛍光 X 線のみでなく，高速電子が金属中の電子雲による抵抗で速度を失ったり，進路を曲げられたりすることで，負の加速度を得て，連続（白色）X 線も同時に発生する．

9.8.2 X 線・電子線を用いた化学組成分析（定性・定量分析）

各種元素の蛍光 X 線のエネルギー（特性 X 線の波長）はある固有の値をもっており，物質の非破壊化学組成分析に用いられる．蛍光 X 線ピークのエネルギー（波長）から，どの種類の元素が含まれているのかを特定する**定性分析法**と，各元素の特性 X 線のピークの高さから，その元素がどのくらいの量含まれているかを，既知試料との比較から定量する**定量分析法**がある．ミクロンサイズでの化学組成

9.8.3 X線回折法を用いた，結晶構造解析法

構造を決めるパラメーター（格子定数，空間群，原子座標，イオンの席選択性など）は，X線回折法により決められる。3次元周期性を有する結晶の回折実験では，3次元的にデータが収集でき，未知構造が決定できる。波長の決まったX線（特性X線，CuKα線など；図9.12）を用いた単結晶回折実験法により信頼性の高い構造解析が行える。ブラッグの方程式*，$2d_{hkl}\sin\theta=n\lambda$ である。ここでλはX線の波長，nは整数：回折次数，d_{hkl}は結晶面の面間距離のλは単色X線により一定となり，θにより各面指数の面間隔d_{hkl}が求まる。単結晶回折計は，シンチレーション検出器の1軸（2θ）あるいは2次元検出器と，単結晶試料の3軸（θ, κ, ϕ）を回転することで，ブラッグの条件が満たされる方位を定め，各面指数の角度と強度測定ができる装置である。回折現象を利用した構造解析法では，3次元周期性の最小単位としての単位格子，回折パターンや強度分布，規則正しい回折点の消滅の観測（消滅則）から，個々の結晶の対称性を示す空間群を決めることができる。構造決定とは，測定したX線の回折強度から結晶構造因子を求め，さらにそこから結晶格子内の非対称単位内のすべての原子の座標x, y, zを決める作業である。観測されるのは強度情報で，位相については，類縁鉱物などからのモデル構築や直接法，重原子法など用いて構造を決定してゆく。

9.8.4 粉末X線回折法，非晶質物質のX線散乱法

結晶は，温度や圧力，歪み量，結晶子サイズなどにより，固有の**格子定数**の値と，回折線のプロファイル（半値幅増加や特定方位の線幅が広がるなど）ももつ。多数の単結晶の集合である粉末試料のX線回折を測定することを**粉末X線回折**という。粉末X線回折で得られる回折X線強度はさまざまな方向をランダムに向いた単結晶からの回折の総和となる。すべての方向を向いた微小結晶が均一に分布していることが理想であるが，実際は，試料の均質性や板状や針状結晶などの配向性が強度分布に影響し解析上の問題になる。粉末回折法では3次元の結晶情報を，2θ回転の赤道軸上に1次元投影されたパターンが得られ，一目で全体の構造情報が得られる。粉末回折のパターン（図9.13）から鉱物の同定が行える（中井・

---

* この式は規則的な原子配列による，いろいろな指数の結晶網面（hkl）から散乱される波の光路差から導出される。光路差が波の整数倍では波の振幅が強め合う。特定の面間距離の結晶面d_{hkl}では，波長が一定のとき，決まったθ角の時にのみこの式が満たされ，回折が起こる。実格子の配列方向に垂直な方向から外れた位置では，散乱強度は実質的にゼロになるため，回折パターンは実格子列に垂直な直線上にのり，規則的な3次元格子から得られる回折パターンは格子状（**逆格子**）になる。回折実験で得られる逆格子の周期性・大きさから実空間の対称性や格子タイプの情報や単位胞が定量的に決められる。

> **Column　逆空間と逆格子点**
>
> 軸値abcの単位胞が体積Vをもつ時に，
> $$a^*=(b\times c)/V,\ b^*=(c\times a)/V,\ c^*=(a\times b)/V$$
> の3つのベクトル$a^*b^*c^*$の空間を逆空間とよぶ。逆空間ベクトル$ha^*+kb^*+lc^*$でhklはミラー指数である。逆空間内の逆格子点をよぶときhklを用いる。結晶空間の実格子に加えて，逆空間での逆格子は，回折実験や固体物理学でさまざまに導入される。逆空間は固体の電子や熱振動の振舞いを記述するのに用いるブリリアン帯やフェルミ面などの波数空間にも用いられる。逆格子上の点hklは，原点000から距離が$1/d_{hkl}$で，実格子面（hkl）に垂直な方向に位置する。回折パターンは結晶格子の逆格子となっている。

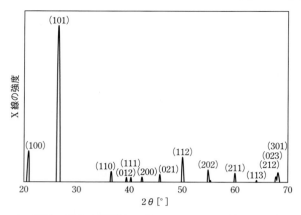

図 9.13 石英の粉末X線回折のパターン。CuKα 線を用いている。

泉, 2009)。X線散乱現象を利用して，非晶質物質である融体やガラスの構造が解析できる。

9.8.5 電子線を用いた観察，透過型電子顕微鏡 (TEM)，走査電子顕微鏡 (SEM)

電子線をX線と同程度のエネルギーに加速して，回折現象を利用することができる（日本結晶学会編，2007）。格子サイズや原子レベルを見るために，波長が 10^{-10} m 程度の高いエネルギーの電子線を用いる。結晶の構造を調べるための波長のX線にはレンズが無いのに対し，電子線回折では電磁石によるレンズを利用することで，実像として結晶構造の投影情報が得られる。電子線回折を利用した**高分解能透過型電子顕微鏡**には，極めて薄い試料が用いられる。格子像（2次元投影情報）やドメイン構造，長周期構造などが調べられる。**走査電子顕微鏡や走査型トンネル電子顕微鏡，原子間力顕微鏡**などの各種顕微鏡が，数 μm から数 10 pm サイズ（10^{-6}〜10^{-11} m レベル）の構造や固体表面の原子の観察等に用いられる。

9.8.6 ラマン散乱や赤外吸収分析（紫外線や赤外線の分光観測）

可視・紫外線域のラマン散乱光（輝線）の波長（エネルギー）や強度を測定して，定量分析や鉱物の同定・相転移，結晶内の格子振動などの研究に応用できる。ラマン散乱や赤外吸収のスペクトルの解析では，格子振動による原子変位を点群対称との関係で示すことにより，モードへの帰属が行われる（水島・島内，1980）。分極率テンソルや双極子モーメントの変化から，対称伸縮振動はラマン活性であり，逆対称伸縮振動と変角振動は赤外活性となる。ラマン散乱と赤外吸収分析法は相補的な関係にある。

9.8.7 X線吸収分光法

物質にX線を照射すると原子はX線を吸収する（図 9.14）。X線のエネルギーがあるしきい値（E_0）以上になると急に吸収が増える（吸収端という）。吸収端付近の広い範囲にわたるX線のエネルギー（波長）に対して吸収量を測ると，吸収

量に微細構造が現れる（図9.15）。X線吸収微細構による分光測定をXAFS (X-ray absorption fine structure) 分光法と総称する。X線吸収分光法により**鉱物種**の同定，特定種類の構成原子のまわりの**局所構造**や**原子価数・電子状態**についての調べることができる。融体やガラスの構造，微量元素まわりの研究に応用されている（宇田川，1993，吉朝，2013）。

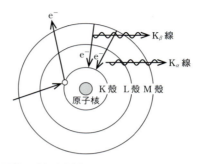

図9.14 電子の遷移・励起と緩和。電子は原子核に近い順からK殻，L殻，M殻等の軌道上を運動する。内側の電子殻にある電子がX線や大きな運動エネルギーをもった荷電粒子（電子など）に衝突されてエネルギーを与えられると，外側の電子殻に移る。このとき原子は通常より高いエネルギーをもつことになる。このことを励起という。さらに，このエネルギーがある値以上（しきい値 E_0）になると電子は原子核の引力圏外の真空レベルに飛ばされ，電子と陽イオンに分かれる。これを**電離**という。内殻に空孔が生じ，この状態は不安定なため，安定した状態になろうと外側の殻から電子が移動しその空孔を埋める。これを**緩和**という。エネルギー準位の高い方から低い方へ電子が移動した結果，その差のエネルギーが余り，このエネルギーが特性X線（蛍光X線）または外側の軌道の電子の放出（オージェ電子）という形で放出される。軽元素では，オージェ電子放出が主体になる。

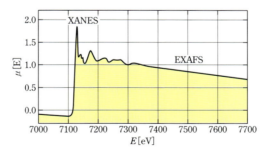

図9.15 赤鉄鉱のX線吸収微細構造。吸収端近傍と約100 eV までの高エネルギー側をXANES領域，さらに高エネルギー側をEXAFS領域とよぶ。各鉱物は独特なスペクトルをもつ。

応用編

10 生物の進化と地球史

> 最初の生命は，熱水の環境で生まれたと考えられている。その後，光合成細菌があらわれ，海洋中に酸素を放出し，多細胞生物が進化する土台が創られた。やがて酸素は，成層圏まで到達してオゾン層を形成した。オゾン層の形成は，生物の陸上進出を可能にした要因の一つである。生命の進化は，究極にはプロトンの介在によるものと言われている。しかし，化石から裏付けられる生物の進化の証拠は，生物に固有なからだのつくりと，同じ生物の仲間でも変わりやすい塩基配列，色や形などのわずかな違いである。

10.1 先カンブリア時代と初期生命

*1 1953年にミラーの実験によって無機的な環境下でも放電や紫外線によって有機物が合成されることが示された。

*2 細胞核をもたない単細胞生物で，大きくバクテリアと古細菌に区分される。

*3 核膜で覆われた細胞核をもつ生物で，動物や植物，菌類などが含まれる。

46億年前に地球が誕生した後，原始海洋で，水素，メタン，硫化水素，アンモニアなどから無機的にアミノ酸が形成[*1]された。初期の生物は，現生の分子系統解析に基づくと**原核生物**[*2]で，その中でも熱水環境を好む**真正細菌**である。その後，メタン合成などの化学合成を行う**古細菌**があらわれ，古細菌の祖先から，動物，植物，菌類などを含む**真核生物**[*3]が出現したと考えられている。しかし，遺伝情報の形成やこれが伝達されるしくみの構築，生命の誕生とその時期については，必ずしも明らかになっていない。カナダの約42億〜39億年前の熱水噴出孔の地層から，チューブ状の「化石」らしき構造物が発見されているが，この「化石」は後に熱水岩脈中に取り込まれた可能性もあり，また非生物の可能性もある。約38億〜37億年前の世界最古の堆積岩類が分布するグリーンランドやカナダでは，バイオマーカー発見の報告が繰り返されてきたが，現在ではその大部分は否定されているか，十分な検証がなされていない。オーストラリア西部に分布する約35億年前の地層から報告されたラン細菌の一種であるシアノバクテリアの「化石」についても，賛否両論であり，必ずしも決定的な証拠とは言えないのが現状である。言い換えれば，初期生命の研究は，現在でもなお最も重要な研究テーマの一つと言える。

*4 特定の生物がつくる，あるいは特定の生体部位に含まれる生物指標化合物。ある特定の生物だけがもつ化合物が堆積物中から見つかれば，その生物の存在を推定することが可能となる。堆積物中の特定の同位体元素やその量比などもバイオマーカーに由来することが多い。

その一方で約28億〜25億年前の始生累代末期〜原生累代初期の地層からは，シアノバクテリアの特徴を備えた化石が数多く報告されており，そのバイオマーカー[*4]やシアノバクテリアが形成したストロマトライトなどが見つかっている。シアノバクテリアが光合成を行い，海水中に酸素を供給した結果，海水中の鉄イオンは酸化鉄として沈殿し，約25億〜19億年前には大規模な縞状鉄鉱床が世界各地で形成された。その後，海水中で飽和した酸素は，大気中に広がり，オゾン層が形成され始めたと考えられている。

アクリタークなどの真核生物の出現時期は，約21億〜19億年前かそれよりもさらに古い。これは原核生物とは考えにくい大型の化石であるグリパニア（図10.1 a）などの出現による。さらにこれよりもやや新しい時代の地層からは，原

10.2 顕生累代

核生物には見られない膜状の構造や表面装飾などを備えた微生物の化石や真核生物のバイオマーカーなども多数発見されており，少なくとも原生累代の前期（古生）には，真核生物は出現し，その後，原生累代中期（中生）〜後期（新生）には多種多様な真核生物が出現したと考えられている。

　原生累代末期には，**スノーボール仮説**（**全球凍結仮説**）を提唱するきっかけとなった2回の大規模な氷河時代[*1]があり，当時の氷床は赤道付近まで発達していた可能性が指摘されている。さらにエディアカラ紀中期にも大規模な氷床が発達していたことが明らかになっており（ガスキース氷河時代），この氷河時代の後に，大型の多細胞生物からなるエディアカラ生物群（図10.1 b, c）[*2]やさまざまな藻類が現れた。エディアカラ生物群は，硬組織をもたない生物から成り，現在の動物門には分類できない海生生物を主体とするが，海綿動物や刺胞動物，原始的な軟体動物や節足動物のような動物なども報告されており，体長が数10 cm以上の大型の生物も珍しくない。さらにエディアカラ紀末期には，硬組織を形成するクラウディナなどが出現し（図10.1 d），先カンブリア時代末期には，生物がバイオミネラリゼーション（生体鉱化作用）[*3]の能力を獲得していたことが明らかになっている。

[*1] 氷河時代とは，地質記録の中で大規模な氷床が発達した時代である。原生累代末期に生じた2回の大規模な氷河時代は，スターチアン氷河時代，マリノアン氷河時代とよばれている。

[*2] キンベレラ（図10.1 b）は，原始的な軟体動物の一種と考えられている。ディッキンソニア（図10.1 c）は，体長1 m以上になるエディアカラ紀最大の生物であるが，現存する動物門との関係は不明。

[*3] 生体鉱化作用。生物が組織などを頑丈にするために鉱物を形成するプロセス。

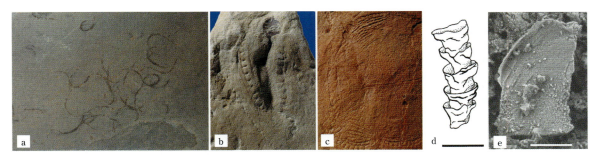

図10.1　先カンブリア時代からカンブリア紀前期前半までの化石。b, cはエディアカラ生物群の化石。a：原生累代の *Grypania spiralis*（大きなものの長さ約1.3 cm），b：*Kimbelella* sp.（横幅1.5 cm），c：*Dickinsonia costata*（上下幅約14.5 cm），d：エディアカラ紀後期の *Cloudina* sp.（スケールは5 mm），e：カンブリア紀前期のSSF（次頁傍注2）に含まれる節足動物？の破片（スケールは500μm）。

10.2　顕生累代

　顕生累代は，古生代と中生代，新生代からなる。顕生累代には，生物の活動の舞台は，海から陸へ，そして空へと拡大していった。特に，古生代後期に大森林を形成した植物によって，大気中の酸素濃度は上昇し（図10.2），巨大な昆虫類があらわれた。地球内部の活動に起因するプレートの移動や火山活動など，地球のダイナミクスのみならず，隕石など地球外からのインパクトが，顕生累代を通じた生物の進化に影響を及ぼしたと考えられる。

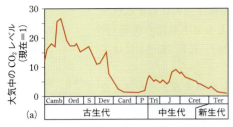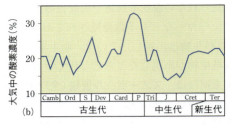

図 10.2 顕生累代を通じた大気中の(a)二酸化炭素および(b)酸素濃度
Berner (2006) がコンピューターシュミレーションで導いた GEOCARBSULF をもとに作成。

*1 カンブリア紀は、従来まで3区分されていたが、近年になってカンブリア紀前期が前期前半(Terreneuvian)と前期後半(Epoch 2)に細分された。
*2 SSFは、リン酸カルシウムや炭酸カルシウムの硬組織を形成する生物で、一般的に1mm以下の微化石からなる化石群集である。1匹の生物が1つの殻を形成していたのか、あるいは1匹の生物がさまざまな形状の殻を備えていたのか不明な点が多い。節足動物の棘や有爪動物の体表を覆っていた鱗状の小片などを含む。
*3 チェンジャン(澄江)動物群は、南中国の雲南省から報告された動物群で、バージェス動物群よりもやや古い地層から産出するが、その種構成はバージェス動物群と類似している。バージェス動物群と同様に化石の保存が良く、神経系や消化器系などが残されている化石や原始的な「魚類」なども報告されている。
*4 1998年にパーカー(A. Parker)により提唱された。
*5 筆石は、半索動物に属する浮遊性や底生の海生動物。個虫が形成するキチン質の胞(theca)が連なって、種ごとにさまざまな形態のコロニーを形成する。カンブリア紀から石炭紀に生存し、オルドビス紀からシルル紀の示準化石として重要。
*6 コケムシは、コケムシ動物門あるいは外肛動物門に分類され、石灰質やキチン質の部屋(虫室)を形成する虫体がさまざまな形のコロニーを形成する。海水から淡水生の動物で古生代の示準化石として重要な種を含む。

10.2.1 古生代

カンブリア紀*¹ は、4つの時代に細分されている。カンブリア紀の前期の前半(テレヌヴィアン世)と後半には、有殻微小化石動物群(Small Shelly Fossils：SSF)*² とよばれている小さな殻あるいは棘状の硬組織で形成された微化石が世界各地から報告されている(図10.1 e)。先カンブリア代末期に出現したエディアカラ生物群の多くは、カンブリア紀には絶滅しているが、いくつかの種はオルドビス紀まで生存し、海綿動物などは、小規模ではあるが、すでにマウンド状の礁を形成していた。

カンブリア紀前期の後半には、**チェンジャン動物群***³ とよばれる大型の海生動物が爆発的に出現した(図10.3)。この現象を**カンブリア紀生物大進化**(あるいはカンブリア紀爆発)とよび、その要因として酸素濃度の上昇や栄養段階の複雑化による動物の大型化等の仮説が提唱されている。眼の誕生により捕食・被食の競争が激化した結果、外部形態の多様性が急速に生じたとする「光スイッチ説」*⁴ も提唱されている。

その後、カンブリア紀後期からオルドビス紀を通じて、海洋生物の多様性は激的に上昇し、ウミユリなどの棘皮動物や三葉虫、腕足類などが繁栄して、頭足類のオウムガイや筆石*⁵(図10.4 a, b)、放散虫なども出現した。また、陸上で堆積した河川成堆積物や砂丘堆積物から節足動物などの生痕化石が発見されたため、一部の生物はすでに陸域への進出を始めていたと考えられている。その後、オルドビス紀末期には、寒冷化が急速に進み、**ゴンドワナ大陸**では大規模な氷河が発達して海水準は著しく低下し、主に低緯度地域に分布する浅海生の海洋生物が絶滅した。特に三葉虫や腕足類、筆石、コノドントなどで絶滅率が高かったことが明らかになっている。

オルドビス紀末期の大量絶滅後、シルル紀からデボン紀にかけて、海生生物は回復し、古生代型のサンゴである四放サンゴや床板サンゴ、層孔虫やコケムシ(図10.4 c)*⁶などが大規模な礁を形成した。また、腕足類などの底生動物、**アンモノイド類**などが繁栄した。魚類もさまざまな種類が出現し、遊泳能力が高く、頑丈な顎や歯を備えたグループや肉鰭類(たとえばユーステノプテロン)のような胸鰭が発達したものが現れた。脊椎動物で初めて陸上に進出したのは、デボン紀に出現したイクチオステガなどの原始的な両生類であるが、このような両生類は陸水域に生息していた肉鰭類から進化したと考えられている。陸上植物の誕生は、

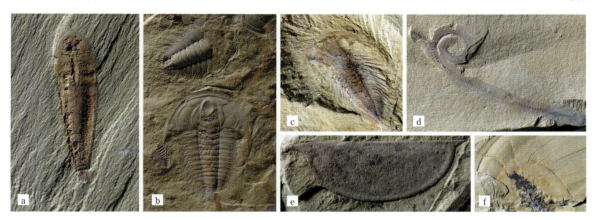

図 10.3　カンブリア紀前期のチェンジャン動物群。a：*Alalcomenaeus* sp.（体長 1.2 cm），b：*Eoredlichia intermedia*（体長 2.7 cm），c：*Naraoia spinosa*（体長 1.4 cm），d：*Maotianshania cylindrical*（体長 3.5 cm），e：*Isoxys auritus*（殻長 3.0 cm），f：*Cindarella eucalla*（触角を除いた頭部の長さは 3 cm）。

図 10.4　古生代の代表的な化石。a：シルル紀の筆石（矢印の化石がすべて筆石のコロニーで，最長の標本は約 2.3 cm），b：シルル紀の筆石 *Monograptus* sp.（スケール 2 mm），c：石炭紀のコケムシ（写真中央が螺旋状に成長したコロニーの軸部で長さ約 6 cm），d：石炭紀の鱗木の樹皮（長さ約 13 cm），e：ペルム紀の植物 *Glossopteris* sp.（大きい葉の長さ約 9 cm）。

　脊椎動物の陸域への進出よりも早く，シルル紀には維管束などを備えた**クックソニア類***が出現した。なお，苔類などの非維管束植物の出現は，分岐分類学上はシルル紀以前と見積もられているが，最古の化石記録はデボン紀であるため，今後，より古い時代の地層から非維管束植物の化石が見つかる可能性がある。

* 最古の維管束植物で茎と胞子嚢からなる。葉や根は無い小型の植物で初期の種は高さも数 mm 程度である。

　デボン紀後期には，大量絶滅が報告されている。デボン紀には，すでにさまざまな陸生あるいは淡水生の動植物がいたにも関わらず，デボン紀後期の大量絶滅は，海生動物に限定されている。サンゴや層孔虫などの造礁性生物や三葉虫類，コノドント，一部の魚類（たとえば棘魚類）などで絶滅率が高く，特に浅海生の種類が大きなダメージを受けている。大量絶滅の原因については，海洋の広い範囲が無酸素〜貧酸素化したことが影響していたと考えられている。このような出来事は，**海洋無酸素事変（Ocean anoxic events：OAEs）**とよばれ，地質時代には比較的頻繁に生じていて，それに伴って海生動物の絶滅や大量絶滅が起こっている。

*1 古い体制を残した維管束植物で，広義のシダ植物の一群である。

石炭紀からペルム紀前期は，寒冷化が進み，南半球には大規模な**ゴンドワナ氷床**が形成された。陸上植物はデボン紀から石炭紀にかけて大繁栄を遂げ，デボン紀にはヒカゲノカズラ類[*1]やトクサ類，シダ植物が繁栄し，これらの植物や木生シダ類の一部は高さが 10 m 以上に達した。さらに石炭紀には，**鱗木**（レピデンドロン類：図 10.4 d）などのヒカゲノカズラ類の一部が高さ 50 m 以上になり，巨大なトクサ類などと共に広大な森林を形成した。石炭紀末期からペルム紀後期には，シダ植物や裸子植物に加えて，より乾燥な気候や高地に適応したシダ種子類や針葉樹が増加し，胞子をもつ植物が形成する森林から種子を形成する植物が主体の森林へと変わった。このような石炭紀の森林には，原始的な小型の爬虫類（たとえばヒロノムス）や多種多様な節足動物が生息し，体長が 1 m 近いトンボ様の昆虫であるメガニューラやゴキブリ様昆虫などがいた。昆虫類の出現は，デボン紀前期（それ以前という説もある）で，石炭紀にはカゲロウの仲間やトンボ様昆虫などの飛翔能力を備えたものがすでに現れている。すなわち，生息域を空に広げた最初の動物は昆虫類である。なお，昆虫類は気管を通したガスの拡散により酸素を受動的に取り込むため，酸素濃度の低い環境では，活動能力や飛翔能力は激減することが知られている。石炭紀は大森林の形成に伴って酸素濃度が著しく上昇したことが明らかになっており（図 10.2），昆虫の多様性や種数の増加は陸上植物の進化に伴って生じている。また，植物体として固定された二酸化炭素は，石炭などの有機炭素として地層中に保存されたため大気中の二酸化炭素濃度は大幅に減少したことが知られている。

*2 古生代末から中生代の初めにかけて存在した超大陸。大陸移動説を唱えたウェゲナー（A. Wegner）によって，パン「すべての」とガイア「陸地」をもとに命名された。

*3 単弓類は頭骨に大きな特徴があり，後眼窩骨と頬骨，鱗状骨で囲まれた側頭窓をもつ有羊膜類で哺乳形類を含む。古くは哺乳類型爬虫類とよばれた。

ペルム紀には，ゴンドワナ大陸などの複数の大陸が衝突して，**パンゲア超大陸**[*2]が形成され始めた。爬虫類は石炭紀からペルム紀にかけて，さまざまなグループが出現し，**単弓類**[*3]（たとえばディキノドン）の中には哺乳類のような特徴を備えたものがいた。ペルム紀末期には，地球史上最も大きな大量絶滅があったことが知られている。この大量絶滅は，陸生と海生の両方の動植物に影響を及ぼし，最大で 96% 以上の種が絶滅したと考えられている。この大量絶滅で三葉虫や有孔虫の仲間であるフズリナなどが絶滅し，さらに腕足類やコケムシ，ウミユリ，サンゴ，放散虫などはごく一握りのグループを残して絶滅した。大量絶滅の原因については，必ずしも明らかになっていないが，シベリア西部で起こった大規模な火山活動に伴って放出された火山ガスが引き金となって，温暖化が進み，海洋無酸素事変などを含む様々な環境の変化を引き起こした結果，大量絶滅が起こったと考えられている。

10.2.2 中生代

中生代は三畳紀とジュラ紀，白亜紀から成る。ペルム紀末期の大量絶滅の影響は深刻で，生物の回復は三畳紀中期まで及んだ。その中でもサンゴや放散虫などの回復は特に時間を要している。また，多くの分類群は，中生代型の群集構成へと劇的に変化し，たとえばアンモノイド類では古生代型のゴニアタイト類が絶滅して，セラタイト類が主体となった。底生動物については，古生代に優勢だった腕足類や棘皮動物のウミユリなどが衰退し，二枚貝類が優勢となった（図 10.5 a, b）。いわゆる爬虫類の適応放散は目覚ましく，翼竜や魚竜，小型の恐竜，原始的

なワニやカメなどが出現した。真の哺乳類（たとえばアデロバシレウス）の出現も三畳紀後期である。ペルム紀末期の大量絶滅後，植物の回復も時間を要したが，三畳紀中期以降はシダ植物や裸子植物が森林を形成し，針葉樹も現れた。三畳紀にはすでにパンゲア超大陸が形成され，その周囲は**パンサラッサ海**[*1]や**テチス海**[*2]で囲まれていた。南半球では，**グロッソプテリス類**（図10.4 e）が中心のゴンドワナ植物群が分布し，北半球ではアンガラ植物群が優勢であった。三畳紀の末期にも大量絶滅が生じており，コノドントが絶滅し，アンモノイド類などの多様性が低下した。大量絶滅の原因として，中央大西洋域での火山活動に伴う大量の火山ガスの放出などが指摘されている。

ジュラ紀から白亜紀は，汎世界的に温暖な時代で，特に白亜紀中期は地球史上最も温暖な時代の一つであった。三畳紀後期には，パンゲア超大陸は分裂を開始し，ジュラ紀を通じて北部大西洋の原形が生まれた。さらに白亜紀には南部大西洋やインド洋が開き始め，大陸の分裂による海洋の拡大が一層進んだ。

三畳紀末期の大量絶滅の影響はあったものの，ジュラ紀以降，生物の多様性は上がり，脊椎動物では多種多様な恐竜を含む爬虫類が繁栄した（図10.5 d）。一部の恐竜は，羽毛のような鳥類の特徴を備え，このような鳥型恐竜の中から鳥類が誕生したと考えられている。ジュラ紀に出現した**始祖鳥**は，鳥類と爬虫類の両方の形質を備えている。アンモナイト類は，ジュラ紀に出現し，殻の形態を多様化させ，異常巻きアンモナイトとよばれるグループが生まれた（図10.5 c）。一般的に二枚貝や巻貝などの海生動物では，属レベルで現生種と同じ種が出現しており，現在とよく似た海洋生物の生態系は白亜紀に確立されたといえる。植物についても，ジュラ紀には花をもたないソテツ類や針葉樹類などの裸子植物やシダ類が優勢であったが，白亜紀にはモクレン類などの被子植物が出現した。

ジュラ紀前期や白亜紀の前期〜中期には，海洋無酸素事変が繰り返し起こって

[*1] C字型のパンゲア大陸を取り囲んでいた広大な大洋。ギリシャ語で「すべての海」を意味する。

[*2] 古生代後半から中生代にかけて，パンゲア大陸東岸の湾に面した海岸。中生代には，ゴンドワナ大陸とローラシア大陸の間に位置していた。主に古生代に分布していたパレオテチス海とその後に存在したネオテチス海に区分される場合も多い。なお，地中海はテチス海の名残である。テチスはギリシャ神話の女神の名前に由来。

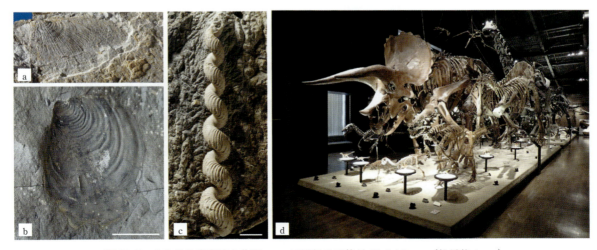

図10.5 中生代の代表的な化石。a：三畳紀の二枚貝 *Halobia* sp.（殻長約4 cm），b：白亜紀の二枚貝 *Inoceramus* sp.（スケール5 cm），c：白亜紀の異常巻きアンモナイト *Hyphantoceras orientale*（スケール1 cm，写真提供：北九州市立自然史歴史博物館 御前明洋氏），d：恐竜の全身骨格レプリカ（写真提供：御船町恐竜博物館）。

おり，それに伴って海洋生物の絶滅が繰り返し生じていた。白亜紀末には，アンモナイト類やベレムナイト類[*1]などの軟体動物や海生爬虫類，翼竜や多くの恐竜などが犠牲となった大量絶滅があった。大量絶滅の原因については，メキシコのユカタン半島沖に落下した直径約10 kmの巨大隕石の衝突によって，大気中に広がった灰や塵が日光を遮断したことやこれに伴う酸性雨によって多くの植物が枯れたため，生態系が崩壊し，海陸の動植物に影響を与える大量絶滅に繋がったと考えられている。

[*1] タコやイカ，アンモナイト類などを含む頭足類の仲間でジュラ紀から白亜紀の海洋で繁栄した。矢じり型をした鞘の先端部が化石として保存されやすい。

10.2.3 新生代

新生代は，古第三紀と新第三紀からなり，新生代の生物は，K/Pg境界[*2]での絶滅を生き延びた被子植物や哺乳類および鳥類の適応放散で特徴づけられる。被子植物は，白亜紀にもある程度繁栄していたが，繁殖の方法をさらに多様化させ新生代に巨大な植物群落を形成した。たとえば，白亜紀にすでに存在していた風による花粉の拡散やハチをはじめとする昆虫による受粉に加え，視覚の発達した鳥類を種子の色で誘引したり，嗅覚の発達した哺乳類を香りのある果肉でおびき寄せ，種を運ばせる方法などが生み出されたと考えられる。

[*2] 中生代（Kreide：白亜紀に特に発達したチョークを意味するドイツ語）と新生代（Palaeogene：古第三紀）の境界。

古第三紀の最初の時代である**暁新世**の哺乳類は，大部分が小型であった。哺乳類の適応放散は，その後の始新世におこり，馬やサイなどを含む奇蹄類には体高が7 m以上になるパラケラトリウムのような巨大な種が現れ，ウシやクジラなどを含むクジラ偶蹄類や象で代表される長鼻類（たとえばエリテリウム）などが現れた。鳥類ではペンギンなどが出現した。**始新世**は，汎世界的に温暖な環境であり，ヨーロッパは亜熱帯で多湿な環境下にあったことが，花粉や琥珀中の動植物化石群からわかっている。また，海では大型有孔虫の**ヌムリテス**（図10.6 a）が繁栄した。暁新世と始新世の境界では，大気中のCO_2の上昇に伴う，汎世界的に急速な気温上昇があり，暁新世−始新世温暖化極大（Palaeocene/Eocene Thermal Maximum：PETM）[*3]とよばれている。このCO_2の上昇については，

[*3] PETMは，Eocene thermal maximum 1（ETM 1）ともよばれている。CO_2の上昇の原因として，暁新世／始新世の境界でおこった隕石の衝突に起因するとの説もある。

図10.6 新生代の代表的な化石。a：古第三紀の大型有孔虫 *Nummulites* sp.（細いスケールは1 cmで，断面のスケールは200 μm），b：新生代の巻貝 *Vicarya yokoyamai*（殻高9 cm），c：*Paleoparadoxia tabatai*（体長約1.5 m，デスモスチルスの仲間で海生の哺乳類，写真提供：瑞浪市化石博物館）。

大規模な火山噴火が認められないことから，**メタンハイドレート**の急激な崩壊が指摘されている。

　漸新世は，古第三紀最後の時代である。始新世と漸新世の境界では南極氷床が本格的に発達し，汎世界的な気温の低下がおこった。以降，現在まで汎世界的な気温は，概して低下傾向にある。漸新世には，アザラシなどの鰭脚類やヒゲクジラ類[*1]が現れたが，これは寒冷化にともなう湧昇流の発達によって，餌となるプランクトンが大繁殖したことによるものと考えられている。

　新第三紀は**中新世**と**鮮新世**からなる。中新世の前期は，漸新世から続く寒冷化が進行していたが，中期になると汎世界的に気温が上昇する中新世中期温暖期 (Middle Miocene Climatic Optimum：MMCO) があった。この時期の北半球の太平洋沿岸には，デスモスチルスなどの束柱類 (図 10.6 c) が生息していた。北半球の中～高緯度まで亜熱帯環境下にあり，ビカリア (図 10.6 b) やゲロイナ[*2]などの貝類がマングローブ林の中で生活していた。中新世には始新世から始まるインド亜大陸とユーラシア大陸の衝突が加速し，ヒマラヤ山脈を形成した。ヒマラヤ山脈の形成によって，季節風 (モンスーン) が発達した。ヒマラヤ山脈の北側には，チベット高原が形成され，季節風によって，乾季と雨季が生まれた。乾季および大気中 CO_2 の減少と相まって C_3 植物[*3]の森林は衰退し，やがて CO_2 変換効率のよいイネ科をはじめとする C_4 植物[*4]の草原へと変化した。北アメリカ大陸では，さまざまな形態のウマ (例えばメリヒップスなど) が森林や草原に適応し進化した。ヒト族があらわれたのは中新世の後期である。

　鮮新世以降にはヒト族の中からヒト属[*5]があらわれ，世界各地に分布を広げた。以降，更新世および完新世の地球史については，氷床コアや海洋底コアの微化石やその同位体比の変動を用いて，数万年単位で環境と生物群の変化が詳細に解明されている。周期的な地球変動や，産業革命以降，人類が自身の身の回りの環境を改変している。

*1 最初のヒゲクジラ (たとえばリャノケトス) は，祖先の形質である歯ももっており，食性と歯の形態の進化を考えるうえで重要。

*2 ゲロイナの現生種は，マングローブシジミともよばれ，殻長が 10 cm 以上になる。沖縄以南に生息。

*3 光合成の際に，カルビン・ベンソン回路を用いて CO_2 の固定を行う植物。地球上の植物の 90% 以上が C_3 植物である。

*4 カルビン・ベンソン回路に加えて，ベンケイソウ型有機酸代謝 (CAM) 型光合成をおこなう植物。CAM 型光合成は，夜間に気孔を開けて CO_2 を取り込むので，水分の損出を減らすことができる。サボテンなど乾燥地域に生息するものに多い。

*5 初期のヒト属としてタンザニアで発見された *Homo habilis* などが知られている。

11 陸水の表層循環と地層の形成

> 地球表層には大量の水があり、それは固体（氷）、液体（水）、気体（水蒸気）として存在する。地球表層での水の循環は、熱の運搬や気候を生み出すとともに、大地を削り堆積物を下流へと運搬し堆積させる。このようにして形成された地層を解析することで、地球表層の環境変化や生物の進化など、地球表層の歴史を知ることができる。

11.1 陸域の表層循環

陸域における水循環は、生命や人類の発展に欠かせない、淡水資源の源となっている。また、陸域表層では多圏が相互に作用し、それぞれの物質に固有の循環系が形成されている。地球表層の水・物質循環系の全貌を理解することは、地球科学が目指す最終目標の一つといえる。

11.1.1 陸域の水循環

地球表層には、推定 13 億 8,600 万 km^3 という大量の水が存在している。そのうち約 96.5% は海水である。残り約 3.5% のうち、南極やグリーンランドなどに存在する雪氷や永久凍土中の氷が半分程度を占めるため、液体での淡水の割合は全体のわずか 1.7%、量にして 2,300 万 km^3 程度にすぎない。この淡水のうち、約 99% は地下水であり、河川水や湖沼水が占める割合は 1% にも満たない。本章で注目する陸水とは、海水の対語であり、陸域に存在する湖沼、河川、河口域、地下水、湿地、雪氷など淡水を主体とする水域、またはその水のことをさす。

現在の地球は、その表層の温度圧力状態が、水という物質にとって固体（氷）、液体（水）、気体（水蒸気）のいずれの形態でも存在しうる条件にあるという点で、他の惑星とは異なる。すなわち、太陽放射エネルギーと重力エネルギーを駆動力とした、他の惑星にはない**水循環**が形成されている。海洋上で太陽放射によって暖められた海水は、蒸発を通して水蒸気となり、上空へともたらされる。その後、水蒸気は大気の流れに沿って移動する過程で凝固し、雨や雪となり再び海洋へ戻ってくる（図 11.1）。

陸域では、水蒸気の発生は河川水や湖沼水からの蒸発と、植物体の気孔を通した蒸散活動によって起こる。したがって、陸水から発生した水蒸気は、蒸発と蒸散の両現象の意味合いを足し合わせた、蒸発散という言葉を用いて考える。陸域内の水循環は、海洋内の水循環と比べて小規模である（図 11.1）。しかしながら、我々人類を含めた地上の生命体が存続可能なのは、全体としてはわずかなこの淡水が絶えず陸域に供給される、水循環が存在しているからにほかならない。

水循環系において、ある水域に入ってくる水の量と、そこから出ていく水の量はつり合いが取れている状態にある（図 11.1）。このバランスのことを水収支と

11.1 陸域の表層循環

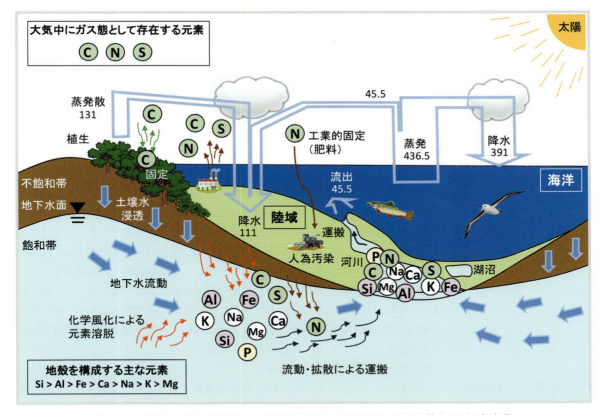

図11.1 流域における水循環ならびに物質フローの概念図。不飽和帯ならびに飽和帯は断面図で表示してある。また，図中の数字は地球上の水循環量（$10^3 \text{ km}^3 \text{ yr}^{-1}$）を示す。ただし，この**水収支**には南極大陸は含まれていない。また，流出は河川流出以外に，地下水流出も含む。

いう。陸域における水収支は一般に次式で表すことができる。

$$P = E_t + R + dS/dt \tag{11.1}$$

ここで，P，E_t，R，dS/dt はそれぞれ降水量，蒸発散量，流出量（河川や地下水を通して流出する水の量），貯留量変化をさす。地下水の貯留量は一定とみなした場合，$dS/dt = 0$ となり，水収支式は次式のように単純化される。

$$P = E_t + R \tag{11.2}$$

ある地域の水収支は，**流域**という単位をもとに計算すると理解しやすい。流域とは，降水が水系に集まる範囲のことをさし，集水域ともいう。つまり，流域単位面積あたりに降る雨や雪の量が定まると，流域内での水収支や人間活動（たとえばダム湖の建設や地下水の揚水など）によって変化する水賦存量を把握しやすい。世界人口の増加や経済発展に伴う水資源劣化が問題となる今日，水循環の概念をもとに資源量評価を行い，陸域の淡水資源の持続的利用や生態系保全に取り組むことが必要とされている。

11.1.2 陸水の滞留時間

陸域の水循環をより詳細に理解しようとする際，各水域における水の**滞留時間**

を把握することが重要となる。水の滞留時間 T とは，ある体積 M をもつ貯留体が，流入量 F の水によってすべて入れ替わるのに必要な時間と定義され，以下のような単純な式で示される。

$$T = M/F \tag{11.3}$$

一般に，水蒸気，河川水，湖沼水など**地表水**の滞留時間は，数日から数か月，極めて循環の遅い湖沼でも数 100 年程度である。これに対し，土壌水や地下水など**地中水**のそれは数か月から数 100 年，ものによれば数万年と相対的に長い。このように，流域水循環系は多様な滞留時間をもつ水域が相互に関連し合って形成されている。

大気中の水蒸気量は，地球上の気候帯に応じて多種多様である。こうした多様性を考慮した地球上の水蒸気の平均滞留時間は，約 8〜10 日と試算されている。湖沼水の滞留時間は，湖沼の形状や流入出河川の分布状況などによって変化に富む。たとえば，熊本市内に存在する江津湖という循環の早い湧水湖では，約 6 日程度であるのに対し，世界最深のバイカル湖では 380 年程度と計算される。

河川水の平均滞留時間は，その総延長や勾配などによって幅があり，一般に約数日から数か月と推定されている。地球全体として，陸域から海洋へと流出する淡水の流路は河川経由と地下水経由の 2 つがあり，そのうち 9 割程度は河川経由であると推定されている。賦存量としては地下水の方が大きいが，滞留時間は河川の方が圧倒的に短いためである。

土壌水とは，土壌中で固相，液相，気相の 3 相が混在する不飽和帯中*に存在する水のことをさす。この水は基本的に鉛直下方浸透により移動する。これに対し，飽和帯中*の帯水層地下水は，地形勾配にそって水平方向に，他の水域の水と比べて長い時間をかけて流動する (図 11.1)。

地下水流動は目に見えない帯水層中でおこる現象であるため，式 (11.3) に示した滞留時間の推定は実質困難となる。地下水流速を推定する基礎的な方法として，1856 年にフランス人技術者のダルシー (H. Darcy：1803-1858) が発見した，**ダルシーの法則**が多用される。

$$V = kh/L \tag{11.4}$$

ここで，V, k, h, L はそれぞれ見かけの浸透流速 [cm s^{-1}]，透水係数 [cm s^{-1}]，2 地点間の水頭差 [m]，2 地点間の距離 [m] をさす。近年，放射性同位体など年代マーカーの適用（放射性同位体：^{85}Kr，^{3}H，^{39}Ar，^{14}C，^{81}Kr，^{36}Cl，^{129}I；溶存ガス：CFCs，SF$_6$，^{4}He）が発展してきている。これにより世界の多くの地域において，地下水滞留時間の推定が行われている。

11.1.3 陸域表層の物質循環

水 (H_2O) の流れは大地を削り，土砂を下流へと運搬させるほか，溶存態としての物質の運搬の役割も担う (図 11.1)。すなわち，降水によって陸域にもたらされた水は，地質構成鉱物と接触して**化学風化反応**を引き起こし，ある種の元素を溶存させた状態で，またはコロイド態や懸濁態の元素を含んだ状態で，最終的に海洋へと運搬される。

地球の平均地殻組成は，存在度の高い順に酸素 (O)，ケイ素 (Si)，アルミニウ

---

* 不飽和帯とは，地表部分の固相，液相，気相の 3 相が混在する土壌帯をさす。すなわち，不飽和帯という言葉は土壌中に気相が存在しており水に対して不飽和の状態であるという意味を含む。これに対し，飽和帯とは，気相を含まず水に飽和している帯水層のことをさす。

ム (Al), 鉄 (Fe), カルシウム (Ca), ナトリウム (Na), カリウム (K), マグネシウム (Mg) からなる。この8つの元素だけで質量パーセントにして全体の99%以上を占めている。これら元素は，水循環とは滞留時間や挙動の異なる個々の**物質循環系**を形成している。たとえば，Ca, Na, K, Mg は，溶存態のイオンや二次的析出鉱物粒子として海洋へと運搬された後，沈み込み海洋プレートの一部となり，やがて地質年代スケールでの物質循環系に組み込まれる。

一方，主要な地殻構成元素である Si, Al, Fe は陸水中ではコロイド態や懸濁態として存在することも多く，したがって，溶存態とは異なる形態で海洋へと運搬されることも多い。他のミネラル元素と同様に，これら地質由来元素も最終的に海洋へと運搬され地質循環系に組み込まれる。さらに，生態系を介した物質循環を考慮すると，生体必須元素でもある Si, Fe, Ca, Na, K, Mg については，高次の動物へと捕食される食物連鎖の過程で，わずかながら海洋から陸域へと戻る循環経路も存在する。たとえば，海の魚類が鳥類によって捕食され，その鳥類が陸域に戻る場合がそれにあたる。リン (P) なども同様の特徴をもつ元素といえる。

ガス態として大気に存在しうる炭素 (C), 窒素 (N), 硫黄 (S) などの元素は，上記地質由来物質とは大きく異なる循環系を有する。特にこれら3元素は生体必須元素でもあるため，大気循環に加え生態フローが重要となる。たとえば，地球表層に存在する炭素の大部分は，光合成による大気 CO_2 の生態系への固定と，生物呼吸による大気への CO_2 放出を，主たる原動力として循環している。近年では，化石燃料の使用によって CO_2 放出が加速し，炭素循環の攪乱が懸念されている。

大気の主成分である N_2 は，生物的窒素固定もしくは雷の放電による酸化によって，窒素化合物として地表に取り込まれる。その後，窒素成分の大半は生態系の食物連鎖に取り込まれる。また，一部は溶存態として河川や地下水を通して海洋へと運搬される。近年，肥料生産を目的として大気中 N_2 ガスをアンモニウム態窒素として工業的に固定する時代にあり，結果，陸域窒素付加が増えることで，地下水硝酸汚染や富栄養化などの**環境問題**が深刻化してきている (図 11.1)。

河川や地下水の流れによって運搬される元素は，濃度と単位時間あたりの流量を乗じることで，物質の系外への流出量を計算することができる。このことは，流域物質循環系の理解を深めるためには，水循環系についても同時に理解しておく必要があることを意味している。流域における栄養塩や汚染の量を評価することで，地球上の物質循環を総合的に理解するとともに，水質悪化等の環境問題に対し，より適切な実態把握を行うことが可能となる。

11.2 地層の形成

地層は，地球表層での風化・侵食・運搬作用により堆積した堆積物により構成され，そこにはその起源や表層での諸過程，ならびに地球表層の環境が記録されている。また気候や生物に関する情報も含まれるため，地層を時間に沿って調べることにより，表層環境の変化や生物の進化，すなわち地球表層の歴史 (地史) を知ることができる。

11.2.1 地層と層理

層（単層）は，同一の物理・化学的条件の下で堆積した一連のユニットであり，層と層の上下は層理面によって区切られる。これは，堆積の停止や堆積条件の突然の変化や侵食面を表し，層理面と地表面との境界が層である。単層内には，しばしば粒径や組成の変化，あるいは堆積の中断などによる厚さ 1 cm 以下の層状の構造がある。これを葉層といい，葉層がつくる層理を葉理とよぶ。

層理には，① 平行層理，② 斜交層理，③ 級化層理，ならびに ④ 波状層理がある（図 11.2, 11.3, 11.4, 11.5）。**平行層理**は，層理面と平行した内部葉理をもつ地層である。これに対し**斜交層理**は，層理面に対し傾斜した内部葉理をもつ地層である。斜交層理は移動するリップルやメガリップルの内部構造であり，リップルの峰が直線状の時には平板型斜交層理が，湾曲している場合にはトラフ型斜交層理が形成される。この他にハンモック型やヘリンボーン型斜交層理などがあり，いずれも堆積環境の推定に有効である（図 11.3）。**級化層理**は，単層内で下位から上位へと粒径が粗粒から細粒へと変化する層であり，混濁流（乱泥流）堆積物（タービダイト）でしばしば認められる（図 11.4）。これは，さまざまな粒径の粒子からなる堆積物が一度に運搬され，粗粒粒子から堆積することによって形成される。**波状層理**は，砂と泥のような異なる二種の堆積物が，一方が定常的に，他方が間欠的に堆積する場合に形成される。二種の堆積物の量比によって，砂が卓越するフレーザー層理から波状層理*，泥が卓越するレンズ状層理へと漸移的に変化する（図 11.5）。

* 波状層理は，広義には，砂と泥のような異なる二種の堆積物が，一方が定常的に，他方が間欠的に堆積する場合に形成されるが，その中でも砂と泥が連続する場合に狭義の波状層理とよぶ。

図 11.2 平行層理と斜交層理（Reineck and Singh, 1973 を一部改変）。

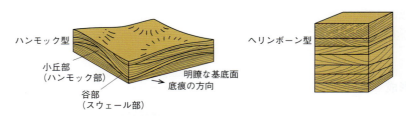

図 11.3 ハンモック型斜交層理とヘリンボーン型斜交層理。 ハンモック型斜交層理：下面は侵食面で 10°以下の緩い傾斜を示し，内部葉理は下面とほぼ平行である。暴浪時のうねりなどにより形成される（Tucker, 2001 を一部改変）。ヘリンボーン型斜交層理：隣接する単層内の内部葉理の傾斜方向が異なるのが特徴で，潮汐流により形成される（Reineck and Singh, 1973 を一部改変）。

11.2 地層の形成

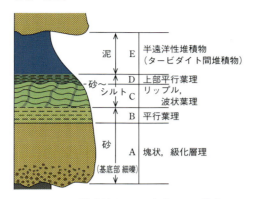

図 11.4 模式的なタービダイトの構造。1 枚のタービダイト内では，下位から上位に向けて，粒径が次第に小さくなる級化層理（構造）が観察される。

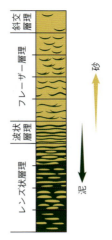

図 11.5 レンズ状層理，波状層理，フレーザー層理と斜交層理の関係。砂と泥のような異なる二種の堆積物において，一方が定常的に，他方が間欠的に堆積する場合に形成され，二種の堆積物の量比によって層理が異なる。

11.2.2 地層形成の基本法則と相互関係

(1) 地層の基本法則

一連の成層する地層では，上位の地層は下位の地層より新しい。これを**地層累重の法則**とよぶ。また地層は，初生的には水平に堆積する（**初源水平（水平堆積）の原理**）*。したがって，傾斜している地層は，堆積後に地殻変動で傾いたことを意味する。また地層が断層や岩脈によって切られていたら，それらは地層よりも新しい（**地層切り合いの原理**）ことを示す。

(2) 地層の向きと傾き

地層は，必ずしも堆積時のままで水平であるわけではなく，後の構造運動によって傾いたり，褶曲や断層による変位により，空間の中でさまざまな方向を向いている。地層の空間内での姿勢は，**走向**（向き）と**傾斜**（傾き）によって表される。走向は，層理面と水平面の交線で定義され，その向きは北から東あるいは西へのずれの角で表現される。傾斜は，この走向に対し直交方向の水平面からの角度で表される。

(3) 地層の相互関係

上下に接する地層が，大きな時間間隙をもたずに連続して形成された場合の地層の関係を**整合**という（図 11.6）。これに対し，下位層あるいは下位の岩体が形成された後に侵食を受け，著しい時間間隙をおいて上位層が堆積したような不連続な地層の累重関係を**不整合**という（図 11.6）。不整合は，堆積の停止，隆起，削剥，沈降，堆積の再開などの重要な地質イベントの証拠であり，地層として残されていない膨大な時間が欠如していることを意味する。不整合には，傾斜不整合，平行不整合（非整合），無整合がある。またある地層中に，他の地層や岩体由来の岩石が含まれている場合には，これらを含んでいる方の地層が新しい。これを包含関係という。

* 層理面と層理面に挟まれる 1 枚の地層（単層）は，基本的にはほぼ水平に堆積するが，斜交層理のように，単層内では運搬される堆積物がある程度の傾斜をもって堆積することもある。

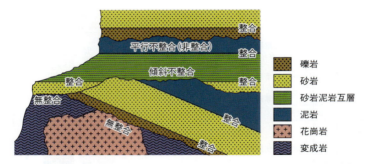

図 11.6 地層の累重関係。整合：大きな時間間隙がなく連続して地層が堆積したときの累重関係。傾斜不整合：下位と上位の地層群の間に大きな時間間隙があり，両者の地質構造に差異があるときの累重関係。平行不整合：下位と上位の地層群の間に大きな時間間隙はあるが，両者の間に大きな地質構造差がないときの累重関係。無整合：地下深部で形成された深成岩体や変成岩の上に地層が堆積したときの累重関係。

11.2.3　地層から読み取る地球表層の歴史

地層から地球表層の歴史を知るには，① 地層の観察，② 地層の対比，③ 層序の区分，④ 地質構造の形成と地層の時間・空間的分布の把握，が必要であり，それをもとに地層の年代や古環境，ならびに構造発達史が復元される。

(1)　地層の観察

地層は，通常，崖や沢などに露出している。この地層が露出している場所を**露頭**とよび，まず各単層の岩相や内部構造，化石の有無，単層の姿勢と累重関係などを観察し，野帳に記載する。一つの露頭で観察できる地層は限られているので，走向に対しなるべく直交方向に，道路や道に沿って複数の露頭を観察して**ルートマップ**を作成し，ルートごとに地層の岩相やその重なり方をあらわす**柱状図**を作成する（図 11.7）。

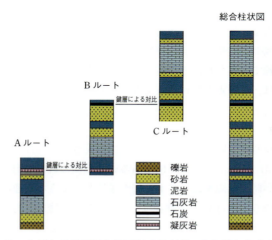

図 11.7　ルートごとの柱状図と鍵層による対比，またそれをもとに作成された総合柱状図。ここでは凝灰岩層と石炭層が鍵層として用いられている。

(2) 地層の対比

地層は，通常，植生や土壌により覆われていたり，侵食などにより一部が失われていたりしていて，連続するすべての地層を観察できるわけではない。そこである地域で観察された単層の特徴から，他地域の同一層を認定することにより，より連続的な地層の累重関係を復元する。これを地層の**対比**という（図 11.7）。対比では，短い距離では地層の特徴に基づいて行われることもあるが，より広域的に行う場合には**鍵層**が用いられる。鍵層は，他の地層から明瞭に識別でき，広く分布し，かつ同時ないしほぼ同時に堆積したとみなせる薄い地層が有効であり，火山灰層や石炭層，石灰岩層などが用いられる。

各ルートで得られた柱状図を，地層の対比によって，隣接するルートや他地域の柱状図と連結することで，より広域的に長い時代の地層の累重関係や拡がりを復元することができる。

(3) 層序と地層の区分

ある地域に分布する地層について，基本的な岩相*やそれらの組合せ，地層の相互関係（整合・不整合などの累重関係，あるいは同時異相といった横の関係）や堆積年代などに基づいて，いくつかの地層や層群に区別することを**層序区分**という。一般に用いられる地層名などは，岩相によって区分されることから**岩相層序区分**とよばれる。

岩相層序区分では，最も基本的な岩相層序単元は**層**である。岩相の特徴と層位的位置に基づき決定される層には，岩相上の特徴により他の部分と区別された**部層**，ならびに層や部層の中で他から明確に区分される**単層**が含まれる。一方，岩相の特徴が共通する 2 つ以上の隣接ないし関連する層の集合体を**層群**とよぶ。

層序区分には，この他に生層序，古地磁気層序，火山灰層序，同位体層序，シーケンス層序などがある。これらの層序区分を複数組み合せることによって，より精度や分解能の高い層序を編むことができる（たとえば，古地磁気層序と生層序の組合せ）。また複数の化石の生層序を組み合わせることで，より詳細な層序の確立も可能となる。ただし層序区分によって決定される年代は，いずれも相対年代であり絶対年代（数値年代）ではない。

(4) 地質現象の前後関係と時間・空間的分布の把握

地層と岩体の関係，あるいは褶曲や断層などの地質構造と地層の関係を知ることによって，地層の形成と種々の地質現象の前後関係を明らかにすることができる。たとえば，ある地層が断層や岩脈によって切られていれば，それらは地層より新しく，またある岩体がある地層によって覆われているならば，岩体の貫入は地層の堆積以前であることを示す。このような地層の時間・空間的分布や累重関係，地質現象との前後関係は，地質図や地質断面図によって表現される（図 11.8）。

各地層の堆積物には堆積時の環境が，そして含まれる化石には堆積年代や環境が記録され，整合・不整合などの地層の累重関係や褶曲・断層などの地質構造には地域の構造運動が記録されている。そのため，これらを明らかにすることにより，地域の年代や古環境，そして地質構造の発達史が復元される。

---

* 岩相とは，粒度組成や鉱物組成，化学組成，堆積構造などの岩石学的特徴によって規定される特定の岩質をさし，砂泥互層のように複数の岩質からなる岩石が 1 つの岩相を構成することもある。

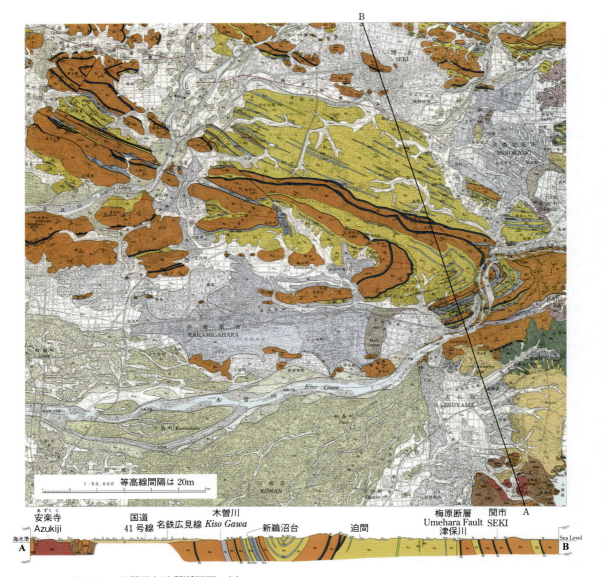

図11.8 地質図と地質断面図の例。
産総研地質調査総合センター発行5万分の1地質図幅「岐阜」(吉田・脇田, 1999 より)。

12 造山運動と変成作用

応用編

> 地球表面のテクトニクスはプレート運動により支配され，沈み込み帯や大陸衝突帯などのプレート境界では造山運動が起こり造山帯が形成される。造山帯にはオフィオライトとよばれる海洋リソスフェアの断片が含まれたり，さまざまなタイプの変成岩が発達する。これらは地球表層で起こる物理化学過程に関する貴重な情報を提供する。

12.1 プレートテクトニクスと造山運動

12.1.1 リソスフェアの生成と沈み込み

　大洋中央海嶺では，部分溶融したアセノスフェアの上昇により**マグマ溜まり**が形成され，活発な火山活動が起こり，玄武岩質の枕状溶岩を海底に噴出させる。一方，中央海嶺深部ではマグマ溜まり内での結晶作用により斑れい岩やかんらん岩質の**集積岩**[*1]が形成される。こうして海洋地殻が形成され，さらに上昇流に含まれるメルトが固化して**リソスフェア**を形成する。海洋地殻と上部マントルからなるリソスフェアは厚さを増しながら側方へ移動し，地球表層を覆う。この地球表層のリソスフェアを**プレート**とよぶ。プレートは最終的に沈み込み帯や大陸衝突帯でマントルの中に沈み込んでいく。このようなプレートの運動は，場所によって厚い堆積物を形成し，それらが変成作用を受けて変成岩が形成され，さらにマグマの発生により多量の火成岩が形成されたりする。その結果，厚い大陸地殻が形成される。このような作用を**造山運動**とよぶ。すなわち造山運動とは，プレートテクトニクスと総称される地球表層のプレート運動の一部である。また造山運動によって形成された地質体を**造山帯**とよぶ。

　プレートが沈み込む場所では，花崗岩マグマの形成と貫入により**島弧地殻**が形成され，活発な火山活動と頻発する地震によって特徴づけられる。日本列島はそのような**島弧−沈み込み帯**（**沈み込み帯型造山運動**または**コルジレラ型造山運動**）の好例である。2つの大陸がプレート運動によってぶつかることで形成される大陸衝突帯では，厚い大陸地殻や高い山脈が形成される（**衝突型造山運動**または**アルプス型造山運動**）。インド亜大陸がユーラシア大陸に衝突して形成されたヒマラヤ山脈がその良い例である。

12.1.2 オフィオライト

　造山帯にはしばしば，**玄武岩**や**斑れい岩**などの塩基性岩と**かんらん岩**などの超塩基性岩からなる複合岩体が産することがある。このような複合岩体は，**オフィオライト**（石渡，1985，1989）とよばれ，海洋リソスフェア（海洋地殻と上部マントルの一部）の断片と考えられている。オフィオライトは**海洋中央海嶺**で形成されたものが，プレートテクトニクスによって造山帯に運ばれ，衝上運動[*2]などに

[*1] マグマ溜まりの中で，マグマから結晶化したかんらん石や輝石など，液相よりも比重の大きい鉱物が沈降することにより，マグマ溜まりの底に集積して形成される岩石。沈積岩ともいう。

[*2] 低角の逆断層を衝上断層といい，衝上断層によって上盤側の地質体が上昇・隆起する現象を衝上運動という。

よって造山帯内部に取り込まれたものと考えられた。しかし，最近では島弧で形成されたオフィオライトが多いと言われている。オフィオライトは特徴的な内部構造（層序）を有しており，それは**オフィオライト層序**とよばれている。典型的なオフィオライト層序は，最下部にかんらん岩，その上位に層状斑れい岩，塊状斑れい岩が順に重なり，さらに層状岩脈群，玄武岩質枕状溶岩が重なって，最上部は深海性堆積物（チャートなど）から構成される。オフィオライトは，海洋リソスフェアの構造を直接観察する機会を与えてくれる重要な岩体であり，また過去のプレート境界に沿って線状に配列することから，プレート運動を解明する重要な手がかりとなる。

12.1.3　大陸衝突帯と超高圧変成作用

1980年頃までは，変成作用の圧力上限は1 GPa程度，すなわち深さ30 km程度と考えられていた。イタリアアルプスとノルウェーからの相次ぐ**コース石**の発見*は，この常識を覆した。コース石は石英（SiO_2）の高圧相で，地球上ではそれまで隕石衝突孔から見つかっていただけであった。コース石の安定領域は深さ100 km程度以深（圧力2.4 GPa程度以上）であり，変成岩からコース石が発見されたことは，地殻物質が地下100 km以深まで潜り込み，再び地表まで上昇してきたことを意味する。通常の沈み込み帯（海洋プレートが大陸や島弧の下に沈み込む場所）では，地殻物質がこのような深部まで沈み込む例はなく，コース石が産する場所は，過去における大陸と大陸の衝突帯であると考えられている。すなわち，プレート運動により，大陸がもう一方の大陸の下に沈み込んだために，地殻物質が深さ100 km以深まで沈み込むという現象が起こったと解釈される。それが再び地表に上昇するメカニズムについてはさまざまな議論があり，定説はない。このような大陸衝突帯の変成岩は上昇時に中圧型の変成作用を重複して受けていることが多く，コース石を生じるような超高圧下での変成作用の特徴はほとんど失われている。そのため以下に述べるように，コース石の産状に注目して，変成作用の性格や上昇時の物理過程の解明が行われている。

コース石は特徴的な産状（図12.1）を示す。それはざくろ石中に包有された小さな結晶（包有物）として産し，周囲は多結晶質石英集合体に変わっている。またこの包有物から周囲のざくろ石中に放射状にクラックが発生している。この組織は次のことを意味する。コース石の安定領域でざくろ石に取り込まれたコース石が，変成岩の上昇過程で減圧により石英へ一部相転移する。相転移に伴う体積増加（コース石が石英に転移するとき，約10 % 体積が増加する）のためにコース

* イタリア Dora Maira とノルウェーから相次いでコース石が発見された後，中国の大別山-蘇魯変成帯からもコース石が発見された。この超高圧変成岩については，京都大学の坂野昇平をリーダーとする中国との共同研究によって大きな成果が挙げられている。榎並正樹，石渡明，平島崇男らの日本人研究者による成果が特筆される。超高圧変成岩に関する楽しい読み物として奥山（2007）がある。

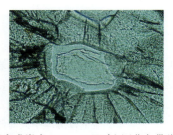

図12.1　超高圧変成岩中のコース石（中国蘇魯帯仰口（スールー帯ヤンコー）のエクロジャイト：写真の横幅0.2 mm　平島崇男氏提供）

石の周囲に大きな応力が発生するが，それをざくろ石が圧力容器の役割をはたして抑え込むため相転移は完全には進行しない．放射状クラックは，上昇の最終段階で相転移に伴う応力に耐え切れずにざくろ石が破壊されたことを意味している．この時点で変成岩は十分に低温になっており，コース石が石英へ相転移するための活性化エネルギーが得られず，コース石が残存したものと考えられる．このようなコース石を含む変成岩は**超高圧変成岩**とよばれ，そのような変成岩を形成する変成作用を**超高圧変成作用**とよぶ．

1990年代になって，さらに衝撃的な発見があった．それは中央アジア・カザフスタン*の変成岩からの**マイクロダイヤモンド**(図12.2)の発見である．

* 1990年にカザフスタンのKokchetav岩体からマイクロダイヤモンドを発見したのは旧ソ連の研究者であったが，その後，早稲田大学の小笠原義秀と東京工業大学丸山茂徳の調査隊によって詳細な調査研究が行われた．その成果は，小笠原 (2009) とその中の引用文献に見ることができる．

図12.2　超高圧変成岩中のマイクロダイヤモンド(カザフスタン・Kokchetav変成帯産；写真の横幅 90 μm，小笠原義秀氏提供)

このマイクロダイヤモンドはざくろ石などの鉱物中に 10 μm 程度の包有物として産する．ダイヤモンドの安定領域はコース石のそれよりさらに圧力が高く，この変成岩の温度条件下では 4 GPa 以上，深さ 140〜150 km に達すると考えられている．このようなマイクロダイヤモンドはその後，ドイツ (Erzgebirge) やノルウェーなどからも発見され，大陸衝突帯ではダイヤモンドの安定領域まで沈み込む場合があることが認識されるようになった．

このようにコース石やマイクロダイヤモンドが変成岩から発見されれば，その変成岩が大陸衝突帯で形成されたことを意味するため，重要なテクトニクス上の知見を与えることになる．そのため世界中でこのような超高圧変成岩の探索と研究が進められている．

> **Column　日本の国石**
>
> ひすい (ひすい輝石岩およびひすい輝石) は 2016 (平成28) 年日本鉱物科学会により日本の国石に指定された．東洋の宝石と呼ばれるひすいには硬玉 (ひすい輝石よりなる岩石：ひすい輝石岩) と軟玉 (トレモラ閃石や蛇紋石からなる岩石) の2種があるが，真正のひすいは硬玉の方である．宝石としての価値だけでなく地質学的にも硬玉の方が圧倒的に重要である．ひすい輝石岩は沈み込み帯の蛇紋岩メランジュに産する．世界的にも20数箇所の産出しかない稀少な岩石である．日本では新潟県青海・小滝のひすい輝石岩が有名でもっとも美しい．その他中国山地の蓮華帯からも産するが，これらはすべて白色である．長崎市の西彼杵変成岩からは緑色のひすいが産するが，粗粒であるため青海・小滝のものほど美しくはない．ヒスイの成因は近年，熱水からの沈殿が主であると言われている．しかし，長崎市のものはひすい輝石の結晶中心部に石英の微粒の包有物があり，アルバイトの分解反応 ($NaAlSi_3O_8$ アルバイト $= NaAlSi_2O_6$ ひすい輝石 $+ SiO_2$ 石英) によって形成されたことがわかる．そのような石英を含むひすい輝石は，石英を含まないものよりも高圧の形成条件を示す．

12.1.4 沈み込み帯と広域変成作用

沈み込み帯では，冷たいプレートが島弧地殻の下に沈み込むため，低温で高圧の条件が実現され，**ひすい輝石**や**藍閃石**（コラム参照）の出現で特徴づけられる低温高圧型変成作用が起こる。また火山弧の直下付近では，比較的高温で低圧の条件が実現され，高温低圧型変成作用が起こる（図12.3）。このようなテクトニックな条件に支配されて広域的に生じる変成作用を**広域変成作用**という。またそのようにして形成された変成岩の分布範囲を**広域変成帯**という。

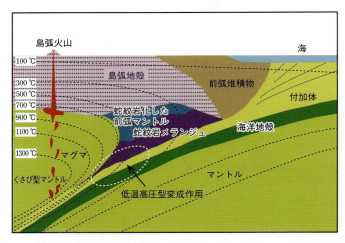

図12.3　沈み込み帯概念図（主としてTsujimori and Ernst, 2014による）

島弧海溝系の沈み込み帯では，プレートの沈み込みにより海洋側に付加体が，島弧側に前弧堆積物が発達する。付加体の堆積物の一部はプレートの沈み込みに伴い，深部に運ばれ，低温高圧型変成作用を受ける。付加体堆積物が脱水分解して水を放出すると，低温部では前弧マントルを蛇紋岩化し，一部は蛇紋岩メランジュとなる。より深部で放出された水は，くさび型マントルのかんらん岩を部分融解しマグマを発生させる。このマグマはくさび型マントル*内を上昇し，島弧地殻の下部にマグマ溜まりを形成する。このマグマ溜まりからマグマが上昇して島弧火山を形成する。

日本では白亜紀の沈み込み帯として形成された低温高圧型の三波川変成帯，同じ時期に火山弧の下で形成された高温低圧型の領家変成帯が有名である。このように同じ時代に島弧・沈み込み帯において圧力型の異なる変成帯が並んで形成されることがあり，それらを**対の変成帯**とよぶ。

* 沈み込み帯において，陸側の近くの下にあるマントルで，地殻と沈み込む海洋プレートにはさまれた部分は，断面がくさび型になるので，くさび型マントルとよばれる。マントルウェッジ，ウェッジマントルともいう。

Column　藍閃石

低温高圧型の変成岩に特徴的に出現する角閃石で，$Na_2Mg_3Al_2Si_8O_{22}(OH)_2$ の化学組成を有する。顕微鏡下で青色から紫色の特徴的な色を示し，肉眼でも青黒色を示す。青色片岩相の名前はこの藍閃石に由来する。青色片岩相は，以前は藍閃石片岩相とよばれていた。エスコラ（P. E. Eskola）によって提唱され，日本の偉大な岩石学者，都城秋穂と坂野昇平によって最終的に確立された変成相である。

12.2 変成作用

12.2.1 広域変成作用

広域変成作用によって形成される岩石は，板状の雲母や緑泥石が平行に配列するため**片理**（片状構造）とよばれる薄く割れやすい性質を示すことが多い。そのような岩石は低温のものは千枚岩とよばれ，高温になるにつれて**結晶片岩，片麻岩**とよばれる。このような片状構造は，強い応力[*1]の作用で形成される。また変成作用の条件（特に温度条件）を変成度という。上の例では，「片麻岩は結晶片岩より変成度が高い」などと表現される。変成度が低い岩石では，破壊を伴う脆性変形[*2]により，割れ目が形成され，それを鉱物が沈殿して埋めた脈（図12.4）が発達することが多い。

一方，変成度が高い岩石では，破壊を伴わない延性変形が起こり，流れ褶曲（片理が曲げられてできる変形構造：図12.5）などが見られる。

変成作用の温度が上昇すると，地殻の岩石が部分溶融して花崗岩質のメルトを形成することがある。これは水が存在すると岩石の融点が下がるために起こる現象である。形成された花崗岩質メルトは，その場で再び固化したり，周囲の岩石中に浸透して固化したりして，**ミグマタイト**とよばれる不均質な岩石を形成する。

[*1] 物体内部に仮想的な面を考えたときに，その面にはたらく内部力。面に垂直な成分を垂直応力（法線応力），平行な成分を剪断応力（接線応力）という。

[*2] 物体に外力を加えたときに，弾性変形のみで永久変形を伴わずに破壊に至る現象を脆性破壊といい，脆性破壊を伴う変形を脆性変形という。岩石は比較的低温低圧下では脆性変形を，高温高圧下では延性変形（大きな永久変形を伴う変形様式）を示すのが一般的である。

図12.4　変成岩の脆性破壊によって生じた割れ目を埋める鉱物脈（長崎市脇岬町）

図12.5　高温の変成岩に見られる褶曲（長崎市三京町）

12.2.2 接触変成作用

　高温のマグマが，堆積岩などに貫入すると，その接触部が局所的に熱せられて変成岩が形成される場合がある。このような変成岩を**接触変成岩**とよぶ。接触変成岩の産出範囲は貫入岩体の周辺に限られ，変成作用の継続時間は広域変成作用のそれに比べると短い。そのため，接触変成作用によって形成される岩石は，広域変成岩より細粒で緻密であることが多い。そのような岩石をとくに**ホルンフェルス**とよぶ。石灰岩にマグマが貫入すると，物質移動を伴う化学反応（交代作用）によって**スカルン**とよばれる特異な石灰珪質岩（ざくろ石，珪灰石，透輝石などで特徴づけられる）が形成される。スカルンに伴って熱水の作用による鉄，銅，鉛，亜鉛などの金属鉱床の形成が見られることもある。

12.2.3 変成相

　変成作用はさまざまな温度圧力条件下で起こるが，その温度圧力条件（**変成度**）をある程度分類できれば，議論が容易になる。その目的のために考え出されたのが**変成相**の概念である。変成相とは，ある特定の全岩化学組成の岩石を考えたとき，特徴的な鉱物組合せの出現によって限定される温度圧力の範囲と定義することができる。この概念の起源は 1911 年に地球化学者ゴールドシュミット（V. M. Goldschmidt）が，変成岩の中で化学平衡が成立していることを見出したことにある。岩石の中で化学平衡が成立しているとは，途方もないことのように思われるかもしれない。しかし，ゴールドシュミットは，変成岩の全岩化学組成と鉱物組合せの間に規則的な関係が存在することを見出し，岩石の中での化学平衡の成立を主張したのであった。これは変成岩が物理化学の解析対象となりうることを示した画期的な発見であり，岩石学が博物学から物理化学的岩石学へと脱皮する転機を与えたのである。続いて変成相の明確な概念を打ち出したのはフィンラン

Column　かんらん岩・蛇紋岩・蛇紋岩メランジュ

　マントルを構成するのはかんらん岩とよばれる岩石で，かんらん岩はかんらん石を主体とし，直方輝石，単斜輝石などからなる。副成分鉱物として低圧（25 km 以浅）では斜長石が，中圧（25～50 km）ではスピネルが，そして高圧ではさくろ石（50 km 以深）が含まれる。マントルの岩石を直接採取することは不可能だが，マントルを構成していたかんらん岩はオフィオライトとして造山帯に露出していたり，玄武岩マグマに取り込まれたマントル捕獲岩として産する。日本のオフィオライトとしては，近畿地方の夜久野オフィオライト，北海道の幌加内オフィオライトや幌尻オフィオライトなどが有名である（石渡，1989）。またマントル捕獲岩は佐賀県唐津市高島が有名な産地である。

　かんらん岩が熱水変質作用を受けると**蛇紋岩**とよばれる岩石に変わる。広域変成帯に産するかんらん岩やオフィオライトの断片はかなりの程度蛇紋岩化していることが多い。蛇紋岩はせん断変形を受けやすい岩石で，とりわけ低温高圧型変成帯では周囲の異質な岩石をブロック状に取り込んだ蛇紋岩体が発達することがあり，**蛇紋岩メランジュ***とよばれる。蛇紋岩メランジュは周囲の岩石よりも高変成度の岩石を含んでいたり，ひすい輝石岩のような特異な交代岩（物質移動を伴う化学反応によって形成された岩石）をブロック（構造岩塊）として含むことで，沈み込み帯の変成作用と物質移動・化学反応を解明する手がかりとなるため注目される。

---

*　混在岩の意味で，細粒の基質中にさまざまな大きさと種類の礫・岩塊を含む地質体で地質図に表現できる大きさのもの。付加体に見られる堆積性メランジュ，沈み込み帯の岩石に見られる構造性メランジュ，などがある。とくに蛇紋岩に伴い，蛇紋岩質物質を基質とするものを蛇紋岩メランジュという。メランジェ，メランジとも表記する。

ドの岩石学者エスコラ（P. E. Eskola）であった。彼は1908年から1914年にかけて，ゴールドシュミットが研究したのとは異なる地域の変成岩を研究し，ゴールドシュミットの主張通り，岩石の全岩化学組成と鉱物組合せの間に規則正しい関係が成立することを追認した。しかし，鉱物組合せの種類はゴールドシュミットの研究地域のものとは異なっていた。エスコラは，この違いは温度圧力条件の違いによるものであると考え，変成相の提唱に至ったのである。

現在では，主として温度圧力条件の変化に敏感な変成塩基性岩（メタベイサイト）の鉱物組合せに基づき，図12.6に示すような変成相（代表的なもののみを示す）が提唱されている。この中で特に重要なのは，ひすい輝石＋石英，藍閃石の出現で特徴づけられる**青色片岩相**，ざくろ石（Mgに富むもの）＋オンファス輝石の**エクロジャイト相**，角閃石＋斜長石の組合せの**角閃岩相**，単斜輝石＋直方輝石の組み合わせで特徴づけられる**グラニュライト相**などである。青色片岩相とエクロジャイト相は沈み込み帯に特徴的で，角閃岩相とグラニュライト相は大陸地殻の高温低圧型変成岩に特徴的である。沈み込み帯では冷たいプレートが沈み込むため，低温高圧の条件が実現されるのに対し，大陸地殻や島弧下では，マグマの発生と移動に伴い，高温低圧の条件が実現されやすい。

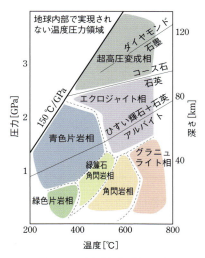

図 12.6　主要な変成相区分

12.2.4　変成分帯と変成相系列

ある地質体が変成作用を受けると，場所により異なる温度圧力条件に置かれ，さまざまな条件（変成相）を示す変成岩が形成される。どのような変成相の岩石が形成されるかは，テクトニック・セッティング（構造場）に依存し，とくに地温勾配（地下増温率）に支配される。ある地質体の変成岩を特徴的な鉱物（または鉱物組合せ）の出現消滅によって，変成条件の異なるいくつかの部分に分けることを**変成分帯**という。またその境界線のことを**アイソグラッド**という。アイソグラッドとは，変成条件が同じであることを意味する。アイソグラッドによって区分された変成条件の異なる部分は，それぞれ異なる変成相（または同じ変成相の低

温部と高温部)に属する。変成帯内部では，その場所の地温勾配に応じて温度と圧力が変化するのに伴い，一連の変成相の組合せが生まれる。このような考えから生まれたのが**変成相系列**という概念であり，変成岩に普遍的に産する Al_2SiO_5 鉱物の多形(藍晶石，紅柱石，珪線石)の相関係と，曹長石の分解反応(曹長石＝ひすい輝石＋石英)を利用して，3つの主たる変成相系列が提唱された(図12.7)。もっとも地温勾配が低い沈み込み帯では，藍閃石やひすい輝石＋石英(図12.8)が形成されるひすい輝石-藍閃石型，島弧下部や大陸地殻下部の高温変成帯では，藍晶石から珪線石が形成される藍晶石-珪線石型，接触変成帯では紅柱石から珪線石が形成される紅柱石-珪線石型の変成相系列が実現される。それらの中間のものは，高圧中間群，低圧中間群とよばれる。変成相系列の概念は，変成岩の形成条件をテクトニック・セッティングに結びつけた点で重要である。

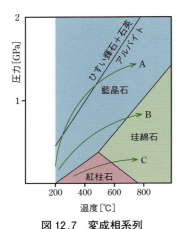

A：ひすい輝石-藍閃石型，B：藍晶石-珪線石型，C：紅柱石-珪線石型。AとBの中間領域は高圧中間群，BとCの中間領域は低圧中間群とよばれる。Aは典型的な沈み込み帯に見られ，Bは大陸の変成帯に多く見られる変成相系列である。Cは島弧の高温低圧型変成帯や接触変成岩などに見られる。

図12.7 変成相系列

図12.8 石英を含むひすい輝石岩(長崎市)

12.3 まとめ

変成作用の性格はテクトニックセッティングと密接に関係しており，変成岩がどのような条件で形成されたかを解明することで，過去のテクトニクスや造山運動を読み解くことができる。とくに大陸衝突帯の証拠となる**超高圧変成岩**は，過去のプレート運動や大陸の形成過程を知るうえで重要な知見を与えるため，近年とくに注目されている。

> **Column　Al_2SiO_5 鉱物と多形**
>
> 紅柱石，藍晶石，珪線石の3つの鉱物はいずれも Al_2SiO_5 という同じ化学組成を有し，結晶構造が異なる。このような関係を多形(または同質異像)という。これらの鉱物は変成岩(とくに Al_2O_3 に富む泥質変成岩)によく産し，それぞれ安定領域が異なるため，変成度の指標として重要である。たとえば，もし3つの鉱物すべてが含まれる岩石が発見されたなら，その生成条件は約 400 MPa，500 °C と推定される。

> 応用編

13　日本列島の形成と進化

> 太平洋と東アジア大陸の接合部に位置する日本列島は，プレートどうしがぶつかり合う変動帯に属している[*1]。海洋プレートの沈み込みに伴う付加作用や高圧変成作用により形成された日本列島の付加型造山帯には，約5億年前から現在にいたるまでの長い歴史が記録されている。この章では，世界有数の変動帯研究フィールドである日本列島の形成と進化について解説する。

[*1] 変動帯には，プレートとプレートの拡大境界，すれちがい境界，収束境界（日本列島がこれにあたる）がある。基礎編10.3節参照。

13.1　日本列島の位置

　日本列島は，アジア東縁の4つのプレートがあつまる境界部に位置している（図13.1）。日本列島の陸地の大部分は，世界最大の大陸「ユーラシア」を含む**ユーラシアプレート**と，北米大陸を含む**北アメリカプレート**上に存在する[*2]。また日本列島の太平洋側には，これら2つの大陸プレートの下に**太平洋プレート**と**フィリピン海プレート**の2つの海洋プレートが沈み込んでいる。

　日本列島の太平洋側では，大陸プレートの下に重い海洋プレートが沈み込むことにより，その境界部には海溝やトラフが形成される。太平洋プレートは，年間約10 cmで西へ移動しており，日本海溝から伊豆－小笠原海溝にかけて斜めに沈み込む。フィリピン海プレートは，北西に3～5 cmの速さで移動しており，南海トラフから南西諸島海溝において沈み込んでいる。房総半島の東方沖には，世界唯一の海溝－海溝－海溝型**三重会合点**が存在する（図13.2）。

[*2] ユーラシアプレートと北アメリカプレートの境界の位置については諸説あるが，日本海の東縁に位置すると考えられている。

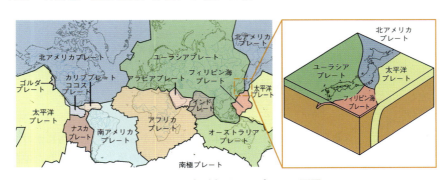

図13.1　日本列島周辺のプレート配置

　日本列島には，大陸プレートの下に沈み込む海洋プレートにより**島弧-海溝系**特有の地質・地形がつくられている。沈み込む海洋プレートが深部に達すると，海洋プレート上の岩石や堆積物が脱水し，プレート境界上の岩石の融点を下げる。このことで部分溶融が起こり，溶けてできたマグマは上昇し一部は火山を形成するが，ほとんどのマグマは地表まで到達せず大陸地殻を厚くする。日本列島の土台は，このようにしてできた主に花崗岩質の深成岩からなり，列島中央部における大陸地殻の厚さは30～40 kmとされている。

13.2 日本列島の地帯構造区分

日本列島の表層は，さまざまな堆積岩類や火山岩類で覆われているが，その下には**基盤岩**とよばれる岩石が存在する。図13.2は，日本列島を構成する基盤岩の年代や構成岩石の種類に基づいて区分された，主要な地質体の分布を表したものである。

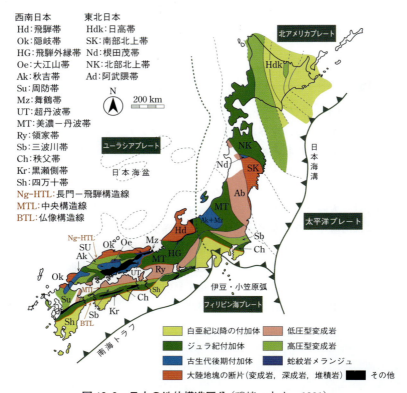

図13.2 日本の地体構造区分（磯崎・丸山, 1991）

日本列島を構成する地質体は，北海道から本州東北地方にかけてほぼ南北方向に帯状配列する。この帯状配列は，新生代の後半に形成された中部日本の**フォッサマグナ**とよばれる地溝帯を経て，本州の東海から北陸地方以西では，東西方向に帯状配列する*。

各地質体の境界は，基本的に断層である。主要断層は，構造線や構造帯とよばれており，代表的なものとして飛騨帯の南限をなす**長門－飛騨構造帯**や，秩父帯と四万十帯の境界をなす**仏像構造線**などがある。また近畿地方や四国には，領家帯と三波川帯を境する**中央構造線**が東西に横断しており，これより日本海側を西南日本内帯，太平洋側を西南日本外帯とよぶ。

日本列島の基盤岩は主に2つのグループに分けられる。一つは，もともと中国大陸（南・北中国地塊）東縁をなしていた大陸由来の岩石であり，飛騨山脈（飛騨

＊ フォッサマグナの西縁は，糸魚川-静岡構造線，東縁は新発田-小出構造線と柏崎-銚子構造線と考えられている。地質学的にはフォッサマグナより西を西南日本，東を東北日本とよぶ。

帯）や北上山地（南部北上帯）の一部にそれらが残される。もう一つは，過去の**付加体**[*1]やその変成岩，さらにそれらの地質体に貫入した花崗岩類から構成される。日本列島の地表面積の大部分は，主に後者の岩石で占められており，これらは一般に日本海側に古い岩石，太平洋側に新しい岩石が分布することが知られている。つまり日本列島は，中国大陸縁のごく一部と，この大陸縁の下に沈み込んだ海洋プレートの作用により形成された地質体（付加体，変成岩，花崗岩類）から構成されている。

[*1] 海洋プレートが沈み込む際，海洋地殻上の表層堆積物は，海溝にたまった土砂とともに陸側のプレートに押し付けられ，沈み込むことなく陸側にはぎ取られる（図13.8参照）。このようにして陸側のプレートにはぎ取られた地質体を付加体とよぶ。応用編14.5節も参照。

13.3 日本列島の始まり

　日本列島の土台は，主に中生代以降の海洋プレートの沈み込みにより生産された花崗岩類が大半を占め，過去の付加体やその変成部は，その上に薄く残存しているにすぎない。しかし日本の陸上に露出する付加体や変成岩には，プレート収束域における長い日本列島の形成史が内包されている。

　まずは図13.2のうち，最も大陸側（日本海側）に分布する**飛騨帯**や**隠岐帯**に注目しよう。これらの地質体は，主に泥質・砂質・石灰質片麻岩とこれらに貫入した花崗岩類から構成される。片麻岩に含まれる砕屑性ジルコン年代[*2]の測定から，これら原岩の年代は34～17億年に及ぶことが明らかにされており，片麻岩の原岩となる堆積岩の起源物質としては，原生代から中期太古代の大陸地塊が示唆される[*3]。

　飛騨帯や隠岐帯の片麻岩は，約3～2億年前の変成年代をもち，南・北中国地塊[*4]のゴンドワナ大陸[*5]からの分裂や，両中国地塊の衝突に伴う変成作用を示していると考えられる。

　東北地方中央部には，**南部北上帯**とよばれるシルル紀～デボン紀の花崗岩類を含む古生代から中生代の陸棚堆積岩類が広く分布する[*6]。南部北上帯から報告されている古生代の大型化石群集は，南中国地塊の化石群集との共通性が高い。そのためこれらの堆積岩は，南中国地塊縁辺で堆積したものと考えられる。

[*2] 応用編3.7節を参照。

[*3] 砕屑性ジルコン年代（34～17 Ma）は北中国地塊の基盤岩の年代とよく一致することから，飛騨帯や隠岐帯は北中国地塊に属すると考えられている。

[*4] 南・北中国地塊は，古生代以前の時代には南半球でゴンドワナ大陸の一部をなしていた。ゴンドワナ大陸や南・北中国地塊の古地理に関しては，プレートテクトニクスと古地理に関する総合サイトGPlates（https://www.gplates.org）を参考に調べてみよう。

[*5] 古生代から中世代にかけて，南半球に広がっていたと考えられる大陸をゴンドワナ大陸とよぶ。

13.4 付加型造山帯の形成開始

　飛騨帯や隠岐帯はすべて大陸地塊由来の物質により構成されるのに対して，それより構造的下位側（太平洋側）に分布する地質体の多くは，海洋プレートの沈み込み付加に由来する海洋地殻物質を含む。日本における大陸縁の地質体と付加体の初生的な境界は確認されていないが，西南日本の**大江山帯**には，オルドビス紀（4.8～4億年）の高圧変成岩（角閃岩）やオフィオライトが，蛇紋岩メランジュ中のブロックとして産することが知られており，これらの原岩は古太平洋の海洋プレートの沈み込みによる付加体に起源をもつと考えられている。大江山帯のオフィオライトは，古生代前期以前に形成された海洋底マントルの断片と考えられており，環太平洋造山帯において最古のオフィオライトのひとつとして知られている[*7]。

[*6] 日本のほとんどの地質単元が付加体や変成岩体，花崗岩体から構成されるのに対し，南部北上帯は陸棚堆積岩類を主体とする点で他の地質体とは異なる。

[*7] オフィオライトや蛇紋岩メランジュについては，基礎編9章と応用編12章を参照。

13.5 古生代付加体の形成

オルドビス紀頃に始まったと考えられる海洋プレートの沈み込みは，その後も断続的に引き続いたと考えられる．石炭紀からペルム紀にかけての沈み込みと付加作用により形成されたと考えられる，約3.5～2.8億年の年代をもつ高圧変成岩（**蓮華変成岩**とよばれる）は，数km程度の小規模な分布として限られているものの，中部日本の**飛騨外縁帯**や四国の**黒瀬川帯**など，本州，四国，九州の各地で報告されている．このことから，この時代の海洋プレートの沈み込みに関連して形成された高圧変成帯は，現在は削剥されてしまったが，かつて日本列島の広範囲に分布した可能性がある[*1]．

古生代ペルム紀に形成された付加体としては，**秋吉帯**（後期ペルム紀）や**超丹波帯**（中期～後期ペルム紀，一部三畳紀を含む）が知られている．超丹波帯の構造的上位[*2]には，古生代後期の島弧の衝突により形成された**舞鶴帯**が分布する．東北日本では，最近になって宮守－早池峰の構造的下位に，**根田茂帯**とよばれる石炭紀－ペルム紀付加体の存在が明らかになった．同時代の付加体は，西南日本からは知られていない．

これら古生代付加体の中で，中部地方に広く分布する秋吉帯には，付加以前の海洋プレート上で形成された海洋性岩石（チャート，石灰岩，玄武岩など）が，海溝充填堆積物（砂岩，泥岩）中の大規模な異地性岩塊として含まれる．秋吉帯を構成する海洋性岩石は，前期石炭紀から後期ペルム紀にかけて海山およびその周辺の深海底で堆積したものであり，この海山が衝突・付加することで秋吉帯は形成された．秋吉帯の石灰岩の研究からは，海山が海溝に到達する直前に大規模な山体崩壊を起こしたことが明らかにされており，この崩壊が秋吉帯に広く分布する破砕石灰岩や石灰角礫岩を形成した（図13.3）．また秋吉帯の石灰岩は，超海洋

[*1] 古生代の高圧変成岩については，辻森（2010）に詳しく解説されている．

[*2] 2つの地質体の境界が傾斜した断層である場合，断層に対して上盤側を構造的上位，下盤側を構造的下位とよぶ．

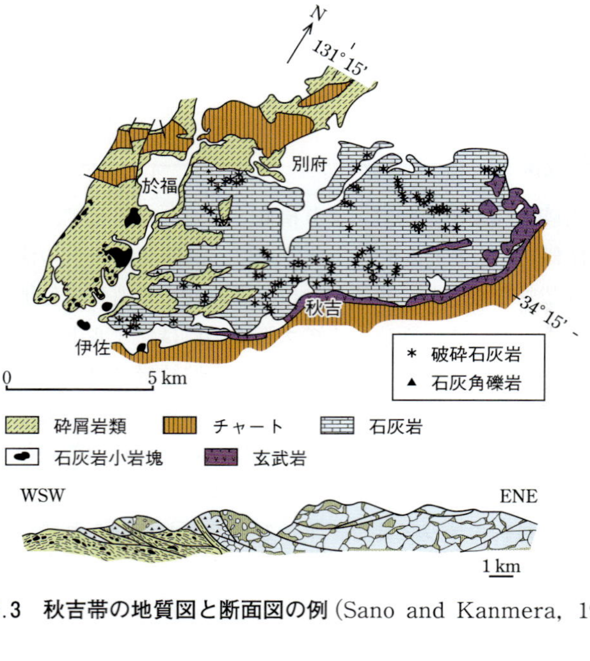

図13.3 秋吉帯の地質図と断面図の例（Sano and Kanmera, 1991）

13.6 中生代付加体の形成

パンサラサ海[*1]の海山頂部で堆積した記録をもち，石炭紀〜ペルム紀の海水準変動や全球的な寒冷化イベントなどを記録している。

13.6　中生代付加体の形成

　中生代に形成された付加体は，日本列島全域に広く分布する。中生代付加体のうち最も古いものは，西南日本の**周防（変成）帯**である[*2]。周防帯は，約 2.4 億年の変成年代をもつ高圧型変成岩から構成され，石灰岩や塩基性岩類，まれにチャートなどの海洋性岩石を含む。変成年代から三畳紀前半に形成された付加体と考えられているが，分布域の東部ではジュラ紀の放散虫化石や三畳紀のコノドントがチャート中から報告されており，一部は**美濃-丹波帯**の高圧変成部である可能性も指摘されている。

　ジュラ紀付加体である西南日本の美濃-丹波帯や**秩父帯**，東北日本の**北部北上帯**，北海道の**渡島帯**は，1970 年代に始まった放散虫化石を用いた年代決定法により，日本の付加体の中でもとりわけ詳しく研究されてきた[*3]。主に放散虫化石年代に基づいて，これらの付加体には，沈み込む海洋プレート上で形成された堆積物の初生的な層序（これを**海洋プレート層序**という）が残されていることが明らかになった（図 13.4）。美濃帯の代表的研究地域である愛知県犬山地域では，チャートとその上位に累重する砕屑岩類から構成された海洋プレート層序が，衝上断層により繰り返す**覆瓦構造**[*4]がみられる（図 13.5）。このような地質構造は，日本列島のジュラ紀付加体全般に共通してみられる特徴である。

　美濃-丹波帯の構造的下位に分布する**領家帯**は，白亜紀花崗岩とそれにより接触変成作用を被った高温低圧型の変成岩からなる。中部日本では美濃-丹波帯が変成作用を受けたものであることがわかっているが，中国地方から九州にかけては，美濃-丹波帯より構造的上位の付加体（秋吉帯など）が，変成岩の原岩として含まれる。

[*1]　古生代ペルム紀から中生代三畳紀にかけて存在したパンゲア大陸を取り囲んで広がった海洋をパンサラサ海とよぶ。

[*2]　以前は古生代の高圧変成岩（大江山帯）とともに三郡帯とよばれていた。沖縄県石垣島まで，周防帯の高圧変成岩は追跡される。

[*3]　その後，K-Ar 法による付加体の弱変成年代や砕屑性ジルコンの年代測定により，さらに詳しい付加体の形成年代や後背地の解析が可能となっている。

[*4]　一連の地層が同一方向に傾斜する衝上断層群により，屋根瓦を斜めに積み重ねたように繰り返す構造を覆瓦構造とよぶ。

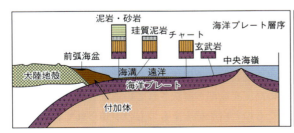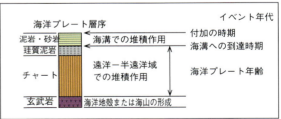

図 13.4　海洋プレート層序の形成モデル（中江，2000）

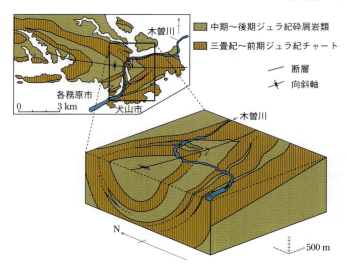

図13.5 美濃帯の地質図と断面図の例(Matsuda and Isozaki, 1991)

＊1 四万十帯は付加年代に基づいて，後期白亜紀の北帯と古第三紀以降の南帯に分けられる．

＊2 このような地質構造と年代の特徴に基づいて，日本では勘米良(1976)がはじめて付加体形成にかかわる太平洋型造構モデルを提唱した．

＊3 上限と下限を衝上断層に挟まれた領域で(それぞれルーフ衝上断層，フロア衝上断層とよぶ)，それに対して低角な衝上断層により，ある一連の地層が覆瓦構造を形成したもの．

＊4 沈み込むプレートが沈み込まれる側のプレートを削り込み侵食する作用のこと．侵食された物質は，沈み込むプレートと共に地球内部へもち去られる．造構性侵食作用の例として日本海溝やチリ海溝が，付加作用の代表例として南海トラフが知られている．

　後期白亜紀以降は，関東山地から琉球列島まで連続的に分布する**四万十帯**の付加体が形成された[*1]．北海道には，四万十体の北方延長と考えられる**日高帯**が分布する．四万十帯は，全体として陸側(日本海－東シナ海側)に傾斜した衝上岩体の集積体であり，これらの岩体は海側(太平洋側)に向かって時代が若くなる傾向がある[*2]．四万十帯は，主に海溝充填堆積物である砂岩・泥岩から構成され，まれにこれらの岩石とともに玄武岩やチャートなどの海洋性岩石が混在化したメランジュ相から構成される．メランジュ相は海洋地殻上部を構成していた玄武岩やチャートが底付け付加により形成されたものであり，**デュープレックス**[*3]とよばれる特徴的な地質構造がみられる(図13.6)．

　以上の中生代付加体には，太平洋側へと向かう連続的な付加作用が記録されているわけではなく，ある時期には造構性侵食作用[*4]が優勢であったと考えられる．たとえば**秩父帯**の南縁部(三宝山帯とよぶこともある)は，後期ジュラ紀から白亜紀最前期に形成された付加体であるが，仏像構造線を挟んで南側に分布する四万十帯(北帯)は，後期白亜紀に形成されたものである．両付加体の間には白亜紀前期の付加体が欠如しており，これは造構性侵食作用がこの時期優勢であったためと考えられている．

　白亜紀の変成年代をもつ高圧変成岩が**三波川帯**に知られており，これは四万十帯に代表される白亜紀付加体の高圧変成部と解釈されている．三波川帯の変成年代は，白亜紀中頃に形成されたものと白亜紀末をもつものが知られており，これら2つの年代を持つ変成岩体の分布域は，最近になって明瞭に識別されるようになってきた．これらの原岩は，それぞれ秩父帯と四万十帯の付加体に起源を持つと考えられており，三波川変成帯，四万十変成帯と区別してよぶこともある．

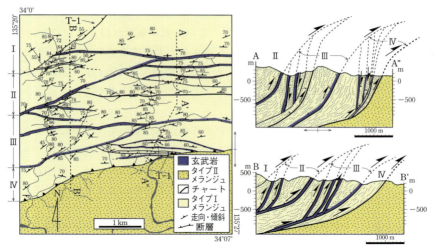

図 13.6 四万十帯の地質図と断面図の例
(Hashimoto and Kimura, 1999)

13.7 新生代の日本列島

　古第三紀の後期頃(漸新世)まで日本列島はユーラシア大陸の縁辺にあったが，その後日本海が拡大したことで，現在のような弧状列島が形成された。日本海の拡大は2500-2000万年前頃に始まったと考えられているが，その開裂テクトニクスについては，海洋底の地磁気縞から復元される南北展張モデルと，陸上の古地磁気データに基づく観音開きモデルが提案されている(図13.7)。また新第三紀鮮新世(500-300万年前)には沖縄トラフが拡大し，琉球弧が大陸から分裂した。

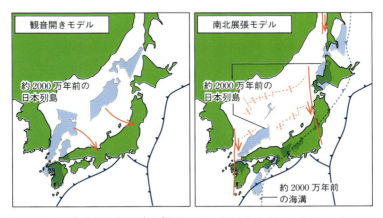

図 13.7　日本海の拡大モデル(柳井ほか, 2010 および Otofuji and Matsuda, 1984, 1987 を参照)

　日本海の展張後も，太平洋側での付加体形成は引き続き起こった。西南日本の沖合では，南海トラフで連続的に形成された付加体が，人工地震反射法により示されている(図13.8)。
　中新世(約1500万年前)には，フィリピン海プレートへの太平洋プレートの沈

*1 伊豆島弧以前に衝突した島弧をプロト伊豆島弧という。

*2 フォッサマグナの形成については日本海拡大との関連性が指摘されている。

み込みにより形成された島弧が，現在の伊豆付近に次々と衝突し，本州弧の帯状構造が大きく屈曲した*1。この島弧の衝突は現在までに5回起こったことが知られており，かつては本州中央部の大地溝帯であるフォッサマグナ形成との関連性が指摘されてきた。しかし島弧の衝突は1500万年前頃に始まっており，フォッサマグナの形成時期（約2000万年前以降）まで遡ることはないといった問題もある*2。

日本列島は新第三紀の終わり頃から，強い東西圧縮により山地の隆起が起こった。この時期に，北海道の日高山脈，東北地方の奥羽山脈，中部日本の明石山脈などが特に著しく隆起した。隆起の原因については，太平洋プレートの沈み込み速度の上昇や，沈み込み位置の西への移動による圧縮などが考えられている。

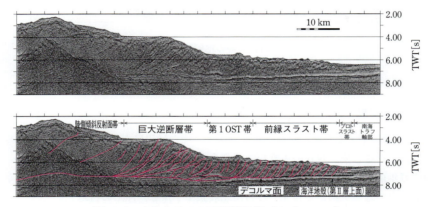

図13.8 南海トラフの反射断面（倉本ほか，2001）

> 応用編

14 海洋底の構造

> 地球の表面の約 2/3 は海に覆われている。海洋底はただ広いだけでなく，プレートの生産やせめぎあい（沈み込み）が起こる活動的な領域でもある。海洋底で起こっている現象を理解することなしに地球のダイナミックな姿を考えることはできない。本章では，海洋底に見られるさまざまな地形・構造の特徴やそこで起こる現象を，プレートテクトニクスと関連づけながら解説していく。

14.1 海洋底の地形の特徴

　地球は陸と海で構成されている[*1]。地球の高度（水深）分布を調べると，大部分の陸は高度 0〜1,000 m にあり，大部分の海は水深 4,000〜5,000 m にある。陸を構成する大陸地殻は安山岩質であるのに対して，海を構成する海洋地殻は玄武岩質である。この違いを反映して，大陸地殻は海洋地殻に比べて密度が低い。陸の平均高度と海の平均水深の差は，両者の密度の違いと地球全体のアイソスタシーの成立を反映している。

　海洋底の大地形は，基本的には地球のプレートテクトニクスの活動を強く反映している（図 14.1, 14.2）。プレートどうしが離れていくプレート拡大域では，そのすき間を埋めて海洋地殻が形成され新しいプレートが生産される。プレート拡大域を代表する地形は**中央海嶺**とよばれる長大な山脈であり，その平均水深は 2,500 m ほどである。中央海嶺は全地球上に延びており，その総延長は 67,000 km に及んでいる。プレートどうしがぶつかる収束域では，プレートの衝突や沈み込みが起こる。一方の海洋プレートが他方のプレートの下に沈みこむ場合には，水深が 6,000 m より深い**海溝**という地形ができる[*2]。全地球での沈み込み型プレート境界の総延長は 50,000 km に及んでいる。プレート拡大域やプレート収束域といったプレート境界にない海洋底には，水深 4,000〜5,000 m の平坦

*1 大陸棚とよばれる水深 100〜200 m の浅海域は，かつて陸地であった海域であり，大陸地殻から構成されている。その意味で，本章で議論する海洋底とは異なっている。

*2 地球上で最も深い場所であるマリアナ海溝チャレンジャー海淵の水深は 10,920 ± 10 m である。

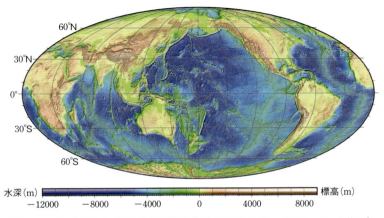

図 14.1 海底を含む全地球の地形図（ETOPO1 のデータに基づいて作図）

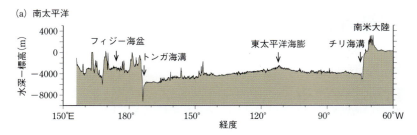
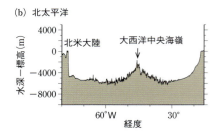

図 14.2 (a)南太平洋と(b)北大西洋を横断する地形断面図（ETOPO1 のデータに基づいて作図）

な地形が広がっている．これが**深海平原**で，全海底のおおよそ 3 割を占めている．

14.2 海洋底を構成する物質

＊ 中央海嶺の玄武岩は，どの海域でもほぼ同じ部分溶融のプロセスを経て生じるため，互いに似た化学組成を示す．そこで，このタイプの玄武岩を MORB（mid-ocean ridge basalt）と略してよぶ．

　海洋地殻を構成する火山岩は玄武岩である＊．中央海嶺の玄武岩質マグマは，上部マントルを構成するかんらん岩の部分溶融によって発生する．海底で噴出した玄武岩は，表面が急冷されて枕状溶岩の形状になることが多いが，溶岩噴出率が高い場合は板状に玄武岩が広がる形状も観察される．また玄武岩が揮発性物質を多く含む場合には，海底で冷却する際に破裂して水中破砕岩となる場合がある．海底掘削などにより海底下から採取された玄武岩には板状岩脈が厚く分布していることも確認されている．一方，海洋地殻の下部を構成するのは，マグマが比較的ゆっくり冷却してできた斑れい岩であると考えられている．

　海洋底の表面は，堆積物あるいは堆積物が固化した堆積岩で覆われている．**海底堆積物**を構成する主な物質は，陸起源の砕屑物（陸源物質），プランクトンや微生物の遺骸（生物起源物質），海水から析出する無機物質（水成起源物質）などがあり，この他に火山灰や軽石などの火山性起源物質や宇宙起源物質も見られる．

　陸に近い水深 200 m 未満の浅海域では，陸上での風化・侵食などによってできた岩片，砂，粘土が河川などによって海に運搬された陸源物質が堆積物の大部分を占める．陸から遠く離れた外洋の堆積物にも，陸源物質は風送によって運搬されたシルトや粘土として見出される．こうした陸源堆積物を代表するのは，赤粘土（red clay）とよばれる堆積物（褐色粘土ともよばれる）で，主に風化作用や続成作用でできた粘土鉱物から構成されている．

　生物生産性が高い外洋では生物起源物質の寄与が大きく，その占める割合が概ね 30 % を越える海底堆積物は**軟泥**（ooze）とよばれる．生物起源堆積物には，浮遊性有孔虫，円石藻，翼足類などの石灰質の殻をもった生物の遺骸からなる石灰

質堆積物と，珪藻や放散虫のような珪質の殻をもった生物の遺骸からなる珪質堆積物がある[*1]。石灰質の殻は海水中では必ずしも安定ではなく，圧力が高くなると溶解してしまう。海水への溶解が堆積速度よりまさる水深を**炭酸塩補償深度**（CCD：carbonate compensation depth）とよび，これより深い海洋底には石灰質堆積物を見出すことができない[*2]。

海水中あるいは海洋底表面付近における化学反応によって，海水中に溶存していた物質から鉱物が生じることがあり，こうした物質が堆積したものが水成堆積物である。堆積速度が遅い海洋底で観察される鉄・マンガン酸化物の被覆で覆われた球状の形状をもつマンガン団塊（マンガンノジュール）は，水成堆積物の代表である[*3]。海山の斜面を覆っているマンガンクラスト（コバルトリッチクラスト）もよく知られている。

[*1] 石灰質堆積物が固化すると遠洋性石灰岩が，珪質堆積物が続成作用を経て固化するとチャートが形成される。

[*2] 炭酸塩補償深度（CCD）は，生物生産量や底層流の水質によって変化する。太平洋の一般的なCCDは4,000～5,000 mほどで，大西洋では5,000～5,500 mほどである。

14.3 プレート拡大域の海洋底

プレート拡大域の海洋底の構造は，プレート拡大速度の大小によって異なる特徴を示す[*4]（図14.2，14.3）。太平洋の中央海嶺は拡大速度が大きい海嶺であり，海洋地殻を大量に形成するためにマグマの発生が頻繁に起こっている。これを反映して海嶺軸部はゆるやかな高まり地形となっており，東太平洋海膨のように**海膨**（rise）という名称でよばれることもある。海嶺の斜面には，プレートのひっぱりに伴う正断層群が海嶺軸に平行に発達し，階段状に下がって行く地形となっている。また断層が深くまで達しておらず，海嶺の裾野域も長くなだらかである。大西洋中央海嶺は拡大速度が小さい海嶺の代表であり，海嶺の頂部に幅10～30 kmの谷地形（中軸谷）の発達が見られるのが特徴である。中軸谷を含め海嶺軸と平行に発達する正断層系の発達が著しく，海嶺の裾野域も比較的狭い。

[*3] 浅海域での堆積速度は，河口付近では1,000年あたり数m，大陸棚では1,000年あたり数10 cm程度である。これに対して遠洋性堆積物の堆積速度は，多くの場合1,000年あたり1 cmに満たない。また水成堆積物であるマンガン団塊の成長速度は，100万年あたり数mmとさらに遅い。

[*4] プレート拡大速度は，2つのプレート間の距離が大きくなる速度である両側拡大速度であらわすのが一般的である。

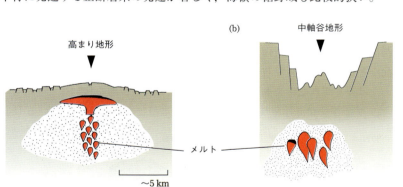

図14.3 中央海嶺の海底地形の模式図 (a)高速拡大軸，(b)低速拡大軸
（Macdonald，2001より作図）

中央海嶺の構造の多くはプレート境界に平行に発達するものであるが，プレート境界そのものは数100 kmのオーダーで断片化している。こうしたプレート境界のジグザグは，海嶺軸とプレート運動方向に平行に発達する**トランスフォーム断層**の組合せによって構成されている。トランスフォーム断層は異なるプレートが横ずれ運動を伴って接する境界で，急峻な谷地形をなすことが多い[*5]。トラン

[*5] トランスフォーム断層や断裂帯で，海洋地殻の下部を構成する岩石を観察できる場合がある。

スフォーム断層の延長は断裂帯とよばれる特徴的な地形として認識できる。また最近の精密な地形調査により，プレート拡大域にはさらに規模の小さい断片に分かれた高次のセグメント構造が見られることもわかってきた。こうしたセグメント構造は，海嶺軸で起こるマントル上昇などのパターンと密接に関係していると考えられている。

14.4 深海底と海山群

*1 海洋底では陸上と違って侵食作用がほとんど起こらないので，堆積物の保存状態と連続性がよい。このため，海底堆積物は過去の環境の研究に重要な試料となる。

　海洋プレートは，形成されてから数100万年〜数1000万年が経過して**中央海嶺**から離れていくに従ってその水深が深くなり，やがて平坦な海洋底となる（図14.4）。このような深海平原とよばれる海洋底は，火成活動や構造運動が基本的には起こらず，もっぱら堆積作用が見られる場となっている*1。

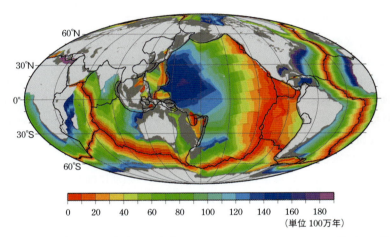

図14.4　海洋プレートの年代の分布（Müller et al., 2008のデータに基づいて作図）

*2 日本近海の北西太平洋の深海平原の海洋プレートの年代は，おおよそ1.3〜1.6億年に達している。

　深海平原における堆積作用は，陸からの距離，生物生産性，水深，海洋地殻の年代など多くの要因に左右される。たとえば，日本海溝にまで到達する太平洋プレートは遠く離れた中央海嶺で形成されてから長い距離を移動してきたものなので*2，さまざまな海洋環境を反映した海底堆積物が順次堆積している（図14.5）。

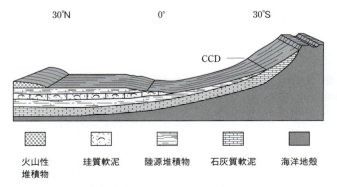

図14.5　太平洋の深海平原における海底堆積物の模式図（Heezen and MacGregor, 1973より作図）

海洋プレートとして形成されて間もない海嶺軸の裾野域の海底は水深が炭酸塩補償深度よりも浅いので，玄武岩の海洋地殻の上にはまず石灰質軟泥が堆積する。海洋プレートが海嶺軸から離れるに伴って水深が炭酸塩補償深度より深くなると，石灰質軟泥は堆積できず陸源物質の赤粘土が卓越するようになる。海洋プレートが生物生産性の高い赤道域を通過すると，生物起源である珪質軟泥の堆積場となる。さらに移動して高緯度域の生物生産性が低い海域に入ると，風送による陸源物質の堆積が再び卓越する。さらに日本列島に近づくと火山性堆積物なども増えてくる。

深海平原には，大小さまざまな海山，海台が見られる場合もある。こうしたプレート内海山の火成活動は，中央海嶺に比べてより深部で起こっている。**ホットスポット**は，マントル深部からの上昇流（プルーム）に伴って生じる火成活動である。ホットスポットの活動が継続すると，海洋プレート上に年代順に並んだ海底火山列ができることが知られている*。また，こうした海山よりはるかに大きく数km四方に及ぶような地形の高まりの存在も知られており，**巨大海台** (oceanic plateau) とよばれる。西太平洋には5つの大きな海台があり，その形成時期はジュラ紀から白亜紀に集中している。これらの巨大海台は比較的短期間の火成活動によって多量の溶岩が噴出して形成されたと考えられており，マントル深部からの大規模な上昇流（スーパープルーム）が原因であるというモデルが提唱されている。

* ハワイ諸島とその北西に並ぶ天皇海山列は，ホットスポットの海山列の例として，よく知られている。

14.5　プレート収束域の海洋底

海洋プレートどうしがぶつかる収束域では，衝突あるいは沈み込みが見られる。

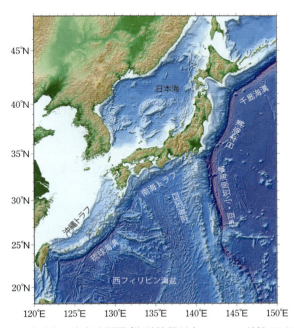

図14.6　日本近海の海底地形図（海洋情報研究センター刊行 JTOPO30v2 に基づく）

衝突型プレート境界では，地殻の高まりが陸上に生じることが多い。沈み込み型境界では，一方のプレートが他方のプレートの下に沈みこみ，海溝の最深部である海溝軸がプレート境界となる。日本列島は太平洋の北西に位置し，その周辺にはいくつもの沈み込み型プレート境界が分布している（図 14.6）。

海溝軸をはさんだ陸側と海側の地形は一般に非対称で，陸側斜面のほうが急傾斜である。海側斜面では，海溝軸からおよそ 100 km 以内の領域で，正断層起源の断層地形が発達している。さらに海側には，沈み込むプレートの屈曲を反映して幅数 100 km にわたって上方へ高まった地形である海溝周縁隆起帯が見られることがある。陸側プレートが受ける作用としては，侵食によって斜面が縮小する**造構性侵食作用**（tectonic erosion）と物質の付加によって斜面が成長する**付加作用**（accretion）がある[*1]。造溝性侵食作用を受けている場合には，底面の剥ぎ取りの影響を受けて，沈降による断層地形や斜面崩壊による複雑な地形が陸側斜面に発達する。付加作用を受けている場合には，沈みこんできた堆積物が陸側プレートの先端部で引き剥がされて付加されたり，沈みこんできた海洋地殻が付加体の底付け作用によって取り込まれたりして，付加体が発達する。

沈み込み型境界では，沈み込まれる側のプレートに火成活動が見られることが多い（図 14.7）。こうした領域でマグマが発生するのは，プレートとともに沈み込んだ地殻や堆積物中に含まれていた水が，沈み込まれるプレートの下のマントルに放出されることで部分溶融が起こるためである。こうして形成される火山は海溝から一定の距離だけ離れた場所に弧状に並び，**島弧火山**とよばれる[*2]。

*1 日本近海では，造構性侵食作用が見られる海溝として日本海溝が，付加作用が見られる海溝として南海トラフが知られている。また千島海溝では，発達した海溝周縁隆起帯が見られる。

*2 島弧火山では，複雑な火成活動を反映して，玄武岩質から珪長質まで幅広い組成の火山岩が見られる。

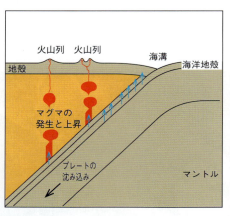

図 14.7　沈みこみ型プレート境界での火成活動の模式図（巽，1995 より作図）（青色の矢印は，水の放出を示す）

沈み込み型境界では 2 つのプレートがぶつかっているので，その応力場は基本的には圧縮場であるが，沈みこむプレートの位置が後退した場合などに部分的に伸張場になる場合がある。このとき，島弧火山が並ぶ地域や，そこより海溝とは反対側の背弧とよばれる地域で，地殻が引き伸ばされ正断層が頻繁に形成される活動が起こる。この背弧リフティングとよばれる段階にある海域では沈降した地形が発達する。さらに地殻の薄化が進んで分断されると，マントル物質が上昇してその隙間を埋めて海洋地殻の形成が始まる。これが背弧拡大とよばれるもので，中央海嶺における地殻の生成と基本的には類似したプロセスが進行することになる。

14.6 海底地殻内流体

　陸の地面の下に地下水が流れているように，海底下にもゆっくりと移動する流体が存在する．海洋地殻を構成する玄武岩は，冷却固化する際に割れ目が発達するから間隙率（すきまが占める割合）がかなり大きい[*1]．海底下にこうした隙間があればこれを埋めるように海水が浸入していく．こうした海洋地殻を占める水（流体）の量は莫大であり，地球全体でみると全海洋の1～2％に匹敵する水の量を有しているとする見積もりがある．ここまで見てきたように，海洋底はプレートの生産や沈み込みが進行する場所であり，海底下の地殻内流体もそうした動的な海底の動きに従って大規模な流動を起こすことが期待できる（図14.8）．

　海底地殻内流体の最もダイナミックな動きは，300℃を超える高温の熱水が海底から噴き出す**熱水活動**として見られる（図14.9）[*2]．熱水活動を駆動するのは地殻中に貫入してくるマグマの熱であり，加熱された流体が断層系などを通じて上昇し熱水噴出孔から噴出する．プレート拡大域は頻繁なマグマの上昇と断層系の発達が見られる海域であり，熱水活動も高い頻度で観察される．プレート収束

[*1] できたばかりの海洋地殻の間隙率は，一般的に10～35％程度と見積もられている．

[*2] 水深1,000 mより深い深海では，高い水圧により海水は300℃を越えても液体の状態を保つことができる．

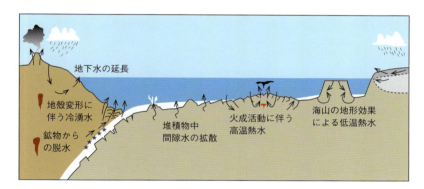

図14.8　顕著な海底地殻内流体が見られる場の模式図（Ge et al., 2002 より作図）

図14.9　海底熱水噴出孔とそれに伴う生態系（写真提供：海洋研究開発機構）

域でも火成活動がある場所（島弧や背弧）で熱水活動が観察される。こうした熱水は，海底下で地殻を構成する岩石と高温で反応することや，マグマの近傍を通過する際に揮発性成分を取り込むことで，海水には含まれないさまざまな化学種を溶存させている[*1]。一方で，海底面から噴出する熱水は急激な冷却を受けるので，大規模な鉱物の沈殿反応を引き起こす。熱水活動に伴う流体の移動は，地球深部からの熱の輸送や化学物質の移動に重要な役割をもっている。

プレート収束域，特に海溝の陸側斜面において観察される**冷湧水**（cold seep）は，地殻の変形・圧縮に伴う流体の噴出と考えられている[*2]。その起源について，陸側からの地下水の延長，圧縮による粘土鉱物の脱水，ガスハイドレートの分解などさまざまな仮説があるが，いずれにせよ，海底下のかなり深部から堆積層内を比較的長い時間をかけて上昇してくる。

こうした海底地殻内流体が噴出する周辺では，特異な生態系が発達することが多い[*3]。これは，地球深部の還元的な化学環境を反映した物質をこれらの流体が海底面まで輸送する働きが継続していることを示している。こうした還元的な物質を海水に含まれる酸化的な物質と反応させて，酸化還元反応に伴う化学エネルギーを取り出すことができる化学合成微生物が，生態系の基礎を支えている。

*1 マグマ由来揮発性成分は，陸上の火山ガスに相当し，二酸化炭素，硫化水素などを含んでいる。

*2 冷湧水という名称は，熱水と区別するためのもので，海水より温度が低いことを意味しない。

*3 海底地殻内流体に伴う化学合成微生物の生態は，原始地球の生命の姿を考えるための研究対象としても注目されている。

応用編

15 鉱物・エネルギー資源

> 人類の文明は，鉱物・エネルギー資源の利用によってもたらされたと言って過言ではない。鉱物資源は多様であり，その利用は複雑かつ多岐にわたる。またエネルギー資源も，我々の生活や安定的な経済発展のために不可欠である。一方，世界全体の経済発展と急速な人口増加に伴い，地球規模での資源枯渇や環境問題などが顕在化してきている。

15.1 文明と鉱物資源の利用

　人類は石器という道具を手に入れて，人類としての進化を開始した。石器という鉱物資源の誕生である。その後，銅が発見され，錫を加えて固くなることも見出された。これが青銅であり，祭事や種々の生活用品，そして武器にも使われた。さらに金（ゴールド）が発見され，祭事や装飾品，のちに貨幣として使われ始めた。また，道具の中に鉄製品が加わった。鉱物資源の利用は多様化，複雑化し，広い意味での鉱物資源である石炭や石油などがエネルギー源として使用され始めた。人類による鉱物・エネルギー資源の利用が文明をつくったともいえる。産業革命を経て近代へ向かう鉱物・エネルギー資源利用の展開は速度を増し，産業を川の流れに例えると，上流をなす鉱物・エネルギー資源が，下流の産業の発展を支えた。

　わが国では，奈良時代に銅，金，水銀を使った大仏が建立された。8世紀にすでに日本は世界最大の金属利用国の一つに躍り出た。12世紀初めに建てられた中尊寺は東北で産出していた金を金箔として使用し，それが基となり日本（ジパング）は黄金の国であるといううわさが遠くヨーロッパまで伝わった。それを伝えたイタリア人探検家マルコポーロの「東方見聞録」は多くの探検家の探検心をあおり，16世紀初めのコロンブスのアメリカ大陸発見にもつながった。鉱物資源が世界の歴史を塗り替えた例ともいえる。わが国の鉱物資源利用技術は江戸時代末には世界に遅れていたが，明治になり急速に欧米の科学技術を吸収することにより欧米との距離を縮めた。

　現在における鉱物資源の利用は非常に多岐にわたる。わが国の工業製品の多くは鉱石を輸入し，金属を取り出す製錬，そして不純物を取り除く精錬を通して得られた原材料を加工することにより成立する。たとえば，ハイブリッド車や電気自動車，カメラ，パソコン，携帯電話などにはレアメタルや貴金属，卑金属など数十種類の金属資源が使われている。わが国ではこれらの原材料のほとんどを輸入に頼っている。

15.2 鉱物資源とは

地殻を構成する岩石は種々の鉱物から成り，それらの鉱物には人類にとり有用な元素を含むものが多く存在する。有用な元素や鉱物を多く含む岩石を**鉱石**（ore）とよぶ。採掘して利益を生む（鉱業が経済的に成り立つ）程度まで鉱石が集まった地質体を**鉱床**（ore deposit）とよぶ。鉱業を成立させるには，目的の鉱種の品位や鉱量，人件費，インフラなど多くの要素が関係する。

鉱物資源は大きく金属資源と非金属資源に分類される。金属資源は鉄鉱資源と非鉄資源，さらに非鉄資源は貴金属資源，卑金属（ベースメタル）資源，レアメタル資源に大別される。貴金属資源は金，銀，白金族金属（プラチナ，パラジウムなど）からなり，卑金属資源は銅，アルミニウム，錫，亜鉛など，一般的に使用される金属，レアメタル資源はクロム，ニッケル，コバルト，タングステン，レアアースなど産出量が少ない 31 種類の金属からなる。非金属資源は石灰石，セラミック資源，原料資源，石材などに分けられるが，広義には石炭などの化石燃料資源も含む。

15.2.1 鉱物資源（鉱床）の生成

鉱物資源には地域的な偏在性が強いものとそうでないものがある。各種の鉱床が限られた地質環境に存在する理由は，その成因の違いよる。たとえば，**マグマ（火成）作用**に伴う鉱床は，過去に活動した火山や貫入岩の分布とほぼ同じ地域に分布する。堆積作用や変成作用も鉱床生成の重要な要因となることがある（図 15.1）。

(1) マグマ（火成）作用

プレートテクトニクスで説明される地質環境のうち，プレートが別のプレート下に沈み込むところではマントル内でマグマが生成される。マグマは浮力により上昇し，地表下数 km～10 数 km の深さでマグマ溜まりをつくる。マグマ溜まりの冷却過程で有用元素が濃集し鉱床をつくることがある。マグマの熱でマグマ溜まり上部に熱水系が生じて鉱床ができる場合もある。これらをマグマ（火成）鉱床とよび，生成温度の高い順に正マグマ鉱床，ペグマタイト鉱床，スカルン鉱床，熱水鉱床などに分けられる。

正マグマ鉱床：マグマ溜まりの冷却・固結の初期（温度約 1,200～1,000°C）に，ニッケル，クロム，プラチナなどを含む比較的比重の大きな有用鉱物がマグマ溜

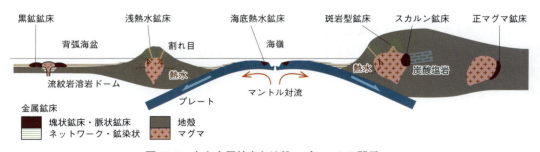

図 15.1 主な金属鉱床と地殻・プレートの関係

まりの下部に濃集する。代表例として南アフリカのブッシュフェルト鉱床（クロム，プラチナ），ロシアのノリリスク鉱床（ニッケル，パラジウム，プラチナ）があげられる。カナダのサドベリー鉱床（ニッケル）も有名であるが，成因は地球外から約19億年前に地球に衝突した隕石により引き起こされたマグマ作用である。

ペグマタイト鉱床：マグマ溜まりの結晶分化作用の末期に残留した（絞り出された）流体は，リチウム，ホウ素，ウラン，希土類などの液相濃集元素に富む。ペグマタイトは，マグマ溜まり上部にこのような流体が貫入したもので，一般に結晶が大きく数m大の巨晶をつくることもある。花崗岩質のものが多く，それらは巨晶花崗岩となる。世界的には大規模なものはない。わが国では岐阜県苗木（レアメタル，錫），福岡県長垂（リチウム）などが知られる。

熱水（性）鉱床：マグマ溜まりの上部に発達する熱水系に伴う鉱化作用で有用鉱物が濃集してできる。マグマ溜まりから地殻浅所（約2～6km）にマグマの一部が貫入し斑岩[*1]となり，その頂部でマグマ起源の熱水と母岩の反応により比較的温度の高い（約600～250℃）条件で銅やモリブデン，金などの鉱化作用が生じたものを**斑岩型鉱床**とよび，特に銅資源として最も重要な鉱床となっている。チリのチュキカマタやエル・テニエンテ鉱床，インドネシアのグラスベルグ鉱床，モンゴルのオユトルゴイ鉱床など埋蔵量が数10億トンの規模のものが知られている。貫入岩が炭酸塩岩と接する付近には，接触変成作用により炭酸塩に富む流体と母岩との反応よりスカルン[*2]鉱物が生成する。銅や金などに富む有用鉱物が濃集すると**スカルン鉱床**となる。マグマの浅所貫入に伴う熱で地表水が加熱され熱水系が発達すると，熱水系の上部で地表下約1kmより浅い割れ目に鉱脈が形成されたり，塊状の珪化鉱体が形成されることがある。これらを**浅熱水鉱床**とよび，金鉱床の重要な成因の一つとなっている。浅熱水鉱床では，マグマに含まれる金，銀などの有用金属が硫黄や塩素がキャリアーとなって溶出・移動し，比較的低温（約250～150℃）で金，銀，銅，水銀などを含む有用鉱物が濃集する。侵食がすすんでいない第四紀や第三紀に生成したものが多く，代表例としては，わが国の鹿児島県で1981年に発見された菱刈金鉱床や1985年に発見されたペルーのヤナコーチャ金鉱床などが知られる。また，海底で生成する熱水鉱床を**海底熱水鉱床**（応用編14.6節参照）とよび，典型的なものとして黒鉱鉱床[*3]が知られる。

(2) 堆積作用

岩石の風化，侵食，運搬，堆積の過程で，有用鉱物が濃集することがある。比重の大きい有用鉱物，たとえばプラチナ，金，タングステン鉱物，ダイヤモンドなどが濃集することがあり，**漂砂鉱床**とよばれる。また，風化作用が激しい熱帯・亜熱帯地方ではニッケルラテライト鉱床（基礎編7.1節参照）やアルミニウムが濃集したボーキサイト鉱床などがあり，**風化残留鉱床**とよぶ。先カンブリア時代の海洋では溶け込んでいた2価の鉄イオンが，海中の生物が放出した酸素により酸化され，酸化鉄として海洋底に厚く沈殿した。これを**縞状鉄鉱層**とよび，人類が使用している鉄鋼材料の最も重要な資源となっている。浅い海盆で激しい蒸発作用が起こると，ナトリウムやカリウム，石膏やリチウムなどが沈殿または濃集することがあり，**蒸発岩**とよぶ。海中に生成したサンゴや有孔虫など主に炭酸

[*1] マグマが浅所に貫入し比較的遅い速度で冷却して生成した火成岩で，斑状組織を示すが，火山岩に比べると石基部分の結晶が大きい。

[*2] 石灰岩や苦灰岩の中，あるいは近くにマグマが貫入した際に発生する熱水による交代作用で，接触部付近に生じる鉱物の集合体である。

[*3] 海底に噴出した熱水から沈殿した黄銅鉱や閃亜鉛鉱などの硫化物の集合体で，外見が黒いことから名づけられた。金や銀を含有し，東北地方を中心に多くの鉱山があった。わが国の重要な金属資源であったが，現在はすべて閉山している。

*1 石灰岩は岩石名であり，資源利用の対象としては石灰石とよばれる。

*2 アスベスト（石綿）は繊維状鉱物で，断熱性や防音性などに優れ，建物の壁や建材などとして多用されたが，発ガン性があるため，現在では資源としての価値がない。

塩の骨格をもつ生物が**石灰岩**をつくる。石灰岩は化学的な沈殿により生成することもある。石灰石*1資源はわが国が輸入に頼ることのない数少ない国産資源である。

(3) 変成鉱床

接触変成作用により生成するものは，マグマ作用と関連し上述した。広域変成作用により生成するものとして，アスベスト*2や滑石がある。

15.2.2 資源開発と環境問題

鉱物資源やエネルギー資源の開発によって国の基盤が形成され，国家あるいは民間の産業が発展する。わが国が明治から昭和初期に急速に産業を発展させることができた要因の一つは，わが国の工業の原料となる銅や錫・鉛などの卑金属資源を自給できたこととエネルギー源となる石炭資源が国内で十分供給されたことによる。鉱業を基にして江戸時代や明治時代に三井，三菱，住友などの企業が誕生した。資本の蓄積を経てさらに多くの企業が誕生し，わが国の産業の発展の基となった。鉱物資源やエネルギー資源の開発は，資源保有途上国の国造りにとり現代でも最重要となっている。

一方，わが国における急速な鉱業の発展は各所で甚大な環境問題を引き起こした。富山県神通川上流の神岡鉱山では，下流地域の水田が鉱山から放出されたカドミウムに汚染され，汚染米により地域の人々がイタイイタイ病を被った。茨城県の渡良瀬川流域は上流にある足尾鉱山起源の重金属汚染のため，広範囲に渡り農地の使用ができなくなった。現在でも渡良瀬遊水地として土地利用が制限されている。鉱山開発により硫化鉱物が空気と水の作用を受けることになって硫酸が生じ，鉱山排水のpHが下がり周辺から有害重金属が溶脱される。また，製錬工場から放出された亜硫酸ガスにより植生が被害を受ける。わが国では，このような**鉱害**が明治から昭和初期にかけて各所で発生した。しかし，同様の鉱害は現在でも多くの途上国で見られる。酸性水や亜硫酸ガスによる環境への被害を無くすには生石灰や石灰石等の中和剤の使用が効果的である。わが国では，世界に先駆けて鉱害対策が進められたため，それらの技術が現在，途上国で役立っている。

15.2.3 鉱物資源の将来

多くの資源は枯渇に近づいていく。一方で，鉱業の上流をなす資源なくして下流の種々の産業は成立しない。では，わが国はどう対応すればいいのか。これまで，わが国は大量の鉱物資源とエネルギー資源を輸入してきた。鉱物資源の一部は製品となり輸出されてきたが，多くは国内に製品や廃棄物として蓄積されている。廃棄物の中には多くの有用資源が含まれている。たとえば，携帯電話やコンピューターにはレアメタルや貴金属など多様な有用金属が含まれている。すでに，付加価値の高い貴金属はリサイクルが始まっている。廃棄された有用資源を集積したところは都市鉱山とよばれ，将来，資源価格が高騰すると，重要な国内資源となる可能性がある。しかし，リサイクルにはエネルギーを必要とするし，また，ある程度の量がないと経済性に欠ける。そのため，リサイクル技術を高めていく必要がある。また，科学技術を駆使した資源探査により新鉱床を発見する必要も

ある。埋蔵量の少ない資源は，代替資源が使えるような技術開発も必要となる。遠未来の資源として，地球外の天体の資源開発に関する研究も開始されている。

15.3 エネルギー資源

エネルギー資源は，我々の社会・生活を持続的に発展させていくために不可欠な資源である。エネルギー資源は，**有限枯渇型エネルギー**と**再生可能型エネルギー**に大別される。

15.3.1 有限枯渇型エネルギー資源

有限枯渇型エネルギー資源は，自然のプロセスにより長い年月をかけて形成される資源であり，人間の消費速度が形成速度を上回ることで，使用と共に減少する資源のことである。石油，天然ガス，石炭などの**化石燃料**が含まれ，原子力エネルギーも原料となるウラン鉱石が有限枯渇であるため，有限枯渇型エネルギーに含まれる。

15.3.2 化石燃料

過去に生息していた植物や動物の死骸が，長い年月の間に熟成・変化したもののうち，今日，燃料として利用されているものをさす。**石油・天然ガス**と**石炭**が代表的なものであるが，近年では，シェールガス，オイルサンド，あるいはガスハイドレートなども新たな資源として注目されている。

(1) 石油・天然ガス（炭化水素資源）

天然に産する石油は，通常，地中深くに存在し，気体（天然ガス）あるいは固体・半固体（アスファルトやパラフィンなど）としても存在する[*1]。石油・天然ガスは，そのほとんどが炭化水素からなるが，硫黄化合物，窒素化合物，酸素化合物などの非炭化水素もわずかに含んでいる。

*1 地下では液体であるが，地表では気体となるものをガスコンデンセートという。

a. 炭化水素鉱床の成立条件

炭化水素（石油・天然ガス）鉱床が成立するためには，① 炭化水素を生成する**根源岩**，② 生成した炭化水素の根源岩から貯留岩への排出と移動，③ 炭化水素を貯める**貯留岩**，そして ④ その容器となる**トラップ**が必要である。またこれらに加え，⑤ 炭化水素の生成・移動・集積のタイミングが地質学的時間スケールの中で一致することが必要である（図15.2）。

b. 炭化水素の形成過程

炭化水素を生成する根源岩は，有機物を多量に含んだ細粒堆積岩であり，有機物が保存されやすい嫌気性の海底や湖底で，大量のプランクトンや藻類，草木破片などの遺骸と共に泥や粘土が厚く堆積して形成される。この根源岩が埋没していくと，温度と圧力の上昇と共に堆積物中の有機物はケロジェン（油母）[*2]へと変化する。地温が60〜150°Cになるとケロジェンから熱分解により石油が生成され，さらに地温が150°C以上になるとガスが生成されるようになる。

根源岩中で生成された炭化水素は，根源岩から貯留岩への移動経路となるキャリアベッドへと排出され（一次移動），その後，キャリアベッド中を貯留岩へと移

*2 炭素・水素・酸素からなる複雑な高分子。

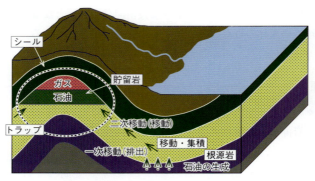

図15.2　石油・天然ガス鉱床が成立するために必要な要素。
これらが，石油の生成・移動のタイミングと合わせて地質学的時間スケールの中で揃っていることが必要である。

動する（二次移動）。この一次移動の過程で，排出が効率的にいかないと，炭化水素は根源岩中に残存しオイルシェールとなる。

貯留岩は炭化水素を貯める岩石であり，通常は，孔隙の多い砂岩・石灰岩や亀裂の発達する火山岩・花こう岩からなる。世界の巨大油田の約60％が砂岩を，30〜40％が石灰岩などの炭酸塩岩を貯留岩とする。貯留岩に移動・集積した炭化水素が上方に散逸しないためには，**シール（帽岩）**が必要である。貯留岩を覆うシールは，通常，可塑性に富む緻密で低浸透性の岩塩・硬石膏・泥岩・断層粘土などからなる。この貯留岩とシールに加え，炭化水素鉱床の成立には集油構造が重要であり，この組合せをトラップとよぶ。トラップは，移動してきた石油を集積・保持する場であり，① 構造トラップ（背斜・断層）と，② 層位トラップ（堆積相の側方変化・不整合・礁など）が知られる。

c. 炭化水素鉱床の形成と分布

炭化水素鉱床の形成では，炭化水素の生成・移動・集積のタイミングが重要である。炭化水素が生成・移動してもトラップが形成されていなければ，石油は集積されない。また集積後に構造運動などにより集油構造が破壊されれば，炭化水素は一散してしまう。そのため炭化水素鉱床の分布は，先述の5つの条件が揃った堆積盆地に限られる。そのため炭化水素鉱床は偏在しており，石油では，その約2/3が中東地域の中生代の地層に含まれている。

d. 新たなタイプの炭化水素エネルギー資源

近年，石油や天然ガスのような従来型炭化水素鉱床とは別に，これまで対象とならなかったシェールガスやオイルサンドが注目されている。特に**シェールガス**は，近年の技術革新（水圧破砕法）により，石油や天然ガスが残存している根源岩（オイルシェール）からの生産が可能となり，北米を中心に開発が進みつつある。また**ガスハイドレート**は，日本近海の大陸棚上にも大量に存在しており，国産炭化水素資源として注目されている。いずれの埋蔵量も膨大であり，将来の炭化水素資源として期待されている。

(2) 石　炭

石炭は，陸上に生育していた植物が埋没し，その後，長い年月を経て形成されたものである。泥炭，褐炭や瀝青炭は堆積岩に含まれるが，無煙炭は弱い変成作

15.3 エネルギー資源

用を受けており変成岩に含まれる。

a. 石炭の形成過程

石炭の形成には，植物体が分解されずに地中に埋没する必要があり，そのため湿地帯などの嫌気的な場所が適当である。このような場所では，酸素による植物体の分解が進まず，残った組織が泥炭として堆積する。地中に埋没した泥炭は，温度・圧力の上昇と時間の経過と共に次第に石炭へと変化する。この過程を**石炭化**とよび，泥炭から褐炭，瀝青炭を経て，無煙炭へと変化する。石炭化の過程で，炭素・酸素・水素などの有機物からなる植物遺骸は，脱水反応・脱炭酸反応・脱メタン反応により，芳香族炭化水素を主体とする無煙炭へと変わる。炭素含有量は，泥炭では70％以下であるが，無煙炭では90％以上となる。

b. 石炭鉱床の時代と分布

古生代石炭紀から二畳紀には，地球上にはシダ植物からなる大森林が広がった。この時代の無煙炭からなる大炭田は，欧州，北米，中国，インド，オーストラリアなどに分布する。中生代には裸子植物を基にして主に瀝青炭からなる炭田がヨーロッパ中南部，北米，中国南部，インドシナ，南米，アフリカに形成された。一方，日本では無煙炭からなる炭田（山口県大嶺炭田など）が知られている。新生代第三紀になると，現在に近い樹種から石炭が形成され，外国では褐炭の炭田が，日本では瀝青炭を主とする炭田（石狩炭田・常磐炭田・筑豊炭田など）が形成された。

c. 石炭資源の特徴

石炭は，他の化石燃料に比べて埋蔵量が多く，また炭化水素資源のように特定地域に偏在しないため，全世界で幅広く利用されている。可採年数も石油に対し倍以上の年数を持ち，また安価であるため，エネルギー消費の過半数を占める発電・産業燃料では，コストの観点から石炭が大きな割合を占める。一方，① 単位質量あたりのエネルギーが小さいこと，② 固体のため採掘・運搬・貯蔵のコストが高いこと，③ 天然ガスと比較し熱効率が悪いこと，などの欠点がある。また燃焼により，硫黄酸化物や窒素酸化物を排出して**大気汚染**や**酸性雨**の要因となるとともに，他の化石燃料よりも二酸化炭素排出量が多く，**地球温暖化**に強い影響を与える。

15.3.3 原子力エネルギー

原子力エネルギーは，原子核の**核分裂反応**を利用し，その反応時に発生する熱エネルギーを利用した発電をさす。蒸気によりタービンを回転させて発電する点では，石油や石炭による火力発電と同じである。

a. 核分裂反応

原子力発電では，ウラン235（^{235}U）の中性子吸収に起因する核分裂反応*を利用している。ウラン235の核分裂では，娘元素以外に2～3個の中性子を発生し，この中性子は他のウラン235に吸収され，順次，核分裂反応が起こる。この反応を核分裂連鎖反応といい，定常的に連鎖反応が続く状態を**臨界**という。この核分裂反応では，反応前の質量よりも反応後の質量の方が小さくなるため，その質量の差により膨大なエネルギーを発生し，そのほとんどが熱エネルギーとなる。原

* ^{235}U+n→A+B+(2～3)n。A, Bは反応後の娘元素，nは中性子。

子力発電では，この熱エネルギーにより蒸気を発生させ，蒸気タービンを回転させて発電している。

b．原子炉

原子力発電では，核分裂反応の開始，持続（臨界），そして停止を制御することが重要である。この核分裂反応を制御する装置が**原子炉**である。原子力発電に使用される原子炉にはさまざまな種類があるが，中性子の制御を行う素材（減速材）と原子炉から熱を運び出す素材（冷却材）の2つによって大別される。減速材としては黒鉛，重水，軽水[*1]などが，冷却材としては炭酸ガスや窒素ガスなどのガス，重水，軽水などがある。現在の日本の商用原子力発電では，減速材，冷却材のどちらとも軽水を使用しており軽水炉とよばれる。

c．核燃料

原子力発電の燃料としてウラン235が使われる。ウラン235は閃ウラン鉱[*2]に含まれるが，鉱石中には0.7％程度しか含まれていない。そのため一般的な原子炉の核燃料として利用するには，ウラン235を濃縮する作業（ウラン濃縮工程）が必要となる。また使用済み核燃料中に1％程度含まれるプルトニウムを再処理して，二酸化ウランと混ぜてプルトニウム濃度を4〜9％に高めたMOX（Mixed OXide）燃料も，既存の軽水炉のウラン燃料の代替として用いることができる。

15.3.4　埋蔵量と可採年数

化石燃料の埋蔵量と可採年数は，今後の我々のエネルギーを考えていく上で重要である。**原始埋蔵量**は，既発見（確認）と未発見（未確認）のものを合わせた油ガス層内に存在すると推定される原油・天然ガスの総量である。原始埋蔵量のうち，適当な経済・技術条件下で採取することができる総量からすでに生産された量を差し引いたものが**可採埋蔵量**である。石油開発では，通常の回収方法による回収率は20〜30％であり，これを上げるためにさまざまな回収技術（二次・三次回収）が用いられるが，それに伴って生産コストは増加する。したがって原油価格（油価）が高ければ，高コストの技術を導入することで可採埋蔵量は増大するが，油価が低迷すると可採埋蔵量は減少する。

確認可採埋蔵量を年生産量で割った値が**可採年数**である。年々，生産量は増加してきているが，新たな資源の確認や経済状況・技術革新によって確認可採埋蔵量も変動しているため，可採年数はこの20〜30年の間，石油は40〜50年，天然ガスは50〜60年，石炭は約120年で推移している。

15.3.5　再生可能型エネルギー

再生可能型エネルギーは，一度利用しても比較的短期間で再生が可能であり，エネルギー源として永続的に利用することができるエネルギーをさす。太陽光や太陽熱，水力，風力，バイオマス，地熱などのエネルギーが含まれる。再生可能型エネルギーは，資源が枯渇せずに繰り返し使え，また発電時や熱利用時に地球温暖化の原因となる二酸化炭素をほとんど排出しないため，環境に優しいクリーンなエネルギーと位置づけられている。

一方，再生可能型エネルギーは設備価格が高く，また日照時間や風速などの自

[*1] 通常の水（軽水）は$^1H_2^{16}O$であるのに対し，重水は質量数の大きい水素の同位体である重水素（デュートリウム；D, ^2H）や三重水素（トリチウム；T, ^3H），酸素の同位体^{17}O, ^{18}Oを含む。狭義の重水は$D_2^{16}O$をさす。

[*2] 二酸化ウラン（UO_2）からなる鉱物であり，少量のトリウム・鉛を伴い，強い放射能をもつ。またウランが崩壊した結果，少量のラジウムを含む。

然状況に左右され利用率が低いなどの課題があるため，火力発電などの既存のエネルギーと比較し発電コストが高い。また地形・地質などの条件により設置できる地点も限られている。さらに天候などの影響で出力が不安定であるため，電力需給に応じた安定供給に問題が生じる可能性が指摘されている。

15.4　わが国のエネルギー問題

　エネルギー資源に乏しいわが国では，長年にわたりエネルギー資源を輸入に頼ってきた。特に2011年の福島第一原発事故以降，原子力エネルギーの比率は激減し，2014年現在，エネルギー資源の90％以上を化石燃料（石油約40％，石炭約25％，天然ガス約25％）に依存し，ほぼその全量を輸入に頼っている。中でも石油エネルギーへの依存度はOECDの中で最も高く，またその80％以上を中東地域から輸入している。

　石油は，単にエネルギー資源としてだけではなく多様な顔をもつ。他の化石燃料と同様に，さまざまな素材の原料として利用されている。また中東地域を中心として，石油利権は政治的不安定性の要因ともなっている。さらに近年では，石油は投機対象となり，世界の経済情勢に合わせ油価が大きく変動するようになってきている。

　持続的な社会の発展には，安全で安定的なエネルギー供給が不可欠であり，さらに安価であることが望まれる。原子力エネルギーの安全性が問われ，また再生可能型エネルギーの安価で安定的な供給に課題がある現状では，エネルギー源の多様化と国際情勢に左右されないエネルギー供給源の多角化が必要である。それに加え天然ガスや再生可能エネルギーなど，より環境にやさしいエネルギーへのシフトが今後益々重要となるであろう。

付録 A 静水圧平衡とアイソスタシー

> 地球の構造やダイナミクスを語る上で圧力は最も基本的な物理量である[*1]。その圧力は基本的には静水圧平衡で決まる。ここでは圧力の概念を説明した後で，基本的な力のバランスである静水圧平衡を説明し，地球の中の1次元的な圧力分布がどうなっているかを説明する。その後で，水平方向の圧力分布に関係したアイソスタシーや静水圧近似まで話を進める。

[*1] 温度も基本的な量ではないのかというツッコミはもっともである。温度を支配する物理的なプロセスは圧力よりも難しいので，本書ではまとめて説明することはせず，必要に応じて各章で扱うことにする。

A.1 圧力

[*2] 連続体とは，水や空気のように広がりのあって変形するもののことである。

圧力という量は，気圧や水圧として身近な量ではあるが，力学的に正確な取扱いは連続体力学[*2]を学んではじめてわかる。この考え方の要点を説明していく。連続体を考えるときに，その内部にはたらく力をどう考えたら良いだろうか。連続体においては，ミクロに見れば，近隣の原子や分子の間に力がはたらいている。それをマクロに見るときには，仮想的に連続体の中に一つの面（図 A.1）を考えて，その両側の物質が厚さのない面を通じて力を及ぼしあうというふうに考える。厚さがないということは，原子や分子の間にはたらく力がごく近くの原子や分子どうしの間にしかはたらかないことを反映している。このような力を一般に**応力**とよぶ。

[*3] 圧力は英語では pressure なので，記号で表すときは通常 P や p を用いる。

[*4] SI はフランス語の Le Système international d'unités の略で日本語では国際単位系ともいう。

[*5] N は力の単位のニュートンである。

[*6] hPa（$1\,\mathrm{hPa}=10^2\,\mathrm{Pa}$）という一見中途半端な単位が用いられるのは，かつて mbar（ミリバール）（$1\,\mathrm{mbar}=10^{-3}\,\mathrm{Pa}$）が気圧の単位としてよく用いられており，それと等しくなるからである。

[*7] $1\,\mathrm{GPa}=10^9\,\mathrm{Pa}$

圧力[*3]は，応力のうちで，仮想的な面に垂直に両側が押し合うようにはたらく力である。考える面は，仮想的な面でなくても容器の壁でも同じことである。連続体は容器の壁に垂直に圧力を及ぼすし，その反作用として壁は連続体に垂直に圧力を及ぼす。

圧力による力は，考える面の面積に比例して増えるから，量的には圧力は単位面積あたりの力として定義される。そこで，圧力の単位は SI 単位系[*4]においては，$\mathrm{Nm^{-2}}$ となり[*5]，これを改めて Pa（パスカル）とよぶ。このほかに bar（バール）という単位もしばしば用いられる。1 bar は $10^5\,\mathrm{Pa}$ に等しく，ほぼ 1 気圧に等しい。正確には 1 気圧は 1.01325 bar である。気象学では hPa（ヘクトパスカル）[*6]もよく用いられる。1 bar は 1000 hPa である。地球深部の議論をするときには 1 GPa（ギガパスカル）[*7]が約 1 万気圧になるということも覚えておくと便利である。

図 A.1 連続体の中の仮想的な面（水色破線）とそれにかかる圧力。仮想的な面の右側が左側を押す力（赤矢印）と左側が右側を押す力（橙矢印）とは等しい。

圧力の起源は，ミクロには 2 種類ある．1 つは気体分子運動論で学ぶように，分子の熱運動による．容器の壁がある場合は，容器の壁に当たる分子が壁に及ぼす力積の総和として理解される．壁がなくて仮想的な面を考える場合は，分子が運ぶ運動量の総和として理解される．もう一つは，原子や分子の間の力である．物質を圧縮しようとすると，分子間力がそれに反発する．その総和が圧力になる．

A.2　静水圧平衡

天体を考え，その内部は静止しているとしよう．そうすると，そこにはたらく力は圧力と重力だけであり，それらがつり合っていなければならない．連続体の場合に，それらがつり合うというのがどういうことかを考える．

まず大気の場合を考えよう．鉛直上向きを z 軸に取る．図 A.2 のように大気中に仮想的に直方体を考えて，その底面積を S，高さを h としよう．すると，この仮想的な直方体には横からも上からも下からも圧力がはたらく．横方向の力は，圧力 p が z にしかよらなければ，右からの圧力と左からの圧力がつり合う．上下方向の力は，圧力 p が z によることを考えると，下面にはたらく上方向の力と上面にはたらく下方向の力と全体にはたらく下方向の重力でつり合う．このつり合いのことを**静水圧平衡**という．密度を ρ，重力加速度[*1]を g とすれば，力のつり合いの式は h が小さいとして

$$p(z+h)S + \rho(z)ghS = p(z)S \tag{A.1}$$

となる[*2]．これから

$$\frac{p(z+h) - p(z)}{h} = -\rho(z)g \tag{A.2}$$

となる．h が十分に小さければ，微分で書くことができて

$$\frac{dp}{dz} = -\rho g \tag{A.3}$$

となる．これが**静水圧平衡**の式である．

ところで，先に (A.1) 式を導くときに h が小さいという仮定をしたが，小さくない場合は密度 ρ が z に依存するということを考えて

$$p(z+h)S + g\int_z^{z+h} \rho(z)dz S = p(z)S \tag{A.4}$$

とすればよいだけである．これは，(A.3) を z から $z+h$ まで積分しても求める

[*1]　地球では g は約 9.8 ms^{-2} である．

[*2]　初心者用の注釈を 2 つ書いておく．(1) $p(z+h)$ は，位置 $z+h$ における p という意味で，p かける $z+h$ という意味ではない．(2) 左辺第二項は $\rho(z+h/2)gSh$ の方がよいのではないかというツッコミもありそうだ．確かにそちらの方がより精度は高いのだが，この先に h で割って $h \to 0$ の極限を取ることになると，結局同じことになる．そこで，最初から式がすっきりするように $\rho(z)gSh$ としてある．

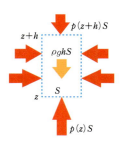

図 A.2　大気における**静水圧平衡**．仮想的な直方体（水色破線）にはたらく上下方向の力は，上面にはたらく圧力 $p(z+h)S$（赤），下面にはたらく圧力 $p(z)S$（赤），重力 ρghS（橙色）である．

ことができる。大気の場合，ここでとくに $h\to\infty$ とすると，$p(\infty)=0$ だから，

$$p(z)=g\int_z^\infty \rho(z)dz \tag{A.5}$$

が得られる。ここで，$\int_z^\infty \rho(z)dz$ はその場所の上にある単位面積あたりの大気の質量だから，大気の圧力というのは，その場所の上にある大気の重さであるという言い方ができる[*1]。

次に，球対称な天体内部の圧力分布を考える。外向きの動径[*2]座標を r とする。圧力 p や密度 ρ は r のみの関数であるとする。さらには，天体内部を考えるような状況では重力加速度 g も r に依存する。先の場合と同様の直方体[*3]を考えると，全く同じ道筋で

$$\frac{dp}{dr}=-\rho g \tag{A.6}$$

が導かれる。これが球対称の場合の**静水圧平衡**の式で，大気のような z 方向 1 次元の式と同じ形になる。

[*1] このことの応用問題として，演習問題 A.1 では地球全体の大気の質量を求めてもらう。

[*2] 動径方向とは中心から外へ向かう方向のことである。

[*3] 球座標の場合は，直方体ではなくて円錐台のような図形を考えるのも自然である。その場合は演習問題 A.2 で取り扱う。

A.3 地球の圧力分布

今学んだ静水圧平衡をもとにして，地球の圧力分布がどうなっているかを考える。

A.3.1 海洋と地殻

海洋や地殻の中の圧力は ρ と g を一定とみなせるという点で簡単だから，これを見ていこう。静水圧の式は

$$\frac{dp}{dz}=-\rho g \tag{A.7}$$

であって，これを積分すると

$$p=p_a-\rho g z=p_a+\rho g D \tag{A.8}$$

となる。ただし，p_a は大気圧，z は海水面（地表）を 0 とする高さで，D は海水面（地表）を 0 とする深さであるとする[*4]。海洋では $\rho=1\,\mathrm{g\,cm^{-3}}$ であり，地殻ではほぼ $\rho\approx 3\,\mathrm{g\,cm^{-3}}$ である。g はどちらの場合も約 $10\,\mathrm{m\,s^{-2}}$ である。そこで，海洋では

$$\frac{dp}{dD}\approx 10^4\,\mathrm{Pa\,m^{-1}}=1\,\mathrm{bar/10\,m} \tag{A.9}$$

すなわち，10 m 深くなるごとに圧力は約 1 気圧増加する。次に，地殻では

$$\frac{dp}{dD}\approx 3\times 10^4\,\mathrm{Pa\,m^{-1}}=300\,\mathrm{bar\,km^{-1}}=30\,\mathrm{MPa\,km^{-1}} \tag{A.10}$$

すなわち，1 km 深くなるごとに圧力は約 300 気圧もしくは 30 MPa（メガパスカル）増加する。

[*4] もちろん $D=-z$ である。

A.3.2 大　気

大気は，密度 ρ が高さとともに大きく変わるが，海洋の場合と同じように試し

A.3 地球の圧力分布

に密度一定として圧力勾配を求めてみよう。すると，1 気圧での空気の密度は約 1 kg m^{-3} だから，

$$\frac{dp}{dz} \approx -10 \,\text{Pa m}^{-1} = -1 \,\text{bar}/10\,\text{km} \tag{A.11}$$

すなわち，10 km 上がると大気がなくなってしまう計算になる。大気の厚さが約 10 km と言われるのはこの意味である。

次に，密度の変化をもう少し真面目に考えよう。大気はほぼ理想気体と考えてよいから，圧力 p と密度 ρ の間に

$$p = \frac{\rho}{\mu} RT \tag{A.12}$$

という関係がある[*1]。ここで，R は気体定数で 8.314 J mol^{-1} K^{-1}，μ は空気の平均分子量で 29.0 g mol^{-1} [*2]，T は絶対温度である。温度が一定だとすれば（等温大気）[*3]，この状態方程式と静水圧の式

$$\frac{dp}{dz} = -\rho g \tag{A.13}$$

を連立させて解くと大気の圧力分布が求められる。実際計算すれば，

$$p = p_a e^{-z/H} \tag{A.14}$$

が得られる。ここで，H は

$$H = \frac{RT}{\mu g} \tag{A.15}$$

で表される**スケールハイト**とよばれる量である。大気の温度 T を 220 K とすると，$H \approx 6.4$ km となる。すなわち，6.4 km 上昇すると圧力が $1/e$ になる。もう少しわかりやすい目安で言えば，$(\ln 10)H \approx 15$ km 上昇するごとに圧力が $1/10$ になる。高さ 15 km は $1/10$ 気圧，30 km は $1/100$ 気圧といった具合である。

実際の温度分布まで考慮した標準的な大気の圧力分布を図 A.3 に示す。

[*1] モル数を n，体積を V とする $pV = nRT$ で表される気体の状態方程式から $\rho = n\mu/V$ を用いると導かれる。

[*2] 気象学では $R/\mu = 287$ J kg^{-1} K^{-1} を気体定数とよぶこともある。

[*3] もちろん実際の大気の温度は一様ではない。温度が高さとともにどう変わるかは基礎編 5 章を参照。

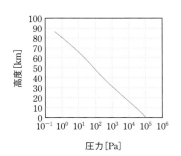

図 A.3 大気の圧力分布（米国標準大気 1976）

A.3.3 地球内部

地球内部の圧力分布は，地球内部の密度分布 $\rho(r)$ がわかっていると計算できる。それには静水圧平衡の式

$$\frac{dp}{dr} = -\rho g \tag{A.16}$$

と重力加速度の式

$$g = G\frac{M(r)}{r^2} \tag{A.17}$$

と半径 r の内側の質量 $M(r)$ を表す式

$$M(r) = 4\pi \int_0^r \rho r'^2 dr' \qquad (A.18)^{*1}$$

とを連立して解けばよい[*2]。ただし，G は万有引力定数である。この計算を行った結果が図 A.4 である。地球中心の圧力は，364GPa と求められている。

*1 この式の意味を簡単に説明しておく。半径 r' から $r'+\Delta r'$ の間の球殻の体積は $4\pi r'^2 \Delta r'$ でそれに密度 $\rho(r')$ をかけるとその部分の質量である。これを半径 0 から r まで足し合わせると半径 r までの全質量になる。

*2 数式を扱い慣れない人のための注意。積分の変数が r ではなくて r' と書いてあるのは，積分の上限の r 区別するためである。定積分をするときには，積分変数は積分の中での記号が揃っていればよく，たとえば r' の代わりに s と書いて $\int_0^r \rho s^2 ds$ としてもよい。

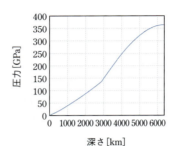

図 A.4 地球内部の圧力分布 (PREM モデル，Dziewonski and Anderson, 1981)

A.4 アイソスタシー

ここまでのところでは，圧力や密度は水平方向に一様だと考えてきた。次に硬いものが軟らかいものの上に浮かぶときにどのような形状でつり合うかという問題を考える。

最初に，モデルとして平たい直方体の氷を水に浮かべることを考える (図 A.5)。大気圧を無視するとこの氷に上下方向にはたらく力は，重力と底面にかかる圧力である。底面の深さを D，氷の水面より上の高さを h，底面積を S，氷の密度を ρ_{ice} として，力のつり合いの式は

$$\rho_{ice} g(h+D)S = p(D)S \qquad (A.19)$$

である[*3]。一方で，つり合った状態では，水は動いていないのだから，水中では p は水平方向に一様でなければならない。もしそうでなければ，圧力が高いほうから低い方に水が押されて動くからである。ということは，水中の深さ D での圧力は水中の静水圧平衡で決まる圧力

$$p(D) = \rho_{water} g D \qquad (A.20)$$

でなければならない。ここで，ρ_{water} は水の密度である。そういうわけで，

$$\rho_{ice}(h+D) = \rho_{water} D \qquad (A.21)$$

が成り立つ。すなわち，氷の底面から上にある氷の重さと，同じ深さから上にある水の重さ[*4]が等しい。この関係を**アイソスタシー** (isostasy) という[*5]。さら

*3 初心者向けの注釈だが，ここで，$p(D)$ は深さ D における圧力の意味で，$g(h+D)S$ は g かける $(h+D)$ かける S の意味である。このような意味の違いは式の外見だけからは区別できない。こういう記号の意味は文脈から判断するしかない。

*4 正確に言えば，上にあるものの重さというより，上にあるものの単位面積あたりの質量だが，A.2 節で説明したように簡単に「重さ」と表現してしまうことにする。

*5 歴史的に言えば，アイソスタシーはヒマラヤにおける鉛直線偏倚（重力の向きのずれのこと）の観測から導かれたものである。しかし，鉛直線偏倚の概念を説明するのは本書の範囲を超える。さらに，この概念が導かれた当時は地球内部がよくわかっておらず，「地殻」の下は融けていると考えられていたなど，今から見ると間違った地球観に基づいた説明が行われた。そこで，ここでは科学史的にみて妥当な説明はせず，今の目で見て物理的に意味のある概念についてのみ説明する。

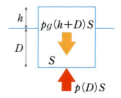

図 A.5 水に浮かぶ平たい直方体の氷にかかる鉛直方向の力のつり合い

にこの関係から氷の水面から上の高さ h と底面の深さ D の間に

$$D = \frac{\rho_{\text{ice}}}{\rho_{\text{water}} - \rho_{\text{ice}}} h \tag{A.22}$$

の関係があることがわかる。すなわち，氷山は水面上に見える高さの約10倍のものが水面下にあることがわかる[*1]。

次に，実際の地球内部にこの関係をあてはめる。最もよく出てくる例として，地殻の厚さと高度の関係を考える。水と氷の関係をマントルと地殻に読み替える。水にあたるのがマントルで，氷にあたるのが地殻である。対応関係は，第一にマントルの方が地殻よりも高密度であることと，第二にマントルは軟らかく地殻は硬いということである。マントルは固体であるが，十分に温度と圧力が高ければ流動する[*2]。すなわち，ある程度よりも深ければ流動することになる。図 A.6 のように大陸の地殻は厚く，海洋の地殻は薄い。マントルの中で破線の深さまでくると十分にマントルが流動的になっているとすれば，それより上にある重さがどこでも等しくなるはずである。すなわち，

$$\rho_c(h_c + D_{cc}) + \rho_m(D_m - D_{cc}) = \rho_{\text{water}} D_o + \rho_c(D_{oc} - D_o) + \rho_m(D_m - D_{oc}) \tag{A.23}$$

が成立する。ここで，ρ_c は地殻の密度，ρ_m はマントルの密度，ρ_{water} は水（海水）の密度である。そのほかの記号の意味は図 A.6 を参照のこと。この式を少し変形すると

$$D_{cc} = \frac{\rho_c}{\rho_m - \rho_c} h_c + D_{oc} + \frac{\rho_c - \rho_{\text{water}}}{\rho_m - \rho_c} D_o \tag{A.24}$$

が導かれる。これからわかることとしては，①大陸地殻は海洋地殻よりも厚いこと，②高い山があるところでは，モホ[*3]が深くなることなどがある。

[*1] いわゆる「氷山の一角」。

[*2] 固体の流動は，固体の原子の並びが少し崩れた部分が順繰りに移動してゆくことによって起こる。たとえば，氷河は氷の流動することによって流れている。融けて流れているのではない。

[*3] モホロビッチッチ不連続面の略で，地殻とマントルの境界のこと。

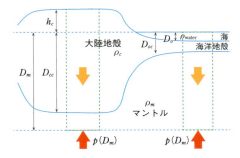

図 A.6 アイソスタシー。深さ D_m ではマントルが十分流動的になり，水平方向の圧力差が無くなるものとする。すると，2つの緑の破線で囲まれた直方体（底面積は単位面積）に含まれる重さは等しくなる。

A.5 静水圧近似

大気や海洋では常に流れがあるのだが，それにもかかわらず，大規模な流れに関して鉛直方向の力のつり合いは静水圧平衡の式が良い近似になっている[*4]。これを**静水圧近似**という。大気においては，圧力はその場所の上にある空気の重さで，海洋においては，圧力はその場所の上にある海水の重さであるということは，流れがあってもなくてもほぼ成立する。静水圧近似は，大気や海洋の大規模

[*4] コリオリ力が重要なこと，大規模でゆっくりした変動を扱うこと，水平スケールが鉛直スケールよりも十分大きいことを用いると静水圧近似を正当化できる。詳細は，たとえば Pedlosky (1987) を参照のこと。

な流れを考える上での基本になる（基礎編 5, 6 章参照）。

静水圧近似とアイソスタシーとの違いは，アイソスタシーでは一定深度において水平面内では圧力が一様だと考えるのに対して，大気や海洋では水平面内で圧力が一様でなくてもよいという点である[*1]。アイソスタシーは静水圧近似の特殊な場合ということになる。

*1 ただし，海洋でもアイソスタシーの考え方ができる場合もあることを基礎編 6.2 節で見ることになる。

演習問題

A.1 (A.5) 式と大気圧がほぼ 1 気圧であることを用いて地球大気の総質量を概算せよ。地球の表面積を計算するために地球の周の長さが 40,000 km であることを用いよ。

A.2 球状天体における静水圧平衡の式 (A.6) を考えるときに仮想的に考える立体が図 A.7 のような円錐台[*2]でも良いことを以下のようにして確かめよ。まず，上下方向の力のつり合いの式は h や θ が小さいとして

$$p(r+h)[\pi(r+h)^2\theta^2] + \rho(r)g(r)[\pi r^2 \theta^2 h]$$
$$= p(r)[\pi r^2 \theta^2] + p(r)\theta[2\pi r\theta h] \tag{A.25}$$

となる[*3]。ここで，右辺第二項は，側面にはたらく圧力の動径成分からきている[*4]。h が小さいと

$$\frac{p(r+h)-p(r)}{h} = -\rho(r)g(r) \tag{A.26}$$

となり，$h \to 0$ の極限を取れば，式 (A.6) が導かれる。

A.3 密度が一定の球状の天体の中心圧力は，

$$p_c = \frac{2\pi}{3}G\rho^2 R^2 = \frac{3}{8\pi}G\frac{M^2}{R^4} \tag{A.27}$$

となることを示せ。ここで，ρ は天体の密度，R は半径，M は質量である。

*2 上の面と下の面は球面の一部なので，正確には円錐台ではない。

*3 初心者向けの注釈を一つ。左辺第 1 項の $p(r+h)$ は $r+h$ の位置における p だが，$\pi(r+h)^2$ は π かける $(r+h)$ の 2 乗と言う意味である。こういう記号の読み方は意味を文脈から判断するしかない。

*4 円錐の側面は右と左が平行ではないので，そのような面に垂直にはたらく力（圧力）の総和は上向きになることに注意する。$p\sin\theta \approx p\theta$ が圧力の上向き成分で，$2\pi r\theta h$ が側面積である。

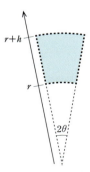

図 A.7 球状天体における静水圧平衡を考えるための仮想的な円錐台（太い破線）。

付録 B

顕生累代（Phanerozoic）の地質年代表

代 (Era)	紀 (Period)	世 (Epoch)	Ma
新生代 (Cenozoic)	第四紀 (Quaternary)	完新世	
		更新世	2.59
	新第三紀 (Neogene)	鮮新世	
		中新世	23.03
	古第三紀 (Paleogene)	漸新世	
		始新世	
		暁新世	65.5
中生代 (Mesozoic)	白亜紀 (Cretaceous)	後期	
		前期	145.5
	ジュラ紀 (Jurassic)	後期	
		中期	
		前期	199.6
	三畳紀 (Triassic)	後期	
		中期	
		前期	251.0

代 (Era)	紀 (Period)	世 (Epoch)	Ma
古生代 (Paleozoic)	ペルム紀 (Permian)	ローピンジアン	
		グアダルピアン	
		シスウラリアン	299.0
	石炭紀 (Carboniferous)	ペンシルバニアン	
		ミシシッピアン	359.2
	デボン紀 (Devonian)	後期	
		中期	
		前期	416.0
	シルル紀 (Silurian)	プリドリ	
		ラドロウ	
		ウェンロック	
		スランドベリー*	443.7
	オルドビス紀 (Ordovician)	後期	
		中期	
		前期	488.3
	カンブリア紀 (Cambrian)	フロンギアン	
		第三世	
		第二世	
		テレヌヴィアン	542.0

* スランドベリー（Llandovery）の語頭の"Ll"は，地元のイギリスウェールズ地方の発音では"th"である．そのため，正確な読み方はスランドベリーあるいはズランドベリーである．

引用・参考文献

　参考文献は，読者がさらに勉強を進めていくために役立つと考えられる文献である．また，次の2つのシリーズは，専門的学びを深める上での重要な基本文献としてここに紹介しておきたい．

　　　大谷栄治・長谷川昭・花輪公雄（編集）　現代地球科学入門シリーズ　全16巻．共立出版
　　　住　明正・平　朝彦・鳥海光弘・松井孝典（編集）　岩波講座　地球惑星科学　全14巻．岩波書店

■基礎編　1章
＜引用文献＞
伊藤孝士（2004）火星の日射量変動と気候．日本惑星科学会誌　13(3)，137-144．
Rufu R, Aharonson O and Perets HB (2017) A multiple-impact origin for the Moon. Nature Geoscience 10, 89-94 doi：10.1038/ngeo2866
Williams GE (2004) Earth's Precambrian rotation and the evolving lunar orbit：Implications of tidal rhythmite data for paleogeophysics. In：Eriksson PG, Altermann W, Nelson DR, Mueller WU and Catuneanu O (ed) The Precambrian Earth：Tempos and events.　Elsevier, Amsterdam

＜参考文献＞
Holford-Strevens H (2005) The History of Time. A Very Short Introduction.（正宗　聡（訳）（2013）暦と時間の歴史．丸善出版）
Hoskin M (2003) The History of Astronomy. A Very Short Introduction.（中村　士（訳）（2013）西洋天文学史．丸善出版）
海部宣男・星　元紀・丸山茂徳（編）（2015）宇宙生命論．東京大学出版会
片山真人（2012）暦の科学．ベレ出版
宮本英昭・橘　省吾・平田　成・杉田精司（編）（2008）惑星地質学．東京大学出版会
岡村定矩・池内　了・海部宣男・佐藤勝彦・永原裕子（編）（2007）人類の住む宇宙，現代の天文学　第1巻．日本評論社
須藤　靖（2006）ものの大きさ　自然の階層・宇宙の階層．東京大学出版会
東京大学地球惑星システム科学講座（編）（2004）進化する地球惑星システム．東京大学出版会
渡部潤一・井田　茂・佐々木晶（編）（2008）太陽系と惑星，現代の天文学　第9巻．日本評論社
渡部潤一・渡部好恵（2016）最新　惑星入門．朝日新聞出版

■基礎編　2章
＜参考文献＞
佐藤勝彦（2008）宇宙論入門　誕生から未来へ．岩波書店
佐藤勝彦・二間瀬敏史（2012）宇宙論(1)第2版　宇宙のはじまり（シリーズ現代の天文学）．日本評論社

■基礎編　3章
＜参考文献＞
福井康雄・犬塚修一郎・大西利和・中井直正・舞原俊憲・水野　亮（編）（2008）星間物質と星形成（シリーズ現代の天文学6）．日本評論社
ワード-トンプソン D, ウィットワース AP（著）古屋　玲（訳）（2016）星形成論－銀河進化における役割から惑星系の誕生まで．丸善出版
井田　茂・中本泰史（2015）惑星形成の物理－太陽系と系外惑星系の形成論入門（基本法則から読み解く物理学最前線6）．共立出版

■基礎編　4章
＜引用文献＞
Akasofu S-I (1964) The development of the auroral substorm. Planet Space Sci 12:273-282
Iijima T, Potemra TA (1976) The amplitude distribution of field-aligned currents at northern high latitudes observed by Triad. J Geophys Res 81:2165-2174
Iijima T, Potemra TA (1978) Large-scale characteristics of field-aligned currents associated with substorms. J Geophys Res 83:599-615
Johnson CY (1969) Ion and neutral composition of the ionosphere. In:Stickland AC (ed) Annals of the IQSY, volume

5, Solar-Terrestrial Physics:Terrestrial Aspects. MIT Press, pp 197-213
＜参考文献＞
恩藤忠典・丸橋克英（編著）（2000）宇宙環境科学．オーム社
國分　征（2010）太陽地球系物理学．名古屋大学出版会
小野高幸・三好由純（2012）太陽地球圏．共立出版

■基礎編　5章
＜引用文献＞
Manabe S, Strickeler RF (1964) J Atmos Sci 58: 381-385
Vonder Harr, TH, Showman AP (1969) Science 163: 667-669
＜参考文献＞
松田佳久（2014）気象学入門．東京大学出版会
小倉義光（1999）一般気象学．東京大学出版会

■基礎編　6章
＜引用文献＞
NOAA, NODC (2009) World Ocean Atlas 2009.
https://www.nodc.gov/OC5/WOA09/pr_woa09.html
図6.1と6.7bの作図ソフト：Schlizer R (2017) Ocean Data View, http://odv/awi.de
＜参考文献＞
横瀬久芳（2015）はじめて学ぶ海洋学．朝倉書店
関根義彦（2003）海洋物理学概論．成山堂書店
九州大学総合理工学府大気海洋環境システム学専攻（編）（2006）地球環境を学ぶための流体力学．成山堂書店

■基礎編　7章
＜引用文献＞
Inman DL (1949) Sorting of sediments in the light of fluid dynamics. Journal of Sedimentary Petrology 19：51-70
Reineck H-E Singh IB (1973) Depositional Sedimentary Environments, 2nd ed. Springer-Verlag, Berlin-Heidelberg-New York.
＜参考文献＞
保柳康一・公文富士夫・松田博貴（2004）堆積物と堆積岩．共立出版

■基礎編　8章
＜参考文献＞
鳥海光弘他編（2018）図説　地球科学の事典．朝倉書店

■基礎編　9章
＜引用文献＞
Asplund M, Grevesse N, Sauval AJ, Scott P (2009) The chemical composition of the sun. Ann Review Astronomy Astrophysics 47：481-522
Collerson KD, Hapugoda S, Kamber BZ, and Williams Q (2000) Rocks from the mantle transition zone：Majorite-bearing xenoliths from Malaita, Southwest Pacific. Science 288：1215-1223
Irifune T, Ringwood AE (1987) Phase transformations in hartzburgite coposition to 26 GPa：implications for dynamical be haviour of the subducting slab. EPSL 86：365-376
Kushiro I and Yorder H (1966) Anorthite-forsterite and anorthite-enstatite reactions and their bearing on the basalt-eclogite transformation. J Petrol 7：337-362
Murakami M, Hirose K, Kawamura K, Sata N, Ohishi Y (2005) Post-perovskite phase transition in $MgSiO_3$, Science 304：855-858
Obata M (1980) The Ronda peridotite：garnet-, spinel-, and plagioclase-lherzolite facies and the P-T trajectories of a high-temperature mantle intrusion. J Petrol 21：533-572
Presnall DC (1995) Phase diagrams of Earth-forming minerals, AGU reference shelf 2 Mineral Physics and Crystallography, 248-268
Tateno S, Hirose K, Ohishi Y and Tatsumi Y (2010) The structure of iron in Earth's inner core, Science 330：359-361
Wagman DD, Evans, WH, Parker, VB, Schumm RH, Halow I, Bailey, SM, Churney KL, Nutall, RL (1982) The NBS tables of chemical thermodynamic properties, Seleted values for inorganic and C1 and C2 organic substances in SI units. J Phys Chem Ref Data 11, Supplement No2, 392pp

<参考文献>
平　朝彦ほか（1997a）地殻の形成（岩波講座　地球惑星科学8）．岩波書店
平　朝彦ほか（1997b）地殻の進化（岩波講座　地球惑星科学9）．岩波書店
平　朝彦ほか（1998）地球進化論（岩波講座　地球惑星科学13）．岩波書店
高橋正樹（1999）花崗岩が語る地球の進化．岩波書店
高橋正樹・石渡明（2012）Field Geology 8　火成作用．共立出版
鳥海光弘ほか（1996）地球惑星物質科学（岩波講座　地球惑星科学5）．岩波書店
鳥海光弘ほか（1997）地球内部ダイナミクス（岩波講座　地球惑星科学10）．岩波書店

■基礎編 10章
<引用文献>
Argus DF, Gordon RG (1991) No-net rotation model of current plate velocities. Geophys Res Lett 18：2039-2042. doi：10.1029/91GL01532.
DeMets C, Gordon RG, Argus DF, Stein S (1990) Current plate motions. Geophys J Int 101：425-478. doi：10.1111/j.1365-246X.1990.tb06579.x.
Kreemer C, Blewitt G, Klein EC (2014) Geodetic plate motion and global strain model. Geochem Geophys Geosyst 15：3849-3889. doi：10.1002/2014GC005407.
Marty JC, Cazenave A (1989) Regional variations in subsidence rate of oceanic plates：a global analysis. Earth Planet Sci Lett 94：301-315. doi：10.1016/0012-821X(89)90148-9.
Müller RD, Sdrolias M, Gaina C, and Roest WR (2008) Age, spreading rates and spreading symmetry of the world's ocean crust. Geochem Geophys Geosyst 9：Q04006. doi：10.1029/2007GC001743.
Seton M, Müller RD, Zahirovic S, Gaina C, Torsvik T, Shephard G, Talsma A, Gurnis M, Turner M, Maus S, Chandler M (2012) Global continental and ocean basin reconstructions since 200 Ma. Earth Sci Rev 113：212-270. doi：10.1016/j.earscirev.2012.03.002.
Turcotte DL, Schubert G (2014) Geodynamics, 3rd edn, Cambridge University Press, London.
上田誠也（1978）プレート・テクトニクスと地球の進化．収録：上田誠也．水谷　仁（編）地球（岩波講座　地球科学1）．岩波書店
<参考文献>
是永　淳（2014）絵でわかる　プレートテクトニクス．講談社
沖野郷子・中西正男（2015）海洋底地球科学．東京大学出版会
瀬野徹三（1995）プレートテクトニクスの基礎．朝倉書店
瀬野徹三（2001）続　プレートテクトニクスの基礎．朝倉書店

■基礎編 11章
<参考文献>
Benton M, Harper D (1997) Basic Palaeontology. Addison Wesley Longman Limited, Essex, England
Briggs DEG, Crowther PR (1990) Palaeobiology: A Synthesis. Blackwell Science, London
Foote M, and Miller AI (2007) Principles of Paleontology. Freeman and Company, New York
Gradstein FM, Ogg JG, Schmitz MD, and Ogg GM (2012) The Geologic Time Scale 2012. Vol. 1 and 2, Elsevier, Oxford
日本古生物学会（2010）古生物学辞典第2版．朝倉書店

■基礎編 12章
<引用文献>
杉村　新（1987）グローバルテクトニクス．東京大学出版会
Bowen NL (1928) The Evolution of Igneous Rocks. Dover
Green DH (1982) Anatexis of mafic crust and high pressure crystallization of andesite. In：Thorpe RS (ed) Andesites：Orogenic Andesites and Related Rocks. Wiley
Jaupart C, Mareschal J-C (2011) Heat Generation and Transport in the Earth. Cambridge University Press
Yoder HSJ, Tilley CE (1962) Origin of basalt magmas：An experimental study of natural and synthetic rock systems. J Petrol 3：342-532
<参考文献>
榎並正樹（2013）岩石学（現代地球科学入門シリーズ16）．共立出版
小屋口剛博（2008）火山現象のモデリング．東京大学出版会
シュミンケ H-U（著）隅田まり・西村裕一（訳）（2016）新装版　火山学Ⅰ, Ⅱ. 古今書院
高橋正樹（2000）島弧・マグマ・テクトニクス．東京大学出版会

巽　好幸（2003）安山岩と大陸の起源．東京大学出版会
吉田武義・西村太志・中村美千彦（2017）　火山学（現代地球科学入門シリーズ 7）．共立出版

■基礎編　13 章
＜引用文献＞
酒井治孝（2003）地球学入門　第 2 版．東海大学出版部
地震調査研究推進本部地震調査委員会（2009）日本の地震活動－被害地震から見た地域別の特徴　第 2 版．財団法人地震予知総合研究振興会地震調査研究センター
Matsumoto S, Nishimura T, Ohkura T (2016) Inelastic strain rate in the seismogenic layer of Kyushu Island, Japan. Earth, Planets and Space 2016 68：207_doi.org/10.1186/s40623-016-0584-0
＜参考文献＞
中島淳一・三浦　哲（2014）弾性体力学－変形の物理を理解するために（フロー式 物理演習シリーズ 16 巻）．共立出版
宇津徳治（2001）地震学　第 3 版．共立出版
長谷川昭・佐藤春夫・西村太志（2015）地震学（現代地球科学入門シリーズ 6 巻）．共立出版
宇津徳治・嶋　悦三・吉井敏尅・山科健一郎（編）（2010）地震の事典（第 2 版）（普及版）．朝倉書店

■基礎編　14 章
＜引用文献＞
荒木健太郎（2017）局地的大雨と集中豪雨．中谷　剛・三隅良平（監修）　豪雨のメカニズムと水害対策．エヌ・ティー・エス
一柳錦平・田上雅浩・市川　勉（2016）熊本地域の水文気象環境とその長期変化．嶋田　純・上野眞也（編）持続可能な地下水利用に向けた挑戦．成文堂
環境省（2014）気候変動に関する政府間パネル（IPCC）第 5 次評価報告書の概要－第 1 作業部会報告書（自然科学的根拠）－．https://www.env.go.jp/earth/ipcc/5th/pdf/ar5_wg1_overview_presentation.pdf
気象庁（2017）地球温暖化予測情報．第 9 巻
国土地理院防災地理課（2015）治水地形分類図　解説書．国土地理院
津口裕茂・加藤輝之（2014）集中豪雨事例の客観的な抽出とその特性・特徴に関する統計解析．天気 61 巻 6 号，19-33
福岡管区気象台（2012）災害時気象速報　平成 24 年 7 月九州北部豪雨．災害時自然現象報告書　2012 年第 1 号 http://www.jma-net.go.jp/fukuoka/chosa/kisho_saigai/20120711-14.pdf
＜参考文献＞
荒木健太郎（2014）雲の中では何が起こっているのか．ベル出版
斉藤和雄・鈴木　修（2016）メソ気象の監視と予測．朝倉書店
中谷　剛・三隅良平（2017）豪雨のメカニズムと水害対策．エヌ・ティー・エス
三隅良平（2014）気象災害を科学する．ベル出版

■基礎編　15 章
＜引用文献＞
Rockström J, Steffen W, Noone K, Persson Å, Chapin FS III, Lambin E, Lenton TM, Scheffer M, Folke C, Schellnhuber H, Nykvist B, De Wit CA, Hughes T, van der Leeuw S, Rodhe H, Sörlin S, Snyder PK, Costanza R, Svedin U, Falkenmark M, Karlberg L, Corell RW, Fabry VJ, Hansen J, Walker B, Liverman D, Richardson K, Crutzen P and Foley J (2009) Planetary boundaries：exploring the safe operating space for humanity. Ecology and Society 14(2)：32
Steffen W, Richardson K, Rockström J, Cornell SE, Fetzer I, Bennett EM, Biggs R, Carpenter SR, de Vries W, de Wit CA, Folke C, Gerten D, Heinke J, Mace GM, Persson LM, Ramanathan V, Reyers B and Sörlin S (2015) Planetary boundaries：Guiding human development on a changing planet. Science 347 (6223), 1259855. doi：10.1126/science.1259855
＜参考文献＞
三井　誠（2005）人類進化の 700 万年－書き換えられる「ヒトの起源」．講談社
Mlodinow L (2015) THE UPRIGHT THINKERS：The Human Journey from Living in Trees to Understanding of Cosmos.（水谷　淳（訳）（2016）この世界を知るための　人類と科学の 400 万年史．河出書房新社）
Noah Harari Y (2011) SAPIENS：A Brief History of Humankind. Vintage（柴田裕之（訳）（2016）サピエンス全史　上・下．河出書房新社）
内田悦生・高木秀雄（編）（2008）地球・環境・資源－地球と人類の共生をめざして．共立出版

■応用編　1 章
＜引用文献＞
Weisberg MK et al. (2006) Systematics and Evaluation of Meteorite Classification. In: Lauretta DS and McSween Jr

HY eds Meteorites and the Early Solar System II. University of Arizona Press, Tucson, 19-52

＜参考文献＞

渡辺潤一・井田　茂・佐々木晶（編）(2008) 太陽系と惑星（シリーズ現代の天文学 9）．日本評論社

渡部潤一・渡部好恵 (2016) 最新　惑星入門（朝日新書 574）．朝日新聞出版

Rothery DA, McBride N, Gilmour I eds (2018) An Introduction to the Solar System, 3rd ed. Cambridge University Press

■応用編　2章
＜引用文献＞

荒川政彦 (2004) 小惑星，惑星の形．形の科学会（編）形の科学百科事典．朝倉書店，pp. 483-484

Broughton J (2017) Asteroid dimensions from occultations
http://www.asteroidoccultation.com/observations/Asteroid_Dimensions_from_Occultations.html

Hughes DW, Cole GHA (1995) The asteroid sphericity limit. Mon Not R Astron Soc, 277: 99-105

唐戸俊一郎 (2011) 地球物質のレオロジーとダイナミクス（現代地球科学入門シリーズ 14）．共立出版

黒石裕樹 (2003) 宇宙測地における座標系の取り扱いについて―その 1　標高基準―．国土地理院時報，102, 21-31

NASA Space Science Data Coordinated Archive (2016) Lunar and planetary science
https://nssdc.gsfc.nasa.gov/planetary/

Pavlis NK, Holmes, SA, Kenyon SC, Factor JK (2012) The development and evaluation of the Earth Gravitational Model 2008 (EGM2008). J Geophys Res 117：B04406

＜参考文献＞

アルフケン GB, ウェーバー HJ（著），権平健一郎ほか（訳）(1999-2002) 基礎物理数学第 4 版　全 4 巻．講談社

Fitzpatrick R (2016) Introduction to Celestial Mechanics
https://farside.ph.utexas.edu/teaching/celestial/Celestial/Celestialhtml.html

ホフマン・ウェレンホフ B, モーリッツ H（著），西修二郎（訳）(2006) 物理測地学，シュプリンガー・ジャパン

本多　了ほか（訳）(2013) 地球の物理学事典．朝倉書店（この本は Stacey DS, Davis PM (2008) Physics of the Earth, 4th ed., Cambridge University Press の訳である）

大久保修平（編）日本測地学会監修 (2004) 地球が丸いってほんとうですか？測地学者に 50 の質問（朝日選書 751）．朝日新聞社

Turcotte D, Schubert G (2014) Geodynamics, 3rd ed., Cambridge University Press

和達三樹 (2017) 物理のための数学（物理入門コース［新装版］）．岩波書店

Wahr J (1996) Geodesy and Gravity-Class Notes, Samizdat Press
http://www.e-booksdirectory.com/details.php?ebook=1599

蓬田　清 (2007) 演習形式で学ぶ特殊関数・積分変換入門．共立出版

　　本章全体の参考書としては，一般向けの数式を使っていないものとして大久保 (2004)，専門家向けのものとして Wahr (1996), ホフマン・ウェレンホフとモーリッツ (2006), Fitzpatrick (2016) などがある．地球内部物理学全体の学部生から大学院生向けの参考書としては，本多ほか訳 (2013) や Turcotte and Schubert (2014) がある．本章に関係の深いところとしては，前者の第 6 章，後者の第 5 章で重力についてわかりやすく説明してある．本章では，ある程度の物理数学を使っている．その全般的な参考書としては和達 (2017) やアルフケンとウェーバー (1999-2002) などがある．

　　式 (2.5) の導出方法が知りたい方は Turcotte & Schubert (2014) の 5.2-5.4 節や本多ほか訳 (2013) の 6.2 節と付録 C を参照されたい．前者では $1/r$ の展開を用いた方法で導出しており，後者ではラプラス方程式の変数分離法による解法を用いている．

　　式 (2.5) に入っている 2 次のルジャンドル多項式に関して詳しくは，たとえば蓬田 (2007) の第 3 章やアルフケンとウェーバー (1999-2002) の第 2 巻第 4 章と第 3 巻第 3 章を見られたい．

■応用編　3章
＜引用文献＞

Craig H (1961) Isotopic variations in meteoric waters. Science 133：1702-1703

Halliday A, Lee D, Jacobsen SB (2000) Tungsten isotopes, the timing of metal-silicate fractionation, and the origin of the Earth and Moon. Origin of the Earth and Moon 1：45-62

Mason B, Moore C B (1985) Principles of geochemistry. John Wiley & Sons

McCulloch MT, Bennett VC (1994) Progressive growth of the Earth's continental crust and depleted mantle：geochemical constraints. Geochimica et Cosmochimica Acta 58：4717-4738

Minster J, Birck J, Allegre C (1982) Absolute age of formation of chondrites studied by the 87Rb-87Sr method. Nature 300：414-419

Palme H, Jones A (2005) Solar system abundances of the elements. In：Davis A (ed) Treatise on Geochemistry：Meteorites, Comets and Planets, 41-61, Elsevier.

引用・参考文献

<参考文献>
Faure G (1986) Principles of Isotope Geology. John Wiley & Sons
松田准一・圦本尚義（編）(2008) 宇宙・惑星化学（地球化学講座 2）．培風館
野津憲治・清水 洋 (2003)（編）マントル・地殻の地球化学（地球化学講座 3）．培風館

■応用編 4 章
<引用文献>
阿部 豊 (1998) 地球システムの形成．地球進化論（岩波講座 地球惑星科学 13）岩波書店
<参考文献>
田近英一 (1998) 大気海洋系の進化．地球進化論（岩波講座 地球惑星科学 13）岩波書店

■応用編 5 章
<引用文献>
Hayasaki M, Kawamura R (2012) Cyclone activities in heavy rainfall episodes in Japan during spring season. SOLA 8：45-48
Hirata H, Kawamura R, Kato M, Shinoda T (2015) Influential role of moisture supply from the Kuroshio/Kuroshio Extension in the rapid development of an extratropical cyclone. Mon Wea Rev 143：4126-414
Nakamura H, Nishina A, Minobe S (2012) Response of storm tracks to bimodal Kuroshio path states south of Japan. J Clim 25：7772-7779.
<参考文献>
小倉義光 (1999) 一般気象学．東京大学出版会
釜堀弘隆・川村隆一 (2018) トコトン図解 気象学入門．講談社

■応用編 6 章
<引用文献>
Graedel TE, Crutzen PJ (1993) Atmospheric change: An earth system perspective．W. H. Freeman and Company, New York.
IPCC (2013) Fifth Assessment Report．Climate Change 2013: The Physical Science Basis. IPCC. http://www.ipcc.ch/report/ar5/wg1/
気象庁 (2014) 気候変動監視レポート 2104．気象庁
<参考文献>
日本気象学会地球環境問題委員会 (2014) 地球温暖化―そのメカニズムと不確実性．朝倉書店

■応用編 7 章
<引用文献>
本多 了 (2011) マントルダイナミクスⅡ－力学．鳥海光弘（編）地球内部ダイナミクス（新装版 地球惑星科学 10）．pp. 73-121．岩波書店
Turcotte DL and Schubert G (2014) Geodynamics (3rd ed)．Cambridge University Press.
<参考文献>
亀山真典 (2014) 地球内部のダイナミクス．山本明彦（編）地球ダイナミクス，pp. 174-195，朝倉書店
Schubert G, Turcotte DL, and Olson P (2001) Mantle convection in the Earth and Planets．Cambridge University Press.

■応用編 8 章
<参考文献>
国際標準地球磁場については京都大学地磁気世界資料解析センターのウェブサイトに詳しい解説がある．
http://wdc.kugi.kyoto-u.ac.jp/index-j.html
地球電磁気・地球惑星圏学会 学校教育ワーキング・グループ（編）(2010) 太陽地球系科学 京都大学学術出版会
松井孝典・松浦充宏・林 祥介・寺沢敏夫・谷本俊郎・唐戸俊一郎 (1996) 地球連続体力学（岩波講座 地球惑星科学 6）．岩波書店
鳥海光弘・玉木賢策・谷本俊郎・本田 了・高橋栄一・巽好幸・本蔵義守 (1997) 地球内部ダイナミクス（岩波講座 地球惑星科学 10）．岩波書店
山本明彦（編著）(2014) 地球ダイナミクス．朝倉書店

■応用編 9 章
<引用文献>
ライナス・ポーリング (1975) 化学結合論 共立出版
日本結晶学会編 (2009) 日本結晶学会誌入門講座Ⅰ．日本結晶学会 (CD-ROM)
国際結晶学連合 "International Tables for Crystallography A" (2006) IUCr

https://it.iucr.org/
吉朝 朗 (2001) 結晶の対称を知ろう．日本結晶学会誌，43：297-305
吉朝 朗 (2013) 回折法とX線吸収分光 (XAFS) 法を用いた地球惑星物質の精密構造解析．岩石鉱物科学，42：111-122
Shannon RD (1976) Revised effetive ionic radii and systematic studies of interatomic distances in halides and chalcogenides. Acta Cryst A32: 751-767
砂川一郎 (2003) 結晶 成長・形・完全性．共立出版
＜参考文献＞
森本信男・砂川一郎・都城秋穂 (1975) 鉱物学．岩波書店
中井 泉・泉富士夫 (2009) 粉末X線解析の実際．朝倉書店
水島三一郎・島内武彦 (1980) 赤外線吸収とラマン効果 (共立全書 129)．共立出版
宇田川康夫 (編) (1993) X線吸収微細構造．学会出版センター

■応用編 10 章
＜引用文献＞
Berner RA (2006) GEOCARBSULF：A combined model for Phanerozoic atmospheric O_2 and CO_2. Geochim Cosmochim Acta, 70: 5653-5664
Parker AR (1998) Colour in Burgess Shale animals and the effect of light on evolution in the Cambrian. Proceedings of the Royal Society B, 265: 967-972
＜参考文献＞
Brasier MD, Antcliffe J, Saunders M, Wacey D (2015) Changing the picture of Earth's earliest fossils (3.5-1.9 Ga) with new approaches and new discoveries. PNAS 112: 4859-4864.
Carroll RL (1988) Vertebrate Paleontology and Evolution. Freeman and Company, New York
Clarkson ENK (1998) Invertebrate Palaeontology and Evolution, Forth Edition. Blackwell Science, London
Taylor P (2004) Extinctions in the History of Life. Cambridge University Press, Cambridge
鎮西清高・植村和彦 (編) (2004) 地球環境と生命史 (古生物の科学 5)．朝倉書店
池谷仙之・北里 洋 (2004) 地球生物学 地球と生命の進化．東京大学出版会
川幡穂高 (2011) 地球表層環境の進化 先カンブリア時代から近未来まで．東京大学出版会

■応用編 11 章
＜引用文献＞
Reineck H-E, Singh IB (1973) Depositional Sedimentary Environments, 2nd ed. Springer-Verlag, Berlin-Heidelberg-New York
Tucker ME (2001) Sedimentary Petrology: An Introduction to the Origin of Sedimentary Rocks, 3rd ed. Blackwell Publishing, Malden-Oxford-Carlton
吉田史郎・脇田浩二 (1999) 地域地質研究報告 5 万分の 1 地質図幅．地質調査所 (現地質調査総合センター)
＜参考文献＞
Oki T, Kanae S (2006) Global hydrological cycle and world water resources. Science 313:1068-1072
沖 大幹・鼎 信次郎 (2007) 地球表層の水循環・水収支と世界の淡水資源の現状．地学雑誌 116 巻，31-42
天野一男・秋山雅彦 (2004) フィールドジオロジー入門．共立出版
長谷川四郎・中島 隆・岡田 誠 (2006) 層序と年代．共立出版

■応用編 12 章
＜引用文献＞
石渡 明 (1985) オフィオライト：様々な海洋性地殻の断片．地学雑誌，95 巻 7 号，104-118
石渡 明 (1989) 日本のオフィオライト．地学雑誌，98 巻 3 号，104-117
小笠原義秀 (2009) 超高圧変成作用起源のダイヤモンド．早稲田大学出版部
奥山康子 (2007) 青いガーネットの秘密．誠文堂新光社
Tsujimori T, Ernst G (2014) Lawsonite blueschists and lawsonite eclogites as proxies for palaeosubduction zone processes：a review. Journal of Metamorphic Geology, 32：437-454
＜参考文献＞
榎並正樹 (2013) 岩石学 (現代地球科学入門シリーズ 16)．共立出版
周藤賢治・小山内康人 (2002) 岩石学概論 (下) 解析岩石学．共立出版
中島 隆・高木秀雄・石井和彦・竹下 徹 (2004) 変成・変形作用．共立出版
坂野昇平・鳥海光弘・小畑正明・西山忠男 (2000) 岩石形成のダイナミクス．東京大学出版会
都城秋穂 (1964) 変成岩と変成帯．岩波書店

都城秋穂（1994）変成作用．岩波書店
都城秋穂・久城育夫（1975）岩石学Ⅱ．共立全書
都城秋穂・久城育夫（1977）岩石学Ⅲ．共立全書

■応用編 13章
＜引用文献＞
Hashimoto T, Kimura G (1999) Underplating process from melange formation of duplexing：Example from the Cretaceous Shimanto Belt, Kii Peninsula, southwest Japan．Tectonics 18：92-107
磯崎行雄・丸山茂徳（1991）日本におけるプレート造山論の歴史と日本列島の新しい地帯構造区分．地学雑誌 100：697-761
倉本真一・平 朝彦・Bangs NL（2000）南海トラフ付加体の地震発生帯－日米 3D 調査概要．地学雑誌 109：531-539
Matsuda T, Isozaki Y (1991) Well-documented travel history of Mesozoic pelagic chert in Japan：From remote ocean to subduction zone．Tectonics 10：475-499
中江訓（2000）付加複合体の区分法と付加体地質学における構造層序概念の有効性．地質学論集 55：1-15
Otofuji Y, Matsuda T (1984) Timing of rotational motion of Southwest Japan inferred from paleomagnetism．Earth Planet Sci Lett 70：373-382
Otofuji Y, Matsuda T (1987) Amount of clockwise rotation of Southwest Japan—fan shape opening of the southwestern part of the Japan Sea．Earth Planet Sci Lett 85：289-301
Sano H, Kanmera K (1991) Collapse of ancient oceanic reef complex-What happened during collision of Akiyoshi reef complex?- Sequence of collisional collapse and generation of collapse products．Jour Geol Soc Jpn 97：631-644
柳井修一・青木一勝・赤堀良光（2010）日本海の拡大と構造線―MTL，TTL そしてフォッサマグナ―．地学雑誌 119：1079-1124

＜参考文献＞
磯崎行雄ほか（編）（2010-2011）日本列島形成史と次世代パラダイム Part 1-Part 3．地学雑誌特集号，東京地学会
勘米良亀齢（1976）現在と過去の地向斜堆積物の対応Ⅰ・Ⅱ．科学 46：284-291, 371-378
木村 学（2002）プレート収束帯のテクトニクス学．東京大学出版会
Moreno T et al (eds.) (2016) The Geology of Japan．Geological Society, London
辻森 樹（2010）日本列島に記録された古生代高圧変成作用―新知見とこれから解決すべき問題点―．地学雑誌 119：294-312

■応用編 14章
＜引用文献＞
Ge S et al. (2002) Hydrogeology program planning group, final report．JOIDES Journal, 28：24-29
Heezen BC, MacGregor ID (1973) The Evolution of the Pacific．Scientific American, 229：102-115
Müller RD, Sdrolias M, Gaina C, and Roest WR (2008) Age, spreading rates, and spreading symmetry of the world's ocean crust, Geochem．Geophys．Geosyst., 9：Q04006．doi：10.1029/2007GC001743.
巽好幸（1995）沈み込み帯のマグマ学―全マントルダイナミクスに向けて．東京大学出版会
Macdonala KC (2001) Mid-ocean ridge tectonics, volcanism and geomorphology．In：Steele JH, Thorpe SA, Turekian KK (eds.) Encyclopedia in Ocean Sciences．Academic Press, pp.1798-1813.

＜参考文献＞
藤岡換太郎（2016）深海底の地球科学．朝倉書店
中西正男・沖野郷子（2016）海洋底地球科学．東京大学出版会
深海と地球の事典編集委員会（2014）深海と地球の事典．丸善出版

■応用編 15章
＜参考文献＞
氏家良博（1990）石油地質学概論．共立出版

■付録A
＜引用文献＞
Dziewonski AM (1981) Preliminary reference Earth model．Phys Earth Planet Inter, 25:297-356
Pedlosky J (1987) Geophysical Fluid Dynamics, 2nd ed．Springer-Verlag, New York

＜参考文献＞
坪井忠二（1979）重力 第 2 版（岩波全書 61）．岩波書店

索　引

■ あ 行

アースフロー　49
アイソグラッド　237
アイソクロン　154
アイソスタシー　44, 63, 76, 96, 247, 268
IPCC　180
アインシュタイン方程式　12
アウトフロー　18, 20
秋吉帯　242
アクリターク　214
アセノスフェア　65, 84, 189
圧縮性流体　29
圧力　264
アナレンマ　3
亜熱帯循環　44
天の川銀河　10
α 壊変　148
アルプス型造山運動　231
安山岩質　73
安息角　50
安定同位体　150
アンベンディング　113
アンモノイド　91
アンモノイド類　216
イオン結合　206
イオン半径　205
位相速度　106
一次生産者　127
一般相対性理論　11
遺伝的多様性　128
緯度　140, 145, 146
ウォーカー循環　165
ウォズレアイト　186
渦位（ポテンシャル渦度）　45
宇宙機　9
宇宙再電離　16
宇宙線生成核種　149
宇宙の暗黒時代　15
宇宙の晴れ上がり　15
宇宙マイクロ波背景放射　13
運搬力　51
衛星　6
HR（ヘルツシュプルング・ラッセル）図　20

栄養塩　44
エウロパ　136
AU　5
エキセントリックプラネット　138
液相線　98
エクマン境界層厚　43
エクマン層　173
エクマン沈降　44
エクマン湧昇　44
エクマン輸送　43, 173
エクマンらせん構造　43
エクロジャイト　74
エクロジャイト相　237
エコンドライト隕石　134
SH 波　106
S 波　60, 105
SV 波　106
エックス線　13
エディアカラ生物　89
エディアカラ生物群　215, 216
エルニーニョ現象　166
塩基性岩　73
エンケラドス　136
ENSO（El Niño-Southern Oscillation）現象　167
遠日点　5
猿人　125
延性　115
円盤ガス捕獲大気　160
塩分　41
オイラー極　81
応力　62, 108, 189, 190, 264
大江山帯　241
渡島帯　243
オールトの雲　137
オーロラオーバル　25, 29, 30
オーロラサブストーム　30
隠岐帯　241
オゾン　31
オゾン層　179
オゾン層破壊　127
オゾンホール　180
帯　135
オフィオライト　72, 74, 96, 231, 236, 241

オフィオライト層序　232
オリンポス山　133
オルドビス紀　89
親核種　151
温位　171
温室効果　32, 179
温室効果ガス　32
温室効果気体　175
温帯低気圧　168
温暖化　125
温暖コンベアベルト　171
温度風平衡　36

■ か 行

海王星　136
海王星型惑星　131
外核　63, 70, 193, 198
皆既月食　8
皆既日食　8
外圏温度　26
海溝　239, 247, 252
会合周期　5
開口割れ目　108
回収・再生のシステム　129
海食台　50
海水準低下　125
外水氾濫　122
外帯　25
海台玄武岩　97
海底堆積物　248, 250
海底熱水鉱床　257
回転楕円体　143
海膨　249
海面力学高度　43
海洋大循環　48
海洋地殻　73, 76
海洋中央海嶺　231
海洋底拡大説　78
海洋島玄武岩　97
海洋プレート　80
海洋プレート層序　243
海洋無酸素事変（Ocean anoxic events：OAEs）　217
化学的風化作用　49
化学風化反応　224

281

核　70, 193
角運動量　18
角閃岩相　237
核分裂反応　261
核融合反応　148
花崗岩　74, 241, 243
花崗岩質　73, 74
可採年数　262
可採埋蔵量　262
火砕流　104
火山岩　96
火山性地震　108
火山フロント　97
可視光　13
ガスハイドレート　260
カスプ　24, 28
火星　132
火成岩　69, 96, 98
火成作用　256
化石人類　125
化石燃料　126, 259
家畜化　125
活断層　108
火道　103
角運動量　7
下方侵食　50
ガラス転移　201
カルデラ　104
環　135
環境問題　225
間欠泉　136
慣性モーメント　145
岩石　69, 70
間接循環　38
岩相層序区分　229
乾燥断熱減率　33
間氷期　125, 174
カンブリア紀　89
カンブリア紀生物大進化　216
カンブリア紀爆発　89
ガンマ線　13
岩脈　103
かんらん岩　71, 231, 236
かんらん石　68, 71, 115, 186
寒流　46
寒冷コンベアベルト　171
緩和　213
気圧　31, 35
気圧傾度力　35
機械的（物理的）風化作用　49
気候　174
気候システム　181
気候変動　48, 174

──に関する政府間パネル　180
気候モデル　180
気象災害　116
輝石　68, 71
季節躍層　41
北アメリカプレート　239
起潮力　42
基盤岩　240
逆格子　211
逆断層　108
逆行　2
球殻成層構造　62
級化層理　226
九州北部豪雨　120
境界層　42
境界層理論　186
共進化　124
暁新世　220
共融系　99
共有結合　206
共融点　98, 100
局所構造　213
極端現象　177
巨大海台　251
巨大火山噴火　129
巨大ガス惑星　4, 131, 135
巨大氷惑星　4, 131, 136
銀河系　10
金環食　8
キンク　208
均時差　3
近日点　3, 5
金星　132
金属鉱山　127
金属鉄　69
空間群　201
クーロンの破壊基準　109
クォーク・ハドロン相転移　15
クックソニア類　217
グラニュライト相　237
クラペイロン勾配　187
グレゴリオ暦　1
グローバルコンベアベルト　47
黒潮　46, 168
黒潮続流　168
黒潮大蛇行　170
黒瀬川帯　242
グロッソプテリス類　219
傾圧性　168
傾圧不安定　168
傾圧不安定波　39
系外惑星　138

珪酸塩　68
珪酸塩鉱物　69
珪質軟泥　56
傾斜　108, 227
経度　140, 145
結晶構造　186
結晶の形態　204
結晶分化作用　100
結晶片岩　235
限界摩擦速度　51
限界流速　51
原核生物　214
言語の獲得　125
原子価数　213
原子間力顕微鏡　212
原子座標　201
原始星　18, 20
原始埋蔵量　262
原子力エネルギー　129
原子炉　262
原始惑星系円盤　18, 19, 67
原人　125
現生人類　125
顕生累代　215
原生累代　88, 214
鍵層　229
玄武岩　95, 231, 248
玄武岩質　73
コア　70, 157, 158, 193
コアーマントル境界　200
広域火成岩区　97
広域変成作用　234
広域変成帯　234
鉱害　258
光合成生物　127
格子定数　201, 211
鉱床　256
工場排水　127
洪水玄武岩　97
恒星日　1
剛性率　111
鉱石　256
剛体　81, 83, 112
光度　20
黄道面　1
降伏　190
降伏応力　190
降伏強度　190
鉱物　69
鉱物資源　126
鉱物種　213
高分解能透過型電子顕微鏡　212
コース石　232

氷火山　137
国際標準地球磁場　195
国際標準模式層断面および地点　94
黒点　175
古細菌　214
弧状列島　80
古生代　89, 216, 241, 242, 271
固相線　99
古第三紀　89
古地磁気　200
固溶体　68, 203
コリオリ力　35, 42, 43, 135, 185
コルジレラ型造山運動　231
根源岩　259
混合層　41
コンドライト隕石　134
ゴンドワナ大陸　216

■さ 行
再結合　15
歳差　8, 62
最終氷期　125
最小主応力　109
再生可能型エネルギー　259
再生能力　127
最大主応力　109
差応力　109
作物の栽培　125
ざくろ石　72
里山　126
砂漠化　126
サブストーム　30
三角州　54
産業革命　126
サンゴ礁　56
三重会合点　239
三畳紀　89
酸性雨　261
酸性岩　73
三波川帯　244
サンプルリターン　9
GSSP　94
シート状岩脈群　95
シール　260
ジェット　18
ジオイド　43, 140, 142
　――の回転楕円体　144
ジオイド異常　147
ジオコロナ　27
ジオスペース　23, 26, 29
紫外線　13
磁気圏　23

磁気圏サブストーム　30
磁気圏ダイナモ　29
磁気嵐　25, 29
磁気リコネクション　28, 30
資源循環のシステム　129
始原的エコンドライト隕石　134
資源の枯渇　127
子午面循環　37, 47
示準化石　91
地震　105
始新世　220
地震動　105
地震波　60, 105
地震波速度　59
地震波トモグラフィー　61
地震モーメント　111
地すべり　49
沈み込み帯　80
沈み込み帯型造山運動　231
始生累代　88, 214
自然エネルギー　129
自然科学の成立　126
示相化石　92
持続・循環による発展　129
始祖鳥　219
湿潤断熱減率　34
実体波　105
磁場凍結　194
磁場凍結近似　194
縞　135
縞状鉄鉱層　257
四万十帯　244
ジャイアントインパクト　6
社会の成立　125
斜交層理　226
射出限界　162
蛇紋岩　236
蛇紋岩メランジュ　236, 241
集積岩　95, 231
収束境界　80, 112, 239
集中豪雨　116
重力異常　147
重力圏　9
重力の等ポテンシャル面　140
重力平衡形状　4
重力ポテンシャル　9, 62, 143
主応力　109
主温度躍層　41, 165
ジュラ紀　89
順圧流　47
準地衡流　46
準惑星　4
衝　5

晶相　207
衝突型造山運動　231
衝突帯　80
蒸発岩　257
蒸発鉱物　56
小氷期　175
消費・散逸による成長　129
晶癖　207
消滅核種　149, 154
小惑星　3
シルル紀　89
震央　105
深海性堆積物　74
深海平原　248, 250, 251
真核生物　214
親気元素　150, 163
震源　105
震源断層　108
人口増加　126
人口の急増　126
深成岩　96
真正細菌　214
新生代　89, 220, 245, 271
親石元素　150, 154
深層水　47
深層対流　47
深層流　47
新第三紀　89
親鉄元素　150, 154, 159
震度　110
震度階　110
森林伐採　125
水害　121
初源水平(水平堆積)の原理　227
水準原点　142
水準測量　140
水蒸気　171, 180
水蒸気混合比　171
水星　131
彗星　137
吹送流　42
水素結合　206
垂直応力　108
スーパーアース（地球）　138, 192
スーパーローテーション　132
周防(変成)帯　243
スカルン　236
スカルン鉱床　257
スケールハイト　32, 267
ステップ　208
ストロマトライト　89
砂嵐　133
スノーボール仮説　215

スパイラル成長機構　208
スピネル構造のリングウッダイト　115
すべり　108
すべり方向　108
すべり量　108
スラブ　84, 113
スラブ内地震　113
スラブ・プル　113
西岸強化　45
西岸境界流　46
整合　227
生痕化石　90
青色片岩相　237
静水圧近似　269
静水圧平衡　27, 142, 265, 266
脆性破壊　115
成層圏　26, 31, 37
生態系　124
正断層　108
正標高　142
生物化学的物質循環のシステム　127
生物圏　124
生物種の絶滅　126
生物生産性　126
静力学平衡　32
赤外線　13
赤色巨星段階　22
席占有率　201
石炭　259
石炭化　261
石炭紀　89
赤道面　1
石油・天然ガス　259
積乱雲　116
石灰岩　258
石灰質軟泥　56
石膏　56, 133
接触変成岩　236
絶対等級　20
絶対プレート運動　82
摂動　3
先カンブリア時代　88, 214
全球凍結仮説　215
前主系列星　20
線状降水帯　119
扇状地　54
前震　110
鮮新世　221
漸新世　221
せん断応力　108
せん断破壊　108

せん断変形　105
潜熱　34, 117, 188
浅熱水鉱床　257
潜熱フラックス　170
相　69, 115, 210
層　229
相転移　115
双極子磁場　198
層群　229
走向　80, 108, 227
造構性侵食作用　244, 252
走査型トンネル電子顕微鏡　212
走査電子顕微鏡　212
造山運動　231
造山帯　231
走時　60
走時曲線　60
相状態　186
層序区分　229
相図　98
相対年代　154
相対プレート運動　82
相当温位　171
掃流　51
掃流力　51
続成作用　57
側方侵食　50
組成対流　193
粗粒玄武岩　95
素粒子　13

■た 行

タービダイト　55
第一宇宙速度　9
太陰太陽暦　1
太陰暦　1
体化石　90
大気汚染　127, 261
大気海洋結合モデル　170
大気境界層　171
大気逃散（散逸）　161
第5のサブシステム　126
対称性　201
堆積岩　56, 69
堆積環境　54
堆積構造　53
大赤斑　135
大絶滅　124
タイタン　136
ダイナモ　198
ダイナモ作用　193
第二宇宙速度　9
対比　229

台風　116, 117, 172
太平洋プレート　239, 245
太陽系外縁天体　137
太陽系惑星　138
太陽日　1
太陽風　23
太陽放射　31, 32, 37
太陽暦　1
第四紀　89
大陸地殻　73, 75, 76
大陸プレート　80
対流　33, 64, 77, 84, 183
対流圏　26, 31, 37
滞留時間　223
対流胞　183
大量消費　126
大量生産　126
楕円　3
多形　69, 204
蛇行河川　54
多産　125
ダスト　19, 68
ダストストーム　133
脱ガス大気　160
脱水脆性化　115
縦ずれ断層　108
ダルシーの法則　224
単位格子　201
単弓類　218
探査機　9
炭酸塩-珪酸塩の地球化学的循環　164
炭酸塩補償深度　56, 249, 251
短周期彗星　137
弾性体　60, 105
弾性定数　106
単層　229
断層　108
断熱圧縮　192
断熱温度勾配　84, 87, 184, 192
断熱膨張　192
暖流　46
チェンジャン動物群　216
地殻　63
地殻熱流量　85
力のモーメント　111
地球温暖化　176, 261
地球型惑星　4, 131
地球近傍小惑星　134
地球システム　124
地球磁場　193, 194
地球楕円体　145
地衡風　35, 43

索　引

地衡流　43
地衡流平衡　35
地磁気　193
地磁気永年変化　194, 200
地磁気縞状異常　78
地質時代　88
地心緯度　145
地心双極子磁場　197
地層切り合いの原理　227
地層累重の法則　227
秩父帯　243, 244
地中水　224
窒素・リンの循環　128
地表水　224
チャート　74
着陸機　9
中央海嶺　80, 95, 247, 248, 249, 250
中央構造線　240
中間圏　26, 31, 37
中間主応力　109
柱状図　228
中新世　221
中性岩　73
中性子星　19, 22
中性子捕獲反応　148
中生代　89, 218, 241, 243, 271
超高圧変成岩　233, 238
超高圧変成作用　233
長周期彗星　137
長寿の個体　125
超新星爆発　17
潮汐力　7
超丹波帯　242
潮流　42
直接探査　9
貯留岩　259
地理緯度　145
沈降速度　51
対の変成帯　234
Tタウリ型星　20
D″（ディーダブルプライム）層　66, 72
定性分析法　210
低速度層　61, 63
テイラー・プラウドマンの定理　194
定量分析法　210
テチス海　219
鉄　70
デボン紀　89
デュープレックス　244
デルタ　54

電子状態　213
電磁波　12
天王星　136
天王星型惑星　4
電波　13
天文緯度　145
天文単位　5
電離　213
電離圏　23, 27
同位体　148
同位体効果　150
同位体比　150, 152
透過　60
道具の利用　125
島弧-海溝系　239
島弧火山　252
島弧-沈み込み帯　231
島弧地殻　231
等時線　154
同質異像　204
淘汰　52
動的平衡状態　127
等方弾性体　106
都市化の影響　177
土星　135
土石流　49
トラップ　259
トランスフォーム断層　80, 249
ドレライト　74

■ な 行

内核　63, 70, 193
内合　5
内帯　25
内部領域　42
内陸地震　113
長門-飛騨構造帯　240
波の分散　107
南極環流　47
南極周極流　47
南中　3
軟泥　55
南部北上帯　241
南方振動　167
二酸化炭素　32
2次元核成長機構　208
二足歩行　125
日月五星　1
人間圏　126
　　――による地球システムへの負荷　127
ヌッセルト数　185
ヌムリテス　220

ネアンデルタール人　125
根田茂帯　242
熱塩循環　47
熱境界層　84, 183, 189
熱極　131
熱圏　26, 31
熱圏界面温度　26
熱水活動　253
熱帯低気圧　172
熱対流　183
熱伝導率　84
熱フラックス　168
熱輸送　37, 38, 46
粘性　184
粘性率　84, 185, 189, 190
粘土鉱物　49, 133, 248

■ は 行

バイオマス　127
バイオマス資源　129
廃棄物　127
バウショック　24
破壊　190
破局的巨大災害　129
白亜紀　89
白色わい星　22
ハザードマップ　123
波状層理　226
波食棚　50
発散境界　80, 112
発震機構　108
ハッブル定数　10
ハッブルの法則　10
ハドレー循環　37
ハビタブルゾーン　124, 138
林トラック　21
林フェイズ　21
バルク組成　102
バンアレン帯　25
斑岩型鉱床　257
パンゲア超大陸　218
パンサラッサ海　219
反射　60
反応点　100
半無限体冷却モデル　85
斑れい岩　74, 95, 231
斑れい岩質　73
ヒートアイランド現象　177
P波　60, 105
非晶質固体　201
ひすい輝石　234
歪速度　190
飛騨外縁帯　242

日高帯　244
飛騨帯　241
左横ずれ断層　108
ビッグバン　14
ビッグバン元素合成　14
火の使用　125
氷河時代　125
氷期　174
標高　140, 142, 146
漂砂鉱床　257
表面波　61, 105
ファーストスター　15, 22
ファンデルワールス結合　206
フィリピン海プレート　239, 245
風化残留鉱床　257
ブーゲ異常　147
風成循環　44
フェレル循環　38
フェロペリクレース　187
フォッサマグナ　240, 246
付加作用　252
付加体　241, 243, 252
覆瓦構造　243
副産物　127
不混和領域　68
不整合　227
部層　229
付着成長機構　209
物質循環系　225
仏像構造線　240
負のフィードバック　48
部分溶融　73
浮遊　51
プラズマ圏　25, 27
プラズマシート　25, 28
プラズマポーズ　25
ブラックホール　22
プラネタリー波　39
プラネタリー・バウンダリー　128
フリーエア異常　147
フリードマン方程式　12
ブリッジマナイト　186
プリニー式　103
浮流　51
浮力　41
プルーム　97, 184
プレート　76, 112, 231, 239, 247
プレート境界地震　113
プレートテクトニクス　63, 76, 133, 231, 247
プレート内地震　113
プレート冷却モデル　85

不連続反応系　100
不連続反応系列　100
フロンガス　127
噴煙柱　104
分解能力　127
文化の継承　125
分配係数　159
分別結晶作用　101
粉末X線回折　211
文明の始まり　125
平均距離　5
平衡結晶作用　100
平行層理　226
並進運動　112
ペグマタイト鉱床　257
β効果　44
β^-壊変　148
ヘニエイトラック　21
ペルム紀　89
ベレムナイト類　220
偏差応力　109
変成岩　69, 232, 235, 236, 238, 241, 242, 243
変成相　236
変成相系列　238
変成度　236
偏西風　43
変成分帯　237
ベンディング　113
扁平率　144, 145
片麻岩　235
片理　235
貿易風　38, 43
帽岩　260
放射性同位体　151
放射線帯　23, 25
放射対流平衡温度　33
放射平衡温度　33
崩落　49
ボーエンの反応原理　101
ポーラーキャップ　25
保温効果　157
北部北上帯　243
ポストペロブスカイト　65, 72, 187
ホットジュピター　138
ホットスポット　82, 97, 112, 251
ポテンシャル　141
ホモ・サピエンス　89
ホモ属　125
ホルンフェルス　236
本影　8
本震　110

■ ま 行
マイクロダイヤモンド　233
舞鶴帯　242
マウンダー極小期　176
マグニチュード　110
マグネトシース　24
マグネトポーズ　23, 24
マグマオーシャン　75, 157
マグマ作用　256
マグマ溜まり　231
枕状溶岩　74, 95
マスウェイスティング　49
マリネリス峡谷　133
マントル　63, 70, 158, 183, 193
マントル遷移層　63
マントル対流　65, 77, 83, 183, 186, 191
右横ずれ断層　108
ミグマタイト　75, 235
水収支　223
水循環　222
密度　59
美濃-丹波帯　243
ミランコビッチ・サイクル　175
娘核種　151
冥王星　137
冥王累代　88
メインベルト小惑星　134
メートル　139
メカニズム　108
メガリップル　53, 226
メキシコ湾流　168
メタンハイドレート　221
メランジュ　236, 241, 244
メルト　75, 95, 103
網状河川　54
モーメントマグニチュード　111
モールの応力円　109
木星　135
木星型惑星　4, 131
モンスーン　40
モンスーン地域　126

■ や 行
有害物質の排出　127
有限枯渇型エネルギー　259
有光層　44
湧昇流　166
融体　201
ユーラシアプレート　239
溶岩ドーム　104
溶岩流　103, 104
溶存流　51

索　引

容量　51
横ずれ断層　108
余震　110

■ら 行
ラテライト　49, 257
ラニーニャ現象　166
ラブ波　61, 105
ラメ定数　106
藍閃石　234
離心率　4, 5
リソスフェア　65, 84, 189, 231
リップル　53, 226
立方最密充填　206
流域　223
流域雨量指数　123
流星　138
流星群　138
流動性　142
領家帯　243
臨界　261
臨界レイリー数　185
リングウッダイト　186
リングカレント　29
鱗木　218
ルートマップ　228
冷湧水　254
レイリー数　184, 191
レイリー波　61, 105
レオロジー　189

蓮華変成岩　242
連続反応系列　100
ロープ　25
ロスビー波　39, 46
六方最密充填　206
露頭　228

■わ 行
惑星　1, 4, 131
惑星運動の法則　2
惑星間空間　9
惑星間空間磁場　23
惑星探査機　9
惑星波　46, 167

編著者紹介

西山 忠男
にしやま ただお
1984年　九州大学大学院理学専攻博士後期
　　　　課程修了
現　在　熊本大学大学院先端科学研究部教授

吉田 茂生
よしだ しげお
1993年　東京大学大学院理学系研究科地球
　　　　物理学専攻博士後期課程修了
現　在　九州大学大学院理学研究院准教授

Ⓒ　西山忠男・吉田茂生　2019

2019年3月13日　初版発行

新しい地球惑星科学

編著者　西 山 忠 男
　　　　吉 田 茂 生
発行者　山 本 　 格

発行所　株式会社　培風館
東京都千代田区九段南4-3-12・郵便番号102-8260
電話(03) 3262-5256(代表)・振替00140-7-44725

寿 印刷・牧 製本

PRINTED IN JAPAN

ISBN978-4-563-02522-9　C3044